奥山憲夫著

汲古叢書47

明代軍政史研究

汲古書院

目次

緒言　各章の構成と意図……11

第Ⅰ部　明初の軍事政策と軍事費

第一章　洪武朝の軍事政策……33

序　33

一　統制の強化　34

二　諸制度の整備　41

三　世代交代と将兵の乖離　58

小結　71

第二章　洪武朝の月糧……78

一　支給額　78

二　折給　83

三　軍糧の備蓄　92

小結　96

第三章　洪武朝の賜与（一）―銀・鈔……100
一　銀の支出　100
二　鈔の支出　107
三　賜与対象と背景　116
小　結　124
第四章　洪武朝の賜与（二）―綿・麻……131
一　各年の賜与額　131
二　綿賜与の動向と背景　135
三　夏布・夏衣の賜与　139
四　賜与の対象と地域　141
小　結　146
第五章　洪武朝の賜与（三）―絹・銅銭・その他……150
一　絹・皮革製品　150
二　銅　銭　158
三　米・塩・胡椒　165
小　結　170
第六章　軍士の家族と優給……176
一　家族の同居　176

二　各地の同居状況　178
三　家族に対する優給　184
四　守節と帰郷　191
小　結　194
第七章　雲南平定戦と軍費……199
一　戦略と誤算　199
二　動員兵力　204
三　所属の都司・衛所　206
四　軍士への賜与　209
五　一五・一七年の論功行賞　211
六　軍糧の欠乏　216
七　開中法と屯田　226
小　結　233
第Ⅱ部　中期以後の給与
第一章　正統・景泰朝の給与……243
一　動員先への家族の同伴　243
二　遠隔地での給与支給　247

三　委官の派遣　253
四　衛所倉の管理　257
小　結　262
第二章　銀支給の拡大……265
一　折銀支給の背景　265
二　折銀支給の拡大　267
三　折銀支給に伴う弊害と対応　271
小　結　278
第三章　月糧支給上の弊害……281
一　月糧支給の実状　281
二　倉吏の侵盗　283
三　委官の不正　286
四　其の他の弊害　289
五　軍士の減少　291
小　結　295
第四章　行　糧……297
一　支給規定の変化　297
二　支　給　額　302

三　支給の実状　307
小　結　312
第Ⅲ部　中期以後の軍の統制
第一章　京営の諸勢力……317
一　勲臣の排除　317
二　「武臣」の身分低下　320
三　身分低下の原因と結果　321
四　内臣の役割と類型　324
五　御馬監と四衛営　327
六　火器の管理　331
小　結　334
第二章　庚戌の変前後の京営……339
一　京衛・班軍番上制の動揺　339
二　召募の導入と挫折　343
三　家丁の導入と辺将　346
四　仇鸞の兵柄掌握と家丁の公認　350
五　家丁の変質　355

小　結　357
第三章　官僚の京営統制……361
一　隆慶四年の京営分割論争　361
二　兵部と科道官の関与　366
三　大学士の関与　372
小　結　379
第四章　巡撫と軍……384
一　巡撫侍郎から巡撫都御史へ　384
二　巡撫都御史の職掌　388
三　提督軍務都御史・参賛軍務都御史の職掌　393
四　提督・参賛と巡撫の兼任　399
五　巡撫と標兵　404
小　結　408
第五章　巡撫の官制上の位置……412
一　巡撫の銓衡と就任　412
二　巡撫の在任期間　415
三　就任前・転出後の官銜　418
四　各地域の特徴　423

小　結　430
結　言……433
あとがき……457
索　引……1

明代軍政史研究

緒言　各章の構成と意図

明代史の研究は、戦後急速な進展をみて、中国史の中でも最も活発な分野の一つになった。しかし、長足の進歩を遂げたのは、主として賦役制度や社会経済史の分野であり、賦役以外の制度史や政治史は長く戦前のレベルに留まってきた。軍制或いは軍事は、本来、政治や財政のみならず、当該社会と不可分の関係をもつ分野だが、その研究は最も遅れ、不明の点が多い為に他分野の研究の障害になっている面すらある。勿論、論文の点数は必ずしも少ないわけではない。しかし、関係する範囲が広い所為で密度は薄くならざるを得ず、体系的な理解には至っていない。本書においても明代軍制の全体像を明確に示すことはできず、極く限られた問題についての暗中模索にならざるを得ない。本書は筆者の細々とした研究の中間報告であり、軍政史研究と銘打つことには内心忸怩たるものがある。

軍制に限らず、制度史は機構そのものと運用の実態、いわばスタティク的な面とダイナミックな面の双方を考察しなければならない。筆者は制度史の二つの側面のうち、専ら運用の実態の考察に努めてきた。政治や財政等の他の分野との関わりの中で、軍の役割や影響について考えたかったからである。本書でも衛所や兵部等の機構を直接には扱っていない。軍の運用は作戦・用兵に関わる軍令と、維持・管理に当たる軍政の二系統からなるが、主として人事や給与等の軍政の面から考察したい。タイトルを軍政史研究とした所以である。本書の狙いは、一つには、人事問題の検討を通じて、如何なる勢力が軍を掌握してきたのかを明らかにすることである。宋代以後専制国家が成立し、明朝もこの範疇に入るわけだが、皇帝による専制体制を支える主柱の一つは軍事力であった。明朝に於いても、最終的な決定は皇帝の名によってなされるにしても、決定に至る過程で多くの人々や機関が関与したであろう。この点からみて直接に軍を掌握した人々がどのような勢力だったのかという問題の解明は、明朝専制体制の権力構造を考える為にも必要であろう。二つには軍事費の問題である。専制国家の財政の主要な使途は官僚の俸給と軍事費であった。明朝政府のいわば収入面に当たる賦役制度については、豊富な研究の蓄積があるが、経費については必ずしも明らかではないので、経費の大宗である軍事費について検討を加えたい。各章の構成と意図を示すと以下のとおりである。

第Ⅰ部　明初の軍事政策と軍事費

朱元璋は、相継ぐ戦闘によって群雄を打倒或いは併呑し、一三六八年、明朝を創建した。戦乱の間にひたすら増強されてきた麾下の軍を、平時に適う兵力量と組織に再編成する為にどのような政策がとられたのか。王朝創設後、太祖洪武帝（在位一三六八～九八）は次々と疑獄事件を発動し、皇帝権を強化すると共に諸制度を整備して支配の安定を図った。この間、軍に対してどのような政策をとったのか。軍に対する統制の強化と軍を維持する為の経費に注目し、そこから洪武政権の性格の一端を考察する。

第一章　洪武朝の軍事政策

成立後の明朝政府にとって、過剰となった創業期の兵力を如何に削減し、財政的負担を軽減するかは重要な問題だったと思われる。明朝政府は屯田政策を強行して、軍の組織を残したまま実質的に大幅な兵力削減を図ろうとした。屯田は明朝創建以前から実施されたが、それは当面の軍糧確保が主目的で、政権確立後とは趣旨がやや異なると考えられる。洪武二一年（一三八八）には王府護衛と要衛の都市の衛所は軍士の五割を、他は八割を屯軍に当てることを命じ、二五年（一三九二）には改定して、全国一律に七割を屯軍に三割を守城軍に当てるよう命じた。(1) もう一つの大きな課題は、政権の成長過程で次々と帰服・参加してきた、雑多な軍事集団の集合体に過ぎなかった明軍を、皇帝に対する忠誠を縦軸とする官僚制的な軍に再編成してゆくことであった。帰服してきた大小の軍事集団は解体再編成されたわけではなく、そのまま編入されて明軍の一翼を担ってきたのである。集団内には各々強い私的な紐帯があり、それは戦闘力発揮の原動力であるが、同時に人脈で動く私兵化の危険をも孕むものでもあった。かかる明軍を如何にして組織と命令系統によって運営される体制に改編していったのか、同時にそこからどのような問題が生じたのか。本章ではこの点について検討する。

第二章　洪武朝の月糧

明朝の経費の大宗は軍事費であり、その大部分は軍の給与であった。明朝は、成立過程で群雄を撃破しつつ其の軍を吸収し続けてきた結果、膨大な兵力を抱え込み、政権樹立から四半世紀を経た洪武二五年に至っても、明軍は軍官一万六四八九人・軍士一一九万八四三四人もの人員を有していた。(2) 彼らが所属する衛所は、洪武六年（一三七三）の段階で一六四衛・八四守禦千戸所、(3) 洪武二六年（一三九三）には一七都指揮使司・一留守司の下に三二九衛・六五守禦千戸所が配置された。(4) 明朝政府にとって、これらの軍を維持することは財政的に重い負担であり、盛んに軍屯を設置したのも負担を軽減する為の方策だった。給与は将校たる軍官の場合「俸給」、下士官・兵に当たる総旗・小旗・軍士では「月糧」と称されるが、このほか両者に共通する「賜与」「行糧」があり、賜与は臨時の給与で行糧は動員時の増加手当てである。支出額からいえば軍の給与の主要部分は軍士に対するものであり、その中で毎月初に支給される月糧が中心であった。月糧は本人と家族の生活費であり、軍装等もこれによって整えられる。中期以後の変化については後述するが、本章では明初における基本的な規定について述べる。

第三章　洪武朝の賜与（一）—銀・鈔

文武官僚の俸給や軍士の月糧は、米（籾を除いた穀物・主として米麦）で支給されるのが原則だったが、給与の全てが米だったわけではなく、銀・鈔・銭・綿布・綿花・麻布・絹・胡椒・蘇木・塩等の多様な物品が賜与のかたちで支給された。本来、賜与は特に功労のある者に与えられ、時期も額も定まっていないものであったが、実際には俸給や月糧と並ぶ給与の一部となっていた。本章では銀・鈔について、賜与を中心に賑済（災害時の救済）・糴買（穀物の買い入れ）・市馬（軍馬の購入）等のケースも含めてどのように支出されたかを考察する。扱う期間は洪武元～二三年（一三六八～九〇）とする。銀・鈔をとりあげた目的は、軍事費の一端を明らかにすることが第一であるが、併せて以下の点も考えてみたいからである。周知の通り鈔は洪武八年（一三七五）三月から不換紙幣として行使されたが、其の後価値が下落し、流通に固執する政府の態度は別にして、早い時期に流通手段としての意義を喪失したとされる。何故に不換とされたのかが問題の一つだが、元末の形態を踏襲したとか兌換準備金としての十分な銀両を保有していなかった等の諸説がある。その中で注目すべきは檀上寛氏の見解で[5]、地方的な「南人政権」から、華北をも含む統一王朝に飛躍する為の中央集権策の経済的な一環であるとし、諸疑獄事件と同一地平に於いてとらえられた。しかし、氏の卓見も他の諸説も、明朝がどの程度の銀両を保有していたのかという点については明らかにされていない。当時、恒常的に銀両を徴収するシステムはまだないので、この面からの検討は難しいが、支出の面から銀両の保有額を考察できないだろうか。又、明朝政府は、鈔法を実施するとともに実物財政を採用している訳で、鈔の意義は何なのかという疑問がある。夙に愛宕松男氏が指摘されたように、洪武期の諸政策には相互に矛盾する点が少なからずみられるので[6]、或いは整合的に理解することは難しいのかもしれないが、明朝政府の対応をみると、鈔の充分な回収策を講ぜず、鈔価維持には熱意がみられず、大量に印造してたれ流すだけであった。それでは鈔はいかなる目的で行使されたのか。どの地域で如何なる人々を対象として投下されたかを確認することによって、鈔行使の背景の一端が浮び上るのではないかと考える。本章では、鈔の意義について正面から論ずる準備はないが、軍事的視点が必要かつ有効だろうとの立場から検討を加えたい。

第四章　洪武朝の賜与（二）―綿・麻

本章では、前章の銀・鈔に引き続き、重要な軍需品であった綿・麻の賜与について検討する。周知の如く綿業については夙に西嶋定生氏の詳細な研究があり、太祖の栽培奨励によって、華中・南だけでなく華北でも綿花の生産が著しく増大したことを明らかにされた、栽培奨励の背景には、軍に支給する為に綿布・綿花を必要としていたことを指摘され、洪武一八～二三年・二九年（一三八五～九〇・九六）の支給額を表示された。[7]本章では賜与に用いられた他の多様な物品との関わりの中で考えるとともに、綿と麻の支給時のかたちにも注目したい。綿の場合、縫製済みの服袴から綿布或いは綿花までさまざまなかたちがあったようである。綿と麻或いはその代替物がどのように賜与されたのか、その背景と地域的・量的な特徴を検討して軍事費の一端に考察を加えたい。

第五章　洪武朝の賜与（三）―絹・銅銭・その他

本章では、賜与に用いられた物品のうち絹・皮革・銭・米・塩・胡椒・蘇木等について、各々の数量と賜与された地域・対象について検討する。（一）・（二）と合せ、抽象的議論は努めて避けつつ、明朝政府の経費の重要な一環をなす賜与について、物品の多様さや数量等を明らかにすることによって、明朝政府にとっての軍事費負担の大きさを考察したい。又、対象地域の分析から当時の軍事的重心の所在についても考えてみたい。

第六章　軍士の家族と優給

第二～第五章で述べたように、月糧・賜与等の軍に関わる経費は巨額にのぼり、当時の財政上の大きな問題であった。本章では、軍の給与の一環として、軍士が死亡した後の家族に対する保障について検討する。戦闘を任務とする軍士にとって、本人が死亡した場合の家族の保障の有無は最も重要なことであり、軍の士気を保つ為にも必要な措置だったと思われる。軍官の優給、或いは世襲の為の制度である優養に関しては、既に川越泰博氏の詳細な研究があるが、(8)軍士には言及されていないのでこの点について考えたい。あわせて軍士の家族のあり方にも言及する。というのは、顧誠氏や解毓才氏の示唆に富む論考があるものの、衛所の機能や衛所と軍戸の関係については、まだ不明の点が少なくないからである。(9)いうまでもなく、衛所は軍事的な要地に置かれたが、少なくとも明初では所謂郷土部隊ではなかった。軍戸は各地の州県に存在し、軍士の郷里と配置される衛所は、地理的に隔たっていることが一般的であった。衛所が創設された洪武朝に焦点をあて、軍士の家族の居住場所や軍士の死亡後の家族の生活について考察したい。

第七章　雲南平定戦と軍費

本章の目的は以下の二つである。一つには、二～六章でいわば平時の軍を維持する為の経費について考察したが、戦時ではどのくらいの費用を要したのか。洪武朝は絶え間のない戦乱の連続だったが、雲南を例にとって検討してみたい。二つには、雲南については、従来、洪武一四年（一三八一）末の梁王政権打倒と、一五年（一三八二）三月の府州県設置を機に次第に明朝支配が浸透していったとし、其の後の明軍の状況に関してはあまり言及されないことが多かったので、その実状を明らかにしたい。

雲南平定戦は、太祖による国内統一の最終段階の戦役であった。当時、雲南には元の世祖の第五子忽哥赤（フゲチ）の裔である梁王把匝剌瓦爾密（パツァラワルミ）が自立の形勢を保っていた。明朝は、洪武五年（一三七二）に翰林院待制王禕、七年（一三七四）には元の威順王子伯伯、八年に湖広行省参政呉雲らを派遣して招撫しようとしたが梁王は応ぜず、一四年に至って明朝はついに征討に決し出兵することになった。同年九月の出兵後、明朝にとって戦局は急速かつ有利に進展し、短期間に梁王政権を打倒したが、其の後大小の叛乱が頻発して支配は安定せず、洪武末に至るまで兵力と物資を際限なく投入し続けなければならない状況に陥ってしまった。本章では、補給問題など戦役の経済的な側面に焦点を当て、併せて兵力量や動員範囲について考察したい。なおこの戦役の前後に元代の雲南行省と湖広行省の一部から貴州が分離し、烏撒・烏蒙・建昌など雲南北部の地区は四川に属することになったが、本章ではこれらも含めて雲南地域として扱うこととする。又、戦役は洪武末まで続いたが、出兵から二三年までの約一〇年間について述べることとしたい。

第Ⅱ部　中期以後の給与

第Ⅰ部では、洪武朝における軍の統制と給与について考察した。以下のⅡ・Ⅲ部で、中期以後におけるこれらの問題について検討することとする。まず第Ⅱ部では給与問題について考える。中期以後の軍の給与は辺餉の問題とも密接に関わるが、辺餉については日本に限っても清水泰次氏以来、少なからぬ先学の研究がある。特に寺田隆信氏は商業資本との関わりから北辺の軍糧問題に緻密かつ広範な地平を切り開かれ、[10]岩井茂樹氏[11]・岩見宏氏[12]は財政史の観点から鋭利な分析を加えられた。又、谷光隆氏は馬政の面から詳細に考察された。[13]本章では先学の成果を参考にしつつ、軍政史の観点から軍の給与内容の変化とその背景を考えたい。

第一章　正統・景泰朝の給与

軍の給与内容は、土木の変前後を機として大きな変化が認められる。Ⅰ部で述べたように、明初では一時鈔で支給しようとする動きがあったが、基本的には月糧は米、賜与は他の物品とかなり明確な区別があり、相互に補完するものであった。しかし、対外関係の緊張がたかまった正統朝以後、その区別が曖昧になり、種々の物品による折給（本来の米を他のものに易えて支給）が盛んになり、その一環として銀が用いられるようになってくる。本章では正統（一四三六〜四九）景泰（一四五〇〜五六）朝に焦点を当て、その実情と背景について考察したい。

第二章　銀支給の拡大

軍士は月糧・行糧・賜与等の給与を支給されたが、月糧はその中心をなすもので、父母妻子を養い「全家仰頼」する生活費であるとともに、軍装等の整備費でもあった。[14] 月糧の支給額は種々の条件によって異なるが、正統・景泰朝では六〜八斗の場合が多かった。成化朝（一四六五〜八七）以後は徐々に一石の地域が多くなる。支給の条件には、任務内容や配備地域等があるが、最も基本的なのは家小（妻子とくに妻）の有無であり、概ね二斗の差違があった。第一章で述べたように、従来、妻子が無ければ、父母兄弟があっても増額されなかったが、景泰朝以後、妻子がある場合と同じく支給されるようになった。支給される月糧の内容をみると、正統朝以後、様々な物品による折給が盛んになったが、やがて銀両が主力となっていく。銀の支給がどのような背景のもとで拡大したのか、又、それによって如何なる問題が生じたのかについて考察する。

第三章　月糧支給上の弊害

月糧支給上の弊害には、制度的な面と人為的なものがある。制度的な側面については第二章で述べたので、本章では横領やピンハネ等の人為的な要因に焦点を当て、明朝が外圧に苦しんだ原因を軍の給与の面から考えてみたい。北辺に対するモンゴルの重圧と、東南沿海地域における海寇の活動によって、軍事的緊張が高まった嘉靖（一五二二〜六六）朝以降、明朝政府はこれらの地域に大軍を配置して防衛に当たらせた。しかし、莫大な軍事費を注ぎ込みながら常に軍の弱体振りに悩まなければならなかった。軍事費の大部分は軍士の給与であり、軍の弱体の主な原因は兵力不足であった。つまり、軍士の給与として莫大な経費を費やしながら、兵力不足を解消できなかったのである。明朝政府は様々な弊害を生じながらも、非常な努力をはらって銀両・米穀を調達・集積した。その結果、軍を養うべき銀両や米穀は必ずしも不足していなかった。それにもかかわらず、軍事費の膨張と兵力の減少という矛盾する現象が生じていたのである。その原因は、嘉靖四二年（一五六三）から隆慶元年（一五六七）にかけて薊遼保定総督の任に在った劉焘が「是れ豈に銭糧の真に敷らざること有らんや。皆な処治宜しきを失する故を以てなり。」(15)と述べたように、支給の機構、あるいは集積地から前線の軍士の手に渡るまでの過程に障害があった為と考えられる。この間の問題を明らかにする為に集積地の倉吏、駐屯地まで輸送に当たる委官、現地の軍官について検討を加える。

第四章　行　糧

行糧は、防秋・操練・出哨・守墩・瞭高・焼荒・修辺等の為に動員されたとき、その行程や日数によって米を支給されるものである。『諸司職掌』戸部・行糧馬草によれば、動員を命ぜられた衛は、出動に先だって人馬数を戸部に報告し、戸部は軍が通過する各地の有司に指示を出し、日ごとに行糧を支給すべき旨を規定している。既に洪武朝から行糧が支給されたことは明らかだが、日数や距離等の支給の為の条件や支給額は明確ではない。これらの規定がはっきりしてくるのは宣徳朝（一四二六〜三五）以後である。時期によっても変化があるが、概ね出動が一〇〇里（一里は約五六〇メートル）・五日以上の場合、一日に一升〜一升五合を支給されるのが基準であった。(16)行糧と類似した給与に口糧があり、元来は公差の使客に対する給与で、官に対しては廩給、非官に対しては口糧と称された。(17)軍に対する給与としての口糧は、支給の実際上では行糧と区別できない場合も少なくないが、動員された時に現地で支給される手当ての意味で使われることが多い。行糧と同じく地域や時期によって異なるが、去城四〇里で一日当たり一升が基準だった。(18)月糧・行糧・口糧は条件が満足されれば重複して支給され、例えば軍士が動員されると、本人に出先で行・口糧が支給され、原衛に残った妻子には月糧が支給されたのである。(19)本章では行糧の支給条件や支給物品についての諸規定とその変化、支給の実状等について考察する。

第Ⅲ部　中期以後の軍の統制

明初以来、軍を統制してきたのは勲臣（世襲の公侯伯）を始めとする高位の武臣であった。夙に宮崎市定氏は、明初の武臣の地位は官僚を凌駕しており、それは元代の影響であることを指摘された[20]。Ⅰ部で述べたように、武臣はその勢威を背景に、軍事のみでなく行政面にも関与していた。このような武臣と官僚の関係は、宋代以来の趨勢とは異なるあり方であった。しかし、明末の段階では、行政面はいうに及ばず、軍事面でも官僚の優位が明らかに成立していた。では、官僚が軍事にどのように進出し、いつごろ武臣との関係が逆転するに至ったのか。中央・地方の各々について考察してみたい。

第一章　京営の諸勢力

明代の中央集権体制を支えた最も直接的な力の一つは中央軍たる京営であり、その充実は明朝政府にとって重大な関心事であった[21]。京営は京師に配置された京衛と南北直隷・山東・河南・山西・陜西の諸衛から上京してくる番上軍によって編成されたが[22]、明一代を通じ、営制は二度の外的衝撃によって大きく変化した。即ち、土木の変（一四四九・エセンの侵入）は団営の創設をもたらし、庚戌の変（一五五〇・アルタン汗の侵入）は新三大営の設立を導いた。この二つの事件の間、つまり景泰初から嘉靖二九年（一五五〇）に至る時期は、京営強化の為に様々な手段が模索され、営制が最も混乱した時代でもあった。初めて京営が形成された永楽（一四〇三～二四）朝以来、京営の軍令・軍政両面にわたる権限を掌握してきたのは公侯伯等の勲臣であった。彼らの大部分は洪武・永楽朝で軍功のあった将軍達の子孫だったが、中期以降、次第に軍事能力を喪失し、軍の実務から遠ざけられる傾向にあった。一方で内臣や官僚が関与を強めるなど、軍の掌握について種々の問題が生じた転換期であった。本章では、成化から嘉靖にかけての京営の権力構成の変動を明らかにしたい。なお、文中で流官の武臣は「武臣」と表記する。

第二章　庚戌の変前後の京営

京営の編成は、永楽以来、三大営・団営・東西官庁・新三大営と変遷したが、嘉靖二九年の再編成によって成立した新三大営では、かつての三大営が全体を統一指揮する機構をもたなかったのとは異なり、統轄機関として戎政府が設けられ、一人の総督京営戎政が五軍・神機・神枢三営の全軍を統率し、協理京営戎政がこれを補佐するなど、組織の上でも変化があった。しかし、組織や指揮系統の改変のみではなく、兵力源にも大きな変化がみられ、募兵或いは家丁が公認された。彼らの母体は、里甲制体制が動揺し、発達した都市に人口移動が活発になるなど、大きな社会経済的変動の中で、社会矛盾から析出された無頼・游民層である。本来、京営の兵力は衛所制下の軍戸から供給され、将兵共に世襲で米による給与でまかなわれてきたが、一六世紀には無頼・游民を兵力源として銀両で養う態勢になったとみることができよう。このような見通しのもとに、中央集権体制を支える主柱の一つである京営の組織が、大きな社会変動の中でどのように変化したのか、又、新三大営の創設が如何なる勢力の主導下に行われたのか等について考察したい。

第三章　官僚の京営統制

第一章で述べたように、永楽朝の創設以来、勲臣を始めとする高位の武臣が京営を掌握してきたが、土木の変を機として官僚・内臣の関与が始まり、武臣の勢威は次第に低下した。京営における内臣の勢力は正徳朝には最も強盛となったが、嘉靖八年を機として排除され、結局、官僚が主導することとなった。官僚が京営に関与するようになったのは、景泰朝の兵部尚書于謙以降であり、于謙は武清侯石亨・御馬監太監劉永誠と共に京営を節制した。軍政の担当機関だった兵部の権限は、次第に軍令面にも及ぶことになる。しかし、于謙の場合は個人的な威望による面があり、その刑死後、兵部の関与は改廃常なく、常態とはならなかった。第二章で述べたように、嘉靖二九年に新三大営が創設されると、兵部侍郎が協理京営戎政として常時京営に関与するようになり、兵部の権限は一段と強化されることになった。又、一連の改革の裏面で大学士が大きな役割を果した。しかし、官僚の統制といっても、諸部局がまとまっていたわけではなく、兵部・大学士・科道官が激しく抗争をくりかえしながら、各々京営に対する関与を強めていったのである。本章では、官僚による京営の統制がどのようにして成立したのか、京営の人事をめぐる抗争を通じて検討してみたい。

第四章　巡撫と軍

前章で、中央軍に対する官僚の統制強化について述べたが、この間、地方における官僚と軍の関係はどうであったのか。本章ではこの問題について考察することとする。一六世紀には、地方官僚が軍に関与することが一般的になっていたが、その中心となったのは総督や巡撫であった。本章では巡撫をとりあげることとする。巡撫は国初以来の官職ではなかったが、設置後次第に権限を拡大し、明代中期以降、清末に至るまで、王朝権力による地方支配の主要機構となった。其の重要性に比べ、これに関する研究は必ずしも多くない(23)。地方の軍事機構の考察には、まず、指揮系統を明らかにする必要があるが、まず行政と軍事の両機構の接点をなすとみられる巡撫の権限について検討する。陸容の『菽園雜記』巻九や葉盛の『水東日記』巻五「総督軍務」、巻六「参賛軍務」にも、巡撫と軍務の関係について簡略な記述があるが、これらをも参考にしつつ、巡撫の軍事的権限が如何にして獲得され、拡大されたのかを考察したい。なお、巡撫には各部の尚書・侍郎や都御史・大理寺卿等が任ぜられたが、本章では主に都御史と侍郎の巡撫に就いて検討する。又、都御史には正二品の左右都御史・正三品の左右副都御史・正四品の左右僉都御史があるが、必要な場合を除き、全て都御史と表記する。他の章では、官銜と職名を明確にする為に、両者の間に・を付したが、本章と次章では余りに多くなるので省いてある。

第五章　巡撫の官制上の位置

第四章では、巡撫の職務と権限の強化について考察したが、本章では、巡撫が帯びた官銜に注目し、嘉靖・隆慶・万暦朝を中心に、巡撫の官制上の位置について検討する。北辺・南辺・江南・腹裏・湖広広西鄖陽の五つの地域に分け、嘉靖（一五二二～六六）隆慶（一五六七～七二）万暦（一五七三～一六二〇）朝に、巡撫に任命された延べ一一七四人について、在任期間・巡撫就任前のポスト・巡撫から転出した後のポストを検討し、各地域ごとの特徴を明らかにし、第四章とは別の面から、巡撫と軍との関わりについて考える。なお、中期以後、巡撫に任命される官僚は僉・副を含め都御史の官銜を帯びたが、文中では南北都察院に在任した場合のみ都御史と表記する。

各章の目的は以上のとおりだが、本論に入る前に衛所の指揮系統についてみておきたい。時期による差違や不明の点も少なくないが、大要を述べることにする。明軍の兵力源は従征（太祖の挙兵以来従軍してきたもの）、帰附（群雄や元朝から帰服してきたもの）、謫発（罪を犯して軍に当てられたもの）、垜集（一般の民戸等より徴発されたもの）などによったが、これらは軍戸に組織され、軍士一人を供出する義務を負った。軍士一〇人の上に小旗がおかれ、小旗五人・軍士五〇人の上に総旗がおかれた。総旗・小旗・軍士は旗軍と称され、いわば下士官・兵に当たる。総旗二人・小旗一〇人・軍士一〇〇人の一一二人で百戸所となり、百戸（正六品）が統率する。一〇の百戸所で千戸所を構成し、正千戸（正五品）一人・副千戸（従五品）二人・所鎮撫（正六品）二人が配された。所鎮撫は所内の規律の維持を司り、百戸が欠けた場合にはその任に当たる。洪武七年以後は、前後中左右の五つの千戸所（五六〇〇人）で一衛をなす。千戸所には、必ずしも衛に属さず上部の都指揮使司や都督府に直属する守禦千戸所とよばれるものがあるが、衛の管轄下にある場合も少なからずあり、必ずしも一律ではない。衛の武官には指揮使（正三品）一人・指揮同知（従三品）二人・指揮僉事（正四品）四人・衛鎮撫（従五品）二人があり、指揮使が一衛を総攬し、同知・僉事が各千戸所を担当した。

このほか軍糧の出納や種々の事務処理に当たる経歴（従七品）、知事（正八品）、吏目（従九品）や倉大使・副使等が配置された。衛には親軍衛・京衛・外衛の別があった。親軍衛は、都指揮使司や五軍都督府に属さない皇帝の親衛部隊で、皇城の守備や巡察等を主な任務とし、特務機関である錦衣衛もこれに含まれた。洪武朝では金吾前衛以下の一二衛だったが、永楽朝に一〇衛を増し、宣徳八年（一四三三）に四衛を加えた。京衛は南京の防衛に当たる部隊だったが、永楽年間にかなりの部分が北京に移動した。これらの京衛は五軍都督府の隷下にあった。このほか全国の要地に多数配置されたのが外衛で、多くの場合その地名を冠した名称をもつ。当初、衛所は屯田によって自給自足をめざし、屯田に従う屯軍と戦闘要員である守城軍の比率を七対三として、屯軍には二〇〜一〇〇畝の田土を割り当てるなどの努力が払われた。しかし永楽朝には屯軍にも課税されるようになって屯軍の負担が重くなり、中期以後、次第に有名無実化していった。衛所の軍は、任務でいえば、屯軍のほかに漕運に従事する運軍、北京に番上或いは辺鎮に番戍する班軍、各地域の防衛に当たる戍軍などの軍種があった。勿論各々の衛にこれらの全ての軍種があるわけではなく、各衛の任務や条件によって異なる。衛の上には都指揮使司（都司）がおかれ、外衛はこれに所属した。都指揮使司は、承宣布政使司・提刑按察使司とともに三司と称され、一地方の軍事を統轄する機関であり、都指揮使（正二品）一人、都指揮同知（従二品）二人、都指揮僉事（正三品）四人の下に経歴司・司獄司・断事司（建文中に廃止）等の部局があった。洪武八年（一三七五）に一三の都指揮使司がおかれたが、洪武二六年（一三九三）には一七となり、後に二一まで増加し、各々数衛から数十衛を統轄した。各都指揮使司は、中央の五軍都督府のいずれかに属した。五軍都督府は、洪武一三年の胡惟庸の獄の後に大都督府を前後中左右に分割したもので、各々左右都督（正一品）・都督同知（従一品）・都督僉事（正二品）が配置され、京衛のいくつかと都指揮使司を統轄した。例えば左軍都督府の隷下には、留守左衛以下の六つの京衛と、浙江都指揮使司（一六衛・三五千戸所）、遼東都指揮使司（二五衛・一八千戸所）、山東都指揮使司

（一八衛・一七千戸所・三儀衛司・三群牧所）が属していた。衛所から都督府に至る指揮系統は上記のとおりであるが、これはいわば平時の体制であり、出動の際には必要に応じて衛所の軍が動員され、総兵官・副総兵・参将・遊撃将軍等が統率した。これらは職務を示す名称で、時期によって差違があるが、総兵官・副総兵には公侯伯の勲臣か都督クラス、参将には都指揮クラス、遊撃将軍には指揮クラスの武臣が任命された。出征軍は、任務が終われば解散されて平時の体制にもどるのが原則だが、永楽以後、動員が解除されないまま各地に駐屯する場合が多くなり、総兵官等の職も常置の傾向が強くなった。このほか兵部があり、尚書（正二品）・左右侍郎（正三品）のもとに、武選・職方・車駕・武庫の四清吏司がおかれて軍の維持運営に当たった。明初の兵部は軍の後方を支える事務処理機関としての性格が強かったが、中期以後、権限を強化して軍令面にも関与するようになった。

以下の各章では、本文中の年号は章ごとに初出のときに西暦を付してある。なお各章の基礎となった論文は以下の通りである。

第Ⅰ部

第一章　軍拡から粛軍へ―洪武朝の軍事政策―　（『国士舘史学』7、一九九九年）

第二章　洪武朝の月糧について　（国士舘大学文学部『人文学会紀要』33、二〇〇〇年）

第三章　洪武朝の銀・鈔賜給について　（『国士舘史学』4、一九九六年）

第四章　洪武朝の綿・麻の賜給について　（『史朋』30、一九九八年）

第五章　洪武朝の絹・銅銭等の賜給について　（国士舘大学文学部『人文学会紀要』30、一九九七年）

第六章　明初における軍士の家族と優給について　（『集刊東洋学』80、一九九八年）

第七章　洪武朝の雲南平定戦（一）・（二）　（『東方学会五十周年記念東方学論集』一九九七年、『史朋』28、一九九六年）

第Ⅱ部
第一章　明軍の給与支給について－正統・景泰期を中心に－　（『和田博徳教授古稀記念　明清時代の法と社会』一九九三年）
第二章　明代の北辺における軍士の月糧について　（『山根幸夫教授退休記念　明代史論叢』一九九〇年）
第三章　明代軍士の行糧について　（国士舘大学文学部『人文学会紀要』23　一九九〇年）
第四章　明末における軍の給与支給上の弊害について　（国士舘大学文学部『人文学会紀要』25　一九九二年）
第Ⅲ部
第一章　明代中期の京営に関する一考察　（『明代史研究』8　一九八〇年）
第二章　嘉靖二十九年の京営改革について　（『東方学』63　一九八二年）
第三章　明代後期における官僚の京営統制について　（『北大史学』22　一九八二年）
第四章　明代巡撫制度の変遷　（『東洋史研究』45－2　一九八六年）
第五章　明代巡撫の官制上の位置について　（『史朋』21　一九八七年）

註

（1）明実録・洪武二一年九月丁丑、一〇月丁未、二五年二月庚辰の条、軍屯については王毓銓氏『明代的軍屯』（中華書局　一九六五年）清水泰次氏『明代土地制度史研究』（大安　一九六八年）などの先学の少なからぬ研究がある。
（2）明実録・洪武二五年閏一二月丙午の条
（3）明実録・洪武六年八月壬辰の条

（4）明史・巻九〇・志六六・兵二・衛所・班軍

（5）檀上寛氏「初期明王朝の通貨政策」（『東洋史研究』39－3　一九八〇年、『明朝専制支配の史的構造』〈汲古書院　一九九五年〉に収録）

（6）愛宕松男氏「朱呉国と張呉国」（『文化』17－6　一九五三年、『愛宕松男東洋史学論集』第四〈三一書房　一九八八年〉に収録）

（7）西嶋定生氏「松江府に於ける綿業形成過程について」（『社会経済史学』13－11・12　一九四四年）「支那初期綿業市場の考察」（『東洋学報』31－2　一九四七年）
「明代に於ける木綿の普及に就いて」上・下（『史学雑誌』57－4・5・6　一九四八年）
「16・17世紀を中心とする中国農村工業の考察」（『歴史学研究』137　一九四八年）
「支那初期綿業の成立とその構造」（『オリエンタリカ』2　一九四九年）
〈ともに、『明代中国の軍制と政治』（国書刊行会　二〇〇一年）に収録〉

（8）川越泰博氏「明代衛所の新官とその子孫について」（『中央大学文学部紀要』史学科第三十三号　一九八八年）「明代衛所官の借職と世襲制度」（『中央大学文学部紀要』史学科第三十四号　一九八九年）
「明代優養制の研究」（『中央大学文学部紀要』史学科第三十六号　一九九一年）

（9）顧誠氏「談明代的衛籍」（『北京師範大学学報』一九八九年第五期）又、顧誠氏の研究を紹介しつつ、独自の見解を示したものに新宮学氏「明代の衛籍について－人物理解のために－」（『東北大学東洋史論集』7、一九九八年）「明清社会経済史研究の新しい視点－顧誠教授の衛所研究をめぐって－」（『中国－社会と文化－』13、一九九八年）がある。
解毓才氏は、「明代衛所制度興衰考」（『説文月刊』2－9～12　一九四〇・四一年、『明史論叢』四「明代政治」〈学生書局一九六八年〉に収録）で辺境の衛所は軍民双方にわたる地方行政区としての性格をもっていたと述べ、顧誠氏も「明帝国的彊土管理体制」（『歴史研究』一九八九－3）で民戸をも含む管轄区域を有する地理的な単位であったと指摘する。

（10）寺田隆信氏「明代における辺餉問題の一側面－京運年例銀について－」（『清水博士追悼記念明代史論叢』一九六二年）、

「民運糧と屯田糧―明代における辺餉問題の一側面（二）―」（『東洋史研究』21―2、一九六二年）、「開中法の展開」（『明代満蒙史研究』一九六三年）、「明代における北辺の米価問題について」（『東洋史研究』26―2　一九六七年）〈改題・加筆のうえ『山西商人の研究―明代における商人および商業資本―』（同朋社　一九七二年）に収録〉「明末における銀の交通量について―あるいは蔣臣の鈔法について―」（『田村博士頌寿記念東洋史論叢』一九六八年）

（11）岩井茂樹氏「張居正財政の課題と方法」（『明末清初期の研究』京都大学人文科学研究所　一九八九年）

（12）岩見宏氏「晩明財政の一考察」（同右）

（13）谷光隆氏『明代馬政の研究』（東洋史研究会　一九七二年）

（14）例えば、『世経堂集』巻二「答京営総督」、『東塘集』巻二〇「禁剋削軍糧」、明実録・正統六年七月己未の条など

（15）『皇明経世文編』巻三〇七・劉燾「上内閣司徒議処薊東銭糧書」

（16）万暦『大明会典』巻三九・廩禄二・行糧馬草、『皇明経世文編』巻二二三・翁万達「広儲蓄以備軍需以防虜患疏」、明実録・景泰三年正月壬寅の条、天順五年三月戊午の条

（17）万暦『大明会典』巻三九・廩禄二・廩給

（18）例えば明実録・正統八年七月辛酉の条、景泰元年七月辛亥の条、景泰三年乙丑の条

（19）例えば明実録・正統一〇年四月乙未の条、景泰三年八月乙丑の条、景泰六年七月戊子の条

（20）宮崎市定氏「洪武から永楽へ―初期明朝政権の性格―」（『東洋史研究』27―4、一九六九年、『宮崎市定全集』13〈岩波書店、一九九二年〉等に収録）

（21）京営に関しては、青山治郎氏が、一九六〇年代から緻密な研究を続けてこられ、諸論考を収録して『明代京営史研究』（響文社　一九九六年）を刊行された。

（22）外衛からの班軍番上、ならびにこれと連動する班軍番戍については、川越泰博氏が「明代班軍番上考」（『中央大学文学部紀要』第五十一巻第一号、一九九三年、『明代中国の軍制と政治』〈国書刊行会、二〇〇一年〉に収録）、「明代班軍番戍考（一）」（『軍事史学』第十六巻第四号、一九八一年）「同（二）」（『史正』第十一号、一九八一年）、「同（三）」（『歴史における

民衆と文化―酒井忠夫先生古稀記念論文集―』国書刊行会、一九八二年）〈共に『明代中国の軍制と政治』に収録〉によって詳細な考察を加えられた。

(23)　先駆的な研究に浅井虎夫氏「総督巡撫兼御史考」（『史学雑誌』15―7、一九一五年）、成立期に関しては栗林宣夫氏「明代巡撫の成立について」（『史潮』11―3、一九四二年）があり、近年の研究としては松本隆晴氏に「明代中期の文官重視と総督巡撫」（『漢文学会報』32輯、一九八六年、『明代北辺防衛体制の研究』〈汲古書院　二〇〇一年〉に改題して収録）があり、最もまとまったものとして張哲郎氏『明代巡撫研究』（雙葉書局、一九八九年）がある。

第Ⅰ部　明初の軍事政策と軍事費

第一章　洪武朝の軍事政策

序

　どの王朝も創業期には軍の増強に狂奔し、いわば軍拡路線を邁進するが、いったん政権が安定すると、国内の治安維持や辺境の防衛を除いて軍の大半は不要となってしまう。膨大な兵力を抱え込んだ創業期の王朝にとって、混乱を避けつつ、軍を戦時から平時の体制に移行させることは大きな課題であったと考えられる。明朝も例外ではなかったが、その際重要なのは、一つには過剰な兵力の削減であり、二つには雑多な諸軍を皇帝に対する忠誠を縦軸とする官僚制的な軍に再編成してゆくことであった。明朝は、前者については、軍屯を設置して兵力の七割を屯軍に当てるという屯田政策を強行し、軍の組織を残したまま実質的には大幅な兵力削減を図った。それでは後者に関してはどのような政策がとられたのであろうか。洪武朝は、強烈な個性をもった太祖がほぼ三〇年の長期に亙って在位した所為もあって、一つのまとまった時期として扱われる傾向が有るように思う。しかし、太祖以外の人々の世代交代は着実に進み、明軍内部でも世代交代に伴う種々の問題が生じており、それが顕在化したのが洪武二〇年前後ではないかと思われる。本章では、世代交代の問題を念頭に置きながら、洪武朝の軍事政策を考えてみたい。なお本文中では勲臣・

都督・都指揮使・指揮使・千戸・百戸と衛・所鎮撫を「武臣」として表記した。勲臣と都督・都指揮使と指揮使以下は、各々性格が異なり区別して扱うべきだが、本章では旗軍つまり総旗・小旗・軍士に対するものとして、便宜的に一括して武臣とした。

一　統制の強化

（一）創業期の将兵関係

太祖は、起兵以来、各地の土豪・地主の配下や陳氏・張氏或いは元朝の部隊等、起源も規模も異なる種々の軍事集団を吸収しつつ軍事力を拡大し、やがて明朝政権を樹立した。この間、新たに帰服してきた武臣について明実録・甲辰の年（一三六四）四月壬戌の条に、

立部伍法。初上招徠降附、凡将校至者、皆仍其旧官、而名称不同。至是下令曰、為国当先正名。今諸将有称枢密・平章・元帥・総管・万戸者、名不称実甚無謂。其覈諸将所部、有兵五千者為指揮、満千者為千戸、百人為百戸、五十人為総旗、十人為小旗。令既下、部伍厳明、名実相副、衆皆悦服、以為良法。

とあるように、雑多な称号でよばれてきたが、配下の人数を調査し、その多寡によって指揮~小旗の名称に統一した。これらの配下の集団は、各頭目が帰附する時に率いてきたもので、帰服後も解体されず、従来の頭目の配下にあって一つの部隊として運用されてきたとみられ、頭目の地位は配下の兵数によった。明実録・洪武元年三月甲戌の条に、

上諭武臣曰、汝曹従朕起兵、攻城畧地、多宣其力。然近日新降附者、亦有推擢居汝輩之上、而爾等反在其下。非

棄旧取新也。今天下一家、用人之道、至公無私。彼有知謀才畧、克建功勲、故居汝輩之上。夫有兼人之才出衆之智、乃有超人爵賞。汝輩苟能日親賢士大夫、以広其智識、努力以建功業、不患爵位之不顕也。於是皆頓首感激、各賜綉衣、以慰勉之。

とある。洪武元年（一三六八）三月といえば、前年一〇月に発した徐達・常遇春麾下の北伐軍が、既に山東全域を支配下に置き、間もなく河南をも平定しようとする時期で、明側に帰服する元軍が急増しつつあり、太祖は彼らを明軍に組み込むに当たって、従来の麾下の諸将を慰撫する必要があった。太祖は、新たに帰服した者の地位が、旧い武臣よりも上になることもあるが、決して旧来の者を棄てるわけではなく、能力と勲功によるのだと述べた。しかし、大きな勲功は大兵力がなければたてられず、結局、帰服時に率いてきた配下の兵力が武臣の地位を決めることになったと思われる。これらの軍事集団は、帰服の後も維持されたので、将と兵の紐帯は非常に強かった。この点について明実録・洪武二一年六月是月の条に、

上聞世襲武臣有苛刻不恤軍士者、特勅諭之曰、……朕観国初諸老成将軍、初起兵時、収撫士卒、或一二十人、或一百人二百人、至四五百人。必以恩撫之、親如兄弟、愛如骨肉。故攻戦之際、諸士卒争先、効力奮身不顧、以此所向克捷。人皆称其善戦、而不知由其善撫士卒、故能如此。甚至疾患扶持服労奔走、一如子弟之於父兄、無不尽心。至論功定賞、大者為公侯、小者為千・百戸。若以一人之身、無士卒之助、能敵幾何人哉。

とある。この記事は、洪武二〇年代に入り、紐帯が弱まり将と兵の乖離が深刻になった段階で、太祖が武臣に訓戒したものだから、紐帯の強さをより強調した可能性はある。しかし、創業期に太祖の下に参加してきた大小の諸集団が、内部で「兄弟」「骨肉」のような強い紐帯をもち、それが戦闘力の源となっていたことは事実であろう。明実録・甲辰五月丙寅の条に、

上諭諸将曰、汝等所統軍士、雖有衆寡不同、要必皆識之。知其才能勇怯何如、緩急用之、如手足相衛、羽翼相蔽、必無喪失。若但知其名数、不識其能否、猝臨戦陣、何以応敵。且人家有僮僕、亦須知其能否。矧為将帥、而不知士卒可乎。夫能知人、則勇者効力、而智者効謀、鮮有不尽心者。苟一槩視之、則勇者退後、而智者韜策矣。汝等其識之。

とあり、太祖は諸将に対して、配下の多寡に拘わらず、普段から軍士各々の能力や勇怯を把握していなければ、戦闘に当たって充分な力を発揮できないと強調したのも、各集団内の紐帯の強化を期待してのことであろう。明実録・洪武二年三月戊戌の条に、

上諭指揮同知袁義曰、爾所統軍士、多山東徤児、勇而好闘。若加訓練、悉是精兵。然当推恩意以懐之、厳号令以一之、庶幾臨敵之際、得其死力。……昔平章俞通海、与陳氏戦鄱陽湖。陳氏以巨艦圧通海舟、勢危急、其所統軍士、皆奮勇力、以首氏艦、鉄帽尽壊、而後得脱。非通海訓練有素恩威兼済、安能得其死力若此。爾等此効之、慎無怠惰廃事。

とあり、太祖は指揮同知袁義に対し、配下には勇健な山東出身者が多いと述べ、恩意と規律を以て精鋭となすべきことを説き、鄱陽湖の戦いに於ける俞通海の配下を例にあげた。彼らは、俞通海が巣湖に盤踞した頃からの配下で水戦に慣れ、俞通海と強い紐帯をもった集団で、太祖に帰服後もそのまま俞通海の麾下に在ったとみられる。当初の明軍は、このような大小の諸集団の集合体だったと考えられる(1)。各集団内の将と兵の私的紐帯は、一面では私兵化の危険も孕むが、戦闘の打ち続く創業期にあっては、戦闘力の強化を第一義として、太祖もこれを奨励していたのである。

しかし、明朝を創建した後の太祖にとって、皇帝に対する忠誠を唯一の紐帯として、上意下達の命令系統と組織によって運営される軍隊こそ望ましいものであったろう。その為には武臣に対する統制の強化と、各集団内の私的関係の解

消が必要となる。

（二）　統制強化の開始

洪武三年（一三七〇）一一月、徐達麾下の北伐軍は京師に凱旋し、間もなく大規模な論功行賞が行われた。檀上寛氏が指摘するように、(2)これは一戦役についての行賞ではなく、挙兵から明朝創建に至るまでの全体的な貢献度を評価し、明朝の確立を宣言するものであった。同時に諸制度整備の段階に移行する転機であったとも見られ、軍に対する統制の強化もこの時期に始まった。北伐軍凱旋の翌月の明実録・洪武三年一二月戊辰の条に、

> 封右丞薛顕為永城侯、賜文綺及帛六十四、俾居海南。時顕有専殺之罪。…其勇畧意気、迥出衆中、可謂奇男子也。朕甚嘉之。然其為性剛忍、朕屢戒飭、終不能悛。至於妄殺胥吏、殺獣医、殺火者、及殺馬軍。此罪難恕。而又殺天長衛千戸呉富、此尤不可恕也。富自幼従朕、有功無過。顕因利其所獲孳畜、殺而奪之。師還之日、富妻子服衰経、伺之於途、牽衣哭罵、且訴冤於朕。朕欲加以極刑、恐人言天下甫定、即殺将帥。欲宥之則富死何幸。今仍論功封以侯爵、謫居海南、分其禄為三、一以贍富之家、一以贍所殺馬軍之家、一以養其老母妻子、庶幾功過不相掩、而国法不廃也。若顕所為、卿等宜以為戒。諸将臣皆頓首謝。（。は筆者）

とあり、薛顕を永城侯に封ずると共に、海南に配流するという異例の措置がとられた。薛顕は蕭県の出身で、趙均用の配下として泗州を守備したが、趙均用の死後に部衆を率いて太祖に帰服した人物である。(3)有能で軍功があったが剛強残忍な性格で、胥吏・獣医・火者(4)・馬軍士を殺し、ついには家畜を奪う為に天長衛千戸呉富を殺害するに至った。呉富の妻子の訴えを受けた太祖は、薛顕を極刑に当てようとしたが、天下が定まったばかりなのに将帥を処刑するのは、功臣の粛清ととられ人心を動揺させるおそれがあるので、薛顕の功に対しては侯に封じ、罪に対しては海南に謫

することとし、禄を三分して呉富・馬軍士・本人の家族を養わせよと命じた。薛顕は「専殺」の罪を問われたのだが、禄を三分して与えるという処置の対象になったのは、本人の家族を除けば千戸・馬軍士の家族であり、火者はもちろん、胥吏・獣医についても言及されていない。ここでいう専殺あるいは擅殺は、理由無く人を殺すことを一般的に指すのではなく、武臣が帝の承認を得ずに配下を殺す場合をいうのではないかと思われる。そうならば専殺の禁止は、太祖が軍に直接介入し武臣に対する統制を強化しようとする政策の一環だったと考えられる。(5) この事件と同日の明実録・洪武三年一二月戊辰の条に、

詔軍官有犯必奏請、然後逮問。

とあり、武臣が罪を犯した場合、太祖の承認を得てから逮問せよと命じ、上官が配下を独断で処罰することを改めて禁じた。翌四年二月癸酉の条に、

中書省奏、各処都指揮使司、統属諸衛、凡有軍官軍人詞訟、宜設断事司以理之。断事一人正六品、副断事一人正七品。従之。

とあり、中書省の上奏をうけ、各都司に断事司を設けて管下各衛所の訴訟を処理させることとした。断事司は元制を受けついだものだが、『諸司職掌』では吏部の項に記されているように文官系のポストであり、中央の大都督府には各都司に先だって設けられ、従五品の断事司が配置されている。(6) 従来、軍内部の紛争は、強い私的紐帯をもつ各集団の中で処理されてきたであろう。専殺の禁止や断事司の設置は、処罰や紛争処理の機能を政府に吸収し、軍に対する統制を強化し、私的な集団を解体しようとする施策の一環だったと思われる。明実録・洪武三年一二月丁丑の条に、

禁武官縦軍鬻販者。敕都督府曰、兵衛之設、所以禦外侮也。故号令約束、常如敵至、猶恐不測之変、伏於無事之日。今在外武臣、俸禄非薄、而猶役使所部、出境行賈、規小利而忘大防。苟有乗間竊綏者、何以禦之。爾其榜示

中外衛所、自今有犯者、罪之無赦。

とある。当時、武臣たちが配下を通じて商業行為をする場合が少なくなかったことが看取されるが、太祖は本来の任務に支障がでるとしてこれを禁止した。更に四年正月己酉の条に、

詔諸処領兵鎮守屯戍諸将、遇境内有警、許乗機調兵剿捕、若失誤致使滋蔓者罪之。余事不許専擅調遣。其改除起取、非奉制書、亦毋得輙自離職。違者論如法。

とあり、各地に駐屯している武臣に対し、管轄地域内の治安に全責任を負わせたが、一方で中央政府の許可を得ない出動を禁止し、武臣の配置や移動も太祖の命令がなければ許さないと述べた。この詔の重点は後段にあるとみられ、軍に対する統制強化の一環だったと考えられる。同月戊子の条には、

命吏部月理貼黄。初吏部以文武百職姓名邑里及起身歴官遷次月日、自省府部曁行省府州県等衙門、皆分類細書於黄紙、貼置籍中、而用宝璽識之、謂之貼黄。有除拝遷調、輙更貼其処。雖百職繁夥、而此法便於勾稽。然拝罷之数、則貼黄有未及改注更貼者、故命吏部月一更貼之、毎歳終以其籍進貯于内庫。遂為定制。

とあり、これまで吏部では、武臣も文官も共に氏名や出身地あるいは官歴等を黄紙に記録しておき、転任すればその旨を上に貼りつけてゆく方法をとっていたが、人事の移動が頻繁で貼黄が及ばなくなったので、毎月一回更貼し年末に内府に収蔵することにしたという[7]。この時期に武臣の人事管理の法が整備されたのは注目すべきで、武臣の配置換えが頻繁になったことが窺える。統制強化の対象は武臣だけでなく軍士にも及び、明実録・洪武三年一二月壬申の条に「大都督府に命じ、京衛の軍士の老弱なる者を簡閲し、少壮を以て之に代う。」とあり、四年正月己亥の条に「詔して、京衛の軍士にして罪笞四十以上を犯す者は、外衛に発補す」とある。京師防衛に当たる京衛で点検と選抜を実施して老弱者と少壮な者を交換し、笞四〇以上の罪を犯した軍士を地方の外衛に配置換えすることとした。これらは

私的紐帯の強い集団の中に介入し、軍士一人一人を掌握せんとする措置だったとみられる。京衛は皇帝直属の親軍衛と共に早くから太祖に従った軍で明軍の中核であり、外衛に発するのが処罰に当たることにも示されるように、給与その他の面で外衛より優遇されており、同時に明朝政府の統制も外衛より強かったとみられ、その為にこのような処置が可能だったのかも知れない。後述するが、逃亡軍士に対して、洪武元年の段階では大赦の一環として、自首すれば罪は問わず復帰を認める方針をとったが、三年一二月には天下の諸司に追捕を命じた(8)。軍とりわけ武臣に対する急速な統制の強化は、彼らに不安や不満をもたらしたと考えられるが、それを解消するような措置も平行してとられていた。明実録・洪武三年一二月甲子の条に、

定武臣世襲之制。凡授誥勅世襲武官、身歿之後、子孫応継襲職者、所司覈実、仍達于都督府、試其騎射閑習、始許襲職。若年尚幼、則聞于朝、紀其姓名、給以半俸、俟長仍令試芸、然後襲職。

とあり、四年三月丁未の条に、

詔凡大小武官亡歿、悉令嫡長子孫襲職、有故則次嫡承襲、無次嫡則庶長子孫、無庶長子孫、則弟侄応継者襲其職。如無応継弟侄、而有妻女家属、則以本官之俸月給之。其応襲職者、必襲以騎射之芸。如年幼則優以半俸、歿於王事者給全俸、俟長襲職、著為令。

とある。洪武三年一二月、武臣の死後は子孫が世襲すべき事、世襲には騎射の技術を試すこと、子孫が幼少ならば成長を待ち、その間俸給の半額を給することを定め、翌三月には襲職すべき子孫の順位を決めるとともに、親が王事に歿した場合には子孫が幼少であっても全額を給するとの項目を加えた。これらの規定は明一代を通じて実施される武臣の世襲と優養制の起点となったものだが、世襲を承認することによって武臣の地位と家族の生活を保障したわけで、制度の整備であると同時に、統制強化の代償という意味もあったのではないか。以上のような措置が、洪武三年一一

月の北伐軍の帰還後数ヶ月の間に矢継ぎ早に実施されたわけで、軍に対する統制が急速に強化されつつあったことが看取できる。

二　諸制度の整備

（一）私的関係の解消

統制の強化と同時に種々の制度も次第に整備された。明実録・洪武七年八月丁酉の条には、

申定兵衛之政。先是上以前代兵多虚数、乃監其失、設置内外衛所。凡一衛統十千戸、一千戸統十百戸、百戸領総旗二、総旗領小旗五、小旗領軍十、皆有実数。至是重定其制、大率以五千六百人為一衛、而千・百戸・総・小旗、所領之数則同。遇有事征調、則分統於諸将、無事則散還各衛。管軍官員、不許擅自調用、操練撫綏、務在得宜。違者倶論如律。

とあり、明一代を通じて存続する衛所の命令系統が改めて定められた。しかし、事実上、私的集団の集合体である明軍を、官僚制的な軍隊に組み替えようとする場合、最も必要なのは各集団内の私的な人間関係を分断することであろう。明実録・洪武五年六月乙巳の条に、

作鉄榜申誡公侯。其詞曰、……其目有九。其一、凡内外各指揮・千戸・百戸・鎮撫并総旗・小旗等、不得私受公侯金帛・衣服・銭物。受者杖一百、発海南充軍、再犯処死。公侯与者、初犯再犯、免罪附過、三犯准免死一次。奉命征討、与者受者、不在此限。其二、凡公侯等官、非奉特旨、不得私役官軍。違者初犯再犯、免罪附過、三犯

准免死一次。其官軍敢有輙便聴従者、杖一百発海南充軍。……其四、凡内外各衛官軍、非当出征之時、不得輙於公侯門首、侍立聴候。違者杖一百、発煙瘴之地充軍。

とあり、勲臣やその家人・奴僕が人民を圧迫することに対して九項目の訓戒を加えたが、その第一項では、指揮以下の武臣が、勲臣から私的に金帛・衣服・銭物を贈与されることを禁じ、第二項では、勲臣が武臣や軍士を私役することを禁じ、第四項では、武臣や軍士が勲臣の屋敷の門で侍立する等の奉仕をすることを禁じた。違反者に対する罰則は非常に厳しく、第一項では贈与を受けた武臣は、杖一百のうえ海南に謫戍し再犯者は死刑とする。贈った勲臣は二回までは罪を記録するのみだが、三回目には免死の特権一回に該当させるという。第二・四項でも、勲臣の要請に応じた武臣・軍士は杖一百のうえで謫戍である。この規定は、勲臣とその配下に代表されるような、軍内部の私的な人間関係を分断しようとするものである。注目されるのは「命を奉じて征討すれば、与える者も受くる者も、此の限りに在らず。」とあり、動員された場合はこの禁令は適用されないと述べていることである。従来から戦陣では士気を励ましたり、その場で功を賞する為に、上官が配下に金品を与え、配下は上官の為に公私に亙って奉仕するのは一般的であり、その結果、強い私的な人間関係ができていたと考えられる。それは勲臣とその配下の場合に限らず、創業期の軍内部に広くみられたものであろう。太祖はそのような私的紐帯に強い警戒感をもち、厳罰を以て分断しようとしたことが看取される。私的な贈与は、勲臣や武臣のみでなく軍士のレベルでも禁止された。明実録・洪武六年三月乙卯の条に、

広西衛卒王昇、因差遣還沂州、受親旧私遺。衛官以衛法併逮其親旧三十四人、送都督府奏罪之。上曰、人帰故郷、孰無親故。慰労餽贈、人情之常。命皆釈之。因謂侍臣曰、近来諸司用法、殊覚苛細。如大河衛百戸姚旺、因運糧偶見旧日僮僕収之。至済寧、民有言是其甥不見已十年。旺即以僕還之、因受絹一匹。此皆常情、法司亦以論罪。

用法如此、使人挙動即罹刑網、甚失寛厚之意。

とあり、広西衛の王昇という軍士が公務で山東の沂州に帰郷した際、親戚知人から贈りものを受けたが、衛所官は親戚知人三四人を捕らえて大都督府に送り処罰しようとした。太祖は、誰でも故郷に帰れば親戚知人が在り、贈りものをするのは自然な人情だとして彼らを釈放したが、「近来、諸司の法を用うるや、殊だ苛細なるを覚ゆ」と述べて、大河衛百戸姚旺の例を挙げた。姚旺は運糧の途中でもとの僮僕に出会ってひきとったが、太祖は、絹の授受は人の情というべきなのに法司は罪に問おうとした、このように人の挙動を窺って法網にかけようとするのは寛厚の意を失するものだと述べた。掠奪の防止という目的もあったのだろうが、私的贈答の取り締まりに極めて神経質な法司の姿勢が窺われる。(9) 太祖は行き過ぎを抑制する態度を示しているが、法司の対応は太祖の姿勢の反映であり、太祖が軍内部の私的関係の解消の為に、厳罰をもって臨んでいたことが看守できる。さらに明実録・洪武四年三月乙酉朔の条に、

命中書省、凡所鎮撫累戦有功者、不比試即陞千戸。其百戸以久次陞千戸者、比試如例。比試之法、毎二人為偶、持鎗角勝負、勝者始得陞擢。

とあり、歴戦の功を重ねた所鎮撫は比試を課さずに千戸に昇任させ、在任期間が長く千戸に昇任すべき百戸には、比試は課すがその法は二人ずつ勝負を競い勝者を昇任させるという。「累戦有功」の基準が不明だが、従六品の所鎮撫から正五品の千戸に昇任させるのは、臨時の措置であるにしても非常な優遇である。比試の方法にしても、子孫の承襲の場合には騎射を三回試みてその成績をみるのが例でいわば資格試験である。しかし、この場合は二人の勝負で勝者を採る競争試験であり、半数は千戸になるのだから、昇任促進の為の措置とみることができる。同様の措置はその後も行われ、明実録・洪武九年閏九月戊申の条に、

命北平・山西都指揮使司、悉送属衛総旗従軍歳久者、赴京録用。於是得魯福等一百八十五人、以為金吾等衛所百戸・鎮撫。

とあり、北平・山西都司管下の衛所の総旗の中から、従軍期間の長い一八五人を在京の親軍衛の百戸・鎮撫に任じた。洪武四年（一三七一）の記事では昇任後の配置が明らかではないが、九年（一三七六）の例では北平・山西から京師に移したことがわかる。外衛から在京衛に転ずるのは同じポストでも栄転だが、配下五〇人をもつものの「旗軍」と称されるように、いわば下士官に当たる総旗から将校である百戸・鎮撫として移るのは非常な優遇であり、従軍期間の長い総旗に対する優待策のようにみられるが、彼らは配下を率いて京師に赴任したわけではなく、個人として上京した可能性が高い。従軍期間が長いのは配下との関係が密だったということでもあり、優待策であると同時に巧妙な将兵の切り離し策だったのだろう。統制の強化や私的な贈答を禁止する一方で、武臣の人事移動を促進することによって、軍内部の私的関係の解消を図っていったと考えられる。次に武臣と官僚の関係についてみてみよう。

（二）　武臣の民事不関与

戦闘が相い継ぐ創業期には、占領地の軍事的支配が優先され、軍政と民政は明確に区別されなかった。それは武臣と官僚の地位にも反映されており、夙に宮崎市定氏は、洪武三年一一月の功臣の賞賜で、徐達の歳禄が五〇〇〇石だったのに対し、劉基が二四〇石に過ぎなかったと述べ武臣の優位を指摘された。(10) それは儀式の席次にも示されており明実録・洪武三年七月己亥の条に、

礼部尚書崔亮等言、在外文武官、凡遇正旦冬至慶賀行礼、以本処指揮司官為班首。如指揮司止有副使・僉事、守禦者職皆四品、而按察使・知府皆三品、其秩雖高、而指揮副使・僉事、統制軍民、守鎮一方、合居左、按察使・

知府居右、仍以武官為班首。如千戸守禦、其品秩在知府同知之下、宜以知府同知為班首。如無知府同知、則以千戸為班首。其府通判及知州与千戸品秩等者、則以千戸居左為班首。従之。

とある。礼部の提案で在外文武官の正旦や冬至等の儀式の際の序列が定められたが、指揮使・按察使・知府は共に正三品だが指揮使を主座とし、もし指揮使を欠く場合でも正四品の指揮副使・指揮僉事が主座となる。共に五品の千戸・府通判・知州の中では千戸を主座とするという。各官の品階はその後とやや違っているが、この席次は現実の武臣と官僚の勢威を反映したものであろう。武臣を上にする理由として「軍民を統制し、一方を守鎮す」と述べているが、特に指揮使クラスの優位が顕著である。指揮使の統括する衛が戦略的な単位であり、指揮使は軍を統率するだけではなく、補給や土木等の広い意味での軍務も掌握し、実際には民政にも関与していたと考えられる。その後「空印の案」を機に地方行政組織の大幅な改変が行われ、行省が廃止された洪武九年六月には布政使司、按察使司、都指揮使司の三司の体制が発足した。按察使は正三品、都指揮使・布政使は共に正二品だったが、祭祀の時には都指揮使が主座となり、都指揮使が欠けた時には布政使が代わって主座となった[11]。洪武一六年（一三八三）一一月には、奉天門・華蓋殿における文武官の席次が定められたが、奉天門で坐を賜る場合、公侯から正一品の都督、従一品の都督同知、正二品の都督僉事は門内であった。これに対し、六部の尚書は洪武一三年（一三八〇）に正二品となり都督僉事と同じ品階だが坐は門外であった[12]。中央・地方を問わず、品階が同じならば武臣が官僚より上座にあったわけだが、それは両者の実際の勢威を背景にしていたと考えられる。明実録・洪武六年七月丁卯の条に、

以戸部侍郎陳則、為大同府同知。陛辞、上諭之曰、大同居辺塞之間、昔之有司、不能自立、多為守将迫脅、以壊法廃事、而罹刑罪者、比比有之。爾往毋踏彼覆轍、当守法奉公不為阿私。如辺将妄有所求、当告以朝廷法度、沮其非心。

とあり、戸部侍郎陳則が大同府同知として就任するに当たり、太祖は、大軍が駐屯する北辺では、これまで官僚は武臣に威嚇されて職務を全うできない場合が多かったと指摘し、武臣におもねらず朝廷の禁令を示して不当な要求を阻めと述べた。軍政と民政がまだ明確に分かれていない段階では、軍務を広く解釈することによって、武臣が民政に干渉し、官僚がそれを拒否できなかった事情が窺える。武臣と官僚の関係を具体的に示すのが永嘉侯朱亮祖の例である。

明実録・洪武一三年九月庚寅の条に、

永嘉侯朱亮祖卒。……及天下大定、以功封永嘉侯、命鎮広東、所為多不法。番禺知県道同、上言亮祖数十事、皆実。……道同者河間人、其先韃靼族也。洪武三年、以材幹挙、為太常賛礼郎、後出知番禺県。番禺素称繁劇、而軍衛尤強横、需求百出、佐吏動遭笞辱、前令不能堪。道同至堅執公法、凡事違理者、一切不従。由是民頼以安、権要悪之。未幾亮祖至、数以威福憾道同、道同不為惧。時有土豪数十人、遇閭里珍貨、輙抑価買之、稍不如意、即誣以鈔法、人莫敢誰何。道同廉問得実、捕其党悉械繫通衢以令衆、諸豪詣亮祖求解、亮祖召道同、労以酒食、徐為言之。道同厲色曰、公為大臣、不当為小人所使。亮祖不能屈。次日亮祖出通衢、被械者哀呼求免、亮祖竟釈之。復以他事笞道同。又有富民羅氏、納女子于亮祖、其兄弟因怙勢凌人、道同按法治之、亮祖又奪去。道同遂歴数其事而奏之。

とある。番禺県は統治の困難な地域とされており、県に対する衛所の様々な要求と干渉があって、応じない県官が武臣に笞打たれることもあり、知県は職務を全うできなかったという。モンゴル人出身の知県道同が赴任すると、不当な要求に従わなかったので、武臣との対立が激しくなった。朱亮祖が広東に鎮守すると道同を圧服しようとしたが、道同は従わなかった。悪事を働く土豪数十人があり、道同は捕らえて路にさらしたが、仲間の依頼を受けた朱亮祖が釈放を要求し、道同が拒否すると朱亮祖は勝手にとき放ったうえ、他事にかこつけて道同を笞打った。又、女子を差し出して朱亮祖と関係を結んだ富民の羅氏の一族が、亮祖の威勢をかさにきて不法が多く、道同は捕えて法に当てようとしたが、朱亮祖はこれを奪い去ったという。道同の上奏の結果朱亮祖は失脚したが、知県自身が笞打たれた所に、この頃の武臣と官僚の力関係をみることができる。官僚組織と州県制を整備することによって秩序を回復してゆこうとすれば、武臣の力を抑え民政に対する干渉を禁止することが必要である。しかし、この事件の結果をみると、従来から州県に過大な要求をしてきた「軍衛」については、特に何らかの措置がとられることはなく、道同にも昇進や賞賜はなく歿するまで番禺県知県のままであり、この段階での明朝政府の慎重な姿勢が窺われる。武臣の民事への関与禁止が打ち出されるのは洪武一〇年代後半であった。明実録・洪武一六年八月丁亥の条に、

会稽県民、有依附紹興衛指揮高謙。謙嘱県典史満整、免其徭役不従、謙笞之。整訴於朝。上曰、謙武将、何得与民交通撓有司法乎。逮謙与民、至皆伏罪。因命兵部、申戒武臣、自今有受民嘱託以病有司者、皆論罪不赦。

とあり、会稽の民で紹興衛指揮高謙に取り入る者があり、高謙は同県典吏満整にその民の徭役免除を強要したが、満整が従わなかったので笞打ったという。太祖は、高位の武臣たる指揮使が関与したとはいえ、この些細な事件を透かさず取上げ、兵部を通じて武臣が民の委託を受けて有司に干渉することを厳禁した。当時、一人で文武の職を兼ねる場合や、現職や致仕の武臣が文職のポストにつく例が少なくなかったことも(13)、軍政・民政の分離を難しくしていたと考えられるが、明実録・洪武二一年八月甲寅の条に、

召天下致仕武臣陞任布政司官者還京。

とあり、致仕武臣で布政使司の官職についている者を京師に召還し、ついで明実録・洪武二二年二月壬戌の条に、

禁武臣不得預民事。先是命軍衛武臣、管領所属軍馬、除軍民詞訟事重者許約問外、其余不許干預。至是広西都指揮耿良造譙楼、令有司起発民丁、科斂財物。青州等衛造軍器、亦擅科民財。違越禁例。於是詔申明其禁。凡在外

都司衛所、遇有造作、千戸所移文達衛、衛達都指揮使司、都指揮使司達五軍都督府、奏准方許興造。其合用物料、並自官給、毋擅取於民。違者治罪。

とある。従来から例外的な案件を除いて、衛所の武臣が民事に関与することは禁じられていたようだが、洪武二二年（一三八九）に至り、広西都指揮使耿良と青州等の衛の事件を機に、武臣が民事に関与するのを改めて全面的に禁止した。前者は、楼門建造の為に、武臣が有司に命じて、民丁を調発し財物を取り立てたもので、後者は、武器製造の為に、衛所が州県を通さずに民財を徴発したものである。以後、衛所で造作の必要があるときには、千戸所、衛、都指揮使司、都督府と順をおって申請し、帝の裁可を経てから着手しなければならず、必要な資材は全て官給とし、衛所が自ら徴収することを禁じた。官給とは具体的には州県から供給するわけだが、従来、衛所と州県の職務や権限が重複する部分があったのを、衛所の権限を軍務に限定し、人民に対する割り当ては州県に一本化しようとしたとみられる。これ以後、明朝政府は禁令の徹底に努めた。明実録・洪武二二年五月乙未の条に、

監察御史王英、劾奏遼東都指揮使潘彝、道経山東、擅令県官発民夫頭匠遞送、請治其罪。上以武臣初犯、姑宥之。

とあり、遼東都指揮使潘彝が遼東に赴く途中、山東で県官に命じて民夫・頭匠を徴発したことが弾劾され、二三年正月丁卯の条には、

江西贛州府雩都県知県査允中奏、近山賊夏三等作乱、袁州衛指揮蔣旺等、領軍捕之。旺乃擅発民丁三百人、駆之当賊。方春之時、且廃農業。上曰、孔子云以不教民戦、是謂棄之。討賊武夫之事、何預於民。命兵部遣人責旺、亟罷其役、令有司招降山賊。

とある。袁州衛指揮使蔣旺が山賊夏三らの討伐の為に民丁三〇〇人を動員したが、雩都県知県査允中は、県を通さず衛所が恣に動員したこと、農作業を阻害することを指摘して弾劾し、太祖は蔣旺を叱責するとともに討伐から招降方

針に変更させた。官僚側が禁令の遵守に熱心であるのに対し、武臣側が従来のやり方に慣れてやや鈍感だった様子が窺われる。これらの事例から、武臣の民事不関与の命令が、個人的な便宜を図ろうとする場合は勿論、武器製造や賊の討伐等にまで適用され、どのような理由があっても、武臣が直接人民を動員したり物品を徴収したりするのを禁ずるものであったことがわかる。以上のように、武臣の権限を制限するかたちで実施された軍政と民政の分離は、洪武一〇年代の後半に始まり、二〇年代の始めに明確になったとみることができよう。

(三) 武器の官給

私的集団の集合体だった創業期の明軍を官僚的な軍に組み換えていこうとするとき、武器・軍装の統一や政府による製造・支給も大きなステップとなろう。前述のように、洪武七年(一三七四)八月に衛所の命令系統と兵数が定められたが、更に一三年正月には、一百戸所ごとに鎗手四〇人・銃手一〇人・刀牌手二〇人、弓箭手三〇人を備えるべきことが命ぜられた(14)。しかし、この段階では武器は兵士が各自または部隊ごとに調達しなければならず、大きな負担となっていたが、洪武一六年に武器を官給とする動きが始まった。明実録・洪武一六年五月乙巳の条に、

上諭兵部臣曰、今在外衛所軍士、月給粮一石、恐不足以贍其妻子。而指揮・千・百戸、多不能拊循。又令其自備兵器、以重苦之、其何以堪。爾兵部榜諭之、自今士卒軍装器械有敝者、官為給造、若侵擾者罪之。

とあり、太祖は、外衛の軍士は生活に余裕がなく、武器を自ら備えることは困難であると述べ、以後武器が破損した場合には官給せよと命じた。更に翌一七年(一三八四)正月癸丑の条に「兵部に命じて、天下の衛所の軍器の数を稽り、其の年久しく損壊せる者は、之を易えしむ。」とあり、全国の衛所の武器を点検して破損しているものを交換させた。前年の記事からみて、新しい武器は官給としたのであろう。中央政府の工部の軍器局で弓箭・刀鎗・盔甲が、

鞍轡局で馬具が造られていたが(15)、全国の衛所の必要量には到底及ばず、基本的には各衛所で製造された。その材料や費用は、従来は衛所が州県とは無関係に人民に割り当てることが珍しくなかったが、洪武二二年二月の青州等の衛の事例が契機となって、軍衛の民事関与が禁止されたことは前述のとおりである。禁令が出された直後の明実録・洪武二二年二月癸亥の条にも、

遣行人齎敕并以上尊楮幣、賜温州府平陽県知県張礎。勅曰。…邇年有司任非其人、往々与軍衛交通、誅求朘剥、重苦吾民、失其職者多矣。乃者通政司言、浙江金郷衛、因造軍器、意在擾民。爾温州府平陽県知県張礎、執法不従、即具以聞。朕深嘉歎。県令之職実称焉。特遣使以鈔三十錠・肉酒一封往労、以旌爾能、爾領之。

とあり、金郷衛が武器製造の為に必要な物品を民から徴収しようとしたが、平陽県知県張礎は衛の指示に従わず朝廷に訴え、太祖は張礎の態度を重く賞した。金郷衛は従来通りにやろうとし、張礎は布告されたばかりの禁令を盾に取って拒否したのであろう。禁令布告直後の混乱を窺うことができるが、明実録・洪武二二年三月戊子の条に、

令天下軍丁習匠芸。先是軍衛営作、多出百姓供億。上以為労民、命五軍都督府、遣官至各都指揮使司、令所属衛所置局、毎百戸内、選軍丁四人并正軍之萎弱者、俾分習技芸、限一年有成。絲鉄筋角皮革顔料之属、皆官給之、勿取于民。

とあり、民の負担を軽減する為に、各百戸所から四人の軍士を選び、体力が無くて軍務に不適当な軍士と共に、武器の工作技術を学ばせ製造に当たらせることとした。修得期間は一年とし、必要な材料は民から徴収せずに全て官給とするという。一衛当たり専従者二〇〇人と「萎弱」な軍士が武器の製造に従事することになる。実際に工作できるだけの高度の技術が一年間で修得し得るかは疑問だが、少なくとも制度上は武器の統一と官給の態勢が整えられたといえる。官給とともに武器の管理も強化された。各種の武器は通常は衛所に保管され、動員時に軍士に支給されたが、

帰還と同時に返納することが義務づけられて、返還が一〇日遅れれば杖六〇とし、更に一〇日ごとに罪一等を加えるなどの罰則が定められた。武器の横流しについても売者・買者双方に厳重な罰則が科された(16)。武器とほぼ時期を同じくして軍装も統一されたが、これについて明実録・洪武二一年九月戊寅の条に、

定中外衛所馬歩軍士服色。惟駕前旗手一衛用黄旗、軍士力士、倶紅胖襖、盔甲之制如旧。其余衛所、悉用紅旗・紅胖襖。凡胖襖長斉膝窄袖、内実以綿花。旗幟各分記号用青藍、為辺玄黄紫白、間色倶不許用。凡為旗幟衣装、布絹綿花蘇木棗木之類、皆官給之、毋令軍士自備。

とある。皇帝に扈従する親軍衛中の旗手衛のみは黄旗とするが、他は全て紅旗として、青藍色で部隊名を記し、周囲を黒・黄・紫・白で縁どる。軍士は全て綿をつめた膝までの長さの紅い綿入れを着用するが、材料は官給とし軍士に負担させてはならないという。紅旗と紅軍装に統一されたわけである。別章で述べるように(17)、軍士の戦衣は当初製品を支給したが、洪武四年には、独身者は従来通り既製品とするが、妻帯者には綿布二疋を給して縫製させることとした。更に一二年（一三七九）に至り、支給される戦衣のサイズが各軍士の体に合わず、造り直さなければならない場合が多いので、材料を支給して自製させよとの山西布政使華克勤の提案を機に、全面的に材料支給のかたちがとられることになった。この二一年の規定でも、軍士は紅棉布と棉花を支給されて自製したと思われる。軍政と民政が分離されたのと時期をほぼ同じくして、武器・軍装も統一と官給の態勢が整えられたのである。

（四）武臣の教育

太祖は武臣に対して盛んに学問を勧めたが、これも統制を強化する為の施策の一環だったと思われる。その契機となったのは、北伐軍帰還の直前に行なわれた監察御史袁凱(18)の上言だった。明実録・洪武三年一〇月丙辰朔の条に、

監察御史袁凱言、国家盪平四方、固資将帥之力。然今天下已定、将帥多在京師。其精悍雄傑之士、智雖有余、而於君臣之礼、恐未悉究。臣願於都督府、延致通経学古之士、或五人或三人、毎於諸将朔望早朝後、倶赴都堂聴講経史、庶幾忠君愛国之心、全身保家之道、油然日生、而不自知也。天生人材、無非為天下国家計。其羣小無廉恥之人、有犯固不在赦。至於老成長者、或有過誤、宜加矜恕、養其廉恥、以収他日之功、則人材輩出矣。上嘉納之、遂勅省台、延聘儒士、於午門外番直、与諸将説書。

とあり、袁凱は武臣には「君臣の礼」において欠ける所があると述べ、経史に通じた士を招いて、毎月朔・望両日に武臣達に講学させれば「忠君愛国の心」と「全身保家の道」が自然に養われるだろうと提案した。太祖はこれを嘉納し、儒士を招いて午門で武臣に講学させることを命じた。この講学がどの程度実施されたか必ずしも明らかではないが、野戦攻城に慣れて君臣の礼に習わぬ武臣達に学問を勧めることによって、皇帝の権威を高めようとしたとみられ、その後の勧学の動きの出発点となった。翌一一月辛丑の条に、

上朝罷退、坐東閣召諸武臣問之曰、爾等退朝之暇、所務者何事、所接者何人、亦嘗親近儒生乎。往在戦陣之間、提兵禦敵、以勇敢為先、以戦闘為能、以必勝為功。今居閒無事、勇力無所施。当与諸生、講求古之名将成功立業之後。事君有道、持身有礼。謙恭不伐、能保全其功名者何人。驕淫奢侈、暴横不法、不能保全始終者何人。常以此為鑑戒、択其善者而従之、則可与古之賢将並矣。

とあり、太祖は武臣らに対して、戦陣に在っては勇戦敢闘が何より重視されるが、平和になった現在は儒者に親しみ自家の保全を心がけることが必要だと述べた。戦時と平時では要求されるものが異なることを指摘し、武臣のあり方を平時に移行させせようとしていたといえる。続いて翌一二月己未の条に、

上謂諸武臣曰、治定功成、頒爵受禄、爾等享有富貴。正当与賢人君子講学、以明道理、以広見聞、通達古今之務、

以成遠大之器。豈可苟且自足止於武夫而已。夫位隆而不知学、徒長驕傲之心。生今而不知古、豈識成敗之跡。古之良将、皆文武相資。……爾等其勉識之。

とあり、同月甲子の条には、

上退朝、従容与諸将論起兵以来征伐之事。謂中山侯湯和等曰、朕頼諸将佐成大業。今四方悉定、征伐休息。卿等皆爵為公侯、安享富貴。当保此禄位、伝之子孫、与国同久。然須安分守法、存心謹畏、則自無過挙。朝廷賞罰、一以至公、朕不得而私也。…卿等能謹其所守、則終身無過失矣。

とある。太祖は明朝創建に至るまでの武臣達の功を十分に認めるとともに、その功に対しては既に報いたのだから、今後は得た地位を失わずに子孫に伝えられるように身を慎むことを要求し、非違があれば決して容赦しないと述べた。当初の袁凱の提案では、講学の目的は武臣達に「君臣の礼」「忠君愛国の心」を涵養させるとともに「全身保家の道」を図らせることであったが、太祖は前者を必ずしも前面にださず、武臣に対して半ば威嚇しつつ自家保全の道としての講学を強調した。

このような太祖の勧学の背景には、皇帝の権威を高めようとする狙いとともに、次のような風潮があったとみられる。明実録・洪武三年一二月己巳の条に、

上頗聞公侯中有好神僊者、悉召至諭之曰、神僊之術、以長生為説、而又謬為不死之薬以欺人。故前代帝王及大臣多好之、然卒無験、且有服薬以喪其身者。蓋由富貴之極、惟恐一旦身没、不能久享其楽、是以一心好之。仮使其術信、然可以長生、何故四海之内、千百年間、曾無一人得其術、而久住於世者。若謂神僊混物、非凡人所能識、此乃欺世之言、切不可信。人能懲忿窒慾、養以中和、自可延年。有善足称名垂不朽、雖死猶生。何必枯坐服薬、以求不死。況万無此理、当痛絶之。

とあり、勲臣等の上級武臣の間に、不老長生を求めて神仙術が流行していた。太祖は不死の仙薬などは世を欺くもので、不死を実現した者は古来一人もないと述べ、忿りや欲を抑えて中和を心掛ければ寿命は自然にのびようし、不朽の名を残すことができれば、たとえ死んでも生きているようなものではないかと説いた。太祖の合理的な側面を示しているが、武臣達のこのような風潮が講学を勧める一つの要因になったのであろう。更に明実録・洪武四年一一月庚申の条に、

時将士居京衛、間暇有以酣飲費貲者。上聞召諭之曰、勤倹為治身之本、奢侈為喪家之源。近聞爾等耽嗜於酒、一酔之費、不知其幾。以有限之資、供無厭之費、歳月滋久、豈得不乏。……自今宜量入為出、裁省妄費、寧使有余、毋令不足。

とあり、京衛の将士が動員のないままに費用を顧みずに飲酒に耽り、その散財ぶりを懸念した太祖が自ら訓戒を加えなければならなかった。このような状況は京衛だけではなく、数年後の記事だが明実録・洪武八年正月庚辰の条に、

遣使齎敕諭大将軍徐達・副将軍李文忠等曰、将軍総兵塞上、偏裨将校、日務羣飲、虜之情偽、未嘗知之。縦欲如此、朕何頼焉。如済寧侯顧時・六安侯王志、酣飲終日、不出会議軍事、此豈為将之道。朕今奪其俸禄、冀其立功掩過。如猶不悛、当別遣将代還。都督藍玉昏酣、悖慢尤甚。苟不自省、将縄之以法。大将軍宜詳察之。

とあり、北元に備える為に北平に在った徐達・李文忠麾下の諸将が飲酒に耽り、軍務にさしつかえるほどだった。顧時・王志らは終日酣飲して軍議にも出ず、藍玉は酩酊して傲慢甚だしく、太祖が使者を派遣して叱責しなければならなかった。洪武三年一一月の北伐軍帰還と論功行賞の後、将兵の間に士気の弛緩と享楽的な風潮が瀰漫しており、この状況を危惧した太祖が、軍紀を引き締め皇帝の権威を高める為に、講学の必要を強調した側面もあったと思われる。洪武一〇年代に入ると、武臣に対する講学が制度化されていった。明実録・洪武一〇年六月甲戌の条に、

潞州長子県税課局大使康有孚、上言三事、……其三曰、文武並用、長久之道。今之武官所患、不知古今。宜于儒官中、選年富力強、通今博古之士、毎衛用二人、授以参佐之職、使之賛画軍事、間暇講明兵法、誦説経史、久而純熟文武之材、彬彬出矣。疏奏、上嘉納之。

とあり、各衛に儒官二人を配置し、武臣の補佐として軍務にも参画させつつ兵法や経史を講じさせよという提案があり、太祖はこれを嘉納した。県の税課局大使という卑官の上奏にもかかわらず、透かさず嘉納した所に太祖の姿勢を窺うことができる。この提案が実施されたか否か必ずしも明らかではないが、後の衛学の設置につながる動きだったとみられる。更に約二ヶ月後の八月癸丑の条に、

命大都督府官、選武臣子弟、入国子学読書。上諭之曰、武臣従朕定天下、以功世禄。其子弟長於富貴、又以父兄早歿、鮮知問学。宜令読書、知古今識道理。俟有成立、然後命官、庶幾得其実用也。……今武臣子弟、但知習武事、特患在不知学耳。

とあり、大都督府に対して、武臣の子弟を国子学に入れて読書させよと命じた。ここで武臣とあるのは勲臣を中心とした在京の高位の者で、各衛の衛所官までは含まないとみられるが、太祖は、父兄の功によって富貴の中で成長した武臣の子弟には学問のない者が多く、古今の道理を学んで初めて任用できるだろうと述べた。つまり、不肖の子弟によって武臣の家が断絶することを防ぐには、講学が大切だということであり、「武臣の子弟を選んで」とあるから子弟全員ではなく、訓育すべき父兄が既に歿した者を対象にしたとみられる。従来のように武臣本人だけではなく、二代目武臣となるべき子弟に初めて言及したことが注目されるが、次第に世代交代が進み種々の新たな問題を生じていたことが窺える。明実録・洪武一四年正月癸丑の条には、

上諭公侯及諸武臣曰、吾観自古将臣皆被堅執鋭、備歴労苦、以有爵位、子孫世襲。其後或驕悖恃功、不循礼法、

致先人勤苦之業一旦傾敗。由其不知読書故也。卿等皆有功于国家、身致爵位。子孫世襲、夫生長膏粱、不知礼教、習于驕惰、鮮有不敗。当念得之甚難、而失之甚易也。宜令子弟入太学、親明師賢士、講求忠君親上之道、監古人成敗之跡、庶幾永保爵禄与国同久。于是諸公侯武臣、皆遣子弟入国子学受業。

とある。太祖は、古来戦陣の労苦を重ねた初代と異なり、父兄の地位を世襲した子弟は驕惰で礼法を知らず、家を傾ける場合が多いが、明軍でも同様で二代目は暖衣飽食になれた驕慢な子弟であり、爵禄を保つ為には国子学で「忠君親上の道」を学ばせることが必要だと述べた。洪武一〇年の命と比べると、父兄を亡くした者だけでなく全ての武臣の子弟を対象にしており、自家保全の為の講学という点を強調しているのは同じだがより威嚇的で、勲臣等の高位の武臣はみな子弟を国子学に入れることになった。その結果はどうだったのか。明実録・洪武一四年一一月甲辰の条に、

上詔吏部・兵部臣諭之曰、三代学者、無所不習、故其成才、文武兼備。後世九流判立、士習始分。服逢掖者、或不閑于武畧、被甲冑者、或不通于経術。兼之者其惟達材乎。……今武臣子弟、朕嘗命之講学。其間、豈無聡明賢智有志于学者。若槩視為武人不用、則失之矣。卿等其審択用之。

とあり、太祖は文武兼備を理想とし、国子学に送り込んだ武臣の子弟の中にも学問を好む者がいるはずで、そのような者を見出して、武職以外にも任用するよう命じ期待を示した。しかし、一六年正月丁巳の条に、

免国子監祭酒呉顒還郷。時武臣子弟有怠于学者。顒以寛縦不能縄検、故免之。顒河南人、容貌魁偉。十四年、祭酒李敬、坐事得罪。顒以儒士挙至京、特命為祭酒。至是免、後以疾終於家。

とあり、国子学における武臣の子弟の態度は、太祖の期待と異なり、安逸に慣れて学問に努めず、充分に監督できなかった祭酒呉顒が罷免される有様だった。武臣の子弟の多くが、父兄の権威を嵩にきて怠惰で倨傲だったことがわかる。呉顒の後任として文淵閣大学士宋訥が祭酒に任ぜられたが(19)、更に同月壬申の条に、

命曹国公李文忠、兼領国子監事。諭之曰、国学為育人才之地。公侯之子弟咸在焉。雖講授有師、然貴游子弟、非得威望重臣以涖之、則恐怠於務学。故特命卿兼涖其事。必時加勧励、俾有成就。

とあり、武臣の子弟を監督させる為に、曹国公李文忠を領国子監事に当てなければならなかった。李文忠はこの年の一二月に病を得て翌一七年三月に歿したので[20]、在任期間は長くなかったと思われるが、李文忠の就任は武臣の子弟に対する監督を強化する為に、戦陣での権威を講学の場に持ち込んだわけであり、礼教を学ぶことによって身を慎ませるという、太祖の意図とは相反することになる。しかし、文武兼備の人材を養成しようとする太祖の姿勢は強固で[21]、高位の在京武臣の子弟の国子監での修学は、その後も続けられたばかりでなく、衛所官レベルの武臣の子弟まで拡大されることになった。まず都司の儒学が、洪武一七年の遼東を皮切りにして置かれ、ついで明実録・洪武二三年（一三九〇）八月己丑の条に「北平行都司に儒学を置き、教授一人・訓導二人を設け、武臣の子弟を教えしむ。」とあり、行都司の儒学が初めて北平におかれた。衛の儒学は洪武一七年に岷州衛に置かれたのが最初で、二三年には大寧等にも設置された[22]。大寧等の衛の儒学については明実録・洪武二三年九月丁酉の条に、

置大寧等衛儒学、教武官子弟。設教授一員・訓導二員。仍遷識達達字者、教習達達書。並賜冬衣・錦衾・皮裘遣之。

とあり、地域的特性の為か、蒙古文の教育も行われ、実用的な知識を身につけさせようとしたものであった。一方、在京の親軍衛・京衛には国子監生が派遣されて『大誥武臣』の講説が行われた[23]。

以上のように、洪武三年から強調され始めた武臣に対する講学は、洪武二〇年前後に制度化されていった。洪武三年末の北伐軍の帰還を機に軍に対する統制が急速に進み、軍内部の私的関係の解消が図られ、一〇年代に入ると軍政と民政の分離、武器や軍装の統一と官給が進められ、二〇年前後には一応の体制ができあがった。武臣に対する講学

もこのような施策の一環だったと考えられる。この間、諸制度の整備と表裏をなすかたちでクローズ・アップされてきたのが武臣の子弟に関する問題である。

三　世代交代と将兵の乖離

（一）二代目武臣

大小の軍事集団の集合体だった明軍を官僚制的な軍に組み直す為に、様々な施策がとられてきたことは前述の通りであるが、軍内部の私的な関係を解消することもその重要な一環だった。しかし、世代交代が進行した結果、それがいきすぎて、軍士に対する武臣の搾取や虐待をもたらすことになった。この問題が顕在化したのが洪武二〇年前後だったとみられる。将兵の相互不信を放置すれば、命令系統に対する信頼を失い戦闘力は低下し、軍の根幹にかかわる士気の崩壊をまねく危険がある。このような事態に明朝政府はどのように対処しようとしたのか。明実録・洪武二〇年一二月是月の条に、

大誥武臣。上以中外武臣、多出自戎伍、罔知憲典、故所為往往麁法、乃親製大誥三十二篇以訓之、俾知守紀律撫軍士、立勲業保爵位。頒之中外、永為遵守。

とあり、太祖は自ら『大誥武臣』をつくって頒賜したが、その目的は武臣に規律を遵守させ、配下の軍士を撫恤させることであった。明実録・洪武二一年六月是月の条には、

上聞世襲武臣有苛刻不恤軍士者、特勅諭之曰、爾今居位食禄者、豈爾之能哉。皆由爾祖父能撫恤軍士、流慶於爾

也。……今爾等承襲祖父之職、罔思富貴由士卒而来、或苦虐之、使強者致訟、弱者懐怨。衆心不輔、遇攻戦則先退、遇患難則棄走。上以敗国事、下以喪身家。此何異農夫種田、抜其嘉苗、致饑以死也。夫為人之長、而虐其下不仁、敗国之事不忠、亡先人之業不孝、爾等何不思之。其賢父母兄弟妻子、及郷党朋友知事者、亦各以朕言、互相勧戒、守法度恤軍士、則永享太平安楽之福矣。

とある。太祖は、配下の軍士を虐待する二代目の武臣にたいし、現在の汝らの地位は決して自身の能力によるのではなく、父祖が配下の軍士を慈しみつつたてた功業によって与えられたものだと述べ、軍士を虐待するのは自ら存立の基礎を失うもので、不仁・不忠・不孝であると叱責した。二代目の武臣は、戦陣の経験もなく富貴に慣れて驕慢であり、父祖のような軍士との強い紐帯もなかった。その結果、軍士は私役や搾取の対象でしかなく、軍士もまた武臣を怨み、或いは上訴して抵抗するなど、将兵の相互信頼感が世代交代の進行とともに急速に失われつつあったことが看取される。太祖は、二代目武臣を訓戒すると同時に、明実録・洪武二一年六月是月の条に、

頒賜軍士護身勅。上念軍士艱苦、為将領者、不知愛恤、多致怨咨、乃述始終之際、艱難之故、与夫撫綏愛養之道、通上下之志、達彼此之情、直説其辞、為護身之勅、須示軍士、永為遵守。於是軍士莫不感悦。

とあり、軍士を武臣の虐待から保護する為の軍士護身勅を頒賜した。ついで明実録・洪武二一年七月丙戌の条に、

頒賜天下武臣大誥、令其子弟誦習。上謂兵部左侍郎沈溍等曰、曩因武臣有違法厲軍者、朕嘗著大誥、昭示訓戒、格其非心、開其善道。今思其子孫世襲其職、若不知教、他日承襲、撫馭軍士、或踏覆轍、必至害軍。不治則法不行、治之又非保全功臣之意。蓋導人以善行、如示之以大路、訓人以善言、如済之以舟楫。爾兵部其申諭之、俾咸誦習遵守毋怠。

とある。太祖は、武臣の子弟が父兄の職を継いだ後に、軍士を虐待することを懸念し、前年に頒賜した『大誥武臣』

を子弟に誦習させるよう命じた。現職の武臣だけでなく、対象をまだ継承していない子弟にも拡大したわけであり、二代目武臣による弊害が深刻だったことが窺える。翌八月是月の条に、

御製諭武臣敕。一曰、守辺之将、撫軍以恩。二曰、辺境城隍、務宜高深。三曰、修築城池、葺理以漸。四曰、操練軍士、習於間暇。五曰、軍士頓舎、勤於点視。六曰、体念軍士、毋得加害。七曰、事機之会、同僚尽心。八曰、沿海衛所、厳於保障。凡八条須之将士、永為遵守。

とあり、八ヶ条の諭武臣勅を頒賜して、武臣の任務や心構えを示したが、第一・六条が将兵の関係に関するものであり、軍士をいつくしむべきことを命じた。更に明実録・洪武二一年一〇月乙丑の条には、

頒武士訓戒録。時上以将臣於古者善悪成敗之事、少所通暁、特命儒臣、編集申鳴・鉏麑・樊噲・金日磾・張飛・鍾会・尉遅敬徳・薛仁貴・王君廓・僕固・懐恩・劉闢・王彦章等、所為善悪為一編、釈以直辞。俾涖武職者、日親講説、使知勧戒。

とあり、翌一一月是月の条に、

頒賜武臣保身勅。時広西都指揮耿良、以科斂激変良民。江西都指揮戴宗、以収捕山賊、貪賄賂致賊人縦逸、皆坐罪。上因述武臣受命守禦之方、崇名爵享富貴、福及子孫之道、為保身勅、頒諸武臣、使朝夕覧観、知所鑒戒。

とある。儒臣に古今の武将の言動や善悪を簡便にまとめさせ、武士訓戒録として頒賜し武臣に読ませることとした。儒臣に編集させたのだから、善悪の基準は礼教であり、これを保身の為の指針にさせようとしたのであろう。又、耿良・戴宗の二人の都指揮使の事件を機に武臣保身勅を頒賜し、武臣が「科斂」や「賄賂」によって世襲すべき地位を失わないよう訓戒した。以上のように、洪武二〇～二一年の間に、前後の時期にはみられないほど頻繁に様々な訓戒や禁令が出された。この背景には将兵の乖離の進行があったと考えられる。訓戒はいずれも軍士に対する武臣の搾取

や虐待を禁ずる内容で、特に二代目武臣を対象にしたものが多い。世代交代が進むにつれて、武臣の間には軍士を搾取の対象としてしかみない風潮が急速に蔓延し、何とかこれに歯止めをかけようとする為の措置だったと考えられる。

それでは訓戒を繰り返した後の二代目武臣の状況はどうだったのか。明実録・洪武二三年二月庚申の条に、

府軍左衛軍士告、千戸虞譲子端、不習武事、惟日以歌曲飲酒為務。上怒命逮治之。因詔凡武臣子弟、嗜酒博奕、及歌唱詞曲、不事武芸、或為市易、与民争利者、皆坐以罪。其襲職依前、比試不中者、与其父並発辺境守禦、不与俸。

とあり、親軍衛の一つである府軍左衛千戸虞譲の子の端が、武芸を習わずに歌舞音曲に耽っていることを配下の軍士に告発され逮捕される事件があった。太祖は、武臣の子弟で飲酒・賭博・歌舞音曲に耽って、武芸をなおざりにしたり、商売に携わる者は処罰し、承襲の比試に合格しない場合は、本人のみならず、その父にも俸給は与えずに、辺境の守備に当たらせよと命じた。同月丙午の条には、

定遼衛指揮李哲、以私市官馬、当杖謫戍辺。兵部尚書沈溍以聞。上曰、哲本不才、但念其父累歳守辺、多著労績、令以馬還官免其罪、領職如故。

とあり、定遼衛指揮使李哲が勝手に官馬を売り払ったのに対し、兵部は杖刑の上で謫戍すべしとの判断を示したが、太祖は父の功を考慮し、馬を償還させるだけにとどめた。前者の事例は、千戸の子が軍士を虐待したとか私役したというのではなく、その日常の生活ぶりを告発されたのであり、武臣ばかりでなく、その子弟に対しても取締りと監視が強化されつつあったことを示している。しかし、後者の例にみられるように、二代目武臣に違法のことがあっても、父祖の功業があるので処断しにくいという面もあり、度重なる訓戒や禁令が必ずしも徹底できなかったことが窺える。二代目武臣は肝心の軍事的能力の面でも無能な者が多かった。明実録・洪武二四年一〇月丙寅の条に、

湖広宝慶衛百戸舎人倪基言四事。一、任用武臣、……近見握兵于名藩大鎮者、少年新進之子、多有未閑将略。且三品以下五品以上之職、苟非雄傑馭衆之材、不足以当其任。伏望特詔所司、論材薦挙。其間、豈無忠烈智勇之士。

󠁧覈実銖用、必能捍衛国家、翊扶社稷。…上嘉之、命基参賛清平衛軍事。

とあり、宝慶衛百戸の舎人倪基は、武臣の功に報いる為に地位を世襲にした結果、若年で無能な者が重要なポストにつく場合が多いと述べ、有能な人物を薦挙して任用するよう提案した。太祖は提案を嘉し、倪基を清平衛の参賛軍事に任じた。倪基に対する態度から、太祖も二代目武臣、或いは世襲にもとづく弊害は充分認識していたとみられるが、提案は採用しなかった。倪基のいう三品・五品は各衛の指揮使と千戸で、その人数や地位からして世襲制の中核であり、提案を実施しようとすれば事実上世襲制を否定することになる。前述のように、武臣の権限を制限し統制を強化する中で、代償として地位の世襲を認めた面があり、武臣全体の反応を考えれば到底改めることはできなかったのであろう。

以上のように、世代交代の進行とともに、武臣と軍士の紐帯が急速に弱まり、軍士に対する武臣の搾取・虐待は甚だしくなった。その弊害は特に二代目武臣において深刻だったとみられ、明朝政府は、洪武二〇年前後に度々訓戒や禁令を発したが、改めるには至らなかったようである。将兵の乖離が進む中で、軍士は武臣の圧迫にどのように対応したのか。まず武臣の不正のありさまをみてみよう。

(二)　武臣の不正

『大誥武臣』三二篇には武臣の違法の事例が多く記されているが「耿良肆貪害民第三」をとりあげたい。というのは耿良の事件はかなり影響が大きかったと考えられるからである。耿良は靖江王府の護衛の指揮使だったことが確認

できるが[24]、明実録・洪武二〇年六月甲申の条に、

降広西都指揮使耿良、為馴象衛指揮僉事。初良在任多不法、軍士薛原桂訴之。既而鎮撫張原、復言其不法二十余事。上命錦衣衛廉問得実、故貶之。

とあり、『大誥武臣』が成る約六ヶ月前には正二品の広西都指揮使という高位にあった。この事件は、前述のように、洪武二一年一一月の武臣保身勅の頒賜や、二二年二月に、武臣が民事に関与することを禁止する理由にもなった[25]。耿良は広西都指揮使に就任すると、布政使や州県官と結託して搾取をほしいままにしたが、軍士薛原桂が耿良の不法を訴え、ついで鎮撫張原が不法二〇余事を告発したので、錦衣衛に調べさせたところ事実であることがわかり、馴象衛指揮僉事に降格された。事件の発端が軍士の告発だったことが注目されるが、耿良の不法の内容は「耿良肆貪害民第三」に一七ヶ条列挙されている。鎮撫が告発した二〇余事より少ないが、錦衣衛の調査で確認できたのが一七ヶ条だったのだろう。やや長いがこれを示すと次の通りである。

ⓐ一、騙要黄知府銀六百両・金一百両入己。ⓑ一、剋落軍人月塩鈔三千三百八十一貫入己。ⓒ一、為起蓋譙楼、科鈔一万三千貫・銀一千八百両入己。ⓓ一、強将民人杜道蔭秋糧米三百五十石、搬運回家。ⓔ一、拘収指揮韓観出征所得水黄牛六百五十四頭・馬七匹入己。ⓕ一、挾讎妄奏充軍官吏不肯出征、将吏人三十八名廃了。ⓖ一、挾讎妄奏李巡検推痾不肯出征、張司吏交結官府、致将李巡検割断腿筋、張司吏梟令了当。ⓗ一、強娶韓鎮撫姐姐為妾。ⓘ一、私役軍丁、栽種苜蓿、喂養自己馬疋。ⓙ一、教唆軍人、告南寧衛王指揮、索要本官玉条環等物入己。ⓚ一、脱放犯奸百戸邢文、受要本人黄牸牛一隻。ⓛ一、売放偷官塩所吏劉彦章。ⓜ一、挾讎将赦免宰殺牛隻民人一十八名、復拿監問。ⓝ一、将追到犯人佘仲玉銀六十両・鈔四十九貫・銅銭三万六千文入己。ⓞ一、喚軍婦呉四姐在家奸宿。ⓟ一、挾讎将言李指揮不公事人姜子華杖八十。ⓠ一、強娶軍人鉄脱思女。（ⓐ〜ⓠは著者）

とあり、同種の内容のものが順不同に配列されているが、あるいは事件の起こった順序に記されているのかもしれない。内容によって分類すると、ⓐ・ⓔ・ⓙは、金銀や家畜の詐取あるいは強奪で、被害者は知府と耿良の配下の二人の指揮使である。ⓑ・ⓒ・ⓓ・ⓝは横領で、軍士の月塩鈔（塩の代りに支給される鈔）、高楼の屋根を葺く為の銀・鈔、秋糧米、没収して納官すべき罪人の銀・鈔・銭を取り込んだ。ⓕ・ⓖ・ⓜ・ⓟは故意に人を陥れたもので、被害者は胥吏・巡検使・民人・指揮使であった。ⓗ・ⓞ・ⓠは姦淫で、被害者は鎮撫の姉、軍士の寡婦と娘である。ⓘは軍士の私役であり、ⓚ・ⓛは賄賂をとって罪を犯した百戸や胥吏を逃がしたものである。この頃は武臣の民事関与が厳禁される前で、府州県の有司に武臣が強い影響力をもち、民政にも干渉していたことが窺えるが、被害は配下の軍に多く、対象は軍士から指揮使に及ぶ。ⓙにみられるように、軍士にも耿良の手先になって上官を誣告した者があり、耿良の不法を告発したのが軍士・鎮撫だったのをみても、武臣と軍士或いは武臣相互の信頼関係が薄れつつあったことがわかる。しかし、軍士が一方的な被抑圧者というわけではなく、軍中の悪少と称される者が悪事をはたらくことも多く[26]、洪武二二・二四年（一三八九・九一）には、外衛・王府護衛・在京衛の軍士の犯罪に対する処罰の基準が定められた[27]。それなりにしたたかな軍士たちは武臣の圧迫に対してどのように抵抗したのか。

(三)　軍士の抵抗

前掲の明実録・洪武二一年六月是月の条によれば、太祖は、二代目武臣の中には、過酷で配下の軍士を恤まない者が多いとして訓戒を加えたが、その中で、このような行為は軍士の「強き者をして訟に至らしめ、弱き者をして怨を懐かしむ」と述べた。武臣が配下の軍士を搾取するのは、程度の差こそあれいつもみられる弊害だが、軍士が上官を告発する例は洪武朝の後半に特に多いように思われる。それは将兵の間が親密だった創業期の記憶が鮮明な一方で[28]、明朝政府の政策と世代交代の進行によって、急速に将兵の乖離が進んだ結果ではないかと考えられる。軍士が訴える場合、受理すべき機関は前述の中央・地方の断事司であった。外衛の軍士が訴えようとすれば、まず各都司の断事司に訴え、問題によっては更に上部の五軍断事司の審議にまわったとみられ、京衛の軍士ならば直接五軍断事司に訴えたと考えられる。しかし、軍士が上官を告発しようとすればことは微妙である。もし都司そのものが関係した事件であれば、都司の断事司に訴えても公正な処理は期待できない。結局、軍士は直接上京して訴える場合が少なくなかったと考えられる。たとえば明実録・洪武一五年一一月丁巳の条に、

上諭五軍都督府臣曰、近福建行都司及建寧左衛守禦官、不奉朝命、輒役軍士伐木、修建城楼、因而私営居室、極其侈靡。軍士富者、責其納銭免役、貧者重役不休。今軍士忿抑来訴、已令法司逮問。五軍都督府、宜榜諭天下都司、自今、非奉命不得擅興営造私役軍士。違者或事覚或廉得其状、必罪之削其職。

とあり、福建行都司と管下の建寧左衛の武臣が、城楼の修築の為と称して、朝命によらずに軍士を動員し武臣の私的な住居を造営させせた、裕福な軍士は納銭して役を免れたが、貧しい軍士は休む間もなく役使されたという。忿った軍士が事情を訴え、太祖は武臣を逮捕させるとともに、朝命によらない造営と軍士の私役を禁ずる旨を全国の都司に通達させせた。洪武朝で既に軍士に貧富の差があったというのは興味深いが、この軍士は福建行都司の断事司に訴えても効果がないとみて直接上京して告発したのであろう。当然このような行為は武臣からみれば警戒すべきことである。明実録・洪武一五年一二月庚子の条に、

有軍士赴京建言、在道為人所殺。事聞、命自今凡軍士建言、許所司以其言、用印実封、入递奏聞、其人不必赴京。

とあり、京師に赴く軍士が途中で何者かに殺害される事件があった。太祖は、以後所司が「用印実封」して京師に逓送し、軍士本人が直接上京しなくともよいようにせよと命じた。「建言」の語からみて、必ずしも上官の告発ではな

かったかもしれないが、途中で殺害されたのは偶然ではなく、この軍士の上京を嫌う者があった可能性がある。「用印実封」の規定が定められたのは、当時軍士の上京直訴が多く、それが危険を伴っていたことを示している。「必ずしも京に赴かしめず」とあるので、本人の上京が全面的に禁止されたわけではなさそうであるが、このころ軍士だけでなく武臣も含めて、盛んに上官を告発する風潮があったのは確かである。二三年にも府軍左衛の軍士が上官である千戸虞譲の子端の生活ぶりを告発した例があったことは前述の通りであるが、このほかに明実録・洪武二〇年六月壬午の条に、

陞保寧衛鎮撫呂旺為千戸。先是旺言其部卒征戍労苦、千戸谷興不能卹又害之。詔逮治興。至是右軍断事官、論興罪当杖、上命謫戍大寧。以旺能知士卒艱苦、於言無隠、特陞之以旌其直。

とあり、四川保寧衛鎮撫の呂旺が、同衛の軍士は征戍に動員されて労苦が甚だしいのに、千戸谷興は配下の軍士をいつくしまずかえって酷使していると告発した。谷興に対し、右軍都督府断事官は杖罪との判断を示したが、太祖はこれを裁可せず大寧への謫戍を命じ、呂旺は千戸に昇進させた。呂旺は衛鎮撫で衛中の違法を取り締まるべき立場にあり、この件は任務を果したにすぎないのに特に昇進させ、谷興に対しては、断事司の判断を破棄して重刑に処した。この頃、太祖が武臣に対して頻繁に訓戒を繰り返していたことはすでに述べたが、この処置からも軍の現状についての太祖の激しい苛立ちをみることができる。当然、軍士たちはこのような太祖の態度を窺い知っていたと思われる。

二二年四月己未の条に、

卒有告千戸盗箭者。上曰、千戸箭当給、但不当自取、非財物比。宥之而賞其卒。

とあり、上官の千戸が箭を盗んだと訴える軍士があった。太祖は勝手に取ったのは不当だが、財物と同じに扱うわけにはいかないとして宥し、一方で告発した軍士は賞した。この例や前述の府軍左衛の軍士が千戸の息子の生活ぶりを

告発した例は、武臣の虐待や搾取に耐えかねた軍士が、決死の覚悟で訴え出たというようなものではない。武臣に対する厳しい戒諭、軍士の保護を強く打ち出している太祖の態度を敏感に察知した軍士が、上官たる武臣の言動を監視し告発する傾向を生じていたのではないかと考えられる。

告発と並ぶ軍士の抵抗のもう一つの手段が逃亡であった。軍士の逃亡問題とその対策である勾軍については、先学の研究もあるので稿を改めて考えたい。本章では洪武朝の逃亡について簡略に述べることとする。逃亡の規模について明実録・洪武三年一二月丙子の条に、

大都督府言、自呉元年十月、至洪武三年十一月終、軍士逃亡者、計四万七千九百八十六人。詔天下諸司追捕之。

とあり、大都督府が、北伐軍帰還直後の段階で、呉元年以来の逃亡兵数が五万人に近かったと報告しており、その追捕が命ぜられた。逃亡は兵力を減少させるだけでなく、治安を乱す要因ともなった。たとえば洪武五年（一三七二）、広東の逃亡軍士王福可は、仲間の亡卒を集めて恵州府海豊県を掠奪し、太祖は詔を発して広東諸衛から大軍を動員して討伐に当たらせねばならず[29]、八年（一三七五）には陝西の亡卒常徳林らが各地を劫掠し、西安衛指揮使濮英らが出動してようやく鎮定した[30]。明朝政府は一四年（一三八一）九月に雲南遠征軍を発したが、雲南に入る前から軍士の逃亡があり、五〇〇余人の集団が湖広黄陂県の居民を劫掠し、宋国公馮勝自ら討伐に当たらなければならなかった[31]。明朝政府は逃亡兵対策として、逃亡軍士に自首を勧めたり[32]、或いは追捕を命ずる一方で、軍士を監督すべき武臣の罰則を定めた。明実録・洪武四年一一月乙亥の条によれば、在衛している平時の場合、配下に軍士一〇人をもつ小旗は逃亡三人で軍士に降格し、配下の軍士五〇人の総旗は逃亡一五人で小旗に降格とする。正六品で月俸一〇石の百戸は旗軍合せて一一二人を統べるが、逃亡一五人で月糧一石を減じ、四石以上つまり逃亡六〇人を越えれば、武臣の身分を剥奪して総旗に降格する。正五品・月俸一六石の千戸は配下一一二〇人をもつが、逃亡五〇人で月俸一石を減じ、一

〇石つまり逃亡五〇〇人に達すれば百戸に降格するという、動員されて出征した場合には、小旗・総旗・百戸・千戸の処罰の基準が各々五人・二五人・三〇人・一〇〇人とされ、平時よりもやや緩くなっており、出征時により多く逃亡が発生したことが窺える。いずれにしても、規定が定められた当時は、ある程度実状を反映して実効性をもつべく定められた筈だが、逃亡軍士の比率が非常に高く、出征時では小旗・総旗は定数の五〇パーセントに達して初めて処罰の対象となる。逃亡の多さが窺えるが、その理由として同条に「内外衛所の武臣、軍士を約束する能はず、逃亡する者衆きに致る。」とあり、これを受けた『大明律』巻一四・兵律二・軍政「従征守禦官軍逃」にも「其の親管の頭目、心を用ひて鈐束するを行なわず、軍人の在逃有るに致る。」とあって、軍士の逃亡は武臣の統制の緩みによるとしている。ところが一三年五月に至り、罰則規定の一部改訂が行われたが(33)、そこには「上、都督府の臣に諭して曰く、近ごろ各衛の士卒、多く逋逃有るは、皆て之を統べる者の撫恤する能わざるに由る。」とあり、太祖は、軍士の逃亡の原因は、武臣が軍士をいつくしまないことにあるとし、しかも「近ごろ」と述べている。洪武四年と一三年の段階の相違を示すもので、将と兵の乖離が進むにつれて、武臣の虐待や搾取を原因とする逃亡が増加しつつあったことを示すのではないかと考えられる。明実録・洪武一七年一一月乙酉の条によれば、巴山西部の深山に逃亡軍士や私茶の販売者が潜伏しているとの情報があり、陝西都司に命じて出兵させたところ、同都司は一四〇余人を獲えて京師に送ってきた。これに対し、太祖はこのような者たちは取り締まらなければならないとしたが、同時に「然れども其の情を原るに、衣食飢寒の故を以ってなり。亦た矜れむべきもの有り。」と述べ、寧波・昌国に謫戍するに止めた。これらの軍士が衣食に窮したというのは武臣の搾取の結果であろう。明実録・洪武一六年四月戊子の条に、

上諭兵部臣曰、自古国家設置兵衛、所以為民也。邇者無知之民、凡遇軍士逃亡、往往匿於其家、玩法為常。爾兵部宜榜示之、其有匿逃亡者、即令送官、逃者与藏匿者勿問、違者併坐以罪。

とあり、太祖は、兵部に命じて民が逃亡軍士を匿うことを禁じさせた。このような措置の背景には、軍士の逃亡が多く、しかもその境遇が民の同情を誘うに足る状態だったことを示している。武臣の圧迫の結果、軍士の「強き者をして訟に致らしめ、弱き者をして怨を懐かしむ」と述べた太祖の言葉の「弱き者」の抵抗が逃亡だったのであろう。「強き者」の抵抗は前述の通りだが、これに対して武臣達がとった態度についてみてみよう。

（四）武臣の対応

将兵の乖離が進むなかで、次第に激しくなる軍士側の不信や告発の動きに対して武臣は如何に対応したのか。『大誥武臣』・「邀截実封第十二」にいくつかの具体的な事例が記されているのでみてみよう。

青州護衛千戸孫旺、逼令軍人、自縊身死。其余軍人、赴京伸訴。他差人邀截回去、将各軍監在牢裏、誣頼他通同馬四児作耗、致将軍人四名凌遲処死、余軍尽発雲南。事発、千戸孫旺亦将凌遲処死。

とあり、斉王府の青州護衛千戸孫旺が軍士を虐待して自殺させたので、仲間の軍士達が京師に赴いて直訴しようとした。孫旺は人を派遣して彼らを捕えて連れ戻し、罪をでっち上げて四人を凌遅処死に処し、他は雲南に謫戍してしまった。事が発覚した後、孫旺もまた凌遅処死に当てられたという。ここでは軍士達は千戸の上官である指揮使や都司の断事司に訴えず、直接上京して告発しようとしており、上官である武臣一般に強い不信感をもっていたとみられ、孫旺の彼らに対する過酷な処置からも相互の激しい対立が看取できる。このことは次の例からもみることができる。

兗州護衛指揮蔡祥・千戸毛和・鎮撫梁時・顧信等、百般苦軍、致有軍人糟法保赴京告状。行至鳳陽浮橋、他差人赶回去、妄啓魯王将軍人打死分屍。事発、千戸毛和等自知罪重、脱監在逃、指揮蔡祥凌遲処死。

とある。魯王とあるのは太祖の第一〇子荒王檀だが、洪武一八年（一三八五）に就藩して二二年に没しているので、この事件は一八年から『大誥武臣』が頒示された二〇年一二月までの間に起こったとみられる。魯王府の兗州護衛指揮使蔡祥・千戸毛和・鎮撫梁時・顧信らは、軍士を苦しめること甚だしく、遂に軍士糟法保なる者が上京して告発しようとしたが、鳳陽の浮橋で蔡祥らの放った追手に追い付かれて連れ戻された。蔡祥らは魯王に虚偽の報告をして、糟法保を殺害して死体をバラバラにしてしまった。発覚すると毛和らは罪を恐れて逃亡したが、蔡祥は凌遅処死に処された。この事件も特定の武臣が個人的に軍士を虐待したものではなく、指揮使・千戸・鎮撫と一衛の武臣の殆どが関わっていて、武臣と配下の軍士全体の激しい対立があり、糟法保が軍士の代表として上京しようとしたのであろう。虚偽の報告の結果とはいえ、魯王の承認を得て糟法保を殺したのだから、軍士側からみれば、一衛の武臣ばかりでなく親王まで信頼できない抑圧者であり、上京して告発するより他に途がなかったといえる。また

平陽梅鎮撫、有被害軍人赴京告指揮李源、他替李源邀截回去。事発、梅鎮撫閹割、発与李源家為奴。

とあり、平陽守禦千戸所の鎮撫梅某が、指揮使李源を告発する為に上京しようとした軍士を捕らえて連れ戻した。取調べの結果、李源に罪がなかったのか処罰されなかったようで、梅某が閹割され火者として李源に与えられた。これからみると告発の対象となる武臣の罪の有無に拘わらず、上京しようとする軍士を妨害すること自体が罪に問われたことになる。次に、

処州衛指揮顧興・魏辰・屠海・雷震・盛文質・夏庸等、有軍人陸達之等赴京、告張知府収糧作弊、他与有司交結、差人赶回監問。事発、免死発金歯充軍。

とあり、処州衛の軍士陸達之が、税糧徴収上の問題について、知府を告発する為に上京しようとしたが、知府と結託している指揮使顧興らが、人を派遣して陸達之を連れ戻し収監してしまった。軍士を殺さなかった為か、顧興らは処刑を免れ、雲南金歯衛に謫戍された。この事件では、陸達之は武臣ではなく知府を告発しようとしていた。軍政と民

政の分離が不完全な段階では、武臣と官僚が癒着した勢力と軍士の対立という構図をとることもあったとみられる。

福州左衛千戸単友才・百戸邵興、将赴京告状軍人厳三赶回、杖断一百。事発、発金歯充軍。

とあり、福州左衛の千戸単友才と百戸邵興が、告発の為に上京しようとした軍士厳三を連れ戻して杖罪に当てたが、発覚して金歯衛に謫戍された。告発の内容は記されておらず、平陽守禦千戸所の例と同じく、告発の真偽によるというよりも、軍士の直訴を妨害したことが処罰の理由となったとみられる。「邀截実第封十二」に記された例をあげたが、青州・兗州・平陽・処州・福州と広い地域に及んでおり、このほかにも摘発されなかった例や、軍士が出発前に武臣側に押さえ込まれた場合も少なくなかったと思われる。前掲の例では、武臣・軍士ともに複数の人間が関与した事件が少なくない。これらの事件は一部の武臣や軍士によって引き起こされたものではなく、背景に武臣と軍士全体に関わる対立があったと考えられる。創業期には武臣と軍士は親密な私的関係で結ばれていたが、これを解消しようとする政策や、世代交代の進行によって、次第に相互の信頼関係が失われ、ついに軍士は上京して上官を告発しようとし、武臣はこれを殺害・投獄して妨害するまでに対立が尖鋭化したのである。このような将兵の相互信頼関係の喪失は取りも直さず明軍の弱体化を意味するものであった。

小　結

朱元璋とその麾下の集団は、挙兵してから明朝政権を確立するまでの間、様々な帰服軍を吸収して軍事力を拡大してきた。大小の軍事集団は帰服後に解体再編成されたわけではなく、そのまま編入されて明軍の一翼を担ったのである。創業期の明軍は、起源や規模の異なる雑多な軍事集団の集合体だったといえる。各集団内には各々強い紐帯があり、それは戦闘力発揮の原動力でもあったが、同時に人脈で動く私兵化の危険を孕むものであった。このような明軍を、組織と命令系統によって運営される、新たな体制に組み替えて行くことが、明朝政府にとって大きな課題であった。その動きは洪武三年一一月の北伐軍の帰還を機に始まり、急速に武臣に対する統制が強化された。更に武臣の配置換えや、私的な贈答を禁止することによって、軍内部の私的関係の解消を図った。洪武一〇年（一三七七）代に入ると、軍政・民政の分離、武器・軍装の統一と官給、武臣に対する教育等の種々の面で体制が整えられていった。これらの制度が一応の完成を見たのが洪武二〇年前後であった。当時、遼東の納哈出やモンゴルの北元勢力が帰服或いは瓦解して、北辺の軍事情勢が安定し、実質的な兵力削減を図る屯田政策が改めて強化されるなど、軍の平時体制への移行が一段と進められた時期であった。しかし、洪武二〇年前後に、整備されつつある制度の内側から、新たな問題が顕在化してきた。武臣や軍士の世代交代が進むにつれ、これまで軍内部の私的関係に解消に努めてきた明朝政府の意図以上に将兵の乖離が進んでしまったのである。武臣は軍士を搾取の対象としかみず、軍士は激しくこれに抵抗する状況がおこってきた。武臣と軍士ともに世襲というシステムの下で、私的関係のみを解消しようとするのは基本的に無理があり、一旦、相互の信頼関係が損なわれれば、内部の相剋は非常に激しいものになろう。放置すれば軍の士気が内側から崩壊する危険があり、太祖は頻りに武臣に訓戒を加え軍士の保護に努めたが、充分な効果をあげることはできなかった。軍士は告発や逃亡の手段で抵抗し、武臣は告発しようとする軍士を殺害して阻止するというところまで対立が尖鋭化していったのである。靖難の役前後の軍については別に検討を要するが、結局、武臣と軍士の相互信頼の欠如は基本的に改善されず、その後の軍事力衰退の最も大きな原因となった。明代の中期以後、対外関係が緊張してきた時、盛んに明軍の戦力強化が叫ばれた。そのなかで、明軍弱体化の原因は、武臣の収奪と軍士の不服従・逃亡にあるとする官僚層の意見は枚挙にいとまがない。それは世襲に基づく衛所制の構造的な問題であり、病弊は洪武二〇年前後に既にあらわれていたといえる。初期の明朝政府は、軍を戦時から平時の体制に移行することに務め、屯田政策によってとりあえず実質的な兵力の削減は実現したが、精強さを維持したまま官僚制的な軍に組み替えることは失敗したとみることができよう。

それでは、これらの軍を維持する為に、どれだけの費用を要したのか。或いは、戦争が起こった場合の財政上の負担はどうだったのか。以下の章でこの点について考察したい。まず、軍の中心である月糧から検討を加えることとする。

註

（1） いくつかの例を挙げれば、明実録・洪武四年一二月戊戌の条に、

上謂中書省臣曰、常遇春佐朕定天下有功、惜其早世。其左右参随者、多武勇之士、朕欲用之。可択其人以聞。於是省臣選葉寿等六十八人、倶授在京衛所百戸。

とあり、太祖は常遇春の「参随」には武勇の士が多いとして、葉寿ら六八人を京衛の百戸に任じた。「朕、之を用いんと欲す」と述べて新たに任用したことからみて、彼らは従来から明軍の序列の中にあって、常遇春の下に配置されたものではなく、常遇春の私的な配下だったのであろう。又、明実録・洪武五年六月甲辰の条に、

左副将軍李文忠、率都督何文輝等兵、至口温之地。……宣寧侯曹良臣・驍騎左衛指揮使周顕・振武衛指揮同知常栄・神策衛指揮使張耀倶戦没。良臣寿州安豊人、幼有大志、及長英毅有敢、人多憚之。元季群雄競起、良臣聚郷里子弟、訓練為兵、立堡以禦外侮。約束厳明、無敢違其令者。歳壬寅率所部来附。

とある。李文忠らが北征して、北元と激戦を交えた際に戦死した曹良臣は、安豊の人で郷里の子弟を集めて郷曲の保全に努めたが、壬寅の年（一三六二）にその配下を率いて来附した。その郷党集団は帰服後も解体されることはなく、曹良臣の指

揮下に在ったとみられる。

（2）檀上寛氏『朱元璋』（白帝社・一九九四年）一七二〜一七三頁

（3）『明史』巻一三一・列伝一九、明実録・洪武二〇年九月癸巳の条

（4）川越泰博氏は「明代の奴軍と火者」（『中央大学文学部紀要』史学科四四号・一九九九年一月）で閹割されて宮中や王府で使役されるものを宦官、勲臣や武臣に賜与されたものを火者と称したことを明らかにされた。この火者は薛顕に与えられていた者であろう。

（5）明実録・洪武三年六月丙子の条に、

賞天策衛知事朱友聞綺帛各五匹。初指揮張温守蘭州、元将王保保兵囲城、温督将士備守。夜二鼓囲兵登城、千戸郭祐、被酒酔臥不之覚、巡城官軍撃却之。囲既解、温執祐将斬之。友聞争之曰、当賊犯城時、将軍斬祐以令衆、所謂以軍法従事、人無得而議之。今賊既退、乃追罪之、非惟無及于事、且有擅殺之名、竊以為不可。温悟杖祐而釈之。上聞之謂輔臣曰、友聞以幕僚能守朝廷法、直言開諭官長、此正人也。宜加賚予以勧其余。（。は筆者）

とある。張温は『明史』巻一三二・列伝二〇に伝があり、洪武一二年に会寧侯に封ぜられたが、後に藍玉の獄に連坐して誅殺された人物である。張温麾下の天策衛軍が蘭州の守備に当たっていて、拡廓帖木児の軍に攻囲され夜襲をうけた時、配下の千戸郭祐が酒に酔っていて気付かなかった。幸い撃退してやがて包囲も解けたが、張温は郭祐を斬ろうとした。これに対して、衛知事の朱友聞が、今さら斬っても意味はなく「擅殺」ということになると反対したので杖刑にとどめたという。衛知事は武臣ではなく、文書作成等に当たる正八品の卑官だが、太祖は上官に直言して「朝廷の法」を守ったとして朱友聞を賞した。ここでいう朝廷の法は擅殺を禁ずることだったとみられる。この禁令が既にこの年の六月にはあったことが分かるが、薛顕の事件にみられるように、洪武三年一一月の北伐軍の帰還を機に厳格に適用しようとする太祖の姿勢が窺える。

（6）『明史』巻七六・志五二・職官五によれば、洪武一三年に、大都督府が五軍都督府に分割されると、五軍断事官と改称され、一七年には五府に各々左右断事二人がおかれ、二三年に正五品に昇格し五軍の刑獄を司ったが、建文中に裁革された。

（7）この方法は『諸司職掌』兵部・除授官員・貼黄や正徳『大明会典』巻一〇七・兵部・貼黄にも記載され、その後定制となっ

た。

（8）明実録・洪武元年八月己卯、三年一二月丙子の条

（9）私的贈答の禁止だけでなく、法司が軍の非違の取り締まりに当たり、過剰に反応していたことは次の例からも窺える。明実録・洪武六年七月己巳の条に、

淮安衛総旗、因習射誤中軍人致死。都督府以過失殺人論之。上曰、習射公事也。邂逅致死、豈宜与過失殺人同罪。特赦勿問。

とあり、八年正月壬戌の条には、

湖州府民、輸官銭三百余万入京、次揚子江、舟覆銭没。其半民既代償、已而軍士有得所没銭者。有司論当杖。上曰、士卒得銭物於水中非盗也。釈之。

とある。前者は事故、後者は遺失物の拾得に過ぎないが、罪に当てられようとした。ここにみられる有司の過敏さは太祖の姿勢の反映で、軍の非違を黙過すれば、有司が太祖の逆鱗に触れるので戦々恐々としており、過剰に反応することになったのであろう。史料の性格上、太祖が特に宥した例が記されているが、実際には罪に当てられた者が少なからず有ったと考えられ、太祖が軍の統制強化に非常に熱心だったことが窺える。

（10）宮崎市定氏「洪武から永楽へ」（『東洋史研究』二七－四・一九六九年三月、後に『アジア史論考』下、『宮崎市定全集』一三・明清に収録）

（11）明実録・洪武九年九月戊辰の条

（12）明実録・洪武一六年一一月甲寅の条

（13）『弇山堂別集』巻九「文武二銜」「武臣理文職」「武臣改文」「文臣改武」によれば、洪武朝で文武の職を兼ねた人物として、張彪以下一八人、武職から文職に転じたものに、王道同以下三二人、文職から武職に転じたものとして、呉宏以下一六人の例が挙げられている。

（14）明実録・洪武一三年正月丁未の条。一〇人の銃手が装備したのは乙未（一三五五年）焦玉なるものが献上したといわれる

火竜鎗の系統の小銅銃であろう。

(15)『諸司職掌』工部・軍器軍装

(16)『大明律』巻一四・兵律二・軍政「私売軍器」「毀棄軍器」

(17)第四章を参照

(18)『明史』巻二八五・文苑一に伝がある

(19)明実録・洪武一六年正月壬戌の条

(20)明実録・洪武一七年三月戊戌朔の条

(21)明実録・洪武二〇年七月丁酉の条に、

礼部奏請、如前代故事、立武学用武挙、仍祀太公、建昭烈武成王廟。上曰、太公周之臣封諸侯。若以王祀之、則与周天子並矣。加之非号、必不享也。至於建武学用武挙、是析文武為二途、自軽天下無全才矣。三代之上士之学者、文武兼備、故措之於用、無所不宜。豈謂文武異科、各求専習者乎。……今又欲循旧、用武挙立廟学、甚無謂也。太公之祀、止宜従祀帝王廟。遂命去王号、罷其旧廟。

とあり、礼部が武挙の実施と武学の設立をもとめたのに対し、太祖は文武兼備があるべきかたちであり、奏請の如くすれば、文武は二途に分かれ、全才が無くなってしまうと述べて却下した。

(22)『明史』巻七五・志五一・職官四

(23)明実録・洪武二四年五月乙巳の条

(24)『明太祖御製文集』巻六「諭秦王府文武官」

(25)明実録・洪武二一年一一月是月、二二年二月壬戌の条

(26)たとえば一つの事例だが明実録・洪武一七年七月壬戌の条に、

定遼衛卒田帖木児女佐児、有美色未嫁。軍中悪少謀私之、一日瞯其父出、紿以達寇来、夜導其母子、竄荒野中、持女欲汚之。女義不従、急呼其母、母来護。悪少手刃其母死。復以言恐女曰、汝従我則生、不従即死。女罵曰、汝殺吾母、又

欲汚我、我寧死耳。悪少怒乃揮刃、傷其頬及身、血流満衣、終不受辱、昏絶仆地。郷鄰同竄者覚之、悪少懼而逃。黎明郷鄰求得其母屍、視女漸甦。及訴于官、捕悪少寘于法。

のような事件があった。

(27) 明実録・洪武二二年九月丁亥、二四年一一月丙戌の条

(28) 例えば明実録・甲辰三月辛未の条に、

上御西楼、有軍士十余人、自陳戦功、以求陞賞。上諭之曰、爾従我有年、爾才力勇怯、我縦不知、将爾者必知之。爾有功予豈遺爾、爾無功豈可妄陳。有功不賞是謂吝、無功求賞是謂貪。吝則失衆、貪則踰分。夫有超人之才能者、必有超人之爵賞。爾曹不見徐相国耶。今貴為元勲、其同時相従者、猶在行伍、予亦豈忘之乎。以其才智止此、弗能過人故也。今爾曹自陳戦功、以求陞賞。国家名爵、烏得幸得耶。爾曹苟能黽勉立功、異日爵賞、我豈爾惜、但患不力耳。於是皆慚服而退、自是、無有復言者。

とあり、一〇余人の軍士が待遇について太祖に直訴する場合もあった。創業期の集団の中にあっては、軍士にとって太祖ですら遠い存在ではなかったのであろう。

(29) 明実録・洪武五年四月戊子の条

(30) 明実録・洪武八年九月癸亥の条

(31) 明実録・洪武一四年一一月戊子の条

(32) 明実録・洪武元年八月己卯の条

(33) 明実録・洪武一三年五月庚戌の条

第二章　洪武朝の月糧

一　支給額

将校に当たる軍官の給与は俸給、下士官兵に相当する総旗・小旗・軍士は旗軍と称され、その給与は月糧と言われたが、馬軍士の月糧は二石、歩軍の総旗は一石五斗、小旗は一石二斗、軍士は一石が基準であった。しかし、全ての軍士が月糧を「全給」つまり全額支給されていたわけではない。正徳『大明会典』巻二七・戸部一二・経費二・月糧に「大軍月糧式」が示され、

某衛某千戸所、百戸某人下、見在旗・軍一百一十二名。該支洪武　年　月分糧、各支不等。総旗、支米一石五斗、二名。小旗、支米一石二斗、一十名。頭軍、支米一石、五十八名。次軍、支米八斗、二十三名。隻身、支米六斗、一十九名。実支米一百二石八斗整。洪武　年　月　日、百戸某人押字、吏某人。

とある。衛所制のもとでは、直接に軍士を掌握していたのは百戸所で、上部の組織は司令部としての機能をもつだけであり、旗軍の月糧も百戸の責任で支給されていたことがわかる。この表はサンプルで規定の通りの一一二名の旗軍が在った場合を示しているが、軍士の中の頭軍・次軍・隻身の員数は適宜に示したものであろう。当時の頭・次軍の基準は不明だがいずれも妻子のある既婚の軍士であり、隻身は独身の軍士であるが、一石から六斗までの差違がある。

この表は洪武朝のいつ頃のものか明らかでなく、『大明会典』の前条やこれにもとづいた『明史』巻八二・食貨六・俸餉でも、諸規定の概略を知り得るが必ずしも十分ではない。そこで、明実録によって実際の月糧の支給額を示した事例を検索してみると、まず洪武三年三月甲辰の条に、

淮安侯華雲竜言、前大軍克永平、留故元五省八翼兵一千六百六十人屯田、人月支糧五斗。今計其所収、不償所費。乞取赴燕山諸衛、補伍練用。詔従之。

とあり、華雲竜は、帰服した旧元軍の兵士一六〇〇余人を永平で屯田させたが、収支償わざる状態なので屯田をやめ、戦闘要員として燕山等の衛に派遣したいと述べ帝の承認を得た。彼らは屯田に従事していたときには、月に糧五斗を給されていたことがわかる。この記事では戦闘要員である守城軍の月糧額は記されていないが、明実録・洪武三年九月辛卯の条に、

中書省臣奏、太原・朔州諸処屯田、宜徴其歳租、以備辺用。弗許。先是嘗命内外将校、量留軍士城守、余悉屯田。其城守兵、月給米一石、屯田者減半。在辺地者、月減三斗、官給農器牛種。至是省臣言、太原・朔州等衛所、屯田士卒、官給牛種者、請十税其五、自具牛種者、税其四。上曰、辺軍労苦、能自給足矣。猶欲取其税乎。勿徴。

とある。中書省が、太原・朔州等の衛所の屯軍で、牛種を官給されている者の収穫の五割を、自弁している者の四割を徴収して軍糧に当てることを提案したが、太祖は辺軍の労苦を理由に却下した。この文中の「辺地に在る者は、月に三斗を減ず」の語が、守城軍と屯軍の両者に掛かるのか屯軍のみなのか、必ずしも明確ではないが、文意からみて屯軍のみに適用されたと考えてよかろう。そうすると、従来、守城軍は月糧を全給されて一石を、内地の屯軍は五斗、辺地の屯軍は二斗を支給されていたことになる。[1]そうすると文中の「辺地」の範囲が問題だが、明実録・洪武一三年六月癸亥の条に、

遣使、齎勅諭北平・山西・陝西・四川・広東・広西・遼東・福建都指揮使司・布政使司、会計辺衛之地見儲倉糧及今年所徴田糧、可給軍餉及官吏月俸幾年、具報戸部、以聞。

とあり、北平・山西・陝西・四川・広東・遼東・福建の都司・布政司に使者を派遣し、各衛の糧米の現有量、徴収見込みの税糧額で何年分の俸給・月糧を確保できるかについて調査し報告させた。やや時期が隔たっているが、ここでしめされた辺衛の地が辺地であったとみなして大過なかろう。しかし、辺地でも屯軍の月糧が一律に二斗だったわけではない。明実録・洪武八年正月丁丑の条に、

中書省臣奏、山西大同都衛、屯田二千六百四十九頃、歳収粟豆九万九千二百四十余石。其屯軍月糧、請依陝西屯田之例、月減三斗。上曰、大同苦寒、士卒艱苦、宜優之。月糧且勿減。待次年豊熟、則依例減之。

とあり、中書省は、山西大同都衛管下の屯田額と収支を報告するとともに、屯軍の月糧を陝西に倣って二斗とするように請うたが、太祖は同地の苦寒を指摘して承認せず翌年以後の実施を指示した。屯軍の月糧は陝西では既に二斗になっていたが、大同ではまだ五斗支給されており、これから減額されようとしていたことが看取できる。又、明実録・洪武一九年一〇月辛卯の条に、

覈遼東定遼等九衛官軍吏胥、其屯軍不支糧者、万八千五十人。余四万七千四百五十人、月支糧五万五千四百石。

とあり、遼東の九衛六万五五〇〇人の中で、一万八〇〇〇余人が月糧を支給されていないという。その大半は屯軍かと思われるが、遼東は軍屯の設置が洪武一五年（一三九二）前後と比較的遅く、納哈出の勢力と対峙する前線でもあり、軍糧は後方からの補給に頼らざるを得なかった。このような地域では、屯軍が月糧を支給されない場合もあったのである(2)。

屯軍以外の軍士についてみてみると、明実録・洪武一〇年九月丁丑の条に、

命陝西等衛、土著軍士、毎月人給糧一石。時上閲慶陽・延安土著軍籍、月止給米肆斗。因諭省・府臣曰、今軍士有客居・土著之名。然均之用力戦陣、奈何給賜有厚薄耶。倶全給之。

とあり、慶陽・延安等では、土着の軍士と他地域からの増援軍である客居の軍士が併存しており、客居の軍士は月糧一石を支給されたが土着の軍士は四斗だった。太祖は、任務が同じであるとの理由で、土着の軍士に対しても、客居の軍士と同額の一石を支給するよう命じた。同じく、洪武一七年一二月丁酉の条には、

命内外軍衛、士卒無余丁、及幼軍無父兄者、皆増給月糧一石。

とあり、本人が死亡したり老齢になった場合に代わるべき余丁のない軍士と、保護すべき父兄をもたない幼軍の月糧を増額して一石とした。従来の月糧額は明らかではないが、余丁・父兄がない場合は全給されていなかったのである。又明実録・洪武一九年四月己亥の条に、

詔応天衛軍士、有父母子女者、月給糧一石、総旗一石五斗、小旗一石二斗。因征戦傷残致疾者、亦給一石。

とある。全給の基本的な条件の一つに「家小」の有無があり、従来、父母兄弟があっても妻がなければ減額されていたが、この段階で父母子女のある軍士の月糧を一石としたほか、重い傷痍軍士にも一石を支給することとした。しかし、この措置が応天衛以外にも適用されたのか、或いは継続的に実施されたのか否かは必ずしも明らかではない(3)。明実録・洪武二〇年一一月己丑の条には、

詔牧馬所軍士月糧、旧給五斗者、増為一石。

とある。牧馬千戸所は中軍都督府管下の在京衛所の一つであり、これまで月糧五斗の軍士があったとみられるが、この段階で増額された。又、洪武二一年二月丁卯の条に、

命中軍・左軍二都督府、移文所属都司、凡帰附韃靼官軍、皆令入居内地、仍隷各衛所編伍、毎丁男月給米一石。

とある。左軍都督府は京衛の一部と浙江・遼東・山東都司を、中軍都督府は京衛の一部と直隷諸衛を管轄するが、帰服したモンゴル兵をこれらの諸衛に編入して、軍士に当てるべき丁男に月糧一石を支給することとした。ここでは減額の対象となる諸条件を問わず、一律に全給したとみられ優遇した措置といえる。明実録・洪武二二年九月乙未の条に、

開国公常昇奏、辰州所属、籍取民丁、編軍訓練者、合給月糧、未有定数。戸部援例、人月給五斗。上以為不贍、命月以一石給之。

とあり、常昇が、湖広辰州で軍に編入した民丁に対して支給すべき月糧額を奏問したとき、戸部は五斗を提案したが太祖は一石の支給を命じた。「援例」とあるのは土着兵の事例かもしれないが、従来、このような場合の月糧は五斗だったことがわかる。以上のように軍士の月糧は全給されれば一石だったが、任務の上では戦闘要員である守城か屯田・牧馬等か、個人的事由では妻の有無や父母兄弟の扱い、来歴では土着か客兵か、或いは民戸からの編入か否か等によって種々の減額の措置がとられた。しかし、屯軍の場合は事情が異なるが、洪武一〇年（一三七七）代から二〇年（一三八七）前後の時期に、徐々に諸条件が撤廃され、全給されていったとみることができる。

それでは、月糧一石を全給されたとして、軍士の生活はどうだったのだろうか。明実録・洪武一〇年二月辛酉の条によれば、太祖は、全国の軍士が、郷里を遠く離れた衛所に配置されており、支給される月糧は僅かに本人の生活を支える程度しかなく、死亡した場合には葬儀の費用も出ないであろうと述べ棺の支給を命じた。軍士は、一部には土着の場合もあったが、配置される場所と本貫の地は異なるのが一般で、妻子父母の同居を認められていた。後代とは違い、衛所が新設されていった洪武朝では、地縁のない場所で生活しなければならない軍士にとって、不十分な月糧が唯一の収入であった。更に明実録・洪武一六年（一三八三）五月乙巳の条によれば、武器や軍装は従来は自弁であっ

たが、太祖は一石の月糧では妻子を養うこともできず、まして武器・軍装を自分で備えさせるのは不可能だと述べ官給を命じた。明実録・洪武二〇年五月癸酉の条によれば、太祖は一石では僅かに食べることができるだけであり、貯えなどないので、軍士の死後に父母子女を路頭に迷わせないように優給せよと命じた。これらの記事に太祖自身の言葉として記されているように、一石の月糧では辛うじて本人が食べられるだけで余裕は全くなく、妻子や父母と同居すれば生活は困窮せざるを得なかったのである。しかし、月糧増額の議論は全くみられない。葬儀費用の補助や武器・軍装の官給、軍士死亡後の家族に対する優給等は、月糧の不充分さを補うための措置だったのであろう。月糧は米によるのが原則だったが、さまざまな状況の下で他の物品によって折給することがあった。次に折給についてみてみよう。

二　折　給

折給の様相は、洪武八年（一三七五）三月の鈔法施行の前後で異なっている可能性があるので、まず鈔法以前の状況を検討する。この間、月糧は米によるという原則は維持されていたが、事実上折給に近い事例は早くからみられる。明実録・洪武三年一二月乙丑の条に、

雷州衛指揮同知張秉彝、言便易四事。……四、本州糧儲、不足以給兵食。乞以歳弁塩課、給民間羅糧以給軍。上従之。

とあり、洪武四年三月癸卯の条には、

大同衛都指揮使耿忠請、以山東・山西塩課、折収綿布・白金、赴大同易米、以備軍餉。従之。

とある。これらは、現地で確保できない分の軍糧を、塩課を流用して購入し、月糧として支給しようとしたものである。軍糧の購入には銀が直接用いられることもあった。明実録・洪武五年八月癸巳の条に、

上、以北平・山西餽運艱難、命以銀易米、供給軍衛。計山西大同易米、白金二十万両。北平易米、白金十万両・綿布十万匹。又、遼東軍衛乏馬、発山東綿布万匹、易馬給之。

とあり、北平・山西への軍糧輸送が困難だったので、買い入れて各衛に供給しようとしたが、其の為に銀三〇万両・綿布一〇万匹が必要だった。不足した軍糧の数量は記していないが、その費用から見てかなりの量だったと思われる。又、洪武七年正月己丑の条に、

以白金・綿布、易米・麦七万九千五百余石、充平涼・鞏昌・臨洮軍餉。又以白金六万六千八伯九十両、易米一十六万七千二百余石、充広州軍餉。

とあり、支給額は分からないが、銀・綿布を用いて平涼・鞏昌・臨洮の軍糧約八万石を買い入れ、広州では銀六万六八九〇両を用いて米約一七万石を購入した。一石あたり約四銭で買ったことになる。これらの事例は、必要な軍糧を現地で確保できない為に、米を購入して月糧として支給したのである。このような事例は雷州や広州等の南辺でもみられるが北辺において顕著である。北辺やその後背地である華北は、元末以来の戦乱によって疲弊していたにも拘わらず、北元勢力と対峙する為に大兵力を配置しなければならず、軍糧不足にみまわれることが多かったと思われる。明朝政府にとって、わざわざ買い入れて米の形で月糧を支給する手段から、銀等を軍士に直接支給して各自に米を購入させようとする折給まで一歩の距離であろう。

明実録・洪武三年九月甲寅の条に、

河州衛指揮韋正言、西辺軍糧、民間転輸甚労、而綿布及茶、可以易粟。今綿布以輓運将至。乞併運茶、給各衛軍

士、令其自相貿易、庶省西民之労。詔従其言。

とあるのが、折給の早い時期の例とみられる。当時、河州は占領直後で、戦乱によって荒廃し、設置された河州衛の維持も危ぶまれる状態だった[4]。現地での調達はもとより、民運による軍糧の確保も非常に困難であり、軍士には綿布と茶を支給して各自に米を購入させようとしたのである。明実録・洪武六年一一月戊戌朔の条に、

四川行省奏、会計明年官吏軍士歳支俸糧、合用七十四万一千七百余石。今稽其所徵、不及所用。詔以銀二十万両兼給之。

とある。洪武四年（一三七一）に明朝の支配下に入った四川で、行省が洪武七年（一三七四）に支給すべき文武官の俸給と軍士の月糧を算出したところ、七四万一七〇〇余石が必要だが、徴収予定の税糧では賄えないと上奏した。これに対して、太祖は銀二〇万両を支出して米銀兼給とせよと命じた。米と銀の比価や、兼給されるのは全員なのか一部の人間だけなのか等の具体的なことは分からないが、俸糧の大部分を占めるのは軍士の月糧だから、兼給が月糧に及ぶのは明らかであり、管見の限りでは銀による折給の最も早い例であろう。例数は少ないがこれらの事例から折給の背景はみることができるように思う。つまり、全ての衛が各々の現地で必要な軍糧を調達することはできず、それらの衛では後方からの輸送に頼らざるを得ないが、重量物である米を充分に供給することは困難で、明朝政府は手持ちの比較的運搬し易い物品を支給したという構図である。それ故、折給は生産力の低い南北辺で行われることが多いが、その場合、他の物品を受け取った軍士が、現地で米を購入できるか等については必ずしも考慮されてはいなかったと思われる。

次に鈔法施行後の折給についてみてみよう。軍に対して賜与のかたちで大量の鈔が支給されたことは次章で述べるが、定期的な俸給・月糧の場合はどうだったのか。明実録・洪武九年二月庚子の条に、

戸部奏、文武官吏俸、軍士月糧、自九月為始、以米・麦・鈔兼給之。其陝西・山西・北平、給米什之五。湖広・浙江・河南・山東・江西・福建・両広・四川及蘇・松・湖・常等府、給米什之七。余悉以銭・鈔準之、儲麦多者、則又於米内兼給、毎銭一千・鈔一貫、各抵米一石、麦減米価什之二。従之。

とあり、九月から文武官の俸給と軍士の月糧を米麦と鈔の兼給にするという。その比率は北辺の陝西・山西・北平は米と鈔が各五割、湖広・浙江・河南・山東・江西・福建・広東・広西・四川と直隷の蘇州・松江・湖州・常州四府は米七割・鈔三割とし、その他の地域もこれに準ずるが、麦の多いところでは麦を支給してもよい。換算の比価は鈔一貫＝銅銭一〇〇〇文＝米一石＝麦一石二斗五升とするというのである。ここでの米は大米をさすのであろう。極めて大まかな記事であり、内容を検討するには他の面の動向も併せて考えなければならない。折給と対をなすと思われる折納（本色に代えて他の物で納付する）について、この記事の約二ヶ月後の明実録・洪武九年四月己丑の条に、

命戸部、天下郡県税糧、除詔免外、余処令民以銀・鈔・銭・絹、代輸今年租税。戸部奏、毎銀一両・銭千文・鈔一貫、折輸米一石。小麦則減直十之二。綿・苧布一匹、折米六斗・麦七斗、麻布一匹、折米四斗・麦五斗。以絲・絹代輸者、亦各以軽重損益、願入粟者聴。上曰、折納税糧、正欲便民、務減其価、勿泥時直可也。

とあり、折給の場合と同じく、銀一両＝銅銭一〇〇〇文＝鈔一貫＝米一石＝小麦一石二斗五升とし、また綿・苧布一匹＝米六斗＝麦七斗・麻布一匹＝米四斗＝麦五斗の換算率で折納させせようというのである。この記事は『明史』巻七八・食貨二にも部分的に収録されており、『明史食貨志訳註』でここを担当された山根幸夫氏は、註七〇で省略部分を補った上で「この年の税糧は、直隷の一部・山東・四川・広東・広西以外の地は全て免除されていたから、この際の折納は、特殊な状況下に於ける臨時措置ということができる。」と述べられた。確かに其の後恒常的に実施された形跡はなく、一時的な措置だったと見られる。前述の米鈔の兼給は、実際には折納と平行して行われることになろう。

少なくとも、両者に共通する直隷諸府・山東・四川・広東・広西等の地域については、米鈔兼給は臨時の折納に連動したもので、一時的な措置という面があるとみられる。

同時に、折給には鈔法強化の為の措置の一つという側面もあったと思われる。前述の洪武九年（一三七六）二月の命令では、大まかながら、軍士の月糧の他に地方駐在の文武官の俸給も、米鈔兼給とすることになっていたが、京官については言及していない。文武官の俸給は、洪武四年に正一品の九〇〇石から従九品の五〇石に至るまで、年間の額が定められ支給は全て米によった(5)。これが洪武一三年（一三八〇）二月に重ねて制定され、俸給額はやや増額されたが、正一品から従九品まで平均すると六割余を鈔で折給することとなった。特に従四品は全て鈔、従五品は八割八分が鈔による折給とされた(6)。更に明実録・洪武一八年一二月己丑の条には、

命戸部、凡天下有司官禄米、以鈔代給之。毎鈔二貫五百文、代米一石。

とあり、米一石＝鈔二貫五〇〇文に換算して、全てを折鈔支給する命令が出された。しかし、これらの洪武一三年・一八年（一三八五）の記事は『諸司職掌』や正徳『大明会典』等には記載されておらず、収録されているのは洪武二五年（一三九二）に三度制定された俸給額で全て米による支給である(7)。つまり、洪武一三年に米鈔兼給を命じ、一八年には全額折鈔支給まで命じたが、二五年に全て停止され米支給に戻ったことになる。

また、軍士の月糧だけでなく、月塩にも鈔による折給の動きがみられた。明実録・洪武一五年一一月丙辰の条に、

命天下衛所軍士、所給月塩、以鈔代之。時西安衛千戸宋寿、領河東塩六千四百余斤、以給軍士、侵欺三千二百余斤。事聞、上命戸部、悉準塩価給鈔、免致所司為姦。於是戸部定議、京衛軍士、仍旧給塩、外衛以鈔代之。

とあり、西安衛千戸の横領事件を機に、京衛の軍士は従来通り現物を支給されるが、外衛は鈔によって折給されることになった。塩と鈔の比価については、『諸司職掌』戸部・経費・月塩に、

凡内外大軍、関支月塩。有家小者、月支二斤。無家小者、月支一斤。其在京衛分、如遇按月支塩、将該支軍名塩数、造冊中繳、合干上司、転達本部。……其在外衛所、軍士月塩、亦有支鈔去処、毎塩一斤、折鈔一百文。

とあり塩一斤＝鈔一〇〇文の比価とした。既婚の軍士は鈔二〇〇文、独身のものは一〇〇文を支給されることになる。しかし、この規定も正徳『大明会典』巻二七・経費二・月塩の洪武朝の事例には記載されておらず、その後どの程度実施されたかについては必ずしも明らかではない。

以上のように鈔法施行後、諸経費を現物から鈔に切り替えようとする動きがあり、前述の洪武九年二月に裁可された月糧の米鈔兼給の規定はその嚆矢となる措置であった。改めてこの規定について検討してみると、折鈔率が北辺の陝西・山西・北平と他の地域に分けられ、北辺が他より二割も高い五割となっている。その結果、北辺では守城軍は米五斗・鈔五〇〇文となり、屯軍は月糧が五斗か二斗だったので、米二斗五升・鈔二〇〇文・銭五〇文か、米一斗・鈔一〇〇文のいずれかということになる。当時、これらの地域に配置された兵力をみると、陝西では洪武九年五月には八万余人、一二年（一三七九）六月は一九万六七〇〇余人、一二年一二月には一一万八一〇〇余人の存在が確認でき(8)、北平には一二年一二月の段階で一〇万五六〇〇余人の軍士がいた(9)。山西の兵力は明らかではないが、洪武八年三月に、山西から北平の戍守に赴いた兵力が一五万六〇〇〇余人あったことが確認できる(10)。これらの例からみて、洪武九年頃にも、陝西・山西・北平には、少なくみても四〇万人前後の兵力があったのではないかと考えられる。当時の北辺は南京とともに最大の兵力集中地域だったが、北辺の場合、現地の生産力とは関係なく、北元に備える戦略的必要から配備されたものであり、軍糧の多くは後方からの輸運によらざるを得なかったと思われる。そのような北辺で折鈔率を他よりも高くするのは、軍士の生活という面からみれば明らかに不合理である。米の豊かな地域であれば、鈔を支給された軍士が購入することも可能であろうが、北辺はこの点では不利であり、折鈔率はむしろ逆でなければなるまい。洪武九年二月の規定には、明朝政府の鈔法強化政策の一環という面も認められるが、軍糧輸送の負担を軽減する為に、手持ちの輸送し易い物品で代替えするという、鈔法施行前の図式と同じなのではないか。鈔による折給が実効性をもつ為には、鈔価の安定と商品としての米穀が豊富に存在することが条件となるが、当時の北辺では、どちらの条件も備えていなかったと思われる。鈔法施行から一五年後の洪武二三年（一三九〇）には、当初の四分の一になるような急激な鈔価の下落傾向の中で、九年二月の規定の実施は困難になっていったと思われる。この規定は、正徳『大明会典』巻二七・戸部一二・経費二・月糧の事例にも記載されていない。

このあと、鈔による折給を全国的に強行しようとする動きはみられないが、特定の地域の軍糧不足を補う為に、臨時の措置としての折給は実施され、その一環として鈔も用いられた。例えば明実録・洪武一二年一〇月丁亥の条に、

給河南諸衛軍士粟人二石、倉米不足者、賜鈔一錠。凡軍士六万六千三百余人、粟十一万五千八百余石、鈔八千六百余錠。

とあり、河南の諸衛で、軍糧の不足分を粟一石＝鈔二五貫の比価で折給した。しかし、既に洪武九年二月の規定とは鈔の比価が全く異なっている。また明実録・洪武一七年六月戊辰の条に、

瞿塘・施州二衛奏、歳用軍糧七万五千九百六十六石、而州県歳徴之租不及。請以他税足之。於是戸部言、成都・永寧・貴州各衛軍士、月給米十之七・塩十之三。今二衛之糧、宜准此例。従之。

とあり、湖広都司管下の瞿塘・施州両衛が、現地で必要な軍糧を確保できず、その補充を要請したのに対し、戸部は成都・永寧・貴州の衛所では月糧の七割を米、三割を塩で支給しているので、瞿塘・施州両衛でもこれに倣うように提案して、太祖の承認を得た。成都の衛というのは、おそらく成都に配置された八衛を指すとみられるが、そうすると合せて一一衛が米塩兼給ということになる。洪武九年二月の規定では、湖広・四川ともに米七割、鈔三割の地域だ

が、この頃には、比率は残存していたが鈔ではなく塩が用いられていたことになる(11)。

これらの河南・湖広・四川等の例は、軍糧不足を補う為に鈔や塩が用いられたものだが、事情の異なる折鈔支給の例もあった。明実録・洪武二二年正月丁亥の条に、

命荘浪・河州・洮州・岷州・西寧・涼州・寧夏・臨洮八衛、官吏月俸、毎石折鈔二貫五伯文、馬軍兼支米鈔、歩軍則全給之。旧例、辺儲皆収塩糧及轉運供給。涼州衛、商人運米二斗至、倉官給塩一引。而毎衛月糧、給万余石。屯軍士民、又種粟麦、軍民所用、皆米而已。米価日減、毎石至伍伯文。故以鈔兼給之。

とある。河州衛については前に述べたが、これらの八衛はいずれも軍糧事情の悪い地域である。解釈しにくい記事だが概ね次のような内容であろう。軍官の俸給は、米一石＝鈔二貫五〇〇文の比価で全て折給し、馬軍は比率は不明だが米鈔兼給とし、歩軍は米のみの支給とする。従来、軍糧確保に当たって、商人による納糧開中の役割が大きく、米二斗＝塩一引と非常に安い比価を設定していた為に納糧額は大きかった。その結果、各衛で毎月必要とする軍糧は、約一万石だが充分な余裕がある。屯軍や居民が栽培するのは粟・麦だが、米が豊富な為に皆米を用いているが、それでも米価はさがり一石＝五〇〇文になっている。そのため鈔でも充分購買力があるので、米鈔兼給としたというのであろう。記事の米・粟は大米・小米をさすと思われる。鈔法施行の当初は鈔一貫＝米一石の比価とされたが、洪武二〇年前後には鈔価は既に大幅に下落しつつあった。ところが西北辺の一部の地域では納糧開中によって、かえって鈔価が上昇する場合もみられたのである。実際の米価が一石＝五〇〇文というのだから、一石＝二貫五〇〇文と換算するのは受給者に大変有利な措置であり、軍官達は喜んで鈔を受領したろう。この状態は、開中法に応ずる商人が大量の米を搬入した為であり、商人の活動の非常な活発さを窺うことができる。商人の納糧開中を促進したのは、米二斗＝塩一引という極めて低い塩糧比価である。佐伯富氏は明実録・洪武四年二月癸酉の条によって大同・大原・山西等の

北辺五ヶ所の塩糧比価を示されたが、[12]平均すると浙塩一引当たりの納糧額が約二石、准塩は約二・五石だった。涼州等の諸衛では、その一〇分の一程度の、商人に非常に有利な比価を設定していたので納糧が活発になったのであろう。このような低い塩糧比価は、当時、戦役が長期化して軍糧不足に悩んでいた雲南以外にはみられない。[13]明実録・洪武二二年一二月庚申の条に、

戸部令史蔡铸言、初為陝西辺儲之計、召商輸粟、給淮浙塩以酬之。近商人利其収糴之便、輒以陳米入倉。恐儲積久而腐爛。宜禁止之。武臣之在辺者月俸、請給以鈔、馬軍月糧二石、亦宜減半給之。如此則辺儲可充、軍餉不乏。従之。

とあり、同じ地域の約一年後の状況が見られるが、低い塩糧比価は維持されていて商人の納糧は活発だったようである。しかし、戸部令史蔡铸は次のように問題点を指摘した。古米を納入する商人が多く、永く貯蔵すると腐敗する恐れがあるので、古米の納入を禁止すべきである。その結果、納入量が減るとしても、軍官の俸給を折鈔支給し、馬軍の月糧二石を一石に減額すればまかなえるであろうというのである。蔡铸の提案は太祖の裁可を得たが、もし実施されても、納入量が減れば遠からず鈔価は下落し折給は維持できなくなろう。低い塩糧比価が設定された時期については、二つの記事に「旧例」「初」とあるのみで分からない。しかし、当時の情勢を見れば、洪武二〇年の納哈出征討とその降伏、二一年（一三八八）の北元勢力に対する攻撃と、大規模な軍事行動のあった時期である。その準備のために北辺に大量の軍糧を集積する必要があり、塩糧比価を低くして商人の納糧を促進させた結果かも知れない。もしそうならば、二二年（一三八九）の段階では既に必要のない措置になりつつあったといえよう。全国的に急激に鈔価が下落していたにもかかわらず、納糧開中によって豊富な米が調達され、一時的に鈔価がもちなおし折鈔支給が行われた例とみることができる。以上のように、洪武九年以後、鈔による折給の動きがみられたが、全国的に実施するの

は困難で、結局、基本的には月糧は米によらざるを得なかった。それでは明朝政府はどれだけの軍糧を備蓄しようとしたのだろうか。

三　軍糧の備蓄

『諸司職掌』戸部・倉庫・内外倉廒に、

> 凡天下設置倉廒、其在各該衛所、常存二年糧斛。分為二十四廒収貯、以備支用。其在各司府州県、各有倉廒、収貯糧米、以給歳用。

とあり、税糧の項にも、

> 各処軍衛倉収貯、常存二年糧儲、以備支用。

とある。洪武二六年（一三九三）に成った同書では、全国の衛所は二年分の軍糧を二四廒に備蓄すべきことが定められている。この規定は、どのような経緯をたどって定められてきたのか。まず、北辺と並んで大兵力の集中地帯だった南京の軍糧事情をみてみよう。在京の兵力は洪武四年八月には一九万四〇余人、同年一〇月に二〇万七八二五人、二五年閏一二月に二〇万六二八〇人だったことが確認できる。(14) 動員されなければ約二〇万人が常駐していたわけである。彼らに支給しなければならない軍糧は明実録・洪武六年三月庚午の条に、

> 会計在京各衛大軍月糧・官吏俸給、月支米二十五万五千六百六十石有奇。

とある。「官吏」とあるのは中央政府の文武官ではなく、京衛の軍官と文官系の官吏を指すとみられるので、これを含めると年間で三〇六万七九二〇石の俸給・月糧が必要と言うことになる。備蓄の場所と糧について明実録・洪武三

年七月丁酉の条に、

置軍儲倉。時在京衛多積糧、以鉅万計、而廩庾少、無以受之。乃命戸部、設軍儲倉二十所、各置官司其事、自一至第二十、依次以数名之。

とあり、同年八月乙酉の条に、

中書省臣言、在京軍儲倉二十処、収糧六百余万石、毎倉設官三員。請増設京畿漕運司官、専督其事。従之。

とあり、鉅万の軍糧が集積されているが、在京衛には受け入れるべき倉がないので、洪武三年に第一から第二〇号の軍儲倉を設置した(15)。その管理のために各倉に三人の官員を配置したが、総計六〇〇万石にも及ぶ量なので、京畿漕運司の管下に入れ官員を増やして管理することにしたという。当初の備蓄量が六〇〇万石だったことがわかるが、明実録・洪武六年七月庚申の条に、

戸部奏、計今年秋糧、京倉収貯四百八十三万、臨濠倉九十二万。

とあり、この年の秋糧のみで四八三万石を京倉に収貯した。京倉とあるので軍儲倉のみではないとみられるが、前年からの備蓄も加えれば六〇〇万石前後の額はその後も維持されていたのではなかろうか。六〇〇万石はまさに在京軍の俸糧二年分に当たる。当初、在京衛の軍糧は軍儲倉にまとめて備蓄されていたが、約一〇年後の明実録・洪武一四年五月己酉の条に、

命京衛、営建軍伍廬舎及官員居室。又計在京一歳官俸・軍糧之数、令各建倉儲蓄、以便支給。

とあり、在京各衛に命じ、軍官や軍士の宿舎とともに、一年間在衛した場合に要する俸給・月糧を備蓄できる衛倉を建設させた。支給に便利なようにとの理由から見て、これまでは毎月軍儲倉から各衛に運搬していたのであろう。これ以後、南京では軍儲倉に一年分、各衛倉に一年分の軍糧がされたことになる。以上のように、軍儲倉と各衛倉に分

かれてはいるが、南京では確かに二年分の軍糧が備蓄されていた。しかし、これと異なる地域もみられる。

明実録・洪武一七年六月丁丑の条に、

戸部言、潼関衛、見儲軍餉、可給三年。其余米五十二万四千二百二十七石、宜運貯西安府倉。鳳翔衛、見儲軍餉、可給三年。其余米一十四万六十四石、宜運貯鞏昌府倉。従之。

とあり、戸部は潼関衛で備蓄している軍糧の中、同衛の俸給・月糧三年分を残し、余の五二万四〇〇〇余石を西安府の倉に輸送させ(16)、鳳翔衛も、同じく三年分を残し、一四万余石を鞏昌府の倉に移させた。いずれも大量の軍糧を集積していたことが看取できるが、これらの北辺の衛では備蓄量は三年分となっていた。二年分の地域と三年分の地域があるわけだが、これについて明実録・洪武一七年九月乙卯の条に、

西安府旱傷稼。事聞、上諭戸部臣曰、水旱為災、皆傷和気所致。朕惟、加警省思回天意、其西安府、今年租税悉免之、凡一十三万三千九百七十石。上諭戸部曰、経国之要、兵食為先。国家糧儲、不可無備。其令各布政使司、会計兵食、辺衛備三年之儲、内地備二年之儲。

とある。太祖は、洪武一七年の段階で、西安府の旱害の報告をうけて、税糧の免除を指示するとともに、各布政使司に命じ管轄区域内にある諸衛の俸糧額を算出して、辺衛は三年分、内地衛は二年分の軍糧を備蓄させることにした。内地に比べ、生産力の低い辺衛では、一旦不作にみまわれると軍糧の確保が難しく、その結果、軍事行動に支障をきたすおそれがあるので、予め内地衛よりも多く備蓄させようとしたと思われる。辺衛の範囲は前述した明実録・洪武一三年六月癸亥の条によれば、北平・山西・陝西・遼東の北辺と、四川・広東・広西・福建の南辺の諸衛が該当する。

内地衛が二年分、辺衛は三年分の俸糧を備蓄しなければならないとすると、具体的な数量はどうなるのか。全ての衛が五六〇〇人の定員を満たし、守城軍と屯軍が三対七だったわけではなく、地域や時期或いは衛の任務によって人

数や比率に片寄りがあったことは勿論であるが、仮に規定どおりとして一衛の必要量を算出してみると次のようになる。各衛には正三品の指揮使から従九品の軍器局大使に至るまでの文武官員がいるが、その俸給額を『諸司職掌』戸部・俸給に示された支給額によって計算すると一ヶ月に四八九六石となる。更に、月糧一石五斗の総旗一〇〇人、一石二斗の小旗五〇〇人分が七五〇石となる。屯軍以外の軍士の月糧は、次第に条件が緩和されて一石を全給されていったことは前述した。一方、屯軍の月糧は内地衛で五斗、辺衛では五斗と二斗の双方の場合があるが、一応二斗として計算する。守城軍と屯軍の比率を明実録・洪武二五年二月庚申の条にある三対七と仮定すれば、一衛には三五〇〇人の屯軍と一五〇〇人の守城軍がいることになる。そうすると、内地衛では屯軍の月糧が一七五〇石、守城軍が一五〇〇石で、辺衛では各々七〇〇石、一五〇〇石である。これらを合計すると、一ヶ月の必要軍糧は、内地衛が八八九六石、辺衛が七八四六石となり、内地衛の二年分は二一万三五〇四石、辺衛の三年分は二八万二四五六石という数字が出てくる。計算には含めなかったが、北辺の衛では、月糧二石の馬軍が多いので実際には更に増えるはずである。前引の明実録・洪武二二年正月丁亥の条で、荘浪・河州・洮州・岷州・西寧・涼州・寧夏・臨洮の八衛について「而して毎衛の月糧、万余石を給す」とあるのはその事情によるものであろう。衛所の数は、洪武六年（一三七三）には既に一六四衛・八四守禦千戸所をかぞえた[17]。二六年には、内外合せて三二九衛・六五守禦千戸所にのぼったのである。試算の数量からみて、洪武一七年（一三八四）九月の命令を実施すれば莫大な糧米が必要となるが、どの程度実現できたのであろうか。明実録・洪武二〇年五月甲子の条に、

上諭戸部左侍郎楊靖曰、京師軍儲、所収已定。其在外諸司府州県糧儲、有軍衛処、宜存二年。無軍衛則存学糧・廩給。余並折収鈔・布・絹疋。爾等其更計之。靖言、方今四川糧儲、歳給不敷。雲南尤甚。宜命商人納米、而以官塩償之。若北平・山東之糧、以済漠北・遼東匱乏。山西・陝西近辺之地、糧宜多積、亦難限以年数、皆当全収。

惟、河南・浙江・江西・湖広・福建・広東・広西及直隷府州県、可皆存糧二年、余並在折収之数。上従之。又慮有司折収過重損民、特命米一石止折鈔一貫、布・絹並循往年定例。

とある。折納についての記事だが軍糧事情も窺うことができる。太祖は、戸部左侍郎楊靖に対して、各布政使司や府州県で、管内に衛がある場合は二年分の糧儲を、なければ学校の経費と地方官の俸給の分を本色（規定で定められているもの、主として米・麦）で徴収し、余は鈔・布・絹で折納させるべく検討せよと命じたのに対し、楊靖は次のように答申した。四川は徴収額が歳出に及ばず、戦乱が長期化している雲南は軍糧事情が最も悪いので、両地域とも納糧開中を実施しなければならず、とても折納は実施できない。塞外諸衛と遼東の軍糧は、北平・山東から補充する必要がある。山西・陝西は、糧米の全てを備蓄しても、二年分を確保できるかどうかわからないので折納はできない。河南・浙江・江西・湖広・福建・広東・広西と直隷の府州県は、二年分を備蓄した上で余の部分を折納とすることが可能だという(18)。太祖の指示にも、既に辺衛での備蓄三年を示す言葉はなく、洪武一七年九月の段階に比してやや後退した観がある。前述の如く『諸司職掌』では一律に二年分とあって、辺衛の三年分という記述はない。しかし、二年分でも備蓄可能なのは七布政使司と直隷の府州県にすぎず、南北辺の多くの地域は他からの補充や商人の活動にまたなければならなかった。軍屯の収穫が期待できるとはいえ、軍を維持する為の負担が非常に重かったことが窺える。

小　結

軍士の月糧は月の初めに支給され、全額支給されれば一石だったが、当初は、種々の条件によって減額される場合が少なくなかった。任務でいえば守城・屯田・牧馬等の別、個人の事情では妻や父母の有無、或いは土着軍か来援軍か等の諸点が勘案された。しかし、洪武二〇年前後までに、屯軍をのぞいて条件が次第に緩和され、全額支給されるようになった。月糧は米で支給されるのが原則だったが、軍糧を確保しにくい地域では早くから他の物品による折給がみられ、洪武八年に鈔法が実施されると、一時大規模な折鈔支給が試みられた。しかし、軍士の生活を無視した面があり、鈔価の下落とともに実状にそぐわなくなっていった。結局、明朝政府は軍を維持する為に莫大な軍糧の確保に務めなければならなかったのである。

次に、月糧を補う臨時の給与である賜与について考察する。賜与には多様な物品が用いられたが、以下の三・四・五章で各物品ごとに数量・地域・時期に関して検討を加える。

註

（1）これらは月糧の支給額を具体的に示した早い時期の記事だが「月給米」「月支糧」のような表記が多い。明実録・洪武三年一二月辛酉の条に

命軍人月糧、於毎月初給之、著為令。

とあり、月糧の名称で、毎月の初めに支給されることが定められた。

（2）屯軍は、初めは月糧を支給されていたが、屯田の整備とともにかえって税糧を徴収されるようになり、洪武二〇年頃には畝糧一斗とされた。永楽以後は正糧一二石・余糧一二石を徴収され、正糧は本人の月糧、余糧は守城軍の月糧にまわされた。屯軍は収穫したものを一旦収め、改めて月糧を支給されたわけである。しかし、宣徳以降、次第に正糧ついで余糧も免除されるようになり、屯軍の月糧支給も有名無実化した。

（3）『皇明経世文編』巻四三・李秉「奏辺務六事疏」に

一、各処軍士、止以有妻為有家小、其雖有父母兄弟、而無妻亦作無家小、減支月糧。是軽父母而重妻、非経久可行之法。

況父母兄弟、供給軍装、不無補助。乞以此等、作有家小開報、一体増給、庶使親属有頼、軍不逃亡。

とある。この上奏は明実録では、景泰三年八月乙丑の条に記されており、当時李秉は総督辺儲参賛軍務の任にあった。この記事から見ると、すくなくとも北辺では家小は妻だけをさし、父母兄弟があっても妻がなければ月糧を低く抑えられてきたのである。洪武一九年の措置は一時的あるいは部分的なものだったのかもしれない。

(4) 当時の河州の状況について明実録・洪武三年九月甲寅の条に

(韋)正初至河州、時城邑空虚、人骨山積。将士見之、咸欲棄去。正語之曰、正受命、同若等出鎮辺陲、以拒戎狄。当不避艱険、致死命以報国恩。今既至此、無故棄去、一旦戎狄寇辺、其誰禦之。民被其害、則吾与若等、死亡無地。雖妻孥不得相保、与其死於国法、無寧死於王事乎。於是衆感激曰、願如公命。正日夜撫循其民、俾各安其居、河州遂為楽土。

（　）は筆者

とある。

(5) 明実録・洪武四年正月庚戌の条

(6) 明実録・洪武一三年二月丁丑の条

(7) 明実録・洪武二五年一一月是月の条

(8) 明実録・洪武九年五月乙卯、一二年六月癸未、一二年一二月丙子の条

(9) 明実録・洪武一二年一二月辛未の条

(10) 明実録・洪武八年三月丙戌の条

(11) この措置は、洪武一五年一一月の月塩の折鈔支給の命令とは矛盾しない。一方は月糧の一部を折塩支給したのであり、一方は月塩を折鈔支給するものである。

(12) 佐伯富氏『中国塩政史の研究』（法律文化社、一九八七年）四三二頁

(13) 明実録・洪武二〇年一一月庚子、二二年九月丙寅朔の条によれば、雲南で淮・浙塩一引＝米一・五斗、畢節では浙塩一引＝米二斗、金歯では一引＝米一斗の比価を設定した例がある。

（14）明実録・洪武四年八月丙戌、一〇月甲辰、二五年閏一二月丙午の条
（15）正徳『大明会典』巻三九・戸部二四・倉庾二・内外倉厫一の事例では軍儲倉の設置を洪武四年としている。
（16）明実録・洪武九年二月甲寅の条に潼関の倉が設けられた記事がある。
（17）明実録・洪武六年八月壬辰の条
（18）布・絹の往年の定例とあるのは、明実録・洪武九年四月己丑の条に示された比価であろう。

第三章　洪武朝の賜与（一）―銀・鈔

一　銀の支出

明実録から銀が賜与・賑済・糴買・市馬等に支出された例を検索し、各年ごとの額を示したのが表Ⅰである。算出できるのは総額が示されているか、個々の額と対象員数がわかる場合であり、其のいずれかが不明で表示できない例も少なくない。このような例にもふれながら各年の賜与状況をみていく。

洪武元年（一三六八）一二月、帝は中書省に詔して自後の府州県官の任命に当たって銀一〇両・布六疋を賜与するように命じた(1)。しかし、この命令がどの程度実施されたか確認できない。大規模な銀の賜与が始まるのは翌二年（一三六九）からである。同年一〇月、嶧州や滕州の平定に当たった平章韓政麾下の将士六二五〇人に文綺・帛七七八匹と共に一万一〇二〇両の銀が賜与されたのが最も早い例であった(2)。更に一二月には、総額は算出できないが、南北の征戦に従った将士に大規模な賜与が実施された。北征した徐達・常遇春以下の一五将に合せて銀三六五〇両・文幣三三三表裏が賜与されたほか、指揮使→文幣七表裏、千戸・衛鎮撫→六表裏、百戸・所鎮撫→五表裏、総旗→銀三両三銭・米三石、小旗→銀三両二銭・米三石、軍士→銀三両・米三石が賜与された(3)。北伐軍の兵力は不明だが、明史の徐達伝にある二五万人が実数に近いとすれば賜与銀両は七五万両以上に及ぶことになる。北伐軍のほか征南軍や各地の守備軍にも同様に賜与されたので総額は更に増える。算出できる額は表示の約三万両のみだが、この歳の賜与銀は一〇〇万両前後に達した可能性が高い。三年（一三七〇）も同様で、表示の八万余両のほかに一一月に大規模な賜与があり、興元・定西・応昌の平定に当たった軍や各地を守備した軍の指揮使から百戸に至る軍官に対して、文綺・帛各々二四～八疋を賜ったほか、軍士に対して一律に各々銀一〇両・銭六〇〇〇文を賜与した[4]。更に陝西・蘭州の守備軍には、総旗→銀一〇両、小旗→九両五銭、軍士→九両を賜与し、鳳翔の守備軍には総旗→銀九両、小旗→八両五銭、軍士→八両を、臨洮の軍には総旗→銀八両、小旗→七両五銭、軍士→七両を、延安・綏徳の軍には総旗→銀五両、小旗→四両、軍士→三両を賜与した[5]。総旗・小旗・軍士の数が明らかではないが、一人当たり一〇～三両の賜与であり、総計では莫大な額にのぼったことは間違いない。このほかにも羽林衛等の軍士八万二〇〇〇余人に銭・米とともに銀を賜与した[6]。四年（一三七一）は表示額が約九〇万両にはね上がったが、それは北平と山西の諸軍に支給する軍糧を羅買する為の三〇万両[7]、濠梁等の諸衛の将士六万五九〇〇余人に賜与した四〇万七一〇〇両[8]、在京の軍士二〇万四九〇〇余人に各一両ずつ賜与した二〇万四九〇〇両[9]の事例があったからである。このほか、総額を算出できないが、一二月に四川平定（明玉珍・昇の二代一一年にわたる夏政権の平定）の論功行賞が実施され、潁川侯傅友徳麾下の軍は総旗→銀一二両、小旗→一一両、軍士→一〇両、徳慶侯廖永忠麾下の軍は総旗→一〇両、小旗→九両、軍士→八両、中山侯湯和と永嘉侯朱亮祖麾下の軍は総旗→九両、小旗→八両、軍士→七両が賜与され、入関せず後方で守船等の任務に当たった軍士や病気で戦闘に参加しなかった軍士にも各二両が賜与された[10]。これらの事例では対象の員数が明らかではないが、軍士一人当たり七～一〇両を賜与されているので、この年の賜与額が表示の額と合せて一〇〇万両を遙かに越えたと見られる。五年（一三七二）は表示の額のほかに大きく付け加えるべきものはないが、六月には温州下湖山で倭寇を撃退した部隊について、賊一人を捕虜にした総旗・軍士・弓兵には銀一〇両を、人民には一二両を、斬首の場合は各々八両・一〇両を賜与した例がある。[11] 六年（一三七三）は、額が不明なものに、一月に開元・金山等へ出動した太倉衛の将士に文綺・米と共に銀が賜与され、[12] 五月には滕大寨の平定に当たった成都衛指揮使袁洪麾下の軍士に各二両、戦死者には四両、負傷者には三両が賜与され、[13] 八月には察罕脳児に遣わした軍士に夏衣と各二〇両の銀を賜与した諸例があるが、[14] これらの賜与総額はさほど大きくないとみられる。しかし、一一月に京衛の軍士一七万九四〇〇余人に銀を賜与しており、[15] 一人当たりの額が不明なので算出できないが、この事例の総額は少なくないはずで、この年も表示の額をかなり上回る銀が賜与されたことが明らかである。七年（一三七四）は表示額の他に谷峡剌向関に出動した貴州衛の軍士に各々三両を賜与した例が加わる。以上から、銀の賜与が大規模に行われたのは洪武二年からであり、二・三年は表示できたのは少額だが、実際には各々一〇〇万両前後に及び、四年はピークに達して一〇〇万両を大幅に上回り、五年は表示額と大差無く一〇〇万両をやや下回る額だったと考えられる。六・七年は明らかに減少したが、両年の減少が国庫に貯蔵された銀の枯渇によるのか、或いは単に賜与を抑制した為なのかは明らかではない。もちろん、明代後期に比べれば遙かに少ないが、洪武二～七年の間に数百万両の銀を賜与したとみられ、明朝政府が大量の銀を保有していたことは間違いない。翌八年には鈔法が施行され賜与状況は一変するが、鈔が不換紙幣として発行された理由が兌換準備金たる保有銀両の不足によるものでなかったことは明らかである。[16]

八年（一三七五）三月、鈔法が実施されると金・銀による交易は禁止され、[17] 宝源局の銅銭鋳造も停止された。[18] 八年の欄に表示した銀両は青州都衛の馬歩軍一九〇余人に賜与されたものだが、鈔法実施以前の二月の例であり、[19] 三月以後に銀の賜与はみられない。九年（一三七六）も僅かな例があるのみで一〇・一一年は全くない。この間、一〇年（一三七七）五月には各布政使司に宝泉局の復設を命じ、小銭を鋳造して鈔と兼行させたが、[20] 銀が賜与されることはなかった。一二年（一三七九）に至り、鈔法実施後初めてかなりの銀が賜与された。表示の如く六例あるが、額が大きいのは太原中護衛の軍士七六〇〇余人に鈔・銭と共に八二〇〇両の銀が賜与された例と、[21]四川の将士二万五〇〇〇余人に文綺・帛九六〇余疋、鈔一〇一〇錠、塩二二万四〇〇余斤と共に銀六万二九〇〇余両が賜与された例の二つである。[22]六例とも賜与額が算出できるので、この年は表示以外の賜与はなく、鈔法施行以前に比べると遙かに少額であるが、その中で比較的高額の二例が北辺と西南辺でみられることが注目され、辺境の地域では鈔価が早くも下落していた可能性がある。一三年（一三八〇）には、総額は不明だが、四川の将士二万五七〇〇余人に綺・帛・鈔とともに銀が賜与された。[23]一四年（一三八一）には楚王楨の之国に当たって鈔二〇万錠・金一六〇〇両に加え銀二万両が賜与された。[24]一二、一四年と、少額ながら再び銀の賜与がみられたわけだが、一六、一七年（一三八三・八四）は再び無くなった。一八年（一三八五）には岷州・河州・鞏州・西寧・臨洮諸衛の馬匹を官に送らせ、一匹当たり銀三錠を給した例がある。[25]一九年（一三八六）になると銀の賜与が再び本格化した。この年の額は不明の例は無いので、表示額が支出の全てであるとみられるが、烏撒各衛の軍士に給賜した一二万七一四〇両、[26]雲南で馬匹の購入に当てた一八万二七八九両[27]がその大部分を占め、いずれも雲南での戦役に関わるものであった。二〇年（一三八七）は表示できなかったものとして、雲南に出征している京衛軍士の留守家族に対して一戸あたり銀一〇両・鈔四〇錠を給した例がある。[28]表の中で大きいのは、軍糧羅買の為に雲南布政司に送った二〇万両[29]と、帰服した納哈出と麾下の将士に対する二万六六一〇両であり、[30]いずれも南北辺境における事例であることが注目される。二一年（一三八八）は、表示以外に雲南遠征軍の軍糧一万二〇〇〇石を湖広で羅買した例と、[31]納哈出征討から帰還した藍玉麾下の軍に対する行賞がある。[32]しかし、後者では指揮以上の賜与額は分かるが、千・百戸以下の軍官と軍士の総額は不明である。表示の中で大きいのは、四月に蘇州等の衛の将士二〇万九三〇〇余人に鈔三万錠、布三〇万七六〇〇疋とともに銀一〇万九九〇〇両が賜与され

単位（両）

典　　　　　　拠（明実録）
2月庚午、閏7月壬寅
1月庚戌、1月辛酉、4月戊子、8月癸未、9月丁酉、10月庚辰、12月己丑
3月戊申、3月壬子、3月戊午、11月丙申、11月甲午、11月乙卯
閏3月辛酉、閏3月庚辰、8月癸巳、10月丁酉、12月癸未、12月辛卯
6月癸卯、8月庚辰、8月癸巳、11月辛酉、11月己巳、11月壬申
1月乙丑、5月癸卯、6月癸酉、8月癸酉、10月丁亥、11月戊戌、11月戊申、11月庚寅
1月壬午、1月己丑、2月癸卯、4月甲申、4月己未、10月辛丑
2月甲辰
6月戊申、6月壬子
4月庚戌、閏5月庚申、8月戊寅、8月庚辰、12月辛未、12月丙戌
2月庚辰
2月丙寅
3月丁卯
10月乙卯
2月己丑、2月己酉、2月乙卯、5月庚申
1月癸丑、1月丙子、7月庚辰、8月庚戌、8月乙亥、9月壬辰、9月乙巳、11月甲午、12月癸亥、12月甲戌、12月壬子
1月戊寅、1月壬午、1月甲申、1月乙酉、1月丁亥、4月辛未、6月甲辰、6月丁未、6月庚申、6月壬戌、7月辛巳、8月丁卯、9月丙子、9月丙戌、9月癸巳、9月庚子、10月乙巳、10月甲庚
4月丙辰、9月乙未、10月辛酉、10月丁巳
4月壬寅、閏4月甲戌、閏4月乙亥、閏4月丁亥、5月甲午、5月辛酉、7月甲午、7月己亥、7月甲辰、8月壬申、9月辛卯、10月甲申、11月庚戌、11月甲寅

表Ⅰ（銀）

洪武(年)	賜与銀両	件　数	同時に賜与された物品
1	300、銀椀200	2	文綺、酒
2	27,969	7	文幣、綿布、布、帛、文綺、冠帯衣、米、銭
3	80,428	6	文綺、帛、銭
4	913,025	6	文綺、綵段、銭
5	783,400	6	文綺、帛、綿布、銭
6	294,250	8	文綺、米、帛、夏衣
7	380,072	6	文綺、綾布、綿花、布、綿布、米、銭、金、絹
8	3,800	1	
9	150	2	鈔
10	0	0	
11	0	0	
12	77,400	6	鈔、文綺、帛、銭、塩
13	不　　明	1	鈔、文綺、帛
14	20,000	1	金
15	150	1	鈔
16	0	0	
17	0	0	
18	不　　明	1	
19	328,109	4	金
20	228,128	11	鈔、文綺、帛
21	138,890	18	文綺、鈔、布、帛、金、綵段
22	9,200	4	文綺、帛、鈔、金
23	406,178	14	鈔、文綺、帛、金

合　計　　3,691,449

た例である。(33) 二二年（一三八九）は件数・額ともに少ないが、二三年（一三九〇）は再開以来最も多くなった。算出できない事例はなかったので、この年の賜与額は表示の通りであり、遼東の将士九万四一八八人に対する鈔八六万二五三二錠・銀九万八六〇〇両、(34) 西安等の将士二万四六〇〇余人への鈔一五万二五〇〇錠・銀九万八六〇〇両、(35) 北平王府に銀一〇万両、山西の王府に銀五万両を給したが(36)いずれも北辺の事例であった。翌二四年（一三九一）については表示しなかったが、例数は多いけれども算出できるのは一万両に満たなかった。同年に、皇太子が西安に赴いた時に陝西の民に銀・鈔を賜った例があるが(37)詳細は不明である。以上のように洪武一～二三年の間に明朝政府が支出した銀両は表示額だけで約三七〇万両にのぼり、実際にはこれよりも更に多かったと考えられるが、明朝政府がどのようにしてこれらの銀を入手したのか必ずしも明らかではない。明実録等の史料には金・銀の入手についての記事は極めて少なく、次のような例があるだけである。呉元年、湯和が陳友定を破って福州を占領したときに糧・胡椒などと共に金一四〇五両を、(38) 洪武元年、胡廷美が建寧を陥した際に銀一万六三〇〇両を、(39) 二年には徐達が臨洮で金一〇〇両・銀五〇〇〇両を得た。(40) 一八年には高麗から馬五〇〇〇匹・布五万匹・金五〇〇斤・銀五万両が献上された。(41) このほか福建では戸口食塩（食塩を強制的に配給し、米・麦や銀・銭等を徴収する）や桂林での開中法の実施によって銀を徴収したり、(42) 福建等でも銀場が開かれたが、(43) いずれも微々たる額であった。明実録・洪武二三年一二月戊子、二四年一二月壬午の条には各々の年の税糧額を記しているが、銀で徴収されたのは二三年が二万九八三〇両、二四年は二万四七四〇両にすぎない。賜与銀両に比べると問題にならない額であり、明朝の保有した銀の大半は、檀上寛氏が指摘されたように、(44) 相い継ぐ疑獄事件に伴う籍没や押収などの非日常的手段によったと考えざるを得ない。

二　鈔の支出

鈔法が施行された洪武八年から二三年に至る間に、賜与・賑給・糴買・市馬等の為に支出された鈔を示したのが表Ⅱである。銀の場合と同様に算出できない例もあるが、各年ごとの動向をみてみよう。八年は、例数は少ないが、在京各衛の他山東・山西・陝西・北平・河南・浙江・江西・福建の諸衛に広汎に賜与されていたのでかなりの額にのぼった可能性が高い。この時の賜与の範囲はほぼ全国に及び、軍を通じて鈔を放出し、流通させる為の措置だったと考えられる。九年になると、二月に諸王公主に対する年間支給額が定められたが、種々の物品と共に親王の五〇〇錠から郡王女の一〇錠まで各々鈔が含まれることとなった(45)。七月には北平の軍を中心に、布帛八万二〇〇〇匹とともに五〇万余錠の鈔が賜与された(46)。一〇年は表示額の他に大幅に加えるべき例はなく、この年の大部分は蘇州・松江・嘉興・湖州等の府の水災を被った戸に対する救済費用だった。一一年（一三七八）で大きいのは河南の軍士一万七八三三人に四万五〇二六錠を賜与した例である。又、総額は不明だが青州等の一二衛の軍士に鈔・布・綿花を賜与したので(47)、実際の賜与額は表示額をかなり上まわったとみられる。一二年は大規模な軍への賜与として、六月に北平都司管下の一八衛の軍士九万六五〇〇人に鈔五万四七〇〇余錠・米五万四七〇〇余石を給した例や、一〇月に山西諸衛の軍士に三万七五〇余錠を給した例がある。算出できないものは少なく、同年の総額は表示と大きな差はないとみられる。一三年は表示額は少ないが、軍への大規模な賜与が度々実施され、河南の軍士一万九六〇〇余人、四川の二万五七〇〇余人、山西・陝西の一万九〇〇余人、京衛・山東・遼東・北平都司の三一万六三二〇人に布・綿布・綿花等とともに鈔を賜与した(48)。これらは一人当たりの額が分からないので総額は算出できないが、員数が多いので同年の総賜与額は表示を大幅に上まわったと思われる。一四年から賜与額が急増したが、表示額中の四〇余万錠は、雲南に出征する二四万九〇〇〇余人に対し、準備の為に布帛三四万四〇〇〇余疋と共に賜与されたものである(49)。このほかの大きなものには、二月に楚王の之国に当たって金一六〇〇両・銀二万両とともに給された鈔二〇万錠、六月には燕山等の衛の九万九四〇〇余人に塩七万五五〇〇余斤とともに給された鈔一五万八四八五錠等の例がある。一五年（一三八二）も雲南戦役に関わる賜与が多く、四月に現地で給した三〇万錠、七月に京衛軍士の留守家族に対する九万六〇〇〇余錠、和陽等九衛の留守家族への約四万錠、福建諸衛からの動員軍士二万九二〇〇余人に対する一一万一四〇〇余錠、湖広諸衛の四万八九三〇人への九万七八〇〇余錠等がある(50)。更に、算出できないが、閏二月に金吾・羽林等の二二衛の軍士に各三錠を賜ったので(51)、同年は表示額をかなり上まわる鈔が賜与されたとみられる。一六年は表示額が四倍近くに跳ね上がった。二月の京衛の雲南出征軍士に対する各二錠、五月の永寧等の諸衛の一万八〇〇余人への二万一〇〇〇余錠、涼州等の雲南出征軍士一四万四〇〇余人への一五万五〇〇余錠、一二月の在雲南軍全体に対する各々鈔二錠・綿布三匹等の賜与を合計すると、雲南の戦役に関わるものだけで一八三万錠余にのぼる(52)。このほかに九月に四川都司の将士に七四万七一〇〇余錠・綿布九六万一四〇〇余匹・綿花三六万七三〇〇余斤を賜与した例と、竜興寺が竣工して、工事に従事した工匠や軍士に対して二五万三〇〇余錠を賜与した例がある(53)。更にこの年一月に、雲南に従軍している軍士の家に各々鈔二錠を給し、五月には各衛に命じて雲南に衣鞋を輸送させたが、運搬に従事した軍士に対し、大理まで至った者は鈔二〇貫を、臨安・楚雄は一九貫、雲南・建昌は一五貫、曲靖は一三貫、普定・烏撒は一二貫、瀘州・叙南・永寧は七貫五〇〇文、重慶は五貫と段階を付けて賜与した(54)。この二例の合計額は算出できないが、在雲南兵力の大きさからみて、賜与された鈔は少からぬ額に達したと考えられるので、同年の総賜与額は表示をかなり上まわるであろう。一七年の表示額は大幅に減り、まとまった額の事例も三月に海運に従事する将士一万一三〇〇余人への三万三〇〇〇余錠や、四川・貴州から雲南に出征した軍士への四四万八五四〇錠、河南諸衛からの軍士に対する一万一一六〇余錠だけである。(55) しかし、第七章で述べるように、一四年に雲南に出征した京衛軍約二五万の大半がこの年に帰還し、論功行賞が実施された結果、大量の布・絹・鈔が賜与され、その合計はかなりの額に上ったはずである。一八年で大きいのは、三月に山東から雲南に動員された軍への一三万六五一〇錠、七月の寧川等の衛からの動員軍約二万余人に対する一三万一〇〇余錠、一〇月の雲南諸衛の士卒二万余人への二四万錠等である。(56) 更に六月に太原等の諸衛の軍四万六〇〇〇余人に対する八万八八〇〇余錠、七月に北平・燕山等の諸衛の軍士七万四三〇〇余人に、綿布四四万三〇〇〇疋、綿花一三万八〇〇〇斤とともに賜与された一四万九九〇〇錠、八月に河南の水災に伴って賑給された一二万三五八五錠がある。(57) 算出できなかったものに、二月に遼東・山海・古北口・大同の守辺の軍士に各々三錠、北平・山東・山西諸衛の軍士に各々二錠を賜与した例や、八月に公侯に対する各一万錠、九月に京衛の軍士に各々三錠を賜与した例がある。(58) これらの不明の分を加えると一八年も総額は一〇〇万錠をこえたとみられる。一九年は表示額で前年の約三倍にはねあがった。まとまった額には、二月に雲南諸衛の軍士に賜与した一五万四九〇〇余錠、四月の烏撒各衛軍士二万五八〇〇余人に対する一五万四八〇〇余錠、六月の江西袁州等の諸衛から雲南に動員された軍士に対する四万九〇〇〇余錠等がある。(59) 雲南関係以外では二月に河南の饑民に五万三三〇〇余錠を賑給した例や、一二月に陝西で馬匹の購入に三九万三六九〇錠を支出した例がある。(60) これらの額も少なくないが、この年で最も大きいのは、遼東の納哈出に対する防衛戦の為に支出されたもので一八五万七五〇〇錠にのぼる。更に北平・山東・山西・河南の民夫二〇万人を発して米一二三万石を北辺に運ばせたが、米一石の購入と輸送費を合せて六錠を給することとした。(61) 実際に支給されたかどうか確認できなかったので表には含めなかったが、これを加えると一九年は一〇〇〇万錠に近い額にのぼったのではないかと思われる。二〇年には表示額は更に増加し約三五〇〇万錠に達した。八月に雲南に送る耕牛一万頭を購入する為に三万二〇〇〇錠が支出され、九月に湖広から雲南への動員軍士五万六五六〇人に五六万八〇〇〇錠が賜与された。このほかに、合計は明らかでないが、雲南に出征している京衛軍士の留守家族に各々銀一〇両、鈔一〇錠が賜与され、陝西・山西から雲南に動員されている軍士五万六〇〇〇余人に鈔が賜与された(62)。この年は雲南関係の外に遼東の納哈出征討に伴う賜与があり、陝西・山西・北平から動員された軍士一一万五一五〇余人に各々五錠の合計五七万五七〇〇余錠が賜与され、平涼では軍士と運搬に動員された民夫に八万余錠が賜与された(63)。このほか、軍糧の海上輸送に動員された金吾前衛等の軍士に二五万二一〇〇錠、浙江等の沿海の諸衛の軍士六万二八〇〇余人に各々五錠の合計三一万四二〇〇余錠等の例がある(64)。更に山東の饑饉に伴って、済南・東昌・登州・莱州府の饑民に、二度にわたり約一三二万錠を賑給した(65)。一七年以後、表示額は急激に増加したが、二一年にはついに一〇〇〇万錠を越すことになった。雲南関係では八月に普定侯陳桓麾下の一二万九〇〇〇余人に七五万七四〇〇余錠、一一月に広西諸衛からの雲南への動員軍三万一五〇〇余人に一三万一二〇〇余錠を賜与した(66)。山東の饑饉に対する賑済にも多額の鈔が用いられ、一月には青州の饑民に五三六万錠、三月には東昌等の饑民六万四八八六戸に一三七万七五八七錠が給され、青州の預備倉糧を羅買するために四万錠が支出された(67)。前年六月、遼東の納哈出は降伏したが、引き続き藍玉・唐勝宗・郭英らによる北元の脱古思帖木児に対する討伐が行われたので、これに関わる賜与も多く、二月に北平・陝西・山西・河南・山東・大寧六都司と皇陵等の衛から動員された北征軍一四万九〇〇〇余人に七四万六〇〇〇余錠を給し、五月にも北平・薊州等の軍一五万三〇〇〇余人に綿布二五万五〇〇〇余疋、綿花一七万四〇〇〇余斤と共に鈔四六万余錠を賜与した(68)。このほか、淮安等の諸衛の将士二万四七〇〇余人に布一万九三〇〇余疋と共に鈔二万四七〇〇余錠を賜与した例、蘇州等の将士二〇万九三〇〇余人に銀一〇万九九〇〇余両、布三〇万七六〇〇疋と共に鈔三万錠を給した例、福州等の衛の軍士約二〇万人に九九万六〇〇〇余錠を給した例、山東都司所属の軍士七万一八〇〇余人に一四万二六〇〇余錠を給した例がある。(69) 算出できなかったものには、一月の福建各衛の軍士に対して賜った鈔、一〇月に陝西都司所属の一五万七八八〇余人に綿布六四万四三〇〇余疋・綿花二〇万八八〇〇余斤と共に給された鈔、一二月に北征に従った北平都司の軍士に給された鈔等があり、(70) いずれもかなりの額にのぼったとみられるが表示額に加えることができなかった。二二年も、表示の如く一〇〇〇万錠を大幅に上まわった。雲南関係では湖広・江西からの出征軍士四万三〇〇〇余人への三九万五八〇〇余錠、長沙衛等の軍一万三〇〇〇余人への一二万余錠の賜与があり、合計額は不明だが九月に江西・福建等四都司からの出征軍士に各々五～七錠を給した。(71) 雲南関係以外では、一月の鳳陽諸衛の軍士三万七〇〇〇余人への六万九〇〇〇余錠、成都の王府造営に動員された約一万人の軍士への二万九九〇〇錠、京衛・北平諸衛の軍士への一〇五八万六一〇〇錠という莫大な賜与がある。(72) また、湖広各地の貧民に対する二回にわたる合計二三八万余錠、(73) 山東の萊州・兗州の饑民に対する二六万九〇〇〇余錠の賑給がある。(74) 合計額の不明なものに湖州・台州・蘇州・松江等の諸府の無田者に毎戸三〇錠を賜与した例と、山東の饑民で京師にいる者に二〇錠を給した例がある。(75) 王府に関するものは、八月に湘・楚王府に五万余錠を給し、九月には蜀王の之国に当たって三〇万錠と随従の軍士一八四〇人に一万二七〇〇錠を給した。(76) 二三年の賜与額も一〇〇〇万錠を大幅に上まわった。雲南戦役に関するものには、雲南に動員される四川都司諸衛の軍士九万三五〇〇余人に二度にわたって合計四七万七四〇〇余錠を賜与した例と、南雄侯趙庸が湖広・雲南で募兵した新兵一七万九五〇〇余人に五八万八五〇〇余錠を給した例がある。(77) 更に合計額が明らかでないが、二月に雲南から帰還した湖広都司の軍への賜与と、四月に雲南への軍糧輸送にあたった湖広・四川の民に各一錠、水陸駅夫に各五錠の賜与がある。(78) 雲南関係以外では、四月に遼東に駐留していた軍士九万四一〇〇余人に、銀九万八六〇〇余両と共に鈔八六万二五〇〇余錠を、四川都司の諸衛と成都三護衛の五万三〇〇〇余人に一〇万六〇〇〇余錠を、陝西都司管下の諸衛の軍士七万六四〇〇余人に三八万二

単位（錠）

典　　　　　拠（明実録）
5月丁丑、5月辛巳、5月戊子、6月辛丑、8月甲辰、8月丙辰
2月丙戌、2月戊戌、3月壬午、5月壬戌、5月辛巳、6月戊申、7月丙寅、8月甲申、10月丁丑
1月丁未、8月戊辰
3月壬午、6月庚申、8月戊辰、9月壬午、11月乙酉、11月丙申、12月庚子、12月戊午、12月戊辰
1月辛未、1月丙申、4月庚戌、5月庚午、閏5月丙午、6月癸未、6月甲申、8月丙子、8月戊寅、8月乙酉、10月丁卯、10月丁亥、11月丙午、11月庚申、12月辛未、12月甲申、12月丙戌、12月丁亥
1月己酉、1月戊午、1月辛酉、2月庚辰、2月辛卯、3月壬寅、4月乙丑、5月庚戌、7月戊申、7月丙辰、10月乙亥、11月丙午
1月己丑、1月丙申、1月丙午、2月丁巳、2月壬戌、2月丙寅、4月丙辰朔、4月丁亥、4月壬午、6月丙子、7月甲午、7月壬寅、8月癸丑朔、8月丁卯、11月甲申
1月乙未、2月戊午、2月己卯、閏2月壬辰、閏2月己酉、3月丁卯、4月丙戌、4月癸巳、4月戊申、5月辛酉、5月戊辰、5月甲戌、5月丁丑、6月癸未、6月戊子、6月甲午、6月壬寅、6月丙午、7月壬子、7月乙卯、7月己巳、7月癸酉、8月己丑、9月庚午、9月甲戌、10月丙子朔、10月壬午、10月癸未、10月癸巳、10月乙未、11月甲寅、11月庚午、12月己亥、3月乙丑、3月辛未、4月乙酉、4月丙戌、4月丙申、7月甲子、7月己巳、8月辛巳、8月庚寅、10月庚子、11月丁卯、11月甲戌、11月己巳、12月壬辰、12月甲申、12月己丑
1月丁未、1月乙卯、1月戊午、1月己巳、2月庚子、3月乙巳、5月乙巳、5月戊午、5月丁卯、6月癸酉朔、6月壬午、6月辛丑、8月乙酉、8月戊子、8月乙未、8月庚子、9月戊申、9月壬戌、9月甲子、1月甲子、2月癸卯、5月庚戌、5月庚申、5月丁卯、9月丙午、12月戊午、1月庚戌、2月戊子、3月乙卯、3月己未、3月辛酉、4月戊子、4月壬辰、4月癸巳、9月乙丑、10月己卯、10月癸未、11月丙寅
3月庚戌、4月丙子、4月己丑、5月己亥、6月丁卯朔、6月辛巳、6月己丑、7月乙卯、8月己卯、9月癸亥、10月壬申、10月壬午、10月辛卯、閏10月乙未朔、閏10月壬戌、1月癸亥、2月庚午、2月乙亥、3月甲寅、3月己未、4月癸未、4月甲戌、4月乙酉、5月己亥、5月壬子、6月癸酉、6月戊子、7月丁巳、8月己卯、8月壬辰、10月辛卯、閏10月癸丑、11月甲子朔、11月壬申、11月乙亥、11月己丑、11月癸酉、11月庚寅、12月丁酉

表Ⅱ（鈔）

洪武(年)	賜与鈔	件数	同時に賜与された物品
8	不明	6	薪、布、綿花
9	571,592	9	銀、布、帛、文綺
10	45,997	2	
11	70,877	9	布、米、綿花
12	108,100	18	冬衣、銀、文綺、帛、米、銭、綿布、綿花、塩
13	56,771	12	鈔、帛、綿布、文綺、蘇木、胡椒、綿花
14	762,940	15	文綺、金、銀、布、帛、塩
15	744,316	49	文綺、布、帛、衣、銀、米
16	2,841,293	38	錦、布、帛、米、文綺、衣、麥、紅綿布、綿布、綿花
17	503,875	39	文綺、布、帛、綿布、胡椒

典　　　　　拠（明実録）
1月辛未、1月丁丑、1月戊寅、1月庚辰、1月癸未、1月庚寅、2月癸卯、2月丁巳、2月戊午、6月丁巳、7月甲戌、8月甲辰、8月丙午、8月己未、9月己巳、1月庚午、1月甲子、1月丙子、2月辛酉、3月庚午、3月戊寅、4月丁巳、7月己巳、10月癸丑
1月辛酉、2月癸酉、2月乙卯、3月己巳、3月壬午、4月甲午、4月乙未、5月丁丑、5月甲申、6月甲辰、8月庚子、9月甲寅朔、9月辛未、10月丁未、11月己卯、12月甲申、12月辛亥、1月壬戌、2月己酉、4月己酉
1月癸丑、1月乙卯、2月壬午朔、2月乙巳、閏6月乙卯、閏6月丁丑、7月庚辰、7月丙申、8月丁巳、8月戊午、9月壬辰、9月乙巳、10月庚戌、10月辛亥、10月戊午、11月辛巳、11月乙酉、11月甲午、11月戊戌、12月丁未朔、12月壬子、12月丙辰、12月癸亥、12月己巳、12月壬申、12月甲戌、閏6月庚午、7月丙戌、8月丙寅、8月乙亥、9月乙酉、10月壬戌、12月辛亥、12月乙亥
1月戊寅、1月壬午、1月甲申、1月甲午、1月丁亥、1月丁酉、1月癸卯、1月乙巳2月己酉、2月乙卯、2月己未、3月丙戌、3月庚寅、4月辛未、5月乙亥、5月戊子、6月癸卯朔、6月甲辰、6月己未、6月庚申、6月壬戌、6月甲子、6月壬申、7月戊寅、7月己卯、7月辛巳、7月壬午、7月壬辰、7月丁酉、8月癸丑、8月甲子、8月丁卯、9月丙子、9月丙戌、9月丁亥、9月辛卯、9月壬辰、9月癸己、9月庚子、10月乙巳、10月己未、10月癸亥、11月壬申、11月壬午、12月壬寅、12月壬子、12月戊申、12月辛酉、12月庚午、1月戊子、4月庚午、8月戊辰、8月乙巳、11月庚子
1月甲戌、1月己卯、1月丙戌、1月丁亥、1月戊子、1月己丑、1月壬辰、1月己亥、2月庚子朔, 2月戊辰、4月己亥朔、4月乙巳、4月丁未、4月庚戌、4月癸丑、4月癸亥、6月壬寅、8月庚申、9月甲戌、9月戊子、9月辛卯、9月乙未、10月辛亥、10月辛酉、11月丙寅、11月乙亥、11月己丑、12月丁巳、12月己未、12月庚申、12月壬戌、1月辛巳、5月乙未、8月丁酉、8月己亥、9月丁丑、10月丁巳、10月丁酉、10月壬午
1月乙酉、1月庚寅、1月癸巳、2月乙未朔、2月戊申、3月乙丑、3月丁丑、3月戊子、4月壬寅、4月甲辰、4月癸丑、閏4月甲子、閏4月甲戌、閏4月甲申、閏4月丁亥、閏4月戊子、5月甲午、5月甲辰、5月甲寅、5月庚申、5月辛酉、6月戊辰、6月丙戌、6月庚寅、7月壬辰、7月甲午、7月丁酉、7月己亥、7月甲辰、7月戊申、7月己酉、7月庚戌、7月乙卯、8月壬申、8月乙亥、8月癸未、8月丙戌、8月己丑、9月辛卯、9月乙未、9月戊戌、9月丁未、9月甲寅、9月戊午、10月壬戌、10月己卯、10月壬午、10月甲申、10月戊子、11月庚寅、11月癸丑、12月癸亥、12月己巳、12月庚辰、12月戊子、2月壬戌、2月丙辰、4月甲午朔、閏4月戊辰、6月戊子、8月戊子、8月戊寅、9月戊申、11月甲寅

洪武(年)	賜与鈔	件数	同時に賜与された物品
18	890,767	24	文綺、帛、衣
19	2,702,460	20	文綺、帛、塩、米、柴炭、銀
20	3,482,580	34	銀、文綺、帛、衣
21	10,475,287	54	銀、文綺、布、帛、衣、綿布、綿花、綵段、絹
22	14,246,607	39	文綺、帛、衣、銀、金
23	14,989,865	64	文綺、銀、衣、帛、綿布、綿花

合　計　　52,493,327

〇〇〇余錠を、貴州都司の諸衛の軍士二万八六〇〇余人に五万七二〇〇余錠を賜与した。更に翌閏四月には北平都司の諸衛と燕山護衛の軍士一二万四六〇〇余人に七二万余錠を、五月には西安等の衛から北辺に動員される二万四六〇〇余人に銀九万八六〇〇余両と鈔一五万二五〇〇余錠を、七月に南昌等の諸衛の軍士四万五四〇〇余人に二三万五九〇〇余錠を賜与した。九月に入ると、所属の都司は不明だが、北辺に動員された四万九三〇〇余人の軍士に四二万九七〇〇余錠を賜与し、一〇月には京衛の軍士に総計二九四万二〇〇錠を賜与した(79)。このほか、合計額は不明だが、一〇月に東平侯韓勲が訓練していた一万九九〇〇余人に賜与した例がある(80)。この年には北辺一帯・雲南・在京とほぼ全国の軍士に六九〇万余錠に及ぶ鈔が賜与されたことになる。軍以外では、晋王・燕王に各一〇〇万錠が賜与された(81)ほか、勲臣の還郷が奨励され、閏四月の鞏昌侯郭子興から九月の長興侯耿炳文まで三〇余人に還郷にあたって賜与された鈔が六万八二〇〇錠ある(82)。又、この年は預備倉の設置に伴って、羅糧の為に多額の鈔が支出され、その総額は、湖広・江西・山東・直隷・福建の諸州県を合せて三八一万二六〇〇余錠に及ぶ(83)。このほか、河南・湖広・北平・山東の饑民に対する賑給が七回あり、総額は五六万九〇〇〇余錠であった(84)。更に四川・湖広・広西の水陸駅夫に合計で三〇万三七〇〇余錠を賜与した例と(85)、西寧・岷州・河州で軍馬七〇〇〇余匹の購入にあてた六〇万錠が加わる(86)。各年の主な事例を示したが、次に賜与の対象或いは目的ごとの比率を検討してみよう。

三　賜与対象と背景

表Ⅰ・Ⅱにもとづいて、銀・鈔の総合計額を内容ごとに分類し、各項目の比率を示したのが表Ⅲ・Ⅳである。まず銀についてみてみると軍への賜与が最も多く、糴買と王府がこれに次ぐが、糴買の内容は軍に関わるものが多い。主な事例を示すと次のようである。洪武四・五年、北平と山西の諸軍の軍糧を糴買する為に、銀六〇万両と綿布二〇万匹を用いた(87)。六年には四川行省が、翌年の官吏・軍士の俸糧として七四万一七〇〇余石を要するが、税糧のみでは不足すると上奏した結果、銀二〇万両を送り兼給することが承認された(88)。これは給与を銀で支給した最も早い例であろう。七年には、平涼・鞏昌・臨洮の諸軍に支給する為の米麦七万九五〇〇余石を糴買するために銀・綿布が用いられ、広州では軍糧一六万七二〇〇余石を糴買するのに銀六万六八九〇両があてられた(89)。二〇年には雲南遠征軍の軍糧を糴買する為に、雲南布政使司に二〇万両を送った(90)。いずれも平定後まもないか、或いは戦闘が続いている地域で、戦乱によって生産力が低下しているにもかかわらず、大兵力を配置せざるを得ず、軍糧が不足する事情があったとみられる。間接的ながらもこれらの軍糧の購入も対象は軍士・軍官なので、これを加えると銀の約八七パーセントが軍に対する支出となる。鈔は災害時の饑民や貧民に対する賑給がかなり多く、予備倉糧の買い入れを合せると約三〇パーセントに及び、種々の工事に伴う工匠への賜与にも用いられた等の点で銀の用途とやや異なるが、軍を対象とした支出が過半を占めるということでは銀と同様である。表Ⅲ・Ⅳで大きな比率を占める軍・王府・糴買・賑済について各年毎の変化を示したのが表Ⅴ・Ⅵであるが、軍は京衛・雲南・北辺・其の他の地域に分けた。雲南の項目を立てたのは一、二節で示した例の中で雲南に関するものが多かった為で

表Ⅲ（銀）

（対　　象）	%
軍士、軍官	68.6
王　　府	4.6
勲　　臣	1.7
北元よりの帰服者	0.5
外国の使臣	0.1
糴買（軍糧）	18.1
他	6.4

（洪武１～23年）

表Ⅳ（鈔）

（対　　象）	%
軍士、軍官	60.5
王　　府	4.9
勲　　臣	0.2
北元よりの帰服者	／
工　　匠	0.6
外国の使臣	／
糴買（預備倉糧）	8
賑　　済	22.9
他	2.9

（洪武８～23年）

単位（両）　（%）は各年における割合

6	7	8	9	10	11	12
94,000 (32%)	22,400 (5.9%)	／	／	／	／	／
／	／	／	／	／	／	／
250 (／)	170,300 (44.8%)	／	／	／	／	8,200 (10.6%)
／	120,482 (31.7%)	3,800 (100%)	／	／	／	69,200 (89.5%)
／	／	／	／	／	／	／
／	66,890 (17.6%)	／	／	／	／	／

20	21	22	23	合　計	洪武１～23年の総額に占める割合
／	／	／	／	772,400	21　%
200,000 (87.7%)	／	5,000 (54.3%)	500 (0.1%)	510,959	13.8%
26,860 (11.8%)	／	／	197,208 (48.6%)	813,046	22　%
750 (0.3%)	116,900 (84.1%)	／	200 (／)	438,051	11.8%
／	／	／	150,000 (36.9%)	170,000	4.6%
／	／	／	／	666,890	18.1%

表Ⅴ（銀）

		洪武1	2	3	4	5	13	14	15	16	17	18	19
軍士・軍官	京衛	／	／	／	612,000（67%）	44,000（5.6%）	／	／	／	／	／	／	／
	雲南	／	／	／	／	／	／	／	／	／	／	／	305,459（93%）
	北辺	／	／	79,828（99.3%）	／	330,400（42.1%）	／	／	／	／	／	／	／
	他の地域	／	16,969（60.6%）	600（0.7%）	150（／）	109,000（14%）	／	／	／	／	／	／	／
王府		／	／	／	／	／	／	20,000（100%）	／	／	／	／	／
糴買（軍糧）		／	／	／	300,000（32.8%）	300,000（38.3%）	／	／	／	／	／	／	／

ある。第Ⅰ部第七章で述べるが、明朝政府は洪武一四年雲南に出兵し、一〇〇日余りで梁王政権を打倒したが、その後少数民族の執拗な抵抗にあって撤兵できなくなり、洪武朝の後半一杯に及ぶ泥沼のごとき長期戦となってしまった。この間、明朝政府は毎年大兵力と多くの物資を投入し続けなければならず、財政負担が大きかったのである。表Ⅴによって洪武八年の鈔法施行以前の状況をみると、一～七年の間の銀の支出で最も多いのは、京衛に対する賜与で七七万二四〇〇余両に及ぶ。次いで軍糧羅買の為の六六万六八九〇両、北辺の諸軍への賜与五八万余両、他の地域への二四万七〇〇〇余両となる。二年は確認できる額が少ないので明確ではないが、三年以後の各年の比率をみると年によって偏りがある。三年は北辺諸軍に対するものが、同年の支出銀両の九九・三パーセントを占めたが、翌年には全く賜与されず、代わって京衛が六七パーセントを占めた。五年は再び北辺、六年は京衛、七年は北辺と他の地域の比率が高くなる。明朝政府の保有銀額とも関係があるのだろうが、軍に対して一律に賜与したのではなく、年ごとに重点地域を決めて賜与していたことは明らかで、概ね北辺と京衛が隔年になっている。この間、四・五年には羅買の六〇万両が支出されたが、前述の如く、北平と山西の軍糧を確保する為であった。賜与とはやや性格が異なるが、これを合せると北辺に約一二〇万両が投下されたことになる。北元勢力と対峙し軍事的緊張が続く北辺の軍と、明軍の中核として京師防衛に任ずる京衛に軍事的重心があったことを看取できる。

表Ⅵをみると、鈔法施行の八年にほぼ全国の軍に賜与した後、九年もやや多いが、一〇～一三年の賜与は各例とも一〇万錠以下で、表Ⅱでも示したように総額で一〇万錠を越えたのは一二年だけである。この期間は鈔価を維持するために流通量を抑制しようとする意図があったのかもしれないが、一四年から急激に増加した。表Ⅵをみると増加の原因がこの年に始まった雲南の戦役にあることが明らかである。雲南関係の支出が、一四～一八年の間、各年の約五〇～九〇パーセントを占めた。一九年以後の比率は低くなったが、絶対額は必ずしも少なくなったわけではなく、他の賜与が増えた為である。二三年までの雲南関連の賜与額は約七三〇万錠に達し、全体に占める割合は約一四パーセントになる。雲南の戦役が、鈔の流通量の膨張の一因となったことは間違いなかろう。一方、一九年以後、北辺での賜与が急増し、二三年までの間の合計は六六〇万余錠にのぼった。その多くは、二節で述べたように、二〇年の馮勝らによる遼東の納哈出征討と、二一年の藍玉らの北元の脱古思帖木児に対する遠征に伴うものであった。更に、二〇年以後、山東の饑饉によって生じた饑民に対する賑済が大規模に実施され、他の地域の貧民への賑済も含むが、二三年までに一一八〇万余錠におよんだ。この饑饉を契機に各地で預備倉が設置されることになったが、倉糧糴買の費用も少なくなく、二三年には三八一万余錠を要した。以上を通観すると八年に軍に大規模に鈔を賜与した後、数年は賜与を抑制する傾向がみられたが、一四年に始まった雲南の戦役、一九年から準備がすすめられた遼東・モンゴル征討、二〇年以後の山東の饑饉と預備倉糧の購入によって支出額は膨張し続けたわけで、三つが重なった二一・二二・二三年は毎年一〇〇〇万錠を越す状態となった。この間、明実録・洪武一七年三月壬子の条に「命じて宝鈔を造るを停めしむ。国用既に充つるを以て、匠力を紓めんと欲する故なり。」とあり、鈔の印造停止を命じた。既に国用を充したとの言の背景に、流通量の膨張と鈔価の下落に対する懸念を窺うことができる。しかし、二二年には発行を再開し、二四年には再び印造停止を命じている(91)。結局流通量の抑制は困難で鈔価は著しく下落した。檀上寛氏が指摘されたが、鈔法施行時の鈔一貫＝銅銭一〇〇〇文＝銀一両＝米一石の比価は二三年には四分の一になったという(92)。二三年以前にも、一二年に河南の諸衛で軍士に鈔一錠＝粟二石に換算して賜与した例(93)や、一九年に西安府で夏税を鈔で折徴しようとした時、戸部は麦一石＝鈔二貫二〇〇文の比価を示したが、帝は認めず一貫五〇〇文とさせた例がある(94)。このような鈔価の下落にともなって、明朝政府が再び銀を用いる兆は一二年に既にみえていたが、鈔の賜与が急増し始めた一九年以後、銀の使用も本格化した。一節で述べたように、銀の再使用地が一二・一六年は四川、一八年が北辺、一九

単位（錠）　（%）は各年における割合

13	14	15	16	17	18	19
／	／	70,505 (9.5%)	／	／	／	／
／	400,898 (52.5%)	656,742 (88.2%)	1,835,640 (64.6%)	470,385 (93.3%)	517,910 (58.1%)	367,580 (13.6%)
／	159,078 (20.8%)	／	／	／	238,700 (26.8%)	1,857,500 (68.7%)
29,000 (51%)	／	782 (0.1%)	753,850 (26.5%)	33,490 (6.6%)	4,800 (0.5%)	21,960 (0.8%)
27,771 (48.9%)	202,200 (26.5%)	／	／	／	／	／
／	／	／	／	／	123,585 (13.9%)	60,145 (2.2%)
／	／	／	／	／	／	／

表 Ⅵ（鈔）

		洪武8	9	10	11	12	20	21	22	23	合　計	洪武8～23年の総額に占める割合
軍士・軍官	京　衛	／	／	／	／	／	／	／	10,586,100（74%）	2,940,200（19.6%）	13,596,805	25.9%
	雲　南	／	／	／	／	／	600,830（17.3%）	888,600（8.5%）	521,180（3.7%）	1,016,100（6.8%）	7,275,865	13.9%
	北　辺	／	508,700（89%）	／	6,482（9.1%）	90,290（83.5%）	993,775（28.5%）	1,206,805（11.5%）	／	2,547,407（17%）	7,608,737	14.5%
	他の地域	／	62.892（11%）	／	64,350（90.8%）	17,710（16.4%）	566,865（16.3%）	1,201,030（11.5%）	109,100（0.8%）	413,104（2.8%）	3,278,933	6.2%
王　府		／	／	／	／	／	／	／	362,700（2.5%）	2,000,000（13.3%）	2,592,671	4.9%
賑　済		／	／	45,997（100%）	／	／	1,319,080（37.9%）	6,737,587（64.3%）	2,650,077（18.6%）	1,101,854（7.4%）	12,038,325	22.9%
糴　買（預備倉糧）		／	／	／	／	／	／	400,000（3.8%）	／	3,812,612（25.4%）	4,212,612	8%

年は雲南、二〇年が雲南と北辺であった。雲南が典型的な例だが、いずれも大量の鈔が投下されてきた地域であり、これらの地域では鈔がだぶついて価格の下落が著しく、明朝政府は自ら禁令を破って賜与や軍糧・馬匹の購入に銀を用いざるを得なかったと考えられる。

小　結

鈔法が施行されてから一五年後の洪武二三年までを目処として、明朝政府が銀・鈔をどのような用途に支出したかを検討した。洪武一～七年の銀の支出は筆者の予測よりも規模が大きく数百万両にのぼった。鈔が不換紙幣として発行された理由については諸説があるが、少なくとも、兌換準備金としての銀両が不足していたから、不換紙幣としたとはいえない。その後、鈔は価値の下落が甚だしく、金・銀による交易を禁じていたのに、僅か四年後には政府自ら銀の使用を再開せざるを得なかった。鈔価の下落は流通量が膨張した為であり、その原因になったのが雲南の戦役、遼東・モンゴルの征討、山東の饑饉とそれを機とした預備倉の設置であった、この三つの要因が施行早々の鈔法を動揺させたといえる。ここで示したのは臨時的な支出のみだが、銀は約八七パーセント・鈔も六〇パーセント以上が軍事費であり、軍事中心の国初の財政を窺うことができる。次章では、銀・鈔とともに、賜与の重要な一環を為した綿・麻について考察する。

註

（1）　明実録・洪武元年二月庚午の条

（2）明実録・洪武二年一〇月庚辰の条
（3）明実録・洪武二年一二月己丑の条
（4）明実録・洪武三年一一月丙申の条
（5）明実録・洪武三年一一月甲午の条
（6）明実録・洪武三年一一月乙卯の条
（7）明実録・洪武四年八月癸巳の条
（8）明実録・洪武四年一〇月丁酉の条
（9）明実録・洪武四年一二月癸未の条
（10）明実録・洪武四年一二月辛卯の条
（11）明実録・洪武五年六月癸卯の条
（12）明実録・洪武六年正月乙丑の条
（13）明実録・洪武六年五月癸卯の条
（14）明実録・洪武六年八月癸酉の条
（15）明実録・洪武六年一一月庚寅の条
（16）檀上寛氏は「初期明王朝の通貨政策」（『東洋史研究』三九－三・一九八〇年、『明朝専制支配の史的構造』〈汲古書院・一九九五年〉に収録）でこの問題を論じ、明朝政府の銀の蓄積量を史料によって明らかにすることは不可能だと述べられた。この点を留保しながら、兌換準備金として銀を用意できない為に鈔が不換紙幣として発行されたとの考えを斥け、「南人政権」から脱却するための政策的意図によるとの判断を示された。表Ⅰの支出量からみて明朝政府がかなりの銀を保有していたことが推察でき、この点から氏の判断の正しさを裏付けられよう。
（17）明実録・洪武八年三月辛酉朔の条
（18）明実録・洪武八年三月辛巳の条

(19) 明実録・洪武八年二月甲辰の条
(20) 明実録・洪武一〇年五月丙午の条
(21) 明実録・洪武一二年八月庚辰の条
(22) 明実録・洪武一二年一二月辛未の条
(23) 明実録・洪武一三年二月庚辰の条
(24) 明実録・洪武一四年二月丙寅の条
(25) 明実録・洪武一八年一〇月乙卯の条
(26) 明実録・洪武一九年二月己酉の条
(27) 明実録・洪武一九年二月己丑・五月庚申の条
(28) 明実録・洪武二〇年八月乙亥の条
(29) 明実録・洪武二〇年一二月壬子の条
(30) 明実録・洪武二〇年七月庚辰、八月庚戌、九月乙巳、一二月癸亥の条
(31) 明実録・洪武二一年一〇月甲寅の条
(32) 明実録・洪武二一年八月丁卯の条
(33) 明実録・洪武二一年四月辛未の条
(34) 明実録・洪武二三年四月壬寅の条
(35) 明実録・洪武二三年五月辛酉の条
(36) 明実録・洪武二三年閏四月乙亥の条
(37) 明実録・洪武二四年九月癸巳の条
(38) 明実録・呉元年一二月庚午の条
(39) 明実録・洪武元年正月壬辰の条

（40）明実録・洪武二年五月甲寅の条
（41）明実録・洪武一八年正月丁丑の条。一二年一二月壬辰の条によれば、この年にも高麗は金一〇〇斤・銀一万両を献じたが、明朝政府は却けた。
（42）明実録・洪武三年一二月癸酉、四年三月癸卯、八年正月甲戌の条
（43）明実録・洪武一九年六月己丑、二三年一二月戊子の条
（44）檀上氏の前掲論文七九～八〇頁
（45）明実録・洪武九年二月丙戌の条
（46）明実録・洪武九年七月丙寅の条に基づき、拙稿「洪武朝の銀・鈔賜給について」（『国士舘史学』四、一九九六年）では五〇〇〇万余錠としたが、やはり校勘記に従い五〇余錠とすべきであろう。ここに訂正する。
（47）明実録・洪武一一年一二月庚子の条
（48）明実録・洪武一三年正月己酉、二月庚辰、二月辛卯、七月戊申の条
（49）明実録・洪武一四年八月癸丑朔の条
（50）明実録・洪武一五年四月乙酉、七月甲子、七月己巳、一一月己巳、一二月甲申の条
（51）明実録・洪武一五年閏二月己酉の条
（52）明実録・洪武一六年二月癸卯、五月庚戌、五月丁卯、一二月戊午の条。なお二月癸卯・一二月戊午の記事は一人当たりの額を示しているのみだが、第七章第二節で述べるように、対象者の概数が判明するので積算して含めてある。この推定額に誤りはないと思うが、もしこの分を含めないとすれば、本章表Ⅱの一六年分、表Ⅵの一六年の雲南の項、第七章表Ⅴの一六年分から一六五万五四〇錠を差し引くことになる。
（53）明実録・洪武一六年九月丙午、九月甲子の条
（54）明実録・洪武一六年正月甲子、五月庚申の条
（55）明実録・洪武一七年三月庚戌、閏一〇月癸丑、一一月己丑の条

(56) 明実録・洪武一八年三月庚午、七月己巳、一〇月癸丑の条
(57) 明実録・洪武一八年六月丁巳、七月甲戌、八月己未の条
(58) 明実録・洪武一八年二月戊午、八月丙午、九月己巳の条
(59) 明実録・洪武一九年二月己酉、四月己酉、六月甲辰の条
(60) 明実録・洪武一九年二月癸酉、一二月甲申の条
(61) 明実録・洪武一九年一二月辛亥の条
(62) 明実録・洪武二〇年八月丙寅、八月乙亥、九月乙酉、一〇月壬戌の条
(63) 明実録・洪武二〇年閏六月丁丑、七月丙申の条
(64) 明実録・洪武二〇年二月乙巳、一二月丙辰の条
(65) 明実録・洪武二〇年一二月己巳の条、一二月壬申の条
(66) 明実録・洪武二一年八月乙巳、一一月庚子の条
(67) 明実録・洪武二一年正月甲午、三月丙戌、六月甲子の条
(68) 明実録・洪武二一年二月己酉、五月戊子の条
(69) 明実録・洪武二一年正月丁酉、四月辛未、六月甲子、一一月壬申の条
(70) 明実録・洪武二一年正月癸卯、一〇月己未、一二月戊申の条
(71) 明実録・洪武二三年八月丁酉、八月己亥、九月丁丑の条
(72) 明実録・洪武二三年正月丁亥、正月戊子の条。正月戊子の対象は、京衛のほかに北平や燕山等の軍も含むが、比率が分からないので、表Ⅵでは京衛の項に入れてある。
(73) 明実録・洪武二二年四月乙巳、四月癸丑の条によれば、九江・黄州・漢陽・武昌・岳州・荊州の貧民に九一万二〇〇〇余錠、常徳・長沙・辰州・靖州・永州・宝慶・徳安・沔陽・安陸・襄陽等の貧民に一四六万八七〇〇余錠を給した。
(74) 明実録・洪武二二年四月庚戌の条

(75) 明実録・洪武二二年四月己亥朔、四月丁未の条
(76) 明実録・洪武二二年八月庚申、九月戊子の条
(77) 明実録・洪武二三年閏四月戊辰、六月戊子、八月戊寅の条
(78) 明実録・洪武二三年二月壬戌、四月甲午朔の条
(79) 明実録・洪武二三年四月壬寅、四月癸丑、閏四月甲申、五月辛酉、七月己酉、九月戊午、一〇月戊子の条
(80) 明実録・洪武二三年一〇月戊子の条
(81) 明実録・洪武二三年三月丁丑、閏四月甲子の条
(82) 明実録・洪武二三年閏四月戊子、五月甲午、七月己亥、八月壬申、九月辛卯の条
(83) 明実録・洪武二三年五月甲寅、六月丙戌、六月庚寅、七月庚戌、八月乙亥、一〇月壬戌、一〇月壬午、一〇月戊子の条
(84) 明実録・洪武二三年七月壬辰、八月癸未、八月丙戌、八月己丑、九月戊午、一〇月己卯、一二月戊子の条
(85) 明実録・洪武二三年一二月己巳、一二月庚辰、八月戊子の条
(86) 明実録・洪武二三年九月甲寅の条
(87) 明実録・洪武四年八月癸巳、五年八月癸巳の条
(88) 明実録・洪武六年一一月戊戌朔の条
(89) 明実録・洪武七年正月己丑の条
(90) 明実録・洪武二〇年一二月壬子の条
(91) 明実録・洪武二二年四月戊辰、二四年五月己丑の条
(92) 檀上寛氏の前掲論文七〇～七一頁
(93) 明実録・洪武一二年一〇月丁亥の条に、
給河南諸衛軍士粟人二石、倉米不足者、賜鈔一錠。凡軍士六万六千三百余人、為粟十一万五千八百余石、鈔八千六百余錠。

とある。

（94）　明実録・洪武一九年四月己亥の条に、

陝西西安府言、本府倉儲已多。今年夏税、請折収鈔。戸部擬麦一石収鈔二貫二伯文。上以為太重、命止収一貫五伯文。

とある。

第四章　洪武朝の賜与（二）—綿・麻

一　各年の賜与額

賜与の物品としてみてみると、綿布・綿花と冬衣・戦襖、麻・苧布と夏衣を併せて考えることが出来る。明実録・洪武七年七月丙戌の条に、

上諭中書省臣曰、天下諸司典吏、俱無俸給、卿等其議給之。如南人在北、北人在南、去郷遠者、冬夏加給衣服。於是省臣奏……遠方之人、月給米五斗。冬衣給綿布二匹、夏衣給麻一匹、苧布一匹。従之。

とあり、冬衣は綿布二疋、夏衣は麻布・苧布一疋を給した（麻布・苧布を併せて夏布と表記する）。夏衣は単衣だが、冬衣は裏を付け詰め物をして、綿入の形に仕立てるので二疋必要なのかもしれない。(補註1) 明実録・洪武四年八月甲午の条によれば、戦襖の材料も綿布二疋を賜与されたが、冬衣と戦襖の関係については洪武七年八月戊戌の条に、

上諭工部臣曰、北平辺地早寒、軍士冬衣、宜早給之。若俟其来請而与之、恐道遠過時不及。於是工部遣官運皮襖六千・戦襖・綿袴各二万往給之。

とあり、帝が北平の軍士に冬衣を送るように命じたのに対し、工部は皮襖・戦襖・綿袴を送った。どちらも綿入れで、

実際には戦襖が冬衣に当たると見られ、防寒衣としての冬衣と甲下に着る戦襖は、ともに綿布二疋が使われる点は同様で、その数量を綿布二疋に換算することも可能である。綿布・綿花・冬衣等の各年ごとの賜与額をまとめたのが表Ｉである。表では史料に明示されている数量のみを集計した。しかし、この他に一人当たりの額と員数が各々異なる記事から推定される場合や、具体的に数量を明らかにすることはできないが、かなりの額にのぼるとみられる例も少なくない。賜与全体の動向を考えるにはこのような事例も検討する必要がある。

表示以外の数量について、六年（一三七三）の場合をみると、八月に京衛の軍士に冬布つまり綿布を各二疋賜与した(1)。この記事では総額は示されていないが、この年の一一月の段階の京衛の員数は一二万五〇〇〇余人だったことが確認できる(2)。この間、京衛軍が移動した記事は見当たらないので、賜与された綿布は約二五万疋だったと推定できる。九月には、臨濠の軍士に冬衣が賜給された。冬衣だから一人当たり一着と思われるが員数がわからない。しかし、四月にはここの兵力が五万一三〇〇余人だったことが確認できる(3)。五ヶ月のずれがあるが、兵員数に大きな違いがないとすると、約五万着の冬衣が賜与されたと考えられる。このほか三月に陝西・山西・北平の軍士に戦衣を賜与し、六月にも、大同左右五衛以下の山西・北平・陝西・河州・蘭州の諸衛軍に、戦襖・皮裘・鞝鞋を賜った(4)。これらの地域の六年の兵員数はわからないが、五年二月には陝西・山西・北平の諸処の軍士が一六万余人で、一一月には西安・河州・蘭州のみで一〇万余人あったことが認められ、一方、七年（一三七四）四月の山西・陝西の軍士は約一〇万余人であった(5)。六年に北辺の軍が大規模に移動した記事は見られないので、賜与の対象は少なくとも一〇万人は越したと思われ、支給された戦衣・戦襖もかなりの数量にのぼった可能性が高い。八年（一三七五）は、五月に山東・河南・定遼・潮江・北平・山西・山西・直隷・蘇州・太倉・江西・福建の軍士に対し、鈔・綿布を広範に賜与した(6)。九年（一三七六）も、三月に北平・遼東諸衛の軍士に戦衣を、一〇月に陝西・北平・遼東の軍士に冬衣を賜与した(7)。一一年

表Ⅰ

洪武（年）	綿布（疋）	綿花（斤）	戦衣・戦襖・冬衣（着）	典　　拠（明実録）
1	／	／	20,000	9月癸亥
2	／	20	210,000	5月丙午、7月庚戌、9月丁酉
3	不　明	／	／	10月丙辰朔、10月丁巳
4	522,080	不　明	133	8月丙戌、8月癸巳、8月癸卯、9月庚申、11月乙丑
5	297,700	／	365,623	1月壬申、2月癸巳、2月乙巳、4月庚子、5月丁未朔、6月壬寅、8月癸巳、8月癸卯、9月庚戌、11月己巳、12月甲戌朔
6	124,500	／	67,000	1月乙巳、1月庚申、2月丙申、3月甲寅、3月癸亥、3月甲子、5月庚午、6月癸酉、7月戊申、8月癸酉、8月戊寅、8月乙未、9月丁未、9月丙辰、10月丙子
7	245,600	21,400	296,000	1月壬申、1月壬午、2月癸亥、4月己未、4月甲子、8月戊戌、8月戊午、10月辛丑
8	不　明	不　明	242,000	1月丙戌、2月庚戌、3月丙戌、5月辛巳、8月甲辰、8月丙辰
9	不　明	不　明	80,000	2月丙戌、3月丙辰、3月丁丑、5月乙卯、10月戊寅
10	420	／	／	10月丙辰
11	不　明	不　明	／	3月壬午、7月壬辰、12月庚子
12	818,000	157,900	不　明	6月甲申、8月乙酉、12月辛未、12月丙子
13	126,000	不　明	／	1月己酉、5月戊戌、7月戊申、10月戊辰
14	不　明	不　明	16,135	4月丙辰朔、4月戊寅、6月丙辰、7月甲午、7月癸卯、8月癸丑朔、10月甲戌、11月甲申
15	430,439	169,328	不　明	3月乙卯、4月辛丑、4月乙酉、5月辛酉、10月乙未、11月庚申、12月乙亥朔
16	1,466,194	558,600	不　明	1月甲子、1月壬申、2月癸卯、4月丁亥、5月庚戌、5月丁卯、8月戊子、9月丙午、9月壬戌、12月戊午
17	310,560	／	90,000	1月癸丑、3月庚戌、6月辛巳、7月乙卯、8月壬辰、9月辛亥、9月丙辰、10月壬申、12月甲辰
18	1,239,360	283,300	不　明	1月乙亥、2月己亥、3月丁卯、3月壬申、7月己巳、7月甲戌、7月丁亥
19	1,317,074	424,343	／	2月乙卯、6月丁未、7月丁巳、7月己亥
20	906,487	65,600	259,792	7月辛卯、8月庚戌、8月乙卯、9月壬寅、10月庚戌、10月辛亥、11月辛巳
21	1,439,840	441,600	／	1月乙酉、1月丁酉、4月辛未、5月戊子、6月壬申、10月己未
22	1,345,000	560,000	／	1月戊寅、1月乙未
23	1,319,822	511,100	／	1月癸巳、2月辛酉、5月辛酉、6月癸未、9月戊戌、10月戊子、12月戊子
24	355,000	167,000	67,040	2月丁亥、9月丁酉、10月庚申、11月壬辰
計	12,264,076	3,360,191	1,713,723	

（一三七八）は、三月に鳳陽諸衛の軍士に鈔と綿布を与え、七月に北平・遼東等の五都司管下の軍士に綿布・綿花を給し、一二月に青州衛以下山東の一二衛軍に綿布・綿花・鈔を賜与した(8)。これらの事例は賜与対象からみてかなりの数量にのぼったとみられる。一二年（一三七九）は、前述の如く、明朝政府自らの禁令にも拘わらず、鈔法施行後、初めて銀を賜与した年である。鈔法が実施された後、銅銭・塩の賜与もみられなくなっていたが、この年に一斉に再開されており、鈔法が最初に動揺をみせた年といえる。綿布・綿花についても、表示の額がこれまでになく大量であるが、このほかに六月に山西・遼東・貴州の馬歩軍士に戦襖を賜い、八月に河南の軍士に綿布・綿花・鈔を賜い、一二月には西安等の陝西の二三衛と鳳翔等の五千戸所の軍士一一万八一〇〇余人に綿布と綿花を賜与した(9)。陝西の事例は一人当たりの額が記されていないが、冬衣・戦襖の材料としての賜与だから、綿布は各二疋であった可能性が高い。一三年（一三八〇）は、表示の他に一月に河南からの征西軍一万九六〇〇余人に、文綺・帛・鈔とともに綿布を賜った例があり、五月に遼東・北平・河南・山西・陝西の軍士に綿布を賜与した例がある(10)。この中で前年一二月の段階では、北平の兵員数が一〇万五六〇〇余人、陝西が一一万八一〇〇余人だったことが確認できるが(11)、遼東・河南・山西は不明である。このほか、七月には京衛・山東・山西・北平・遼東都司管下の三一万六三二〇人に綿布・綿花・鈔を賜与した(12)。これらからみると、一三年も実際の賜与は表示額をかなり上まわったと思われる。一四年（一三八一）は、四月に北平・山西・陝西の諸衛の士卒に絹とともに綿布・綿花を賜与した。更に九月に二四万九一〇〇余人の雲南遠征軍を発したが、出発の一ヶ月前に布帛三四万四三九〇疋・鈔四〇万八九八錠を賜与した(13)。布と帛の比率が分からないので、表示の数量には加えなかったが、帛は軍官に賜ることが多く、前記の布帛の大部分は軍士向けの綿布であろう。一六年（一三八三）は、綿布が表示額で初めて一〇〇万疋を越した。同年には、このほかに雲南遠征軍に関わる賜与が一・二・一二月と三回あった。雲南に侵攻した明軍は、少数民族の抵抗によって短期決戦の戦略が破綻し、泥沼のごとき長期戦に引き込まれ、当初動員された京衛軍の主力が帰還したのは一七年（一三八四）三月であった。一六年には当初に出兵した兵力が雲南に在ったわけだが、一月に雲南に出征している京衛の軍士の留守家族に、各々紅綿布三疋・鈔二錠を、二月には雲南に在る京衛の士卒に綿布三疋・鈔二錠を、更に一二月にも在雲南軍の全てに綿布三疋・鈔二錠を賜与した。その結果、綿布の総額は二四七万疋前後に達するはずで(14)、表示の額と合せるとこれまでにない莫大な綿布が賜与されたと考えられる。一七年は、九月に浙江の諸衛と太倉・鎮海二衛の軍士に各々綿布二疋を賜与した(15)。浙江諸衛の軍士数は、一二月には六万四〇〇余人だったことがわかるので(16)、賜与額は一二万疋を越えたのではないかと思われる。一八年（一三八五）は、一月に北平・山東・山西・陝西・河南・遼東の軍士に冬衣・綿布・綿花を賜与した(17)。このときの山東・河南・遼東の兵力は不明だが、同年七月の段階では、北平は七万四三〇〇余人、陝西は一二万四二五三人、山西は一〇万余人だったことが確認できるので(18)、実際の賜与は表示額よりもかなり多かったとみられる。表示額は確実な数量のみを集計したが、以上の如く、特定の年については表示を大幅に上まわる賜与があったと考えられる。

二　綿賜与の動向と背景

表示額と推定分を勘案しながら綿賜与の動向をみると、冬衣・戦襖・戦衣は、既に洪武元年（一三六八）から多くの支給があり、二・五・七・八年は二〇～三〇万着にのぼる。六・九・一二年もかなりの数量だったと推定できるが、一三年以後は、一八・二〇年を除くと概ね減少したことが看取できる。一方、綿布の本格的な賜与が始まったのは四年（一三七一）であり、これ以後六・八・九・一一年もある程度の数量が賜与されたと思われる。一二年は明らかに急増し、表示額だけでも八〇万疋を越し、推定分を加えると恐らく一〇〇万疋を越えたと考えられる。一三年はある程度の数量が賜与されたようだが、一四年はかなり減少した。一六年はピークに達し、実際の賜与額は三九〇万疋前後に及ぶはずである。一八年以後は一〇〇万疋前後で推移した。綿花の賜与は七年以後であり、一一年もある程度の数量が賜与されたとみられるが、一二年には明らかに増加した。一六年に更に急増したが、一七年は全く見られず、一八年以後は概ね四〇～五〇万斤となった。このような動向の背景を考えてみると、例えば明実録・洪武元年二月乙卯の条に、

詔将作司、製綿布戦衣三万襲、用紅紫青黄四色。

とあり、同月甲子の条に、

命江西等処諸行省及鎮江等府、製戦衣一万領。表裡異色、使将士変更、而服以新軍号、謂之鴛鴦戦襖。

とあるように、戦襖・戦衣は、当初は専ら中央・地方政府が製造して軍士に与えていたとみられる。ところが四年八月甲午の条に、

詔中書省、自今凡賞賜軍士、無妻子者、給戦襖一襲。有妻子者、給綿布二匹。

とあり、四年に至り、独身の軍士には従来通り戦襖を賜与するが、妻帯者には材料の綿布二疋を与えて縫製させることにしたのである。表示のように、四年から綿布の賜与が始まったのは、この詔によるものと考えて誤りあるまい。当初、綿布の賜与は妻帯者のみだったが、次第に独身者にも拡大した。九年正月癸未の条には、

山東行省言、遼東軍士冬衣、毎歳於秋冬運送。時多逆風、艱於渡海。宜先期於五六月順風之時、転運為便。戸部議以為方今正擬運遼東糧儲、宜令本省具舟下登州、所儲糧五万石、運赴遼東、就令附運綿布二十万疋・綿花一十万斤、順風渡海為便。従之。

とあり、山東行省が遼東への冬衣の輸送時期の変更をもとめたのに対し、戸部は軍糧を輸送するときに綿布・綿花を同時に運ぶことを提案し、帝の承認を得た。其の後の定例となったか否かは必ずしも明らかではないが、少なくとも、この年は遼東の軍士は、独身と妻帯者の別なく冬衣の代わりに綿布・綿花を与えられたといえる。この傾向が更に明確になったのが一二年である。同年三月壬申の条に、

山西布政使華克勤言、大同蔚・朔諸州歳造軍士戦襖、倶令民間縫製、散給軍士、長短不称、往往又令改製、徒費工力。乞令毎衣一件、定所用布縷等物若干、給軍士自製為便。上是其言、仍命陝西・北平・遼東諸辺衛通行之。

とある。山西では、支給する戦襖を民間に縫製させていたことが看取できるが、布政使華克勤は、戦襖のサイズが各々の軍士に合わず、造り直さなければならない場合が少なくないと述べ、軍士に材料の布・縷を与えて自製させることを提案した。帝は華克勤の提案を承認すると共に、山西のみでなく北辺一帯にこれを実施するように命じた。華克勤は、サイズの問題を理由としたが、縫製には多くの費用と労力がかかり、特に華北では必要な数量を確保するのが難しい事情もあったと思われる(19)。四年の詔と異なり、この記事では妻子の有無に触れておらず、原則として北辺の軍士全てを対象にしたと考えられる。表Ⅰで示したように、一二年に綿布・綿花の賜与が急増し、一三年以後戦襖・戦衣の賜与が減少するのは、この措置によったものとみて大過あるまい。一二年を機に、主な賜与が完成品の戦襖・戦衣・冬衣から、材料である綿布・綿花に移行していったといえる。しかし、一四年になると更に別の動きが現れた。表Ⅰでは、一四年の賜与額は不明としたが、推定分を勘案すると約三〇万疋の賜与があったとみられる。この額は、前後の一二年はもとより、一三年と比べても大幅に少ない。その理由を考えると、一四年七月壬寅の条に、

給天下軍士鈔錠、俾製冬衣。

とある。簡単な記述であり、詳しい内容は明らかでないが、全国の軍士を対象に冬衣の替わりに鈔を賜与し、材料の

購入から縫製まで全てやらせようとしたとみられる。一二年の場合は戦禊でありこの記事では冬衣だが、どちらも綿布二疋を支給されるわけで、綿布の増減を検討する場合には同様に考えてよい。前章所掲の表Ⅵで各年ごとの賜与された鈔を対象別に示したが、軍に対する賜与は一三年が二万九〇〇〇余錠だったのが、一四年は約五六万錠となり、一五年（一三八二）には約七三万錠、一六年には約二六〇万錠に急増した。このような一五年以後の鈔賜与の増加の原因の一端は、綿布に関する一四年の措置にもあったと考えられる。前述の如く、明実録・洪武九年二月庚子の条によれば、折鈔支給は賜与だけでなく、恒常的な俸給・月糧にもみられるのである。一四年の措置も、鈔を流通させ鈔法を強化する為の政策の一環かとも考えられる。しかし、そう断ずるには疑問が残る。前述のように、九年の記事の内容からみると、生産力が低いのに大兵力が駐屯し、軍糧を後方からの輸送に頼らなければならない北辺で鈔の比率が高く、米穀の豊かな華中・南で低くなっている。鈔を支給された文武官や軍士の購入の難易からすれば、当然逆でなければならない。そうすると、この折鈔支給は北辺への軍糧輸送の負担を軽減する為の措置にすぎないとも考えられる。また、鈔法施行と共に、交易に用いることを禁じられ、賜与も停止されていた銀が、一二年に再び賜与に用いられているのである。鈔法が早くも動揺し始めているわけで、一四年の段階で、重要な軍需品である冬衣を鈔で支給すれば混乱することは容易に予想される。更に、一四年の措置が七月で、九月一日の雲南遠征軍の出発の直前だったことにも注目される。明朝政府はこの戦役に莫大な物資と兵力を費やした。雲南関係の綿布・綿花の賜与は、ほぼ一四・一六年に集中しており、前述のように、一六年には推定分を含めると総額で三九〇万疋前後にのぼったとみられる。一七年の賜与額が大幅に落ち込んだのは前年の大量賜与の影響であろう。一四年の措置は、雲南遠征を目前にした明朝政府が、物資の確保の為に命じたものとも考えられるのである。以上のように、一四年の措置の背景には疑問が残るが、鈔を与えられた軍士が冬衣を入手する為には、鈔価が安定していること、綿布・綿花がどこでも購入できることが必要である。しかし、鈔の流通量は膨張し続け、鈔価は下落し続けたのである。前にも述べたが、一四年以後の雲南の戦役、二〇年（一三八七）からの馮勝らの遼東の納哈出征討、二一年（一三八八）の藍玉らによる北元の脱古思帖木児に対する遠征等の軍事行動に加え、二〇年以後の山東の饑饉を機とする預備倉の設置に伴う費用があり、結果的に二一年以後は連年一〇〇〇万錠を越える支出となったのである。この間鈔価の下落は著しく、二三年（一三九〇）には当初の四分の一にまでなったのは周知の通りである。この為、鈔の賜与が膨張したにも拘わらず、綿布・綿花の支給量は減少しないで、かえって一八年以後はほぼ毎年一〇〇万疋をこえる状態となった。一九年二月乙未の条に、

詔山西・陝西・北平・遼東、軍士冬衣・綿布・綿花、令有司毎歳循例給之。（。は筆者）

とあり、一九年に至り、詔をもって北辺一帯の軍士に冬衣・綿布・綿花を賜与するよう命じた。ここで「例に循い」とあるのは一二年の規定と考えられ、事実上一四年に命ぜられた鈔による支給を撤回したといえる。鈔を賜与して綿布・綿花を購入、冬衣を縫製させようとする試みは鈔価の下落によって破綻したといえる。

三　夏布・夏衣の賜与

夏布は、綿布・綿花に比して、賜与の量も事例も遙かに少ない。洪武元年以後の賜与の状況を表Ⅱに示したが、[20]総計でも綿布の約一年分にすぎない。夏布が大量に賜与されたのは四・一四・二二年だが、表では綿布と同様に数量を明示した事例のみを集計したので、全体の動向を見るには不明と表示した年についても検討する必要がある。五年（一三七二）は、一月に在京軍士に夏布を賜与した例があるが、[21]四年一〇月の段階で、大都督府の報告によれば在京軍

数は二〇万七八二五人であり、一人当たりの額が仮に夏衣の為に給される一疋としても、かなりの数量に達したとみられる。八年は、二月に鳳陽の諸衛の軍士に各二疋を賜与した例がある。(22) しかし、ここの兵力は、五～六年には五～七万人だったことが分かるが、(23) 八年段階では不明で賜与額は分からない。一八年は、一月に京衛の軍士に各五疋を賜与した例がある。(24) 当時、在京の衛の軍士は、前述のように、特に動員がなければ基本的に二〇万人前後であった。(25) 一四年に雲南に動員された京衛軍は、一七年には帰還したことが確認できるので、一八年一月の賜与額が一〇〇万疋前後に達したと考えて大過あるまい。二二年も三月に京衛の軍士に賜与しており、(26) 表示の額と合せるとやはり一〇〇万

表Ⅱ

	夏布（疋）	夏衣（着）	典　　拠（明実録）
洪武1	／	不　明	5月丙子、6月乙丑、9月癸亥
2	／	／	
3	／	／	
4	311,684	／	1月己丑
5	不　明	／	1月辛未
6	不　明	不　明	4月己卯、8月癸酉、11月乙卯
7	／	／	
8	不　明	／	2月癸丑、6月丙申
9	不　明	／	2月丙戌
10	／	／	
11	／	／	
12	／	／	
13	／	／	
14	341,400	不　明	4月癸亥、5月丁未
15	／	／	
16	／	不　明	5月戊午
17	／	／	
18	不　明	不　明	1月丙子、3月丁亥、4月戊戌
19	／	／	
20	／	／	
21	2,860	／	2月甲子
22	778,800	不　明	2月甲子、3月甲戌、7月戊辰
23	3,520	19,180	閏4月壬申、閏4月癸未、6月辛未、6月庚辰
24	／	／	
計	1,438,264	19,180	

疋を越した可能性が高い。

以上のように、綿布・綿花の主な賜与形態は、戦襖・冬衣→綿布・綿花→鈔→綿布・綿花と代わったが、夏布・夏衣にこのような変化はみられない。両者に共通するのは、本格的な賜与が四年から始まったことである。三年一一月、徐達麾下の北伐軍が帰京すると大がかりな論功行賞が行われたが、檀上寛氏は「このたびの論功行賞は三年前の張呉国を滅ぼしたときとは異なり、明朝建国という大事業に対する全体的な貢献度を問うものであった」(27)と述べるように、政権の確立を記念するものであった。更に、翌四年には明氏政権を打倒し四川を併せ、雲南の梁王政権など大小の残存勢力はまだあるものの、国内平定戦がほぼ峠を越した段階である。綿布や夏布の大規模な賜与が四年から始まったのは、これらの物品を獲得し得る統治機構と、軍を維持する為の補給体制が整ってきたことを示している。

四　賜与の対象と地域

表Ⅰ・Ⅱにもとづき、受給者と賜与された地域がわかるようにまとめたのが表Ⅲである。まず、綿布・綿花・冬衣・戦襖の賜与地域をみると、陝西・山西・北平・遼東等の北辺が圧倒的に多い。防寒機能に優れた綿布・綿花の性格からみて当然であるが、この地域では綿布の本格的賜与が始まった四年以後、一〇・一六年をのぞいて毎年賜与され、総計に占める割合は綿布が七二・二パーセント、綿花は八一・六パーセント、冬衣・戦襖等は八〇・三パーセントに達する。冬衣・戦襖等を綿布に換算すれば、当該期間に一一六〇万余疋が賜与されたことになる(28)。北辺に次ぐのは雲南遠征軍に関わるもので、賜与の場所が雲南には限らないが、一三四万余疋で一〇・九パーセントを占める。しかし、前に述べたように、実際の総賜与額は三〇〇万疋を大幅に越したはずで割合はさらに高くなろう。雲南の戦役が予想

6	7	8	9	10	11
／	綿布　88,000	綿布　（不明）	／	／	／
／	／	／	／	／	／
戦衣　25,000 夏衣　（不明）	綿布　157,600 綿花　21,400 戦襖　291,000	綿布　（不明） 戦衣、冬衣 242,000	綿布　（不明） 戦衣　80,000	／	綿布　（不明） 綿花　（不明）
綿布　120,000 戦衣　42,000 夏布　（不明）	戦襖　5,000	綿布　（不明） 綿花　（不明） 戦衣　（不明） 夏布　（不明）	／	／	綿布　（不明） 綿花　（不明）
綿布　4,500 夏布　（不明）	／	夏布　（不明）	綿布　（不明） 綿花　（不明） 夏布　（不明）	綿布　420	／

18	19	20	21	22	23
綿布　33,600 夏布　（不明）	／	／	綿布　307,600	夏布　778,800	綿布　60 夏布　3,520
綿布　35,060	／	／	／	／	／
綿布1,170,700 綿花　283,300 冬衣　（不明）	綿布1,317,074 綿花　424,343	綿布　538,000 綿花　65,600 戦襖　200,000	綿布　899,400 綿花　383,100	綿布1,345,000 綿花　560,000	綿布1,319,740 綿花　511,100
綿布　（不明）	／	／	綿布　232,800 綿花　58,500	／	／
夏布　（不明） 夏衣　（不明）	／	綿布　368,487 戦襖、冬衣 59,792	綿布　40 冬衣　（不明） 夏布　2,860	夏衣　（不明）	綿布　22 冬衣　（不明） 夏布　（不明） 夏衣　19,180

表Ⅲ

		洪武 1	2	3	4	5
軍士・軍官	京　衛	／	／	／	綿布　380,080	綿戦襖（不明） 夏布　（不明）
	雲　南	／	／	／	／	／
	北　辺	戦衣　20,000 夏衣　（不明）	綿戦襖210,000	綿布　（不明）	綿布　110,000	綿布　297,700 綿戦襖225,675
	他の地域	夏布　（不明）	／	綿布　（不明）	綿布　32,000 夏布　311,684	綿戦襖139,948
他		夏布　（不明）	綿花　20	／	綿戦襖　133	／

12	13	14	15	16	17
／	／	夏布　341,400	／	／	／
／	／	綿布　（不明）	綿布　20	綿布1,305,394 綿花　477,100	戦衣　90,000
綿布　818,000 綿花　157,900 戦襖　（不明）	綿布　（不明） 綿花　（不明）	綿布　（不明） 綿花　（不明） 戦衣　16,135	綿布　430,419 綿花　169,328	／	綿布　100,000
綿布　（不明） 綿花　（不明） 戦襖　（不明）	綿布　126,000 綿花　（不明）	／	／	綿布　160,800 綿花　81,500 冬衣　（不明）	綿布　210,560
／	／	綿布　（不明） 綿花　（不明） 夏衣　（不明）	綿布　（不明） 冬衣　（不明）	綿布　（不明） 夏衣　（不明）	綿布　（不明）

単位（綿布・夏布は疋、綿花は斤、冬衣・戦衣・夏衣は着）

		24	合計	
軍士・軍官	京衛	／	綿布　809,340（ 6.6%） 綿花　／ 冬衣、戦襖　不明	夏布　1,123,720（78.1%） 夏衣　／
軍士・軍官	雲南	／	綿布　1,340,474（10.9%） 綿花　477,100（14.2%） 冬衣、戦襖　90,000（ 5.3%）	夏布　／ 夏衣　／
軍士・軍官	北辺	綿布　355,000 綿花　167,000 冬衣　65,500	綿布　8,858,633（72.2%） 綿花　2,743,071（81.6%） 冬衣、戦襖　1,375,310（80.3%）	夏布　／ 夏衣　（不明）
軍士・軍官	他の地域	／	綿布　882,160（ 7.2%） 綿花　140,000（ 4.2%） 冬衣、戦襖　186,948（10.9%）	夏布　311,684（21.7%） 夏衣　（不明）
他		冬衣　1,540	綿布　373,469（ 3.0%） 綿花　20（ ／ ） 冬衣、戦襖　61,465（ 3.6%）	夏布　2,680（ 0.2%） 夏衣　19,180

に反して長期化したために、明朝政府はやや無計画に種々の物品を賜与したが、綿布・綿花は一四・一六年に用いられた。特に大量に賜与された一六年は、北辺をみると、例外的に全く賜与されず、翌一七年も前後の年に比べて遙かに少ない。雲南遠征軍に莫大な賜与を行った結果、他の地域に賜与する余裕がなくなった為であろう。次は京衛の六・六パーセントで、賜与は五年にわたるが、大規模な賜与は四・二一年の両年のみで、数量も北辺の一〇分の一に及ばない。「他の地域」の内訳をみると、表に示せなかったが、綿布は福建二一万三五〇〇余疋、山東一五万四〇〇〇余疋、鳳陽周辺一二万六八〇〇余疋、浙江一一万七四〇〇余疋、河南九万三一〇〇余疋、淮南とその周辺一万九三〇〇余疋であり、このほかに軍糧輸送や海上の警備に当たった諸軍への一五万八〇〇〇余疋がある。綿花についてみてみると、一六年の八万一五〇〇余斤は山東の一四衛に対するもの、二一年の五万八五〇〇余斤は福建諸衛に対するものである。夏布の賜与地域は綿布・綿花と対照的だった。夏布は北辺では賜与例

がみられない一方で、表示の七八・一パーセントが京衛軍に対する賜与である。更に表示のほかに、五年一月・一八年一月・二二年（一三八九）三月と三回にわたる京衛軍への賜与が、かなりの数量に達するとみられることは、前に述べた通りである。京衛以外で三一万余疋と大きな額になった四年の事例は、四川の明氏政権の討伐に向かう軍に賜与したものだが、この軍が京衛を中核に編成されたことを考えると、夏布のほとんどは京衛に対して賜与されたといえる。夏衣は数量が少なく明瞭な傾向が見られない。

　次に受給者についてみてみよう。表Ⅲから明らかなように、賜与の対象の殆どが軍士であり、綿布は九七パーセント、綿花はほぼ一〇〇パーセント、戦襖・冬衣が九六・四パーセントにのぼり、夏布もほぼ一〇〇パーセントであった。賜与の物品は軍官と軍士ではやや違いがあり、両者に与えられるものに銀・鈔があるが、綿布・綿花・夏布・銅銭・塩は軍士に限られ、絹は軍官が多く夏衣も軍士に与えられることはほとんどない[29]。軍以外の「他」の欄の内訳で最も多いのは、北元等からの帰服者への賜与である。遼東の納哈出が帰服した二〇年は特に多く、この年に表示した多額の綿布・綿襖・冬衣は、八月に左軍都督僉事耿忠を永平に派遣して、納哈出とその配下の将士に賜与した事例と、一〇月に傅友徳の麾下に配された帰服軍士に賜与した事例によるものである[30]。二一年の夏布は、韃靼王子的哥烈沙らへの賜与であり[31]、二三年の多数の夏衣も、閏四月と六月の二回にわたって帰服した乃児不花配下の将士に賜与した結果である[32]。帰服者以外でやや数量が多かったとみられるのは、三年（一三七〇）一〇月に直隷の州県の孤独老疾者に各綿布一疋を賜った例と、六年一〇月に山西から中立府に徙した八二三八戸三万九三四九人に、銅銭とともに綿布を賜った例である[33]。又二〇年七月には高麗王が馬五〇〇〇匹を献上したのに対し、文綺二六七〇疋と共に綿布三万一八六疋を賜った[34]。九年には諸王・公主への歳供の物品に綿布・綿花・夏布が含まれることになった[35]。このほかでは、国子監生に対する支給がやや目立ち、綿布・綿花の賜与が三例[36]、冬衣が六例[37]、夏衣が四例ある[38]。更に、天文生・歴事監生・来朝した土官や使者・外国の使臣等があるが、合計しても数量は極く僅かである。北元からの帰服者も、多くは明朝軍に編入されたことを考えれば、綿布・綿花・夏布、或いは製品である冬衣・夏衣等は全くの軍需品であり、綿布・綿花は北辺の軍に、夏布は京師の軍に大量に賜与されたとみることができる。

小　結

賜与には多様な物品が用いられたが、綿布・綿花はとりわけ量が多かった。当初、冬衣や戦襖などの製品のかたちで賜与したが、四年に妻帯者には綿布を与えて自ら縫製させるようになり、綿布の賜与が本格化した。この傾向は次第に強まり、一二年になると独身・妻帯を問わず綿布・綿花が賜与されるようになり数量は急増した。更に一四年には、綿布・綿花にかえて鈔を与えることになり、軍に対する鈔の賜与額は急増した。前章で、鈔の流通量膨張の理由として、雲南平定戦、遼東・モンゴルの征討、山東の饑饉と預備倉の設立をあげたが、綿布・綿花の折鈔賜与も一因と考えられる。しかし、鈔価の下落によって綿布・綿花の賜与額を減らすことはできず、一九年には再び綿布・綿花を用いるようになり、賜与額は毎年一〇〇万疋を越す状態になった。この間、冬衣・戦襖はなくなったわけではないが徐々に減少した。綿布・綿花の大部分は北辺で賜与され、殆どが京師で賜与された夏布と対象的である。綿布・綿花は北辺でほぼ毎年賜与されたが、一六年には実施されず、一七年も僅かであった。これは雲南遠征軍やその家族に大量に賜与した為で、雲南平定戦の影響が北辺にも及んでいたことが窺える。前章で述べたように、銀・鈔は総額の六〇～八〇パーセントが軍への賜与だったが、鈔は賑済や預備倉糧の購入にもある程度あてられた。しかし、綿布・綿花・夏布・夏衣は殆ど全てが軍に賜与された。少なくとも明朝政府にとってこれらの物品は完全な軍需品であり、莫大な量を軍に賜与したのである。次章では絹・皮革製品・銅銭・米・塩・胡椒・蘇木等の賜与について考察する。

註

（1）明実録・洪武六年八月癸酉の条
（2）明実録・洪武六年一一月癸丑の条
（3）明実録・洪武六年九月丁未・四月壬辰の条
（4）明実録・洪武六年三月癸亥・六月癸酉の条
（5）明実録・洪武五年二月乙巳、一一月己巳・七年四月甲子の条
（6）明実録・洪武八年五月辛巳、八月甲辰の条
（7）明実録・洪武九年三月丙戌、一〇月戊寅の条
（8）明実録・洪武一一年三月壬午、七月壬辰、一二月庚子の条
（9）明実録・洪武一二年六月乙酉、八月乙酉、一二月丙子の条
（10）明実録・洪武一三年正月己酉、五月戊戌の条
（11）明実録・洪武一二年一二月辛未、丙子の条
（12）明実録・洪武一三年七月戊申の条
（13）明実録・洪武一四年四月戊寅、八月癸丑朔の条
（14）明実録・洪武一六年正月甲子、二月癸卯、一二月戊午の条。二月癸卯、一二月戊午の記事では、一人当たりの額を示しているだけだが、第七章第二節で述べるように対象の員数を概算できるので積算して総額を出すことができる。
（15）明実録・洪武一七年九月辛亥の条
（16）明実録・洪武一七年一二月甲辰の条
（17）明実録・洪武一八年二月己亥の条

(18) 明実録・洪武一八年七月甲戌、乙酉、丁亥の条
(19) 明実録・洪武二〇年九月壬寅の条に、
詔山東諸府民、造戦襖二十万襲、給大寧戍卒。以登・莱民貧、倍給其直。尋令登・莱諸府罷造、止于済南・済寧及直隷・淮安・徐・邳・宿州分造之、仍倍給其直。

とある。大寧の軍士に賜与する戦襖を山東で製造させようとした記事だが、有司が綿布・綿花を準備するのではなく、民間に命じて造らせたものを買い上げるかたちだったとみられる。戦襖二〇万襲は綿布四〇万疋に当たり、買い取りの価格を倍にしても山東では確保できず、登州と莱州は免除して山東では済南・済寧のみとして直隷以下の広範な地域に割り当ててようやく確保したとみられる。この二〇年の事例の後、しばらく戦襖や冬衣の大規模な賜与は見られず、一方で表示の如く一八年以後綿布・綿花の賜与額が急増した。製品確保の難しさが軍士に自製させようとした一つの要因だったと考えられる。
(20) 明実録・丙午の年三月丙申の条に帰服した軍に夏布を賜与した例があり、数量は八一二二～一万六二四五疋の間である。洪武以前はこの一例のみなので表Ⅱでは省略した。
(21) 明実録・洪武五年正月辛未の条
(22) 明実録・洪武八年二月癸丑の条
(23) 明実録・洪武五年一二月甲戌朔、六年二月丙申、六年六月壬辰の条
(24) 明実録・洪武一八年正月丙子の条
(25) 明実録・洪武四年八月丙戌、四年一〇月甲辰、六年一一月庚寅、二一年四月辛未、二一年八月丙午、二二年二月甲子、二二年八月丁巳の条
(26) 明実録・洪武二二年三月甲戌の条
(27) 檀上寛氏『朱元璋』（白帝社・一九九四）一七二頁
(28) 明実録・洪武六年一二月丙寅の条に、
命中書省臣、定議北平各衛軍士歳給布・絮・綿花・銭・米之例。於是験地遠近、分為四等。永平・居庸・古北口為一等、

密雲・薊州次之、北平在城次之、通州・真定又次之。其所給高下、以是為差。

とあり、北平では衛の所在地によって賜与額を四段階に分けていた。北辺以外の地域でもこのような等級があったと思われるが詳細は明らかでない。

(29) 明実録・洪武六年八月癸酉の条に、察罕脳児に派遣される各軍士に銀二〇両と共に夏衣を賜ったとあるのが殆ど唯一の例である。

(30) 明実録・洪武二〇年八月乙卯、一〇月庚戌

(31) 明実録・洪武二一年二月甲子の条

(32) 明実録・洪武二三年閏四月壬辰、六月辛未の条

(33) 明実録・洪武三年一〇月丙辰朔、六年一〇月丙子の条

(34) 明実録・洪武二〇年七月辛卯の条

(35) 明実録・洪武九年二月丙戌の条

(36) 明実録・洪武一四年六月丙辰、一一月甲申、二三年五月辛酉の条

(37) 明実録・洪武一二年正月丙申、一四年一〇月甲戌、一五年五月壬戌、二三年一〇月癸亥、二四年二月丁亥、九月丁酉の条

(38) 明実録・洪武一四年四月癸亥、一八年三月丁亥、二二年七月戊辰、二三年六月庚辰の条

(補註1) 長井千秋氏は「南宋軍兵の給與」（『中国近世の法制と社会』京都大学人文科学研究所・一九九三年三月）で『嘉定赤城志』、『永楽大典』所収の『臨川志』によって南宋の両浙東路台州と江南西路撫州の軍兵の給与を表示された。冬衣と春衣についてみると、幅はあるが冬衣は絹二疋・紬半疋・真綿一二両、春衣は絹二疋の場合が多いようである。洪武期の冬衣・夏衣の為の綿布や麻布の賜与額とやや異なるが、製造法の相違によるのか地域的な要因の為なのか必ずしも明らかではない。

第五章　洪武朝の賜与（三）―絹・銅銭・その他

一　絹・皮革製品

賜与には絹も盛んに用いられ、綿や麻に比べると数量は少ないが、件数は最も多く、表示の期間に二一三例にのぼる。絹・帛・文綺・紗・綵・綾・羅・錦など多様な絹製品があるが一括して「絹」と表記する。年ごとの賜与の総量を示したのが表Ⅰで、対象別にまとめたのが表Ⅱである。表Ⅰをみると絹が大量に賜与されたのは洪武三・七・一一・一二・二〇・二一年（一三七〇・七四・七八・七九・八七・八八）で、二〇年は九万疋に近く二一年は二〇万疋を越す。しかし、表Ⅰに示したのは、史料に賜与額が記されているか、一人当たりの額と受給者数が確認できる事例だけであり、数量を算出できない場合も少なくない。表示できなかった事例の主なものも示しながら賜与の動向をみてみよう。絹が初めて大規模に賜与されたのは三年である。表示の紗綵一万四〇〇〇表裏は、六月に内外の軍官に対し常例外に内帑から賜与したものだが、このほかに陸仲亨麾下の征南軍について、指揮使は文綺・帛各三疋、千戸・衛鎮撫に各二疋、百戸・所鎮撫に各一疋を賜った例と、湖広の宝慶・江西の靖江で勝利をおさめた平章楊璟・左丞周徳興麾下の指揮使に文綺・帛各六疋、千戸・衛鎮撫に各五疋、百戸・所鎮撫に各四疋を賜与した例がある。更に一一月に

表Ⅰ

年＼物品	絹製品	毛、皮革製品	典　　拠（明実録）
呉1	綺、帛(不明)、綵段100表裏	／	6月癸亥、6月乙丑、9月辛丑
洪武1	文綺（不明）	／	閏7月壬寅
2	綺帛6604疋、素紬20疋 文幣 511表裏	皮襖（不明）	4月辛未、4月戊子、9月丁酉、10月甲子、10月庚辰、12月己丑
3	文綺・帛1396疋 紗綵14,000表裏	皮鞋148,000緉	2月辛酉朔、3月辛亥、3月戊午、5月壬辰、6月辛酉、11月丙申、11月甲午、12月丁卯
4	文綺・帛351疋 綵段230表裏	／	閏3月辛酉、7月壬申、8月癸卯、10月丁酉、12月辛卯
5	文綺・帛832疋、絹(不明)	鞾鞋68,000緉	1月乙丑、1月壬申、5月壬子、6月戊子、6月壬寅、7月癸丑、8月乙亥朔、8月庚辰、11月辛酉、12月丁丑
6	文綺・帛(不明)	皮鞋35,000緉 皮裘(不明)	3月甲寅、4月丁丑、5月癸卯、6月癸酉、11月乙卯
7	文綺・綾布45,200疋 文綺・帛　1,300疋 羅(不明) 絹(不明)	鞾鞋146,000緉 皮襖　6,000領	1月壬午、2月乙卯、2月癸亥、8月戊戌、10月辛丑
8	／	／	
9	文綺・帛(不明)	／	2月丙戌、3月丁丑、7月丙寅、10月丁丑
10	帛(不明)	／	1月丁未
11	文綺・帛2674疋 羅、綾(不明)、絲(不明) 絹10,960疋	／	7月壬辰、8月戊辰、9月乙酉、10月癸卯、11月乙酉、12月戊午
12	綺・帛 1,213疋 紬絹　24,800疋	／	4月己卯、閏5月丙午、閏5月庚申、6月癸未、8月丙子、8月戊寅、10月乙丑、10月己卯、11月丙午、11月庚申、12月辛未、12月丙戌
13	綺・帛(不明)	毛襖(不明)	1月己酉、1月戊午、1月辛酉、2月庚辰、5月癸酉、7月丁巳
14	文綺・帛(不明)	／	1月己丑、1月丙申、1月丙午、4月丙辰朔、4月壬午、6月丙辰、7月戊子、7月甲午、7月壬寅
15	文綺・帛(不明) 織金文綺10疋 織金羅衣	毛襖2,666領	1月乙未、2月戊午、閏2月甲申、4月戊申、5月辛酉、5月戊辰、6月癸未、6月戊子、7月乙卯、8月己卯、9月庚午、10月丙子朔、10月甲午、10月戊戌、11月庚申、11月庚午
16	文綺・帛154疋 織金文綺 96疋 織金綺衣(不明) 羅衣2襲、紗羅(不明) 錦20疋	皮襖4,596領	1月丁未、1月庚戌、1月己巳、2月庚子、6月癸酉朔、6月壬午、6月辛丑、8月乙酉、8月戊子、8月乙未、8月庚子、9月戊申、9月辛酉、9月壬戌、12月戊午
17	文綺・帛(不明) 織金文綺(不明) 絹(不明)	皮襖(不明)	1月己亥朔、1月己卯、1月癸亥、4月乙酉、4月丙申、6月丁卯朔、6月辛巳、7月壬子、7月乙卯、8月壬辰、9月丙辰、9月癸亥、10月壬午、10月辛卯、閏10月乙未朔
18	文綺・帛(不明)	／	1月辛未、1月庚辰
19	文綺・帛8疋 織金文綺、織金青羅衣2襲 紅羅衣2襲、繍金文青綺衣2襲、紅綺衣2襲、	／	2月甲辰、2月乙卯、5月甲申、9月甲寅朔、9月辛未、12月戊子
20	絹80,000疋 文綺・帛4,940疋 織金文綺3,020疋 錦4疋、綵8疋 織金文繍1襲　羅衣206襲	毛、皮襖6,086領 皮裘5,352領	1月癸丑、1月丙子、7月庚辰、7月辛卯、7月丁酉、8月庚戌、8月乙卯、8月丁卯、9月壬午、9月壬辰、9月乙巳、10月戊午、11月乙酉、11月甲午
21	絹205,800疋 文綺・帛969疋 綵段78表裏、綺衣522襲 羅衣17襲、羅551疋	／	1月戊寅、1月壬午、1月甲申、1月乙酉、2月乙卯、3月丙子、3月庚寅、5月乙亥、6月甲辰、7月辛巳、7月丁酉、8月丙午、8月甲子、8月丁卯、9月丙子、9月壬辰、9月癸巳、9月庚子、10月乙巳、11月乙酉、12月壬子、12月辛酉
22	文綺・帛(不明)	／	1月己卯、4月丙辰、4月癸亥、8月丁巳、9月乙未、10月辛酉、12月壬戌
23	文綺・帛9,967疋 羅衣550襲 織金文綺(不明)	／	1月癸巳、4月甲辰、閏4月甲戌、閏4月乙亥、閏4月丁亥、5月甲午、5月甲辰、7月甲午、7月己亥、8月壬申、9月辛卯、9月戊戌、9月丁未、10月辛巳、10月甲申、11月庚寅、11月庚戌
24	文綺・帛42疋 綵段12表裏、羅衣(不明) 織金文綺(不明)	／	1月己丑朔、1月庚寅、4月辛酉、5月己丑、7月壬子、7月癸丑、11月壬辰、12月癸酉

6	7	8	9	10	11	12
／	羅、帛(不明)	／	文綺・帛108疋	／	文綺・帛、綾(不明)	／
／	／	／	／	帛(不明)	絹10,960疋 文綺・帛、綾、羅(不明)	／
／	／	／	文綺・帛(不明)	／	綺・帛2,674疋	文綺・帛(不明)
皮鞋35,000緉 皮裘(不明)	皮襖6,000領 韈鞋146,000緉 文綺、綾布45,200疋 絹(不明)	／	帛(不明)	／	絲、帛(不明)	紬・絹24,800疋
絲、帛(不明)	文綺・帛1,300疋	／	／	／	／	文綺・帛1,143疋
／	／	／	／	／	文綺・帛(不明)	文綺・帛(不明)
／	／	／	／	／	／	／
文綺・帛8疋	／	／	／	／	／	／
／	／	／	／	／	／	／
／	羅・帛(不明)	／	／	／	／	文綺・帛16疋
／	／	／	錦、沙羅、絹(不明)	／	／	／

19	20	21	22	23	24	25
／	文綺・帛(不明)	文綺203疋	文綺30疋	文綺687疋	文綺・帛(不明)	文綺・帛(不明)
／	／	絹194,100疋	帛(不明)	／	／	／
／	文綺・羅衣(不明)	文綺・帛24疋	／	／	文綺(不明)	／
／	絹80,000疋	／	／	／	／	／
／	／	綵段8表裏	／	文綺・帛2,208疋 羅衣550襲	文綺・帛(不明)	／
／	／	／	／	／	／	／
文綺・帛6疋	文綺20疋	文綺・帛10疋	／	文綺・帛60疋	文綺(不明)	文綺・帛(不明)
／	毛皮襖6,086領 皮裘5,852領 文綺・帛2,242疋 綵段8表裏 織金文綺3,000疋 織金文繡1襲	文綺・帛482疋 羅衣17襲 文綺衣522襲 綺羅551疋 絹11,700疋	文綺・帛12疋	文綺・帛12疋	／	／
織金文綺2疋、紅羅衣2襲 織金青羅衣2襲、紅綺衣2襲 織金文青綺衣2襲 文綺(不明)	織金文綺20疋 文綺2,670疋 錦4疋	文綺・帛200疋	文綺・帛(不明)	文綺(不明)	文綺・帛(不明) 綵段12表裏 織金文綺(不明)	／
／	／	／	／	織金文綺(不明) 文綺10疋	文綺・帛30疋	／
／	／	綵段70表裏	／	文綺7,000疋	／	絹100疋

表Ⅱ

			呉1	洪武1	2	3	4	5
軍	京衛	軍官	綺・帛(不明) 綵段100表裏	／	／	文綺・帛1,388疋 綵段14,000表裏	文綺160疋	文綺・帛480疋
		軍士	／	／	／	／	／	帛(不明)
	北辺	軍官	／	／	／	文綺・帛(不明)	／	／
		軍士	／	／	／	皮鞋148,000緉	文綺16疋	⿰革翁鞋68,000緉
	他の地域	軍官	綺・帛(不明)	文綺(不明)	綺・帛655疋 文幣491疋	文綺・帛(不明)	綵段230表裏	文綺・帛352疋
		軍士	／	／	／	／	／	／
他	土官		／	／	／	／	／	文綺(不明)
	北元からの帰服者		／	／	綺・帛48疋、皮襖(不明) 素紬20疋 文幣20疋	／	文綺・帛175疋	／
	外国の使臣		／	／	／	／	／	／
	官僚		／	／	／	／	／	／
	他		／	／	／	文綺・帛8疋	／	絹(不明)

			13	14	15	16	17	18
軍	京衛	軍官	文綺(不明)	／	／	／	文綺・帛8疋	文綺・帛(不明)
		軍士	／	／	／	／	／	／
	北辺	軍官	文綺・帛78疋	／	織金襲衣5襲	文綺・帛(不明)	／	文綺・帛(不明)
		軍士	毛襖(不明)	文綺(不明)	毛襖2,666領	皮襖4,595領	皮襖(不明)	／
	他の地域	軍官	文綺(不明)	帛(不明)	文綺・帛(不明) 織金文綺10疋	文綺(不明)	文綺・帛(不明)	文綺・帛(不明)
		軍士	文綺・帛(不明)	帛(不明)	文綺・帛(不明)	／	／	／
他	土官		／	文綺21疋	文綺・帛90疋 綾羅60疋	織金文綺(不明) 織金綺衣(不明) 錦20疋 文綺・帛10疋 綵段(不明)	織金文綺(不明) 文綺(不明) 絹(不明)	文綺(不明)
	北元からの帰服者		文綺・帛(不明)	文綺・帛502疋	文綺・帛(不明)	文綺衣(不明)	文綺・帛(不明)	／
	外国の使臣		／	／	文綺・帛(不明)	織金文綺96疋 文綺・帛(不明) 紗羅、綺羅(不明)	文綺(不明)	／
	官僚		／	／	織金羅衣1襲 文綺衣53襲 文綺・帛(不明)	羅衣2襲	／	文綺6疋
	他		／	文綺・帛(不明)	／	／	／	／

徐達らの北伐軍の帰京を迎え、大規模な論功行賞が実施され、李善長・徐達以下の六公二八侯が封ぜられたが、彼らに合計一三八八疋の文綺・帛を賜った。このほか、出征した地域によって「征進回還、復征興元」、「征定西・興元・応昌」、「守禦未出征」の三つのランクに分け、指揮使には文綺・帛一六～二四疋、千戸・衛鎮撫には一二～二〇疋、百戸・所鎮撫には八～一六疋を賜与した。帰還した軍だけでなく、蘭州・鳳翔・臨洮・鞏昌・延安・綏徳等の守備の為に留まった軍に対しても、指揮使には六～一四疋、千戸・衛鎮撫は四～一二疋、百戸・所鎮撫は二～一〇疋を賜った。(1)受給した軍官数は不明だが、一人あたりの額が大きいので、この年の賜与額は表示をかなり上まわったと考えられる。四年（一三七一）一二月には、四川の明氏政権を討滅して帰還した軍に対する行賞があった。傅友徳・廖永忠以下の二一人の将領に合計二三〇表裏の綵段を賜ったほか、傅友徳麾下の指揮使に八表裏、千戸・衛鎮撫に六表裏、百戸・所鎮撫に四表裏を、廖永忠麾下は各々六表裏、四表裏、三表裏を、湯和と朱亮祖の麾下は各々五表裏、三表裏、二表裏を賜与した。(2)この場合も受給者数が不明で数量を算出できないが、表示額を大幅に上まわったことは間違いない。五年（一三七二）は表示額は少ないが、これまでになく大きな数量になったと思われる。一月に京衛の軍士に銅銭とともに帛を給し、六月には京師の民に一戸当たり絹一疋を賜与した。前者の軍士一人当たりの額は分からないが、約三ヶ月前の四年一〇月に、大都督府が京衛の軍士数を二〇万七八二五人と報告していることもあって、二つの事例を合計するとかなりの数量になったと推定される。(3)六年（一三七三）には大規模な事例がない。七年は表示額も増えたが、その大部分は北平・河南の軍士六九〇〇余人に賜与したものである。表示以外に、一〇月に京衛と鳳陽・滁州・沂州・淮安・大河・山東・河南の諸衛から、北平の守備に動員されている軍士に対して、銀・銅銭・綿花とともに布絹二万三二〇〇余疋を賜与した例がある。(4)布と絹の比率が分からないので表に加えることはできなかったが、この年の賜与額も表示を上まわったはずである。八年（一三七五）は鈔法が施行された年で賜与例は全く見当たらない。九年（一三七六）に入ると再び賜与が行われ、七月に北平の守備軍に鈔とともに布帛八万二〇〇〇余疋が賜与された。しかし、この事例も布と帛の比率が分からず、表示することができなかった。又、二月に諸王公主に対する歳供の品目と額が定められたが、そこには絹も含まれていた。たとえば、親王の場合、錦四〇疋、沙・羅各一〇〇疋、絹五〇〇疋であった。[5] これらを合計すると、この歳もある程度の数量になったとみられる。一〇年（一三七七）も数量は不明だが、一月に京衛の軍士に帛を賜ったので、少なからぬ数量になったと思われる。[6] 一一年の欄に表示した一万余疋の絹は、西蕃の討伐に動員された京衛の軍士五四八〇人に対し、各二疋を給したものである。このほか、八月に京衛の軍士に綺・絹・羅・綾を賜り、九月にも京衛の軍士と北平諸衛の軍士に文綺・帛を賜与した。[7] この年ではないが北平諸衛の員数は一〇万余人だったことが確認できるので、[8] 京衛と合せれば三〇万人前後となり、この全軍が賜与の対象だったとすれば莫大な数量にのぼった可能性がある。一二年の紬絹二万四八〇〇疋は、北平諸衛の将士に綿布・綿花とともに賜与したものである。このほかに湖広の渓洞蛮を討伐した部隊の軍官に綺・帛を給した例や、閏五月と八月の二度にわたって、江西の猺族討伐に当たった部隊の軍官に文綺・帛を賜った例、大寧から帰京した都督僉事馬雲麾下の軍官に綺・帛を給した例がある。[9] 一三年（一三八〇）については、数量を表示できないが、五月に全国の軍官に各々文綺四疋を賜った。同年の軍官数は不明だが、六年八月の段階で、大都督府は一万二九八〇人と報告しており、二五年（一三九二）閏一二月の時点で、在京の軍官が二七四七人・軍士二〇万六二八〇人、在外の軍官が一万三七四二人、軍士が九九万二一五四人だったことが確認できる。[10] 六年から二五年までの間に三五〇〇余人の軍官が増加したことになるので、一三年の軍官数が両年の間の数だとすると、賜与額が五万一九二〇〜六万五九五六疋の間と考えて大過あるまい。一四年（一三八一）も、数量を確認できないが、四月に、北平に派遣した騎兵一万六一三五人に戦衣とともに文綺を賜った例と、八月に、雲南に出征する二四万九一〇〇余人に、鈔とともに布帛三四万四三九〇疋を賜与した例がある。[11]この場合も布と帛の割合が不明で算出できないが、少なからぬ数量だったと思われる。一五・一六・一七年（一三八二・八三・八四）は大規模な事例がない。一八年（一三八五）一月に、再び全国の軍官に鈔とともに文綺・帛各三疋を賜った。[12]一三年の数量を上まわり七万七八八〇～九万八九三四疋の間だったと考えられる。一九年（一三八六）一二月に、指揮僉事高家奴を高麗に派遣し、一匹当たり文綺二疋・布八疋の値で馬匹を購入させた。現地での購入数は不明だが、翌二〇年七月、高麗王が五〇〇〇匹を献上し、帝は文綺二六七〇疋と布を賜った。[13]二〇年は大規模な賜与があった年だが、その殆どの例が遼東の納哈出征討と帰服に係わるものだった。表示の絹八万疋は、北征した軍に対するもので、[14]他は帰服した納哈出と配下に賜与したものである。二一年は表示額が最も大きくなったが、絹二〇万余疋のうち、一九万四一〇〇疋は京衛の軍士に各一疋を賜ったものである。[15]同年は不明の事例が無く、賜与額は表示のとおりである。二二年（一三八九）は、在京の三八衛二一万六八〇〇余人の軍士に、布帛六三万八一〇〇余疋を賜与した。[16]二三・二四年（一三九〇・九一）は大規模な賜与はない。以上のように、数量を確認できない事例も勘案すると、前記の年のほか四・五・九・一〇・一三・一四・一八・二二年もかなりの賜与があり、明朝政府は、ほぼ連年大量の絹を賜与していたと考えられる。特に絹の大量賜与が三年から始まったこと、五年（一三七二）以後に賜与が増加したことが確認できる。急激な増加は、賜与の対象が軍士にまで拡大した為である。表Ⅱにも示したが、五年に京衛の軍士に賜与したのが最初で、管見の限り四年以前にまとまった量の絹を軍士に与えた例はない。[17]表Ⅱにもとづいて賜与件数に占める比率をみると、軍官が三〇パーセントと最も多く、来朝した土官が一九・二パーセントでこれに次ぎ、元からの帰服者が一五パーセント、外国の使臣一三・六パーセント、官僚五・二パーセント、その他三・三パーセント、不明八・九パーセントで、軍士は四・七パーセントにすぎない。権威を示す美麗な装飾品としての絹の一面を窺うことができるが、数量の点からみれば、大半が軍士に賜与されたことは前述のとおりである。絹には多様な種類があり、軍官と軍士では与えられるものが異なったのであろう。五年以後の大規模な賜与を地域別にみると、五年→京衛軍士、七年→北辺軍士、九年→北辺軍士、一〇年→京衛軍士、一一年→京衛軍士と北辺軍士、一二年→北辺軍士、一三年→全国の軍官、一四年→北辺軍士と雲南に出征する京衛軍士、一八年→全国の軍官、二〇年→北辺軍士、二一年→京衛軍士、二二年→京衛軍士となり、京衛と北辺が各々六回だった。洪武朝の軍事的重心が京衛と北辺にあったことが看取できる。

次に皮革製品についてみてみよう。皮革は甲冑や楯等の武具にも多用されたが、本章では皮襖・皮袭・毛襖などの衣類と、鞋・鞝などの履物について述べることにする。表Ⅰをみると、三・五・六・七年に大規模な賜与があったことがわかる。元を北走させたあと、明軍の展開地域が北辺一帯に拡大した為かもしれない。表示できないが、規模が大きいと思われる者に以下の事例がある。六年六月、山西・陝西・北平諸衛の将士に皮袭・戦襖・鞝鞋を賜与した。(18)この地域の駐屯兵力は約三〇万人であることが確認できるが、皮袭と綿布製の戦襖の割合が分からない。或いは皮袭は軍官に戦襖は軍士に与えたものかもしれない。しかし、鞝鞋はその性格上一人当たり一足だった可能性が高い。七年二月、帝は大都督府に命じて北平の将士に皮袭・鞝鞋を賜った。(19)北平のこの年の兵力は不明だが、八年三月の段階で一五万六〇〇〇余人だったことが確認できるので、七年の賜与額も表示をかなり上まわったと思われる。一三年七月には北辺を戍守する軍士に毛襖を賜与した。(20)一七年四月に、大同諸衛の軍士に防寒の為に皮襖を給し、七月に陝西・山西・北平の将士に皮襖を賜与した。(21)これらの例は対象地域の兵力からみてかなりの数量になったはずである。以上から一三・一七年も賜与量が多かったと見られるが、六・七年が特に多く、この点で絹と軌を一にする。八年の鈔法施行直前には賜与が非常に増大していたことが窺える。

表Ⅱで賜与の対象を見ると、皮革製品は全て北辺の軍と北元勢力からの来降者に賜与されたことがわかる。後者は特に二〇年の納哈出の帰服に伴うものが多い。綿布・綿花が主として北辺の軍に支給されたことは前章で述べたが、皮革製品は綿布・綿花以上に北辺に限定されていたといえる。明実録・洪武一五年正月丁酉の条に、

上諭工部臣曰、西北辺戍卒、非皮裘不能禦寒。宜令有司、以諸野獣皮淮輸魚課、送京師製裘、以給辺卒。

とあり、一六年八月庚子の条に、

遣官以皮襖四千五百九十五領、給賜北平・山西極辺戍卒。

とあるように、皮革製品は、綿布・綿花で製造された冬衣や戦襖では耐えられない、厳寒の地域の軍に賜与されたのである。冬衣・戦襖の場合、当初は製品を賜与したが、次に綿布・綿花を与えて軍士本人に自製させるようになり、ついで鈔を給して材料の購入から全て軍士に委ねようとするなどの変化がみられたが、皮革製品は一貫して製品を支給した。綿布・綿花と異なり、皮革は取扱いや製品の製造に特殊な技術を要した為であろう。北辺に賜与された皮革製品の大部分は中央の工部や地方政府で製造されたものであったと思われる(22)。

二　銅　銭

銭法については先学の研究も少なくないので詳しくは述べないが、鈔法との関係もあって洪武朝の銭法は混乱を極めた。辛丑の年（一三六一）に宝源局を設けて大中通宝の鋳造を初め、陳友諒を討伐した翌年の甲辰の年（一三六四）には、江西行省に貨泉局をおいて大小五等の銅銭を鋳造させた。洪武朝に入ると洪武通宝が鋳造され、六年には銅銭の私鋳を禁じこれを廃銅として買い上げた。しかし、七年九月に宝鈔提挙司が設置され、翌八年三月に鈔法が実施されると、宝源局の鋳造は停止され、九月には福建行省の宝泉局も廃止された。ただ、明実録・洪武九年六月己酉の条

に、各布政司の宝泉局を罷め鋳銭を停止したとの記事があるので、宝源局と福建の宝泉局以外ではこの段階まで鋳銭を継続していたのであろう。この後、停止後一年もたたない一〇年五月には、各布政司の宝泉局が復設されて小銭の鋳造が再開され、鈔と兼行することになった。しかし、二〇年には再び停止され、二二年六月に至ると工部尚書秦逵の要請で銭式を変更して鋳造されることになり、翌二三年一〇月に更に銭式が更定された。これも長く続かず二六年（一三九三）に又々各布政司の宝泉局を罷め、二七年（一三九四）八月には銅銭の使用が禁止されてしまった。以上のように、銭法は改廃をくりかえし、一定の方針はみられない。この間の鋳銭額は必ずしも明らかではないが、初めて大中通宝を鋳した辛丑の年は四三一万文、二三年は三七九一万文、洪武通宝を鋳造し始めた洪武元年（一三六八）は約八九〇〇万文、五年は最も多く二億二二四〇万文、七・八年は共に約一億九九八五万文だったという。[23]最高でも年間二億文程度にすぎないが、明朝政府は自ら鋳造するほかに前代の旧銭の獲得にも努めた。たとえば、三年一二月、殿中侍御史唐鐸の要請によって、福建の戸口食塩を土産の物品で代納することが認められたが、従来は一引当たり銀一〇両か銅銭一万二〇〇〇文を徴していた。また、七年四月には、水路が整備されておらず税糧の輸納が困難であるとの理由で、徽州・饒州・寧国等の府の夏税を金・銀・銭・布で代納することを命じ、九年四月には一部の地域を除いて同年の税糧を銀・鈔・銅銭・絹で代納することを命じた。[24]明朝政府が種々の手段で銅銭の入手を図ったことが窺えるが、これらの広範な地域から集められた銅銭には多くの旧銭が含まれていたと思われる。

表Ⅲに各年ごとの賜与総額を示し、表Ⅳでは賜与の対象ごとに整理した。まず、表示できなかった事例で大規模とみられるものを検討する。三年一一月、徐達麾下の北伐軍が帰還すると大規模な行賞が実施された。檀上寛氏によれば、この時の論功行賞は一遠征の功を賞するものではなく、明朝建国に対する全体的な貢献度を問うものであった。[25]軍官には、前述のように、三つのランクにわけて絹を賜ったが、軍士には一律に銀一〇両・銅銭六〇〇〇文を賜与し

表Ⅲ

物品／年	銅銭(文)	米粟(石)	塩(斤)	その他	典　　拠（明実録）
呉1	／	不明	不明	／	6月癸亥、6月乙丑、9月辛丑
洪武1	不明	不明	／	／	5月丙子、9月癸亥、12月丁卯朔
2	12,000	不明	／	／	1月庚戌、4月辛未、4月戊子、9月丁酉、10月甲子、12月己丑
3	不明	不明	不明	薪(不明)	2月辛酉朔、3月辛亥、6月辛酉、8月乙丑、10月辛酉、11月丙申、11月乙卯
4	155,589,000	米273	／	蘇木(不明)	2月辛未、6月戊戌、7月壬申、11月乙丑、12月辛卯
5	21,604,000	米6,600	不明	／	1月乙丑、4月己卯、5月壬子、6月甲申、8月乙亥朔、8月庚辰、8月庚寅
6	73,307,800	米411,380	不明	／	1月乙巳、1月辛亥、1月戊午、1月庚申、1月乙丑、3月乙巳、3月癸亥、4月丁丑、4月己卯、4月壬辰、5月丙午、5月庚午、6月辛未朔、6月甲申、8月丁丑、8月戊寅、9月丙辰、10月丙子、11月戊戌朔、11月癸丑、11月甲子
7	60,145,000	米135,000	不明	／	1月庚午、1月壬午、10月辛丑
8	不明	／	／	薪(不明)	2月癸丑、5月丁丑、7月庚午
9	／	／	／	／	
10	／	米131,349	不明	／	2月甲子、5月甲辰、6月丙寅、10月丙辰
11	／	米3,610 麦161,400 粟麦12,739	不明	薪(不明)	5月壬午、7月丁丑、7月己丑、7月己卯、8月辛丑、8月戊辰、11月丙申、12月戊辰
12	20,416,000	米54,740 麦40 粟115,800	220,400	胡椒(不明)	2月甲子、4月己卯、6月甲申、7月戊申、8月戊寅、8月庚辰、9月甲寅、10月己卯、10月丁亥、12月辛未
13	／	米32,000 麦(不明)	／	胡椒、蘇木(不明)	5月己亥、5月庚戌、7月辛丑、10月癸酉、10月乙酉
14	／	米210	75,500	／	4月辛巳、5月戊戌、6月丙子、7月甲午、7月壬寅
15	／	米28,260	／	／	4月丙戌、4月戊申、5月辛酉、8月辛巳
16	／	米131,520 麦5,400 粟(不明)	／	／	1月壬申、3月乙巳、4月甲申、5月丁卯
17	／	米(不明)	／	胡椒(不明)	7月乙巳、8月丁卯、10月丙寅、10月壬申、10月壬午
18	／	米50,400 麦　100 穀(不明)	／	胡椒(不明)	1月辛未、1月乙亥、2月庚子、2月己酉、2月辛亥、3月癸酉、3月辛巳、4月甲辰、5月甲戌
19	／	米14,979	89,700	／	1月辛酉、3月壬午
20	／	米6,000	／	／	2月丙戌、閏6月己酉朔、8月乙卯、11月辛巳
21	／	／	／	／	
22	／	糧400,000	／	／	1月壬辰
23	／	／	／	／	
24	不明	米(不明) 糧160,000	／	胡椒6,000斤 蘇木(不明)	1月庚寅、1月辛亥、8月己卯、11月丙午、11月辛亥
25	／	米27,200	／	胡椒11,700斤	2月庚辰、2月辛巳、3月戊戌、4月癸亥

た。明史の徐達伝では北伐軍の兵力を二五万としているが、北辺各地に守備軍を残してきており、これらの北辺に残留した軍に賜与されたのは銀のみで、銅銭は与えられていない(26)。銅銭は京師に帰還した軍士のみを対象としたと考えられるが総額を算出できない。しかし、一人あたりの額が大きいので、これまでの明朝の鋳銭額をはるかに上まわった可能性が大きい。四年は表示額が最大になったが、このほか一二月に、四川の明氏政権の討伐に当たった遠征軍に対する行賞があり、軍官には絹を、総旗・小旗・軍士には銀を賜った。このほか、従軍したが罹病し途中から帰還した旗・軍には、行程によって差をつけて銅銭を与えた。河南から帰還したものは一八〇〇文、臨潼は二四〇〇文、西安は三六〇〇文、秦州は四八〇〇文、階州は六〇〇〇文であった(27)。該当者の数が分からないが、この年の賜与額は表示をかなり上まわったことは確かである。同年の鋳銭額は不明だが、二億文前後だとすると表示額のみで約七五パーセントにのぼり、不明の事例を加えると鋳銭額全体に匹敵したのではないか。五年で表示できなかったものに、一月に京衛の軍士に帛とともに銅銭を賜った例と、八月に沙門島への運糧の将士五〇〇〇余人に文綺・帛とともに銅銭を与えた例がある(28)。京衛の員数からみて前者はかなりの額になったかもしれない。六年は一一件と例数が多く、表示額も四年に次いで多いが、数量を表示できない例も少なくない。一月に巡海・運糧に動員された杭州・明州・太倉等の衛軍に布とともに銅銭を賜り、三月には商暠の召募した軍士に銅銭と布を給し、四月には脱列伯が河南で召集した軍士五〇〇余人と、神策衛指揮使呂得が召集した河南の軍士四〇〇余人に銅銭を与え、五月には寧夏で帰服した北元の将一二八人に銅銭・布を賜った。これらは受給者の数からみてさほどの額にはならないとみられるが、一一月に北征の軍士、出海備倭の軍士、中都造営の軍士に銅銭を賜った事例ではかなりの額にのぼった可能性がある(29)。以上から、六年の賜与額も表示額をある程度上まわったとみられる。七年は不明の例がなく、賜与額は表示のとおりで、この年の鋳造額の約三〇パーセントであった。八年三月に鈔法が実施されたが、この年の銅銭の賜与は二例ある。一つは、

6	7	8	9	10	11	12
米(不明)	／	／	／	／	／	／
米271,280石 銭14,450,000文	塩(不明)	薪(不明)	／	／	麦161,400石	胡椒(不明)
／	／	／	／	／	／	／
銭(不明)	銭18,650,000文 米(不明)	／	／	／	／	塩220,400斤 米54,700石 銭20,416,000文
銭189,000文	／	／	／	／	／	／
米140,100石 銭29,189,000文	米135,000石	／	／	米(不明)	米35,000石	粟115,800石 塩(不明)、銭(不明)
／	／	／	／	／	／	／
銭(不明)	／	／	／	／	／	米40石，麦40石
／	／	／	／	／	／	／
／	／	／	／	／	米110石	／
銭29,668,800文 塩(不明)	銭41,495,000文	銭(不明)	／	米131,349石	粟麦12,739石 米(不明) 塩、薪、蔬(不明)	米30石

19	20	21	22	23	24	25
／	米5,200石	／	／	／	／	米1,500石
／	／	／	／	／	／	／
／	／	／	／	／	米(不明)	／
／	／	／	／	／	／	／
／	米300石	／	／	／	／	／
米8,979石 塩89,700斤	／	／	糧400,000石	／	糧160,000石 胡椒、蘇木、銭(不明)	胡椒11,700斤
／	／	／	／	／	／	／
／	米500石	／	／	／	／	／
／	／	／	／	／	／	／
／	／	／	／	／	／	／
米6,000石	／	／	／	／	米(不明) 胡椒6,000斤	糧25,700石

表Ⅳ

			呉1	洪武1	2	3	4	5
軍	京衛	軍官	／	米(不明)	米270石	／	／	／
		軍士	米(不明)、塩(不明)	米(不明)、銭(不明)	米(不明)	米、銭、薪(不明)	銭155,520,000文	銭20,750,000文
	北辺	軍官	／	／	／	／	／	／
		軍士	／	／	米(不明)	米(不明)	／	／
	他の地域	軍官	／	／	米、銭(不明)	／	／	／
		軍士	／	／	米、銭(不明)	塩(不明)	銭(不明)	銭854,000文 塩(不明)
他	土官		／	／	／	／	／	／
	北元からの帰服者		／	米30石	米70石 銭12,000文	／	米15石、蘇木(不明) 銭15,000文	／
	外国の使臣		／	／	／	／	／	／
	官僚		／	銭6,000文	／	／	／	／
	他		／	／	／	米(不明)	米53石、銭63,600文	米6.600石、塩(不明)

			13	14	15	16	17	18
軍	京衛	軍官	米32,000石	／	米60石	／	／	米600石
		軍士	米、麦、胡椒、 蘇木(不明)	／	／	／	／	米49,300石 胡椒(不明)
	北辺	軍官	／	／	／	／	／	／
		軍士	／	塩75,500斤	／	米131,500石	／	／
	他の地域	軍官	／	米50石	米50石	／	胡椒(不明) 米(不明)	／
		軍士	／	／	米28,120石	麦5,400石	／	／
他	土官		／	／	米30石	米20石	／	／
	北元からの帰服者		／	米160石	／	／	／	／
	外国の使臣		／	／	／	／	／	／
	官僚		／	／	／	／	／	米2,000石 麦100石
	他		／	米(不明)	／	粟(不明)	米(不明)	／

二月に在京の工匠八三〇〇余人に対するもので、他は七月に諸司で歴事に当たっている国子監生の中の未婚者に、結婚の為の銅銭を賜ったものである。(30) 後者は少額にとどまったとみられるが、鈔法施行後、殆ど唯一の例で、九・一〇・一一年は賜与の例が全くない。銅銭の賜与が再び現れたのは一二年で、八月に太原中護衛の軍士七六〇〇余人に銀・鈔とともに銅銭二〇四一万六〇〇〇文を賜り、一〇月に沐英麾下の軍士にも銅銭を賜った。(31) しかし、この後まとまった額の賜与は殆ど見られなくなる。わずかに一四・一七年に荊州護衛の軍士の妻が三男を生み、乳母の費用として銅銭を賜った例と、二四年に海運に従事する軍士一万三八〇〇余人に胡椒・蘇木とともに銅銭を与えた例があるのみである。(32) 以上のように、表Ⅲに不明の事例も加えて検討すると、銅銭の大規模な賜与があったのは三・四・五・六・七年で、この間、明朝政府は自らの鋳造額を上まわる銅銭を賜与していたと考えられる。銅銭を含む種々の物品の大量賜与は、明朝政府にとって大きな負担だったはずで、八年の鈔法施行後は賜与は全て鈔でおこなわれた。しかし、この方針を維持することができず、一二年に再開されたとみることができる。このような動向は銀・綿・麻・絹・米・塩等の諸物品にも全く共通する。ただ、銅銭と同じく一二年に賜与が再開された銀がこの後も用いられてゆくのに対し、銅銭は殆ど用いられなくなる。

表Ⅳから賜与対象をみると、三二例の中で軍士が一三例、将士とあって軍官か軍士か特定できないものが六例、軍士の妻が二例、軍官が一例で軍関係者が二二例を占める。ほかに北元からの帰服者、被災民、工匠、国子監生、官僚等があるが、軍に比べると遥かに少ない。表示の合計額三億三一〇七万三八〇〇文のうち、軍に対する賜与が七八・五パーセントに当たる二億五九八二万九〇〇〇文をしめる。その内訳は、京衛の軍士に対するものが五七・六パーセント、北辺の軍士が一一・八パーセント、他の地域の軍士が九・一パーセントである。銅銭が軍の中でも特に京衛の軍士に賜与されたことがわかる。軍官と確認できるのは一例のみで対象は殆ど軍士であり、この点絹とはやや異なり米・塩と同様である。軍に次ぐのは被災民・徙民で、二一・六パーセントに当たる七一二二万七四〇〇文である。表Ⅳの「他」の欄の六年の項に示したものは、山西の蔚州等から八二三八戸三万九三四九人を中立府に徙した際に、戸ごとに三六〇〇文を賜ったものであり、七年の例は水災をうけた松江府の民八二九九戸に各々五〇〇〇文を賜ったものである。

三　米・塩・胡椒

米は恒常的な俸給・月糧として支給されており、これに要する米が巨額にのぼったことは前述のとおりである。月糧・俸給として支給されたこれらの莫大な米に比べると、賜与に用いられたものはわずかで、他の物品のように明朝政府が備蓄を傾けて賜与に努力したというわけではない。まず、表Ⅲに数量を示せなかった事例のうち主なものをみておこう。呉元年には、張呉国を討伐した軍が帰還し、受給者数は不明だが、軍士に塩とともに米一石を与えた(33)。洪武元年にまとまった賜与はないが、二年（一三六九）一二月に、前述のように徐達麾下の北伐軍と廖永忠麾下の征南軍に大規模な行賞を実施した。このとき軍官には絹を賜ったが、総旗・小旗・軍士には銀とともに各々米三石を与えた(34)。対象の員数が確認できないが、一人あたりの額が大きいのでかなりの数量にのぼった可能性が高い。三年二月に、陸仲亨麾下の征南軍の軍士に米を賜り、一〇月には李文忠に従って北征している軍士の家族に各々米六石を与え、一一月に京衛中の羽林等の衛の軍士八万二〇〇〇余人に銀・銅銭とともに米を賜った(35)。以上からこの年も少なからぬ数量になったと思われる。四・五年は極めて少ないが、六年は八件あり表示額も最大になった。数量を確認できなかった事例として、一月に在京各衛の指揮に各一〇〇石、千戸以下の軍官に俸給の二ヶ月分を賜った例と、六・八・一一月に京衛の軍士に各三石を与えた例がある。[36] この年の在京軍士は一七万九四〇〇余人だったことが確認できる。これに三回に分けて賜与したと考えられるので、合計は五三万八二〇〇余石になったであろう。表示額と合せると、この年の賜与額は一〇〇万石前後に達したのではないか。七年は不明の例はなく、賜与額は表示額と同じである。鈔法の実施された八年から翌九年にかけて賜与例は全くみられない。しかし一〇年に賜与が再開され、この年は、鳳陽周辺の衛の軍士に各一石を与えた例が加わるので、表示額をやや上まわる。[37] 一一年は、表示のほか旱害を被った平陽府の猗氏等の県に対し、夏税を免ずるとともに各戸に米一石を賑給した例がある。[38] 一二年は、表示のほかに大きな賜与例はない。一三年は、表示額に加えて一〇月に京衛の軍士に米麦各一石を二回に分けて賜与した。[39] 合計で四〇万石前後に達したと見られるので、この年は六年に次ぐ賜与量になった可能性が高い。一四・一五年は不明の例はなく賜与は少額に留まった。一六年は、表示の数量に前年霜害を被った大同府の蔚州・朔州に永平侯謝成を派遣して粟を賑給した事例が加わる。[40] 一七年は殆ど賜与がないが、一八年は五月に各公侯に粟一〇〇〇石を賜与した例があり、[41] 表示額をやや上まわる賜与があった。一九年から二三年の間は不明の例が無く、賜与は表示額のとおりだが、二二年の項に示した糧四〇万石は、湖広布政司に命じて雲南に展開している軍に賜与したものである。二四年には、水災を被った河南各地の民に対し、一五才・一〇才・五才を基準に三ランクに分け、一人当たり三～七斗の米を賑給した例があり、[42] 実際には表示額をかなり上まわったとみられる。

以上のように、表示額が一〇万石を越えたのは八ヶ年だが、推定分を加えると一二ヶ年となり、一・三・六・一三・二二・二四が多く、特に呉元年から洪武七年まで殆ど連年かなりの賜与があった。注目されるのは、米の場合も鈔法が施行された八年と翌九年は全く賜与例がないことで、これはほかの物品でも同様である。表Ⅳによって賜与対象を見ると、七六例のなかに軍士・軍官が三八例あり、被災民の一〇例、北元からの帰服者の九例がこれに次ぐ。数量では、表示できた一八八万九〇〇〇余石のうち九〇・三パーセントが軍士である。内訳は京衛が二七・六パーセント、北辺が九・九パーセント、雲南が二一・二パーセント、他の地域が三一・六パーセントになる。軍士が大部分を占めることは銅銭と同様で、軍士の中でも京衛が多いが、銅銭ほど京衛に集中していない。軍士以外では被災民に対する賑給が九・七パーセントになる。

塩の賜与は一四例あるが数量を確認できない例が多く、表示できたのは一二・一四・一九年の三ヶ年のみである。数量を確認できない例の中の主なものを示すと次の如くである。呉元年六月に、傅友徳麾下の軍士に各々塩二〇斤を賜ったほか、同月に京衛の中の羽林・虎賁・天策・驍騎四衛の軍士に各々二〇斤を賜った。後者は員数からみて四〇万斤を上まわった可能性が高い。又、前述のようにこの年九月には張呉国を討滅した軍に対する行賞があり、軍士には米とともに各々塩一〇斤があたえられたので(43)、この年はかなりの賜与量になったと思われる。洪武一・二年は賜与がないが、三年には宝慶・靖江の両度の戦いに参加した軍士に各々六〇斤、靖江のみに従軍した軍士に四〇斤を賜った。このほか、江西に動員された将士三六六二人に帛とともに塩を賜った(44)。これらの事例では対象の員数が分からないが、一人当たりの額が大きく、総額では少なからぬ数量になったかもしれない。四年には賜与例がないが、五年四月に京師の各戸ごとに七斤を賜った(45)。軍士以外で初めての賜与例だが総数量は不明である。六年一〇月に、前に述べたが、山西から中都に徙した八二三八戸に銅銭・布とともに塩を給し、七年一月には京衛の中の豹韜等の衛の軍士に塩を賜った例がある。八・九年は、他の物品と同じく賜与例が全く見られない。一〇年に再開されたが、他の物品と異なり不時の賜与ではなく恒常的な支給となった。明実録・洪武一〇年五月甲辰の条に、

命給内外軍士食塩月二斤。

とあり、軍士が月に二斤の塩を支給されることになった(46)。月塩支給はこの年に初めて行われたのではなく、洪武五年

八月庚寅の条に、

詔賜蜀中軍士食塩、有妻子者月給三斤、無者半之。

とあり、四川の軍士には既に五年に月塩の支給が始まっていた。一〇年の措置は之が全国に拡大されたものであろう。一五年には更に新たな動きが現れた。明実録・洪武一五年一一月丙辰の条に、

命天下衛所軍士所給月塩、以鈔代之。時西安衛千戸宋寿、領河東塩六千四百余斤、以給軍士、侵欺三千二百余斤。事聞、上命戸部、悉準塩価給鈔、免致所司為姦。於是戸部定議、京衛軍士仍旧給塩、外衛以鈔代之。

とあり、西安衛での横領事件を機に、京衛では従来通りに月塩を支給するが、外衛では鈔で折給することになった。この記事では塩と鈔の換算は塩価に準じてとあるが、正徳『大明会典』巻二七・戸部一二・経費二・月塩には塩一斤を鈔一〇〇〇文としたとある。月塩支給から更に地域によって折鈔支給へと変化したわけだが、平時の賜与が全く無くなったわけではない。表Ⅲの一二年の項に示した二二万余斤は、四川に動員された将士二万五〇〇〇余人に賜ったものであり、この年には、この他に四月に湖広で溪洞蛮の討伐に当たった軍士に各々塩二〇斤を給し、八月には四川で妖賊の討伐に動員された軍士に各々二〇斤を与えた例があり(47)、合計ではかなりの数量にのぼるはずである。一四年の表示額七万五五〇〇斤は、北征する燕山等の衛軍九万九四〇〇余人に賜ったもので、一九年の八万九七〇〇斤は、蜀王府造営に動員された軍士一万七九六〇人に給したものである。しかし、この五例以外の賜与はなく二〇年以後は賜与が全く見られなくなる。鈔法施行とともに賜与がなくなり、しばらくして再開されたのは他の物品と同じだが、再開後は他とかなり異なる経過をたどったことになる。表Ⅳで賜与対象をみると、二例を除いて全て軍士であり、軍官には殆ど賜与されなかった。この点で銅銭や米と軌を一にする。

数量を確認できない例が多いが、胡椒や蘇木も早くから賜与に用いられた。表示のように、蘇木が初めて賜与され

たのは、四年に北元から帰服した韃靼軍士五七〇〇余人に与えたものだがその数量は不明である。胡椒の場合は一二年が最初である。この年は、鈔法施行後停止されていた銀や銅銭の賜与が再開された年だが、胡椒はこの年に新たに登場した。九月に、京衛の軍士で工事に動員されているものに各三斤、他の京衛軍士に各二斤を賜った(48)。京衛の員数からみて、賜与額は少なくとも四〇万斤以上に達したはずである。翌一三年にも京衛の軍士に各三斤を賜与し、このほかに、京衛中の傷痍軍士には、鈔とともに各々蘇木二〇斤・胡椒五斤を、老齢で退役した軍士で子がないものにその二分の一を、子があるものには四分の一を給した(49)。以上の事例からこの年も六〇万斤以上にのぼるとみられ、一二・一三年の両年で約一〇〇万斤を賜与したと考えられる。この後三年間は賜与されなかったが、一七年一〇月に、海運に従事する軍官に絹・鈔とともに胡椒を賜り、一八年二月に、京衛の総旗・小旗・軍士に胡椒各一斤を賜った(50)。この年も賜与額は二〇万斤前後にのぼったと思われる。二四年には、一月に海運に従事する軍士一万三八〇〇余人に銅銭と共に胡椒・蘇木を与え、八月には燕山・太原・青州護衛の官校に鈔と胡椒を給し、一一月に燕・晋・周・楚・斉・湘の六王府に各一〇〇〇斤の胡椒を賜った。これらの諸例を合計すると、同年の賜与は表示をかなり上まわったはずである(51)。二五年に表示した数量は、防倭の為の海船建造に従事した杭州等の衛の軍士一万一七〇〇余人に胡椒各一斤を給したものである。一二・一三年と一七・一八年と二四・二五年と、数年おきに両年にわたって賜与したが、最初の事例が最も多くその後次第に減少したようである。しかし、賜与総量は一〇〇万斤を遙かに上まわったと考えられる。明朝政府が如何にしてかかる大量の胡椒を入手したのか明らかでない。例えば表示の期間中の朝貢例をみると以下のようである。一五年に爪哇国が黒奴・大珠とともに胡椒七万五〇〇〇斤を献じ、一九年の天寿聖節に象・象牙・犀角と胡椒を献上し、二〇年に真臘国が象と香六万斤を、暹羅国が胡椒一万斤と蘇木一〇万斤を献じ、二二年にも暹羅国が馬・象牙・硫黄とともに胡椒を献上した(52)。しかし、これらの献上された胡椒では賜与量に到底及ばない。朝貢以外の交易によって大量の胡椒が流入したと考えなければならない(53)。表Ⅳで賜与の対象をみると、胡椒の賜与九例の中の八例が軍に対するもので、一二・一三・一八の例は全て京衛の軍士に賜与された。永楽朝以後になると、胡椒は俸給の折給物品として文武官にも支給されるが、洪武朝では殆ど軍士に限られており、銅銭・米・塩と同様であった。

小結

本章では絹・皮革・銅銭・米・塩・胡椒・蘇木を、前章で銀・鈔・綿・麻の賜与状況を考察した。賜与に用いられた物品は多岐にわたるが、その量もまた巨額であった。いずれの物品も賜与の六〇～九〇パーセントは軍に対するもので、洪武朝の軍事政権としての性格を示している。諸物品の大量賜与が洪武三・四年に始まったことは、この時期に明軍の維持機構が整備され、明朝の軍事支配が確立したことを示すと思われる。賜与に用いられた諸物品は、正統～成化朝に俸給・月糧の折給物としてつかわれ、やがて銀が一般的になったように、賜与と俸給・月糧の区別は曖昧になっていったが、洪武朝では俸給・月糧は米、賜与は他の物品とかなり明確に分けられており相い補うものであった。賜与の各物品をみると、軍官と軍士で与えられる物が異なっていた。両者に共通するのは銀・鈔で、綿・麻・銅銭・米・塩・胡椒などの実用品は殆ど軍士に与えられ、絹は後に軍士に拡大されたが当初は軍官に限られていた。地域別にみると非常に特徴的で、銀・絹は京衛と北辺に各年交互に支給され、麻・胡椒は全て京衛であり、銅銭も大半が京衛に与えられた。一方、皮革の全てと、綿の大部分は北辺で賜与された。他の地域に比べてこの二地域が圧倒的に多い。明実録・洪武二五年閏一二月丙午の条によれば、総兵力は約一二〇万人であり、このうち京師に約二〇万人、北辺に三〇万人が配置されており、洪武朝の軍事的重心が京師と北辺にあったことが看取できる。特に京衛の軍士は優先的に賜与されており、明軍の中核として優遇されていたとみられる。
また、賜与状況を見ると、鈔法との関連を考えざるを得ない。鈔法の施行直前には、いずれの物品も莫大な支給量にのぼっており、その入手と輸送は明朝政府にとって大きな負担になっていたと思われ、八年に鈔法が施行されると、諸物品は一斉に姿を消した。明朝政府は、賜与を現物から鈔に切り換えようとしたとみられる。それが俸給・月糧の一部にも及んだことは、前に述べたとおりである。そこには鈔を流通させようとする明朝政府の意志をみることもできるが、同時に現物支給の負担を軽減せんとする意図も窺える。しかし、商品流通が不十分な当時では、軍士は鈔を与えられても物資を購入できず、鈔がだぶつき価格は下落したであろう。受給者である軍士の便宜は顧慮されていないわけで、まもなく現物による賜与が相い継いで再開された。八年に一旦停止されたあと、絹は九年、米・塩は一〇年、銀・銅銭は一二年、麻・皮革は一三年に再開され、胡椒は一二年に新たに開始された。綿は八年以後も継続されたが一四年に鈔による折給が命ぜられ、一九年に至ってこの命令が撤回され現物支給に復した[54]。賜与を現物から鈔に全面的に切り換えようとする試みは失敗し、これ以後、鈔と現物の兼給となったのである。次に軍士が死亡した後の家族に対する補償について述べる。これも給与の一環とみられるが、かかる措置は軍の志気を維持する為にも必要だったと思われる。規定や実施状況とともに、軍士の家族のあり方も検討する。

註

（1）明実録・洪武三年二月辛酉朔、三月辛亥、六月辛酉、一一月丙申、一一月甲午の条
（2）明実録・洪武四年一二月辛卯の条
（3）明実録・洪武四年一〇月甲辰、五年正月乙丑、六月戊子の条

(4) 明実録・洪武七年正月壬午、一〇月辛丑の条
(5) 明実録・洪武九年二月丙戌、七月丙寅の条
(6) 明実録・洪武一〇年正月丁未の条
(7) 明実録・洪武一一年八月戊辰、九月乙酉の条
(8) 明実録・洪武一二年一二月辛未の条
(9) 明実録・洪武一二年四月己卯、閏五月丙午、八月丙子、一一月庚申、一二月辛未の条
(10) 明実録・洪武六年八月壬辰、一三年五月癸丑、二五年閏一二月丙午の条
(11) 明実録・洪武一四年四月丙辰朔、八月癸丑朔の条
(12) 明実録・洪武一八年正月辛未の条
(13) 明実録・洪武一九年一二月戊子、二〇年七月辛卯の条
(14) 明実録・洪武二〇年八月庚戌の条
(15) 明実録・洪武二一年八月丙午の条
(16) 明実録・洪武二三年八月丁巳の条
(17) 洪武四年以前の主な賜与例を示すと次の表のようになる。

年	対象	指揮	千戸 衛鎮撫	百戸 所鎮撫	総旗 小旗	軍士
呉1	陵子林で勝利を得た傅友徳麾下の軍	文綺・帛各10疋	文綺・帛各3疋	文綺・帛各2疋	塩20斤	塩20斤
〃	羽林・虎賁・天策・驍騎衛軍	文綺・帛	文綺・帛	文綺・帛	塩20斤	塩20斤
〃	平呉の軍	綵段5表裏	綵段4表裏	綵段3表裏	米1石・塩10斤	米1石・塩10斤

洪武2	北征軍・征南軍	文幣7表裏	文幣6表裏	文幣5表裏	米3石 銀3両3銭	米3石・銀3両
3	陸仲亨麾下の征南軍	文綺・帛各3疋	文綺・帛各2疋	文綺・帛各1疋	米	米
〃	宝慶・靖江で勝利を得た周徳興・揚璟麾下の軍	文綺・帛各4~6疋	文綺・帛各3~5疋	文綺・帛各2~4疋	塩40~60斤	塩40~60斤
〃	京衛	紗綵	紗綵	紗綵	米・薪	米・薪
〃	全軍	文綺・帛6~24疋	文綺・帛4~20疋	文綺・帛2~16疋	銀4~10両	銀3~10両 銭6千文
4	平蜀の軍	綵段5~8表裏	綵段3~6表裏	綵段2~4表裏	銀8~12両	銀7~10両

軍官に対する賜与は全て絹で、地位によって額に差をつけただけだが、旗軍は米・塩・薪などの生活用品そのものか銀・銅銭である。軍官と旗軍では、賜与の額が違うだけでなく、物品の内容に明確な相違があった。

(18) 明実録・洪武六年六月癸酉の条

(19) 明実録・洪武七年二月乙卯の条

(20) 明実録・洪武一三年七月丁巳の条

(21) 明実録・洪武一七年四月乙酉、七月壬子の条

(22) 『諸司職掌』工部・皮張に、

凡各処毎歳差人、起解雑色皮張、及各該軍衛屯田去処、倒死頭匹皮貨到部、照例開給長単勘合、付解人進納。若熟皮割付丁字庫交収、生皮割付皮作局、熟造類進。設或成造軍器等項、皮張不敷、須要預為収買。其収貯在庫之数、務要時常整点、不致腐壊。

とあり、各地から工部に送られるものや、軍屯で斃死した家畜の皮革を皮作局でなめして丁字庫に貯え、不足の時には民間からの買い入れも加えて皮革製品の製造にあてた。各処が歳弁するこれらの雑皮の合計は二一万二〇〇〇張だったという。

明実録・洪武六年一一月乙卯の条によれば、山西の築城工事に動員された軍士に対し、山西行省に命じて皮鞋一万足を支給させた。この皮鞋は山西行省で製造したものとみられ、地方政府でも製造に当たっていたことが窺える。
(23) 明実録・辛丑二月己亥、癸卯一二月戊午、洪武五年一二月壬寅、七年一二月庚申、八年一二月乙卯の条
(24) 明実録・洪武三年一二月癸酉、七年四月甲申、九年四月己丑。また八年正月壬戌の条に、
湖州府民、輸官銭三百余万入京、次揚子江、舟覆銭没。其半民既代償、已而軍士有得所没銭者、有司論当杖。上曰、士卒得銭物於水中非盗也。釈之。

とあり、湖州の民が、官銭三〇〇余万文を京師に輸送する途中に水没する事故があった。この官銭がどのような性質の物かは明らかでないが明朝政府が少なからぬ銅銭を入手していたことが窺える。
(25) 檀上寛氏『朱元璋』（白帝社、一九九四年）一七二頁
(26) 明実録・洪武三年一一月丙申、甲午の条
(27) 明実録・洪武四年一二月辛卯の条
(28) 明実録・洪武五年正月乙丑、八月乙亥の条
(29) 明実録・洪武六年正月庚申、三月甲子、四月丁丑、四月己卯、五月庚午、八月戊寅、一一月戊戌の条
(30) 明実録・洪武八年二月癸丑、七月庚午の条
(31) 明実録・洪武一二年八月庚辰、一〇月己卯の条。八月の記事には二〇四一万六〇〇〇余貫とあるが文の誤りであろう。
(32) 明実録・洪武一四年五月戊戌、一七年八月丁卯、二四年正月辛亥の条
(33) 明実録・呉元年九月辛丑の条
(34) 明実録・洪武二年一二月己丑の条
(35) 明実録・洪武三年二月辛酉朔、一〇月辛酉、一一月乙卯の条
(36) 明実録・洪武六年六月辛未朔、八月丁丑、一一月甲子、一一月庚寅の条
(37) 明実録・洪武一〇年六月丙寅の条

(38) 明実録・洪武一一年七月丁丑の条
(39) 明実録・洪武一三年一〇月癸酉、乙酉の条
(40) 明実録・洪武一六年五月丁卯の条
(41) 明実録・洪武一八年五月甲戌の条
(42) 明実録・洪武二四年一一月辛亥の条
(43) 明実録・呉元年六月癸亥、六月乙丑、九月辛丑の条
(44) 明実録・洪武三年三月辛亥、一二月丁卯の条
(45) 明実録・洪武五年四月己卯の条
(46) 正徳『大明会典』巻二七・戸部一二・経費二・月塩には有家小者が月塩二斤、無家小者は一斤とあり、条件によって差額をつけたとみられる。
(47) 明実録・洪武一二年四月己卯、八月戊寅、一二月辛未の条
(48) 明実録・洪武一二年九月甲寅の条
(49) 明実録・洪武一三年五月己亥・庚戌の条
(50) 明実録・洪武一七年一〇月壬午、一八年二月庚子の条
(51) 明実録・洪武二四年正月辛亥、八月己卯、一一月丙午の条
(52) 明実録・洪武一五年正月乙未、一九年九月甲寅朔、二〇年七月乙巳、二二年一〇月辛亥の条
(53) 明実録・呉元年一二月庚午の条によれば、征南将軍湯和が、陳友定を破って福州を占領したとき、馬六三九匹、海舟一〇五艘・糧一九万九五〇〇余石・金一四〇六両・胡椒六三〇〇斤を押収したという。交易によって流入していた胡椒を平定の過程で押収する場合もあったことが窺える。
(54) 宮沢知之氏は「明初の通貨政策」（『鷹陵史学』第二八号、二〇〇二年）で、当時の明朝政府が、銭・鈔・銀のいずれも経常財政の運用手段としては位置づけておらず、あくまで臨時的な財政支出の手段として機能させていたことを指摘された。

第六章　軍士の家族と優給

一　家族の同居

戦乱の余燼が未だおさまらぬ明初にあっては、人々は本貫の地を離れて流浪し、家族が離散する場合も少なくなかった。このような家族を集めて再び同居させることを「完聚」と称した。明実録・洪武七年八月辛丑の条に、

詔天下曰、曩因天下大乱、死者不可勝数、生者備歴艱辛、已有年矣。……兵興以来、各処人民、避難流移、或有父南子北、骨肉離散。願完聚者、有司送還郷里。或有身死他郷、所遺老幼、願還郷者聴。及各処鰥寡孤独并篤疾之人、貧窮無依、不能自存、所司官給衣糧養贍。

とあり、離散した家族が完聚を願うときには、有司が郷里に送還する。本人が他郷で死亡し、遺された老人や幼児が帰郷を望む場合にはこれを許す。自活できない鰥寡孤独の者や病者には、現地で衣服・食糧を支給するように詔した。明朝政府が、民生の安定を図る為に、離散した家族を集め、困窮した人々を救済しようとしていたことが窺える。それは軍士についても同様で、同日の条に、

其南北征戍軍士、歿於辺遠。棄遺父母妻子、貧窮無依。所司験実、廩送至京、官為存養。若子雖幼可依、及有親

属而願留者、従其便、官仍給糧養贍。

とあり、各地で死亡した軍士の父母妻子は、京師に送って養うこととする。寄る辺があって留まろうとする者には現地で食糧を支給せよとのべた。当時、衛所の新設や戦闘に伴って軍の移動が頻繁であったが、軍士が配置される衛所と郷里の関係について、明実録・洪武一〇年二月辛酉の条に、

上勅兵部臣曰、天下衛所軍士、皆四方之人。郷里既遠、貧乏者多。月給廩粟、僅足自給。其有死亡、棺歛《ママ》之費、不能挙者必多。使其死無所帰、或至暴露、甚非憫下之道也。朕聞文王埋朽骨、天下帰仁。况吾之壮士、常宣力効労、豈可使之失所乎。自今凡軍士死亡、家貧不能挙者、官為給棺葬之。所司著為令。

とある。太祖は、各衛所の軍士は、郷里から離れた衛所に在って、僅かな給与以外に収入の途がなく、死亡しても葬儀の費用もないであろうと述べて棺の支給を命じた。この記事から、軍士の多くは郷里を遠く離れた衛所に配置されていたことがわかるが、それでは軍士の家族はどこで生活していたのか。明朝政府は、一般の民と同様に軍士の家族も完聚させ、各衛所で軍士と同居させる方針をとっていた。『御製大誥』の「軍人妄給妻室第十六」に次のような事例がある。やや長文にわたるが全文を示すと、

山西洪洞県姚小五妻史霊芝、係有夫婦人、已生男女三人、被軍人唐閏山於兵部朦朧告取妻室。兵部給与勘合、着落洪洞県、将唐閏山家属、起赴鎮江完聚。方起之時、本夫告県、不係軍人唐閏山妻室。本県明知非理、不行与民弁明、擒拏奸詐之徒、推称内府勘合、不敢擅違。及至一切内府勘合応速行而故違者、不下数十余道。其史霊芝、係人倫綱常之道。乃有司之首務、故違不理、所以有司尽行処斬。

とある。山西洪洞県の姚小五なる民の妻史霊芝は、既に三人の子供のいる婦人だったが、軍士の唐閏山という者が勝手に自分の妻ということにして届けた結果、兵部は史霊芝についての勘合を発し、洪洞県に命じて唐閏山が配置され

ている鎮江衛に赴かせようとした。出発の間際になって夫の姚小五が県に訴えた。其の結果、県当局は唐閏山が虚偽の申告をしたことを知ったにも拘わらず、何の処置もとらなかったばかりか、勘合の通りにして責任を回避しようとしたという。太祖は県官の怠慢を責め、三綱五常に反するとして県官を斬刑に処した。同書「刑部追問妄取軍属第七」・「尚書王峕誹謗第八」によれば、史霊芝は三歳の時に唐閏山の兄と婚約したが、其の兄は幼児の時に亡くなり、婚約が解消されるという経緯があったようで、結局刑部尚書王峕まで巻き込む事件になった。この洪洞県の事例からも、兵部が軍士の家族を登録し、内府を通じて本籍のある州県に勘合を発して、軍士の配置されている衛所に家族を送り、完聚させるべく努めていたことが看取される。家族にも親疎があるわけで、完聚を図る際にもその範囲や優先順位があったと思われるが、この点について『諸司職掌』兵部・給聚に、

凡文武官員并軍士人等、搬取家小完聚、行移所在官司起取、審実送発完聚。或有陳告父母兄弟伯叔子姪、先因遠年兵革離散、今知下落、告取完聚、須要行移所在官司、体勘相同、以憑給聚。其有応給之人、見当軍役、具奏定奪。及軍属寡婦還郷、行移応天府、給引照回。

とあり、まず妻子を優先し、次いで父母兄弟伯叔子姪の範囲に及ぼそうとしたとみられる。明朝政府は、戦乱の結果、多くの官僚・軍官・軍士の家族が離散している状況の下で、家族を復旧同居させようとしていたのである。

二　各地の同居状況

軍の配置された場所で家族が同居するのは古くからみられることだが、明軍も当初から其の形態をとっていた。明朝成立以前の記事だが、明実録・呉元年九月戊子の条に、

上御戟門、閲試将士、因諭千戸趙宗等曰、軍士行伍不可不整、進退不可無節。雖屯営廬舎、亦必部伍厳整。遇有調発、易於呼召、不致失次。自今居営者、必以総旗為首、小旗次之、軍人又次之、列屋而居。凡有出征、雖婦女在家、亦得互相保愛。臨敵之時、亦如前法。居則部伍不乱、行則進退有節。加之将有智謀、不戦則已、戦則必勝。

とあり、太祖は、屯営する時にも総旗・小旗・軍士という軍の編成のままで生活すれば、軍の紐帯が強まり動員も容易で戦闘にも有利であり、出征中に留守をまもる「婦女」が相互に扶助することができるとのべた。ここでは婦女の内容が必ずしも明らかではないが、彼女らが軍士と共に生活していることを前提とした記事である。軍士と同居している人々について各地の状況をみてみよう。

遼東の軍は、明初においては現地出身者が少なく、軍士の殆どは内地から送り込まれたが、明実録・洪武一二年二月丁巳の条に、

命登州府、於海口設官船、渡軍士遺骸。初遼東軍士死者、家人帰其遺骸、毎渡海輒為舟人所棄。都指揮使司以聞、故有是命。違者論如棄屍律。

とあり、同一三年一二月戊午の条に、

登州衛指揮使司言、海運之船、経渉海道。遇秋冬之時、烈風雨雪、多致覆溺。継今運送軍需等物、及軍士家属過海者、宜俟春月風和渡海、庶無覆溺之患。従之。

とある。遼東に配置された軍士が現地で死亡すると「家人」が遺骸を郷里まで運ぶが、山東への渡海の途中、船の乗組員がこれを嫌って遺骸を海に投棄してしまうことが多かったという。遼東都司の上奏により、登州府に命じて官船を用意して遺骸を運ぶことになった。これらの家人がどの範囲の家族をさすのか不明だが、彼らは遼東に赴いて軍士と同居していたのである。登州衛は、遭難を避ける為に、海が穏やかになる春をまって遼東への海運を実施したいと

請うたが、其の船には、軍需物資と共に遼東に赴く軍士の家族が乗っていた。当時、納哈出が盤踞する遼東は北辺防衛の最前線だったにもかかわらず、軍士の家族が現地に赴いて同居していたのである。

在京の衛所についてみると、明実録・洪武一六年一二月戊寅の条に、

鷹揚衛軍婦失火、焚軍士廬舎。所司坐当笞。婦年六十余、其子請代受刑。上曰、子孝其母、而母非故犯、宥之。

とあり、親軍衛の一つである鷹揚衛で軍婦の失火による火災があり、軍婦は笞刑に当てられようとしたが、既に六〇余歳で、其の子が代わって刑を受けることを請うた結果、太祖は其の孝心と故意の火災でないことを認めて罪をゆるした。其の子というのは軍士とみられるが母と同居していたのである。明実録・洪武二五年正月甲辰の条には、

天策衛卒呉英父、得罪繫獄。英詣闕陳情、願没入為官奴、以贖父罪。上諭英曰、汝之情固有可矜。但汝平時何不勧諫汝父、使不犯法。今罪不可貸。然念汝愛父之至、特屈法宥之。汝自今凡遇父有不善、当即諫止。若不聴必再三言之、使不陥於非義、斯為孝也。又顧謂侍臣曰、此卒非知書者、能如此亦可謂難矣。故特屈法、以宥其父、将以励天下之為人子者。（。は筆者）

とあり、やはり親軍衛である天策衛の呉英という軍士の父が罪があって獄に下されたところ、呉英が官奴となって父の罪を贖いたいと請うたのに対し、太祖は呉英に訓戒を与えた上で宥したが、「平時」の語から呉英が父と同居していたことが窺える。これらは父母の同居の例だが、他の家族はどうだろうか。明実録・洪武二〇年閏六月乙卯の条に、

上以京衛将士、多山東・河南人、一人在官、則闔門皆従、郷里田園、遂致蕪廃、因詔五軍都督府、覈遣其疎属還郷、惟留其父母妻子于京師。

とある。明軍の中核である京衛の将士に山東・河南の出身者が多いことは注目されるが、将士の縁者が親疎を問わず皆京師に上ってきているという。彼らは京衛で将士と同居したとみられるが、太祖は郷里の田土が荒れるのを懸念し

て、父母妻子のみを京師に留め、疎遠な家族は郷里に送還するよう命じた。親疎の縁者が皆同居するのが常態だったかどうかは検討の余地があると思うが[1]、同居できる家族の範囲が父母妻子とされたことは重要で其の後の基準となった。

次に雲南の事例をみてみよう。次章で述べるが、雲南では元朝系の梁王政権が自立の形勢を保っていたが、洪武一四年（一三八一）九月、明朝政府は親軍衛・京衛を主力とする約二五万の軍を遠征させた。梁王政権そのものは短期間で打倒することができたが、少数民族への対応を誤った為に、長期に亙って際限なく兵力を投入し続けなければならなかった。最初に動員された親軍衛・京衛の主力は、傅友徳・藍玉に率いられて洪武一七年（一三八四）に帰京した。しかし、一部は沐英の麾下として雲南に留まらざるを得ず、やがて現地に新設された諸衛所に編入されることになった。これらの軍士の家族について明実録・洪武二〇年八月乙亥の条に、

　詔在京軍士戍守雲南者、其家属倶遣詣戍所。戸賜白金十両・鈔十錠。令所過軍衛、相継護送。（。は筆者）

とあり、同二四年七月己丑の条に、

　賜雲南・大理・六涼諸衛士卒妻子之在京者、白金人十両・鈔十錠。仍給以官船、送往戍所。（。は筆者）

とある。京衛から動員された軍士の家族は、軍士の出征後は各々所属する原衛で生活していたが、戦役が予想外に長びいた為に数年間別居していたことになる。軍士の所属が京衛から雲南の諸衛所に変更された為に、家族が現地に送られたのである。二〇年（一三八七）八月の記事では「家属」とあり、二四年（一三九一）七月の記事では「妻子」とある。二〇年六月には父母妻子の同居が認められていたわけだから、家属には父母も含むと思われるが、妻子が無くて父母だけの場合も雲南に送られたのかどうかは必ずしも明らかではない[2]。雲南の事例からも、家族は軍士の所属する衛所で同居するのが原則だったことが確認できる。また明実録・洪武二五年三月壬午朔の条に、

罷民間歳輸馬草。凡軍官之馬、令自芻牧。各衛軍士馬疋、則令管馬指揮・千・百戸、各択水草豊茂之所、率所部卒及其妻子、屯営牧養。

とあり、民間からの馬草の納入を罷め、軍官には馬料を自分で負担させ、軍士の馬疋については、軍官が軍士とその妻子を率いて水草の豊かな場所に屯営して養うこととした。このように所属の衛所が変わらなくとも、駐屯が長期に亙る時には妻子の同伴を命じる場合があった。以上のように、各衛所では軍士と共にその家族が同居しており、史料では婦女・家人・家属等さまざまに記されるが、洪武二〇年以後、その範囲は父母妻子とされたとみることができよう。

それでは、軍士とその家族は衛所のどこで生活していたのか。衛所の構造を一瞥しておくと、京衛の場合は南京城内に在って独自の城郭をもたないが、在外の衛所には城郭があるのが普通である。衛城の規模についての事例をみると、沢州城は周囲一二七五丈で、山海衛城は周囲一五〇八丈、城壁の高さ四丈一尺だった(3)。又、洪武二二年（一三八九）正月、会寧侯張温・北平行都司都指揮使周興が諸衛城の完成を報じたが、それによれば大寧衛城は周囲三〇六〇丈、濠の延長三一六〇丈、深さ一丈九尺、城門五で、会州衛城は周囲一一二八丈、濠の延長一一八九丈二尺、深さ一丈八尺、城門四で、富峪衛城は周囲九〇〇丈、濠の延長九〇八丈二尺、深さ一丈三尺、城門四で、寛河衛城は周囲八一二丈、濠の延長八五九丈、深さ一丈五尺、城門四とある。これらの衛城には四七の倉廒、合せて五五〇間と、営房七五三三間が置かれた(4)。後に都司が置かれた大寧は大規模だが、外は概ね周囲一〇〇〇丈前後のことが多い。軍官・軍士と家族はこれらの衛城内に住んだが、湖広の茶陵衛(5)や浙江の台州衛のように軍民が雑居する場合もあった(6)。又、衛所の建設に当たっては、付近の民にも配慮し、民田を侵すと建設場所を変更することもあった(7)。衛所の城内の施設については、明実録・洪武一七年一二月己未の条に、

潮州衛火。城楼・庁事・軍士廬舎・倉庫・兵仗・図籍・焚毀無遺。

とあり、潮州衛で火災があったが、全焼したのだからここに挙げられたのが主要な施設とみてよかろう。兵仗とあるのは軍器局に備えられた武器と思われる。軍器局は洪武一三年（一三八〇）以前は軍需庫とよばれたもので、一百戸所当たり銃一〇、刀牌二〇、弓箭三〇、鎗四〇ずつ備えることになっていた(8)。庁舎・軍士の廬舎・倉庫・軍器局等の施設が延焼する程度に近接して置かれていたのである(9)。明実録・洪武一四年五月己酉の条に、

命京衛、営建軍伍廬舎及官員居室。又計在京一歳官俸軍糧之数、令各建倉儲蓄、以便支給。

とあり、第二章で述べたように、京衛では将士が一年間在衛した場合に必要な軍糧を蓄えておくことになっていたが、ここで廬舎とあるのが軍士の宿舎で、営房・房室等と記されることもある。明実録・洪武一七年八月丁卯の条に、

命建府軍衛軍士廬舎三千六百六十間。

とあり、府軍衛に三六六〇間の廬舎を造ることが命ぜられた。又、同二二年二月乙卯の条に、

命荊州左護衛并黄州・常徳・岳州・沅州・蘄州・武昌諸衛、各造営房三千間、以居韃靼軍士。

とあり、湖広の七衛に対し、帰服したモンゴル兵を居住させる為の営房三〇〇〇間の建設を命じた(10)。各々の廬舎の広さや、単身者と家族がある者の相違等は明らかではないが、各衛には数千間の廬舎が設置されていたと考えられる。衛所は軍営であると同時に、軍士と家族の生活の場でもあったのである。その所為か衛所の火災が非常に多い。特に京衛に多く、洪武三〜一八年の間に在京衛の約三分の一に当たる一六衛が火災にあった。洪武五年（一三七二）は二月だけで七衛、通年では一一衛に及ぶ(11)。親軍衛の筆頭の武徳衛は洪武三年（一三七〇）一二月と六年三月、鷹揚衛は洪武五年二月と一六年（一三八三）一二月の各々二回火災を起こした(12)。これらの火災では、軍器庫だけを焼いた武徳衛と北平の永清衛を除き(13)、殆どの場合軍士の廬舎が被災している。廬舎が軍士と父母妻子の同居する生活の場であっ

た為に失火が多かったのではないかと思われる。また、軍士と父母妻子が衛所で生活しているとすれば、郷里の軍戸に在るのは疎遠な親族ということになる。軍士の死亡や逃亡によって衛所に欠員が生じると、本人を追捕する根補や郷里の軍戸から壮丁をとる勾補が行われた。これらの勾軍に当たって種々の混乱が生じたのは周知のことである。軍戸に在るのが疎遠な親族だったことが、混乱を助長したのではないかと考えられる。それでは軍士と同居している家族は、軍士が死亡した場合はどうしたのか。生命を危険に晒す軍務の性格上、士気を維持する為には残された家族の生活の保障が不可欠であり、それが「優給」と称される制度であった。

三　家族に対する優給

優給の制度を明らかにする為には、其の対象・支給額・期間・受給の条件等を検討しなければならない。まず、優給の基礎となる月糧額を確認すると、総旗が一石五斗、小旗が一石二斗、軍士は三つのランクに分かれ、頭軍が一石、次軍が八斗、隻身者が六斗であった(14)。家族の救済の為の先駆的な措置は、既に明朝の成立以前から行われていたようである。明実録・乙巳の年（一三六五）七月戊午の条に、

下令曰、王者之於士卒、既用其力、当恤其老。而寡妻弱子、尤宜優恤。予自兵興十有余年、所将之兵、従渡江者、皆濠・泗・安豊・汴梁・両淮之人。用以攻取四方、勤労甚矣。以其為親兵也、故遣守外郡以佚之。其有老羸嘗被創者、令其休養営中。死事物故者妻子、皆月給衣粮賑贍之。若老而思慕郷土、聴令於応天府近便居止、庶去郷不遠、以便往来。所給衣粮、悉仍其旧。

とあり、太祖は自分と同郷かそれに準ずる地域出身の軍士について、老兵・傷痍兵は営中で養うが、もし郷里と往来

するのに便利な場所に居住したければ許可する。また死亡した者の妻子に対しては、月ごとに衣服・食糧を支給するとのべた。しかし、この段階では対象が老兵・傷痍兵本人と任務遂行上に死亡した軍士の妻子に限られており、支給期間には触れず支給額も旧によるとあるだけである。しかも明実録・洪武元年八月己卯の条に、

大赦天下。詔曰、……従征将士、労苦特甚。中書省・大都督府檄有司、厚恤其家。新附軍士、老疾無丁男代役者、及陣亡病故寡婦無依者、並従其便。

とあり、新附の軍については、軍役を代わるべき者がない老疾の軍士や戦死・病死した軍士の寡婦は、本人の自由にしてよいというだけである。ここからみると、当初の救済の対象は、太祖が自ら「親兵」と称するような太祖と縁の深い軍にとどまっていたと考えられる。明実録・洪武元年九月癸亥の条に、

詔優給陣亡将士之家、凡四百一十五人。千・百戸・鎮撫、人給米二十石・麻布十匹。軍士人給米五石・銭一千二百文・麻布二匹。

とあり、洪武元年（一三六八）になると、初めて優給の語が現れたが、この事例は受給者も少なく一回きりの支給だったとみられる。対象も戦死者の家とあるのみで、具体的な受給者は分からない。この年の末になって、初めて優給の規定がつくられることになる。まず、明実録・洪武元年一一月丙寅の条に、

上謂中書省臣曰、吾念将士征戦而死者、其父母妻子、尤可念也。死者既不可見、所可見者、惟生存者耳。其即為優恤之。凡遇時節、預給薪米銭物、使其死者受祭、生者有養、則吾君臣於歳時宴楽、心亦少安。省臣曰、陛下推広仁愛、徧及於下、而存没咸蒙恩恵。上曰、始者将士相従、皆望成功、以取富貴。今天下已定、生者既膺爵賞、而死者不可復作。吾豈嘗須臾而忘之。故優恤其家、以見不忘同済艱難之意。

とあり、太祖は明朝創建に至るまでの戦死者に想いを馳せ、中書省の臣に対して戦死者の家族への手厚い優恤の必要

をのべた。「其の家を優恤す」とあるが、前段からみて太祖の念頭にあった優恤の対象は父母妻子だったと思われる。この太祖の意図を受けたとみられるが、翌一二月壬辰の条に、

定優給将士例。凡武官軍士両淮・中原者、遇有征守病故陣亡、月米皆全給之。若家両広・湖湘・江西・福建諸処、陣亡者亦全給。病故者、初年全給、次年半之、三年又半之。其有応世襲而無子、及無応襲之人、則給本秩之禄、贍其父母終身。

とあり、初めて優給の規定がつくられた。前段では「月米」、後段で「本秩之禄」とあるので、各々軍士と軍官に関わる規定とみられるが、出身地によって両淮・中原と他の地域に分けている。軍士についてみると、両淮・中原出身者は、戦死病死を問わず月糧全額を支給するが、他の地域の出身者は、戦死の場合には全額支給するものの、病死のときは初年度は全給で、二年目は二分の一、三年目は四分の一と逓減する。四年目以降の記述がないが打切りとなるのであろう。「其の父母を贍はすこと終身」とあるのは軍官の場合と思われ、軍士では受給者や全額支給の期間等は示されていない。病死者の扱いからみて、両淮・中原出身者を他の地域よりも優遇していることになるが何故だろうか。其の背景を考えると、淮西はいうまでもなく太祖の出身地であるし、前述の如く京衛の軍士には山東・河南の出身者が多いとの指摘もあることからみて、太祖にとって信頼できる部隊－具体的には親軍衛・京衛ということになろう－には両淮・中原の出身者が多く、これを優遇したことが考えられる。更に規定がつくられた時期も問題である。呉元年一〇月、徐達・常遇春に率いられた約二五万の軍が北伐を開始し、洪武元年八月には大都に入ったが、一二月の段階では、徐達が太原で拡廓帖木児と戦うなどまだ各地で戦闘が続いていた。この北伐の主力になったのが親軍衛・京衛であったし、戦乱の舞台となり荒廃した中原の出身者に配慮する必要があったのかもしれない。ともあれ、この規定は、北伐の進行という特定の状況に合せて定められたもので、北伐に従軍している将士の後顧の憂いを軽減し、

士気を保つ為の措置だったと考えられるのである。其の所為か規定としてはいかにも不備で、『諸司職掌』や『大明会典』にも記載されていない。北伐軍の主力は洪武三年一一月に応天府に帰還したが、四年（一三七一）になって改めて優給の規定がつくられたことからも其の間の事情が窺える。二回目の規定は明実録では洪武四年一二月癸未の条に記されているが、『大明会典』にも載せられて、其の後の基準となったものである。明実録記載の規定は軍官と軍士に分けられているが、軍士に関する部分には、

命中書省、定官軍軍士優給之例。於是中書省奏、……軍士戦没者、有妻全給月糧、三年後守節無依者、月給米六斗終身。有次丁継役、止給営葬之費、継役者月給糧。其病故有妻者、初年全給月糧、次年総・小旗月給米六斗、軍士比旧給月糧減半。守節無依者、亦給月糧之半終其身。有次丁継役者、止給月糧不優給。

とある。軍士の場合、まず妻の有無で分けられ、次に戦死か病死か、次に後継者の有無、次に妻が再婚するか否かを勘案されることになる。後継者が有れば、戦死か病死かを問わず、葬儀の費用を支給するにとどめ、後継者に月糧が支給されることになる。戦死して後継者がないときには、妻に三年間月糧の全額を支給し、三年後に妻が寡婦のままで依るべき親族のないことが確認されれば、月に六斗の米を終身支給する。病死では、後継者がなければ妻に対して一年間は月糧を全額支給するが、二年目以後は階級によって格差がつけられる。月糧が各々一石五斗・一石二斗だった総旗・小旗の妻には、共に六斗を支給し、既婚の軍士の場合は一石か八斗だから支給額は四斗か五斗ということになる。更に、妻に寄る辺がなく、再婚しないことが確認されれば、この額を終身支給するのである。優給が実施されるには種々の条件があったが、いずれの場合も受給者は妻だけである。軍官の規定をみると、戦死と病死の別や後継者の有無等が条件となることは軍士と同様だが、受給者は父母妻子兄弟に及び、軍士に比べて範囲が格段に広い。軍官と軍士は明確に区別され、軍官が優遇されていたことが看取される。更に優給を受ける場所については、

凡軍官・軍士、守禦城池、戦没及病故、其妻子無依、或幼小者、守禦官計其家属、令有司給行糧、送至京優給之。如願還郷者、亦給行糧送之。若無親可依、願留見処者、依例優給。

とあり、希望によっては現地で受給することもできたが、軍官・軍士を問わず受給者は京師に送られて優給を受けるのが原則だった。洪武四年の規定では優給の対象は妻に限られたが、父母も軍士と同居することが珍しくなかったのだから、父母を除外すれば実状にそぐわない点があったのではないかと思われる。前掲の明実録・洪武七年（一三七四）八月辛丑の条の記事でも、太祖は妻子と共に父母も救済の対象とする意志を示していた。更に明実録・洪武二〇年五月癸酉の条に、

上諭兵部臣曰、軍士月給米一石、僅可充食。身亡之後即罷給、或父母老無所依、或児女幼無所頼、将何以自存。困而不恤者不仁、労而不報者不義。軍士皆嘗効力於国、其可忘之。爾兵部悉閲軍衛、凡軍士死亡、有父母年老、児女幼小、無所依者、並優給之、毋令失所。

とあり、太祖は、兵部に対して、調査のうえ寄る辺なき年老いた父母や、幼小の児女に優給することを命じたが、妻については全く触れていない。それは妻が受給者として既に規定がある為で、この上諭は、四年の規定を補足して父母児女を対象に加えようとしたものとみられる。先に述べたように、同年閏六月に、疎遠な親族は郷里に送還するが、父母妻子は軍士と同居することを認めたのと一連の措置で、父母も妻と同じ扱いにしようとしたと考えられる。しかし、優給を命じたが、軍士の戦死と病死の別や優給の期間、或いは支給額等の具体的な条件には言及していない。洪武二二年正月には父母に対する優給が実施されていたことを窺わせる記事があるが、(15)洪武四年の規定そのものに、新たに父母児女を加えるような変更はなかった。正徳『大明会典』巻一〇七・兵部二・優給をみても、軍官に関する規定は、頻繁に事例を加えながら整備されていったことがわかるが、軍士の規定は洪武四年のままである。(16)父母児女へ

の優給が実施されたとしても短期間にとどまったと思われる。

以上のように、洪武二〇年に優給の対象を拡大しようとする動きがあったわけだが、同様のことは月糧にもみられた。明実録・洪武一九年四月己亥の条に、

詔応天衛軍士、有父母子女者、月給糧一石、総旗一石五斗、小旗一石二斗。因征戦傷残致疾者、亦給一石。

とあり、応天衛に対し父母子女のある軍士の月糧を一石にするという詔が出された。やはり妻についての言及がないが、妻の有無は既に月糧額に反映されている為で、従来単身者は六斗と低く抑えられてきた。この措置が応天衛以外の衛所にも適用されたのかは明らかではないが、妻のほかに父母子女の有無も月糧額に加味しようとするもので、単身者でも父母子女があれば一石を支給されることになる。しかし、このような詔が出されたにも拘わらず、その後に規定として残された形跡はない。例えば正徳『大明会典』巻二七・戸部一二・経費二・月糧をみると、

（洪武）二十三年、令普定・貴州・平越三衛、烏撒・畢節・永寧・黄平千戸所、興隆・普安・層台・赤水四衛軍士、有家小者、月支糧一石、無家小者五斗。（（ ）は筆者）

とあり、雲南平定戦が続いている同地域の七衛四千戸所の月糧の支給額は「家小」の有無によることが確認され、同様の例は洪武二五年の寧夏左屯衛でもみられる。正徳『大明会典』では、永楽以後についても各地の事例が列挙されているが、約二斗の差額は全て家小の有無によるもので、父母の有無を条件にした例はない[17]。家小は妻や妻子のことだが、家族の意味もあるのでそこに父母が含まれるのか否かを確認しなければならない。中期の史料だが『皇明経世文編』巻四三・李秉「奏辺務六事疏」に、

一、各処軍士、止以有妻為有家小、其雖有父母兄弟、而無妻亦作無家小、減支月粮。是軽父母而重妻、非経久可行之法。況父母兄弟、供給軍装、不無補助。乞以此等、作有家小開報、一体増給、庶使親属有頼、軍不逃亡。

とある。この上奏は明実録では景泰三年（一四五二）八月乙丑の条に記載されており、李秉は右僉都御史で総督辺儲参賛軍務の任に在った。この記事からみれば、従来、給与支給規定の上では、父母兄弟が在っても妻がなければ家小なしとして、月糧を低く抑えられてきたのである。李秉はこのような措置は父母を軽んずることになると述べ、父母も妻と同じように扱うことをもとめたのである。つまり洪武一九年（一三八六）四月に月糧、二〇年五月に優給に関して父母を妻と同じように扱おうとする動きがあり、二〇年閏六月には、妻子と共に父母も軍士と同居することが認められた。これらは一連の動きとみられるが、父母の同居を除いて、財政上の負担を伴う月糧の増額や優給の拡大は、どの程度実施されたのか必ずしも明らかではなく、少なくとも規定の上では明確な改変はみられず、後に継承はされなかった。明朝政府は、支配原理として儒教を標榜したが、軍士の家族の中で、優給や月糧等の実際の待遇面に反映されるのは父母ではなく、妻の有無であったことは注目すべきである。

制度に関しては、額面上の規定と運用の実態は別に考えなければならないのは当然である。洪武四年の優給の規定が、形を整えただけで必ずしも遵守されていなかった可能性も考えなくてはならない。この点について明実録・洪武二二年五月庚午の条に、

初福建建寧右衛軍人孫徳興、自甲午従軍既没。三子各籍充軍、又喪其二。妻挐例在優給。所隷総旗・百戸以言于衛所、皆不為理。至是巡按御史以聞。上以衛所官吏、無仁心不恤下、命逮治之。其嘗聴理百戸陞千戸、総旗陞百戸。又念徳興従軍久、而父子皆死于役、特以其子為小旗者、陞総旗以優之。

とある。甲午の年（一三五四）以来従軍した建寧衛の孫徳興という軍士は既に戦死したが、三人の子があって皆軍役につき、このうち二人が戦死した。妻には優給の規定があるので、上官だった総旗と百戸が受給の申し立てをしてくれたが、建寧衛当局は受理しなかった。この例から、優給の対象は妻であると周知されていたこと、衛所側は、軍士

が戦死しても後継者が在る場合には優給しないという規定によって、申請を却下したのであろうことが看取できる。孫徳興の妻は、夫と二人の子を戦死させているにも拘わらず、一人の子が残って軍役についている為に、規定からすれば優給の対象にならないわけである。巡按御史から報告を受けた太祖は、受理しなかった衛所官に対しては、仁心がないとの規定以外の理由で逮治を命じ、孫徳興の妻の為に申し立てをした総旗と百戸を陞進させ、徳興父子が皆戦死だったことを考慮して、生き残って小旗になっていた子を総旗に陞進させた。子が総旗になれば月糧は毎月三斗増加するので、事実上手当てを施したことになるが、徳興の妻に優給することはなかったとみられる。この事例からみて、洪武四年の規定がある程度厳密に遵守されていたことが窺える。

四　守節と帰郷

軍士の死亡後、妻は寄る辺を頼って郷里に帰るか、寡婦として優給を受けることになるが、受給者はどのくらいあり、帰郷者に対して明朝政府はどのような手当てをしたのだろうか。守節無依の寡婦は、原則として京師に送られて優給を受けたが、京師では在京衛所に収容されたと思われる。明実録・洪武六年三月乙巳の条に、

武徳衛火、賑軍士千一百余人、寡婦百八十余人、米人一石。（。は筆者）

とあり、武徳衛で火災があったとき、被災した軍士一一〇〇余人、寡婦一八〇余人に米一石を支給した。この寡婦と記されているのが優給を受けている婦人であろう。支給を受けた軍士は当該衛の約五分の一で、一衛全体に支給したわけではなく、直接被災した者だけを対象にしたと思われるので、寡婦も武徳衛全体では一八〇人より多かったとみられる。この例からみて、在京衛所全体では、かなりの数の寡婦が優給を受けつつ、生活していたのではないかと考

えられる。一方、帰郷する者は、郷里に依るべき親族があると見なされて、其の後は優給の対象にならない。帰郷に際してその手当てをみると、洪武四年の規定の制定以前だが、明実録・洪武三年一二月己巳の条に、

大都督府臣、奏陣亡軍士家属之数。上命優給之、若故軍之妻、願守節者、則給以薪米、比常例倍之。其願還郷里者、人給米二石、官給脚力送之。

とある。大都督府が報告した陣亡軍士の家族の数が分からないのが残念だが、太祖は、寡婦として守節を望む者には薪米を倍給し、帰郷を望む者には米二石を支給したうえで、脚力（荷物運搬の人夫）をつけて送り還すよう命じた。この段階では、守節して優給を受けるか帰郷するかは、諸条件に合致するか否かではなく、寧ろ本人の希望によったような観がある。「常例に比べて之を倍す。」との措置から、太祖は守節する者を優遇し奨励しているようにもみえる。洪武四年一二月に規定が更定されると、受給の為の条件が整えられると共に、前述のように帰郷者には行糧が支給されることになった。行糧は帰郷の途中に通過する州県で各々支給されるのだから、出発時に米二石を支給するだけの三年当時よりも、より優遇するようになったといえる。帰郷者への手当てを厚くすることは、帰郷を促進し優給を受ける者を減らすことでもあるが、次第にその傾向が強まった。明実録・洪武六年一二月是歳の条に、

命都督府、資送各衛軍士寡婦還郷。凡六千八百二十人。

とあり、同七年正月乙酉の条に、

命各衛資送軍士寡婦還郷。凡二千八百五十三人。

とある。資送とあるから恐らく行糧を支給したのであろうが、洪武六年（一三七三）から七年の始めにかけて、各衛に居た寡婦のうち約一万人を帰郷させた。更に同七年一〇月己未の条に、

命各衛、凡軍婦夫亡無依者、皆送還郷。其欲改嫁依親者聴。於是願守節者、凡四百五人。命官給衣糧、贍之終身。

とある。約一万人の寡婦を帰郷させた後、残留して優給を受けていた人数は不明だが、その全てを帰郷させようとし、その為に再嫁を望めば許すことにした(18)。守節無依者というのが優給の基本的な資格だったが、その条件を外しても帰郷を促進しようとしたのである。しかし、それでも残った寡婦が四〇五人あったわけである。元来、優給を受けていたのは寄る辺ない寡婦達であり、京師に留まれば再婚はできなくとも月に米四～六斗を支給されるのだから、戦乱の余燼のさめやらぬ郷里に帰るより、残留を望むのは当然であろう。しかし、明朝政府は、この後も寡婦を帰郷させることに努めた。明実録・洪武一三年五月是月の条に、

上諭兵部臣曰、朕自起兵以来、幾三十年。……自今士卒疾病者、令子代之。老而無子、及婦人寡居、聴其還郷、仍令有司資送之。

とあり、後継者のない老兵と寡婦の帰郷を改めて促した。この方針はその後も一貫して維持され、明実録・洪武二二年正月丁亥の条に、

大祀天地于南郊。上御奉天門、退朝召五軍都督府臣、諭之曰、軍士有従征亡没者、有疾病而死者。其父母妻子、老弱無依、雖已給優、然遠違郷里、終無所託。其有願還郷依親者、悉遣其去、人給鈔伍錠、為道里費。

とあり、更に帰郷を促した。「然れども、遠く郷里を違れ、終ひに託する所無し。」との言には、終身優給するといっても結局限界があり、郷里に少しでも身寄りがあれば帰郷させようという意図が窺える。この間、明実録・洪武一八年四月戊戌の条に、

遣致仕武官、護送京衛寡婦四百三十人還郷。其舟車糧餉、皆命有司給之。

とあり、京衛の寡婦四三〇人を護送する為に、致仕した軍官を派遣し、糧餉を支給して舟車を使用させるという非常に手厚い処置がとられている。舟車の利用については明実録・洪武二一年八月丙辰の条に、

兵部尚書沈溍言、各処水陸逓運之役、有司不量軽量、槩給舟車、以致民力困弊。宜著定例。凡文武官、赴任千五百里之外者給之。老疾軍及軍属寡婦故官之妻子還郷者給之。其犯法至死者不給。宥罪為軍及軍丁補役者、惟雲南・遼東・大寧等処、水陸則給之。余不許。従之。

とあり、人民の過重な負担を理由に、舟車の使用が厳しく制限される中で、寡婦や軍士の家族の帰郷は舟車の使用が許される数少ない事例に入っている。又、帰郷途中での行糧の支給については『大明律』兵律二・軍政・優恤軍属に、

凡陣亡・病故官軍回郷家属行糧・脚力、有司不即応付者、遅一日笞二十。毎三日加一等、罪止笞五十。

とあり、通過する州県の有司に対する罰則を定めて、行糧の支給や脚力の提供の確実を期した。明朝政府が寡婦の帰郷促進に極めて熱心だったことが看取できる。当初、帰郷者に米二石と脚力を給するだけだったのが、沿途の州県で行糧を支給するようになり、次いで再婚を認めて守節無依の条件を外し、更に軍官が付き添って舟車を使用し郷里に送り届けるところまで手厚くなったのである。なかば強制的に帰郷を促進した結果、守節無依として京師で優給を受ける寡婦は減少し、軍士に関する優給の制度は、洪武末には事実上空洞化するに至ったとみられる。

小　結

軍士の優給は洪武朝の一時期に実施されたが、間もなく空洞化してしまった制度である。その原因を考えると、一つには財政問題が挙げられよう。優給は、広くは皇帝の優恤の意を示し、実際には軍の士気を維持する為にも必要な措置であったが、明朝政府からみれば不急の経費という面もあったと思われる。規定によれば、戦死だけでなく病死の場合も優給の対象になるのであるから、受給者は時間の経過と共に増加する性質のものであり、しかも支給は終身

に亙る。一時みられたように、受給者を妻から父母子女まで拡大すれば、後継者のない軍士の家族は殆ど該当することになろう。残念ながら優給の支給総額を算出できる史料を見出せないが、条件が整って優給が実施されれば、戦死の場合は月額六斗、病死でも四斗か五斗を終身支給するのだから無視できない負担増加になったと考えられる。前述のように、当時、軍事的な経費が極めて大きく、明朝政府は少しでも抑制する必要があったと思われる。

二つには軍事情勢の変化が考えられる。洪武二〇年代に入ると、懸案だった北元勢力が瓦解し、戦闘が長期化している雲南を除いて、大軍を必要とする場所がなくなった。明朝は創建に至るまで、対立する勢力を打倒する度にその軍を吸収し、いわばひたすら軍拡路線をとってきた。その結果、膨大な兵力を抱え込むことになったが、過剰になった軍士や家族を放還すれば、深刻な社会不安をもたらすことになろう。軍の機構を維持したまま、実質的に兵力を削減し、財政的負担を軽減しようとしたのが屯田政策だったと考えられる。明朝政府が早くから屯田を実施したのは周知のことだが、洪武二一年（一三八八）には改めて屯田の推進を命じ、王府護衛と要衝の都市に在る衛所は軍士の五〇パーセントを、他の衛所は八〇パーセントを屯田に当てることとし[19]、二五年（一三九二）には比率を改めて全国一律に軍士の七〇パーセントを屯軍に、三〇パーセントを守城軍とした[20]。この時期の屯田の更なる推進は、北元勢力の崩壊を機として、軍の体制を戦時から平時に切り換えてゆこうとする政策の一環だったと思われるが、軍の自活体制がそれなりに進む中で、優給の意義が次第に薄れていったのではないかと考えられる。

以上でみてきたのは、いわば平時における軍の経費である。次の章では雲南平定戦における明軍の補給面に注目し、戦時にはどれだけの費用が必要とされたのか、又、この戦争が洪武政権にとって如何なる意義を有したのかについて考察する。

註

（1）第三章でもふれたが、この年、山東では預備倉設置の契機となった饑饉があり、明朝政府は大規模な賑済を実施していた。この記事にある人々は、饑饉をのがれて一時的に京師に上ってきていた可能性がある。

（2）明実録・洪武二〇年九月辛巳の条に、

命西平侯沐英、籍都督朱銘麾下軍士無妻孥者、置営以処之。令謫徙指揮・千・百戸・鎮撫管領。自楚雄至景東、毎一百里、置一営屯種、以備蛮寇。

とあり、交通路を確保する為に軍士を選抜して屯種させたが「妻孥」の有無を条件にしており、父母には言及していない。すくなくとも妻子を優先的に雲南に送ったのではないかと思われる。

（3）明実録・洪武六年二月壬寅、一五年一二月己丑の条

（4）明実録・洪武二二年正月壬午の条

（5）明実録・洪武二三年正月戊子の条

（6）明実録・洪武 一一年五月丁丑の条に、

浙江都指揮使司言、台州衛城中、軍民雑処。請徙営他処、及城垣歳久頽圮、宜加修築。上曰、農事方殷、未可為也。候秋成議之。

とある。浙江都司が移転を請うていることからみて変則的な形態とみられるが、軍民が雑居する場合もあった。

（7）例えば明実録・洪武二四年八月甲子の条に、

福建汀州衛、請築武平千戸所城。度地凡五百丈延侵民田。上曰、築城本以衛民、而侵民之田可乎。其改度荒間之所築之。

とあり、同二四年一二月甲子の条に、

築武平城。先是汀州衛請築武平城。上以侵民田不便、命抛山谿荒間之所築之。至是改度於県西南二十里外。詔従之。

とある。

（8）明実録・洪武一三年正月丁未の条

（9）明実録・正統一四年四月丁巳の条に、

参賛甘粛軍務・右副都御史馬昂奏、陝西各辺倉廒、周囲倶与官軍住居相接。倘有風火、猝難救滅。乞照京倉事例、毎面拆離三丈。其被拆之家、就令官司踏撥空地、起蓋房屋、与之居住。従之。

とある。正統朝の記事であるが、陝西の衛所では、倉廒と軍士の住居が軒を接するように接近して設けられており、火災を警戒して間隔を広げる措置が検討されるほどであった。

（10）この措置は明実録・洪武二一年二月丁卯の条に、

命中軍・左軍二都督府、移文所属都司、凡帰附韃靼官軍、皆令入居内地、仍隷各衛所編伍、毎丁男月給米一石。

とある命令が実施された例の一つである。北元勢力の瓦解後、多くのモンゴル兵が帰服したが、その大半は軍士として各衛所に配属された。

（11）明実録・洪武五年二月壬辰、癸巳、甲午、五月是月、七月丁卯、八月癸卯、一二月丙戌の条

（12）明実録・洪武三年一二月甲子、六年三月乙巳、五年二月壬辰、一六年一二月戊寅の条

（13）明実録・洪武三年一二月甲子、五年七月丁卯の条

（14）正徳『大明会典』巻二七・戸部一二・経費二・月糧、なおこの記事は明実録では洪武一九年四月己亥の条に記載されている。

（15）明実録・洪武二二年正月丁亥の条

（16）軍官の優給が其の後も存続し、軍士の優給が空洞化していった背景には、地位の格差だけでなく生活の基盤の相違もあったと思われる。軍官の場合、実際には非合法な手段も含めて種々の収入の途があるとはいえ、建前上は俸給が基本である。軍戸は正軍丁を一人出せば余丁は他の生業につくことも可能であった。軍士の給与が、例えば宋代と比べても遙かに少ないことも同じ理由によるものとみられる。明朝政府は、軍官の方がより優給の必要があるとみたのではないか。

（17）例外的に永楽元年の松潘の事例として、一〇口以上の旗軍の月糧を一石、八・九口は八斗、六・七口は七斗、四・五口は六斗、三口以下は五斗とした。家族数で月糧額をきめたのだから、父母や子弟も含まれたとみられる。しかし、この例は松

潘の地域的特殊性によるものと思われる。

(18)　明実録・洪武一七年正月乙巳の条に、

命優給故官家属、凡有父母子女者、月給米八斗。無父母而有子女尚幼者、聴人収養。月給米亦如之。寡婦自願還郷、及欲再適者聴。年老無依者、仍給米養之。

とあり、洪武一七年になって軍官の寡婦についても帰郷して再嫁することを認めた。

(19)　明実録・洪武二一年九月丁丑、一〇月丁未の条

(20)　明実録・洪武二五年二月庚辰の条

第七章　雲南平定戦と軍費

一　戦略と誤算

洪武一四年（一三八一）九月一日、太祖は奉天門に出御し、潁川侯傅友徳・永昌侯藍玉・西平侯沐英を各々征南将軍・左右副将軍に任じ、出撃を命ずるとともに次のような戦略を指示した。永寧で一軍を分け烏撒に派遣すること、主力は辰州・沅州から普定を経て曲靖に進出すること、曲靖は雲南の喉襟で梁王側も防衛に全力を尽すとみられ、ここで大勢が決するであろうこと、曲靖を陥したら一将は烏撒にむかい、先の分遣軍と合同して同地の平定に当たること、二将は直ちに雲南府に進攻すること、雲南府を確保したら軍を分けて大理に進出すること等であった。(2) 実際の戦局も全くこの通りに進行した。(1) 遠征軍は九月中に湖広に入り、永寧で都督胡海洋麾下の五万を分離して烏撒にむかわせ、(3) 傅友徳・藍玉・沐英の三将は辰州・沅州から貴州に進み、普定を陥して守備兵を配した後曲靖に進出した。(4) 梁王把匝刺瓦爾密（パツァラワルミ）は、司徒平章達里麻に一〇万の軍を与えて曲靖を守らせていたが、戦闘は明軍の大勝に終り達里麻は捕虜となった。(5) この後、傅友徳は北上して烏撒に向かい、藍玉と沐英は雲南府に進んだ。(6) 梁王は一旦羅佐山に逃れたが、普寧州の忽納砦に移って龍衣を焼き、妻子を滇池に入水させた後、草舎の中で自縊し梁王政権は崩壊した(7)。一二月癸酉、藍玉・沐英の軍は父老が香を焚いて迎える中を雲南府に入城した。この間、傅友徳は胡海洋らの軍と呼応して烏撒の平定に当たっていたが、烏撒・芒部の諸酋を糾合して抗戦した右丞実卜を大破し、七星関を占領し畢節に通ずることができた。その結果、東川・烏蒙・芒部の諸酋は悉く帰服した(8)。翌一五年閏二月には藍玉・沐英の軍が大理に進攻して、下関で土酋段世を破って捕虜とし、車里・平緬をも相い継いで帰服させた(9)。

　これに先立ち、曲靖の勝報を得た太祖は、一五年（一三八二）正月、三将に対し平定後の統治方針を示したが、既に設けた貴州都指揮使司の外に、新たに雲南都指揮使司と雲南布政使司および府州県を設置するよう命じた。同時に「其れ従征の軍士、疾病疲弱の者有らば、衛ごとに十人百人を限ることなく、先に遣還せしむべし(10)。」とのべ、明朝では平定戦の山は既に越したと判断し、病弱な軍士から順次帰還させようとしていた。二月に入ると都指揮使司と布政使司がおかれ、中慶路を雲南府に改めた(11)。臨時の措置として汝南侯梅思祖と平章潘原明を署雲南布政使司事に任じ(12)、続いて通政司試左通政張紞を左参政に、儀鸞司大使宋昱を右参政に、通政司左参議韓鑰を左参議に、通政司試右通政范祖を右参議に任命した(13)。翌三月に布政使司の下に五二府・六三州・五四県をおいた(14)。遠征軍が応天府を発してから梁王政権の崩壊まで約百日、大理の平定や布政使司・都指揮使司の設立まで約七ヶ月であり、傅友徳らの行動も戦局の展開も当初の作戦計画と全く同じであった。この段階までの明朝側の戦略は極めて周到に立案された妥当なものであったといえる。

　しかし、一五年四月以後は全く異なる様相を呈した。一旦、傅友徳と胡海洋らの軍によって平定された烏撒・烏蒙・東川・芒部の囉囉族が叛旗を翻すと、雲南地域全体に大小の叛乱が頻発し、明軍の撤退は不可能になってしまった。明軍は叛乱の討伐と補給の困難に苦しみ、結果的に洪武朝の後半一杯にわたる泥沼のような長期戦になった。明らかに当初の戦略にはなかった事態である。表Ⅰで主な叛乱の勃発の期日のみを示したが、大小の叛乱の多くは重複しており、明朝ではこのような事態は予想していなかった。明実録・洪武一四年九月壬午朔の条には、前述の如く、太祖が傅友徳らに示した戦略が記されている。そこには梁王政権の打倒にむけて詳細な作戦計画はあるが、少数民族についての指示はほとんどない。わずかに、

先声已振、勢将瓦解。其余部落、可遣人招諭、不必苦煩兵也。

とあるのみで、梁王政権を迅速に撃破すれば、少数民族は兵を用いるまでもなく、招諭するだけで帰服するだろうとの判断である。出兵前には少数民族の動向について安易な見通ししかもっていなかったことが窺える。当初、烏撒・烏蒙・東川・芒部の諸部が傅友徳らによって平定された直後の明実録・洪武一五年正月庚戌の条に、

今得捷報言、雲南部落、倶已降附。故特遣使、齎詔諭爾諸夷、自今有不遵教化者、即加兵討之。於戯春秋之義、罪莫大於拒王命納逋逃。爾等其洗心滌慮、効順中国、朕当一視同仁。豈有間乎。

とある。教化に従い明朝に従順

表Ⅰ

洪　武	備　　　　考
15. 4	烏撒・東川・芒部の囉囉族叛す
15. 9	土酋楊苴ら20万の兵を以って雲南府を攻撃
17.閏10	曲靖亦佐県の土酋安伯叛す
17.12	広南維摩の土酋叛す
18. 1	東蘭州の土酋韋富叛す
18.12	平緬宣慰使思倫発、景東に来寇す
19. 2	臻洞・西浦・擺金・擺榜の諸部叛す
19. 6	麻哈州の苗族楊孟ら叛す
19.12	巨津州の土酋阿奴聡ら叛す
20.10	剣川州の土酋楊奴ら叛す
21. 1	思倫発、摩沙勒寨に進出
21. 3	思倫発、定辺に来寇す
21. 6	東川の諸部叛す
21. 9	越州の土酋阿資・囉雄州の営長発束ら叛す
22. 2	平越衛の苗族叛す
22. 4	都匀の苗族叛す
23. 1	平越衛の苗族また叛す
23. 6	都匀安撫司の苗族また叛す
23. 8	普安軍民指揮使司の百夫長密即ら叛す
24. 8	畢節衛水西の土酋雨竜ら叛す
24.12	越州の土酋阿資また叛す
25. 1	畢節衛の囉囉族叛す
25. 4	建昌衛指揮使月魯帖木児ら叛す
28. 1	越州の土酋阿資また叛す
30. 9	平緬の刁幹孟ら叛す

であれば一視同仁に扱うと述べ、当初の招諭の方針に沿った措置であった(15)。招諭と同時に帰服した土酋を入朝させる方針をとった。既に一四年一二月、烏撒・烏蒙に内臣を派遣して土酋の入朝を促していたが(16)、翌年二月に傅友徳・藍玉・沐英に対して全ての土酋を入朝させるよう命じた。明実録・洪武一五年二月戊午の条に、

但烏蒙・烏撒・東川・芒部土酋、当悉送入朝。蓋慮大軍既回、諸蛮仍復嘯聚。符到之日、不限歳月、一一送来。

とあり、入朝の目的は明軍撤兵後の叛乱を予防することであった。その背景には、雲南の少数民族は其の風俗や地理的条件から叛服常なく、慎重な対応が必要だとの認識があった(17)。遠征軍の出発前に比較すると、少数民族の動向に対する関心が高まったことが看取できる。しかし、実際には土酋の入朝は実現しなかった。明実録・洪武一五年閏二月甲午の条に、

遣使詣雲南、賜各土酋冠帯、給以誥敕、使任本州知州等官。仍諭征南将軍潁川侯傅友徳等曰、初命将軍、令各土酋入朝、諸蛮必生疑懼、或遁入山寨、負険不服。若復調兵、損傷必多。莫若順而撫之。示以恩信、久則自当来朝矣。

とある。入朝を強制すれば反抗を招きかねず、もしそうなれば再動員が必要となり、大きな損害を蒙ると判断し、土酋を懐柔することにしたのである。明らかな方針の転換であり、少数民族に対する一定の方針がなく、明朝の判断は揺れ動いていたのである。

藍玉・沐英が大理に進攻していた一五年四月、烏撒で叛乱が起こり東川・芒部・烏蒙に拡大した。吉安侯陸仲亨の急報に接した太祖は、兵力の分散が叛乱を誘発したとの判断を示すとともに明実録・洪武一五年四月己亥の条に、

且留大軍屯聚、蕩除烏撒・芒部等蛮、戮其酋長、使之畏威、方可分兵守禦。彼蛮負固者尚多、爾其慎之。

とあり、傅友徳ら三将に烏撒・芒部等の土酋を殺戮して威嚇することを命じた。しかし早急な討伐は不可能であった。

藍玉・沐英の軍は大理に進攻しており、更に烏撒の叛乱に呼応した西堡蛮一万五〇〇〇が普定を攻撃した。(18)太祖は安陸侯呉復・平涼侯費聚に烏撒・烏蒙・東川・芒部の討伐を命じたが、(19)大理から軍を返した沐英と共に烏撒進撃の態勢を整えたのは七月だった。しかも、九月には手薄になっていた雲南府が突然土酋楊苴らに襲撃され、沐英が急遽烏撒から駆け付けて撃退したが、(20)烏撒等の討伐は更に遅れた。明実録・洪武一五年一〇月丙申の条に、

遣使諭征南将軍潁川侯傅友徳・左副将軍永昌侯藍玉・右副将軍西平侯沐英曰、……其東川・芒部諸蛮之不服者、必戮其渠魁、使之畏懼、不敢反覆。若班師則一衛留兵、不過五千。賊勢若合、豈無数万。衆寡不敵、何以能守。今止留兵百余人守城、余則尽令入山、捜捕其党、使彼智窮力屈、誠心款附、方可留兵鎮服。卿等其共図之。

とある。抵抗が不可能であることを覚らせる為に、土酋を殺戮するだけでなく、抵抗する者全ての徹底的な討伐を命じた。傅友徳らがこの命令を実行したことは明実録・洪武一六年正月辛未の条に、

先是烏撒等部諸蛮復叛。征南将軍傅友徳等、率兵討之、大敗其衆、進軍捜捕余党。有潜匿者、皆捕而殺之。諸蛮慴懼、相率来降、至是悉平。

とあることから窺える。出兵以来ここに至るまで、少数民族に対する明朝の方針は二転三転し、当初、兵を用いなくとも詔諭すれば足りると判断したが、次に叛乱を予防する為に土酋の入朝を命じた。しかし、直ぐに懐柔する方針に変更し、叛乱が起こると土酋の殺戮を命じ、更に抵抗する者の鏖殺を実行させるに至った。このような態度の変化は、少数民族に対する当初の明朝の判断が誤りであり、其の後も明確な方針をもてなかったことを示している。補給問題については後述するが、この頃、既に遠征軍は深刻な軍糧不足に悩んでいた。明朝は雲南に出兵した場合の補給の困難さは充分認識していたと思われる。それ故に大軍を投入して一挙に梁王政権を打倒し、短期間で撤兵する戦略をたてたのだろう。しかし、少数民族についての誤算の為に早期の撤兵は不可能になった。烏撒等の叛乱が一応鎮圧され

た一六年（一三八三）三月、太祖は遠征軍の帰還を命じたが、実際の帰還は更に一年後の一七年（一三八四）三月であり、[21]しかも西平侯沐英は雲南に残留しなければならなかった。その後も叛乱が相継ぎ、明朝は全国の各都司から大軍を投入し続けざるを得なかったのである。

二　動員兵力

明実録等の史料に軍事行動に関する記事は多いが、動員の状況が具体的に述べられている例は少ない。しかし、皇帝の特別な恩恵を示す賜与は少額であってもよく記載されている。そこで明実録から雲南への出征軍に対する動員時の賜与例を収集して兵力を算出した。例えば明実録・洪武一四年八月癸丑朔の条に、

上諭在廷文武諸臣曰、……今元之遺孽把匝剌瓦爾密等、自恃険遠、桀驁梗化。遣使招諭、輒為所害、負罪隠慝、在所必討。群臣合詞以賛。上於是命諸将、簡練軍士。先給以布帛鈔錠、為衣装之具。凡二十四万九千一百人。布帛三十四万四千三百九十疋、鈔四十万八千九百八十錠有奇。

とあり、士気を励まし軍装を整える為に、出動の一ヶ月前に布帛や鈔を支給したが、この受領者二四万九一〇〇人が動員された兵力と考えた。このような事例を収集したのが表Ⅱである。

洪武一四～二四年（一三八一～九一）の間、年によって多寡があるが、総動員兵力は確認できるだけで一五六万余にのぼり、実際にはこれより更に多かったはずである。一四・一六・一八・二〇・二一年は各々二〇万前後が新たに動員されたが、それは表Ⅰに示した雲南の情勢に対応しているとみられる。一四年の兵力は親軍衛・京衛を主とした最初の遠征軍（京軍と記す）である。一六年三月に京軍に帰還命令が出され、実際の帰還は一七年三月になったが、③

表Ⅱ

	年　月	兵　　　力	備　　　　　　考
①	14. 8	249,100	親軍衛、京衛、直隷諸衛
②	14. 9	20,000	播州宣慰司
		（小計 269,100）	
③	15.11	29,200	福建諸衛
④	15.12	48,930	湖広諸衛
		（小計　78,130）	
⑤	16. 2	4,500	重慶衛
⑥	16. 2	73,240	北平諸衛
⑦	16. 5	10,800	永寧等衛
⑧	16. 5	140,400	涼州衛等の陝西行都司の諸衛
		（小計 228,940）	
⑨	17.閏10	不明	四川・貴州都司の征南軍
		（小計、不明）	
⑩	18. 3	64,132	山東諸衛
⑪	18. 7	21,360	寧川衛等の四川諸衛
⑫	18.10	105,661	雲南諸衛
		（小計191,153）	
⑬	19. 2	1,800	江西都司の謫戍の軍士
⑭	19. 4	25,800	烏撒等の諸衛
		（小計 27,600）	
⑮	20. 8	25,000	四川諸衛
⑯	20. 9	56,560	湖広諸衛
⑰	20.10	56,000	陝西、山西諸衛
⑱	20.10	6,000	楚王府護衛
⑲	20.10	33,000	西安衛等の陝西諸衛
		（小計176,560）	
⑳	21. 6	15,000	祥符衛等の14衛
㉑	21. 8	129,397	普定侯陳桓麾下の諸軍
㉒	21. 8	5,300	烏撒等の諸衛
㉓	21.11	31,500	桂林衛等の広西諸衛
		（小計181,197）	
㉔	22. 8	43,231	湖広、江西諸衛、蒙古衛
㉕	22. 8	13,158	長沙衛等の湖広諸衛
		（小計 56,389）	
㉖	23. 6	179,500	南雄侯趙庸が湖広、雲南で募集した新兵
㉗	23. 6	87,370	雲南諸衛
㉘	23. 6	29,659	貴州諸衛
㉙	23. 8	55,200	成都右衛等の四川諸衛
		（小計351,729）	
	合　計	1,560,798	

〜⑧の約三〇万は京軍と交代する為の兵力だったと考えられる。一八年（一三八五）は平緬宣慰使思倫発が叛旗を翻した年で、二一年（一三八八）には大軍を以て定辺に来寇した。この間、呼応する土酋が多く雲南地域全体が騒然とした。一八〜二一年の動員数が増えたのはその為であろう。又、二三年（一三九〇）六月〜八月に各地の現有兵力の調査が行われ、雲南には尚宝司卿楊題、貴州には尚宝司丞楊鎮が派遣されたが、雲南の九衛は軍官一〇三五人・軍士八万七三七〇人、貴州の五衛は軍官三七一人・軍士二万九六五九人であることが確認された[22]。二三年が多いのは、全国の都司から動員された兵力のほかに、現地に設置されたこれらの衛が増加した為である。

しかし、表Ⅱは各年に新たに雲南に投入された兵力、つまり在雲南兵力の下限を示すのみである。長期に亙る戦役だから兵力の交換が行われたはずだが、各軍の帰還の記事は殆どないので、各年ごとの在雲南兵力の算出は難しい。ただ京軍は帰還時期が判るので一四〜一六年は算出できる。一四年末には①・②を加えた約二七万であり、一五年は更に③・④が加わるので約三五万となる。一六年に③・④が帰還したのか否かは不明だが、共に一五年末の動員であり⑤〜⑧と一連のもので京軍と交代する為の兵力だったとみられる。そうすると一六年後半には①〜⑧の五七万余の兵力があったことになる。一六年は京軍と交代の軍が重複した為に特に多くなったが、二三年の例や各年の新たな動員数からみて、雲南には毎年三〇万前後の兵力が展開していたと考えられる。北辺での納哈出や北元に対する作戦を上回る兵力である。これらの兵力はどこから動員されてきたのか。次に所属の都司・衛所について述べる。

三　所属の都司・衛所

雲南に投入された軍の所属都司を表示すると表Ⅲのようになる。所属都司の分からない例があるので表Ⅱの兵員数の合計と異なる。これによると最も多いのが親軍衛・京衛からなる京軍だったが、これらの部隊は当時の明軍の中核である。雲南平定戦が西南僻陬の地方的な戦闘ではなく、明朝の主力軍を投入した作戦だったことがわかる。洪武八年（一三七五）に設置された北平・陝西・山西・浙江・江西・山東・四川・福建・湖広・広東・広西・遼東・河南の一三都司、甘州・大同の二行都司、一二年（一三七九）に添設された陝西行都司、一五年に新設された貴州・雲南二都司の中で、遼東を除く全てから動員されており、全国規模の戦役であったといえる。京軍についで大兵力を派遣したのは、雲南に隣接する湖広と四川の二都司だったが、陝西・山西・北平等の北辺の諸都司の軍も多い。北辺からも大兵力が投入されたことは、洪武朝後半のモンゴルに対する軍事行動の不活発さと無関係ではあるまい。

次に雲南に軍官や軍士を派遣していた衛所名を確認してみよう。明実録の動員についての記事では代表的な衛所を挙げるのみで、全ての衛所名を記さないことが多い。それ故、表Ⅳは動員された衛所全てを網羅したものではないが大凡の傾向はみることができると思う。

表Ⅲ

親軍衛、京衛	249,100
陝西、陝西行都司	173,400
四川都司	167,900
湖広都司	124,648
北平都司	73,240
山東都司	64,132
広東都司	31,500
福建都司	29,200
河南都司	15,000
江西都司	1,800
雲南都司	88,405
貴州都司	30,030
湖広、雲南都司	179,500
湖広、江西都司	43,231
陝西、山西都司	56,000
合計	1,327,086

一四～一五年では、親軍一二衛の中の六衛、京衛と直隷諸衛を加えると一一衛を確認できる。最初に進攻した京軍はこれらの最精鋭の衛所軍で編成されていた。又、表Ⅱに示した湖広・福建の軍の外に四川・浙江・江西・河南の衛所軍も加わっていたことが確認できる。特に湖広と四川の衛所軍はこの後も毎年雲南に在り、兵力の最も主要な供給地であった。一六年に入ると北平・陝西等の北辺の衛が初めて動員された。京軍が帰還した後、湖広・四川に北辺の兵力を加えて交代させようとしたとみられる。一七年についてみると、表

表Ⅳ

14～15年	〈親軍衛、京衛、直隷諸衛〉府軍前・後・左・右衛、金吾前・後衛、竜虎衛、竜江衛、神策衛、和陽衛、廬州衛〈浙江都司〉不明、〈江西都司〉不明、〈四川都司〉成都後衛、〈福建都司〉不明、〈湖広都司〉靖州衛、〈河南都司〉寧国衛、〈貴州都司〉貴州衛、〈雲南都司〉楚雄衛・大理衛
16年	〈親軍衛、京衛、直隷諸衛〉竜虎衛、羽林左衛、金吾前・後衛〈北平都司〉大興衛、〈陝西・陝西行都司〉涼州衛、西寧衛〈浙江都司〉銭塘衛〈四川都司〉重慶衛、永寧衛〈雲南都司〉楚雄衛、大理衛、鎮南衛
17年	〈親軍衛、京衛、直隷諸衛〉応天衛、飛熊衛、金吾前衛、神策衛、鳳陽衛、潁州衛〈山西都司〉太原衛〈浙江都司〉杭州衛、金華守禦千戸所〈四川都司〉重慶衛、叙南衛、成都左衛、達県守禦千戸所〈湖広都司〉襄陽衛〈河南都司〉河南衛、祥符衛〈貴州都司〉貴州衛〈雲南都司〉楚雄衛、大理衛、鎮南衛、霑益千戸所
18年	〈親軍衛、京衛、直隷諸衛〉神策衛〈山東都司〉不明〈山西都司〉不明〈四川都司〉成都右衛、寧川衛〈湖広都司〉黄州衛〈広東都司〉不明〈雲南都司〉楚雄衛、大理衛、鎮南衛、金歯衛
19年	〈親軍衛、京衛、直隷諸衛〉府軍右衛、神策衛、虎賁右衛〈江西都司〉不明〈四川都司〉烏撒衛〈雲南都司〉洱海衛
20年	〈親軍衛、京衛、直隷諸衛〉蒙古衛〈陝西都司〉西安左・前衛、〈山西都司〉不明、〈四川都司〉不明〈湖広都司〉靖州衛、五開衛、沅州衛、辰州衛、〈河南都司〉祥符衛〈雲南都司〉楚雄衛、大理衛、品甸衛、金歯衛
21年	〈広西都司〉桂林中・右衛、〈貴州都司〉畢節衛〈雲南都司〉鎮南衛、楚雄衛、赤水衛、層台衛
22年	〈陝西都司〉西安前衛〈江西都司〉不明、〈福建都司〉不明、〈湖広都司〉長沙衛
23年	〈湖広都司〉不明〈四川都司〉成都左・右衛〈雲南都司〉雲南左・右・前衛、臨安衛、曲靖衛、金歯衛、大理衛、洱海衛、楚雄衛他〈貴州都司〉貴州衛、普定衛、平越衛、普安衛、興隆衛　他

Ⅱで示した湖広・貴州の兵力は襄陽衛や貴州衛の部隊だったことがわかる。この外、太原衛などの山西の軍が初めて投入され、浙江や河南の衛所の動員も本格化したとみられる。同年に金吾衛など六衛が確認されるので、京軍の主力が帰還した後、沐英の指揮下に雲南に残留したのはこれらの軍だったことがわかる。一八年には、衛所名は不明だが、新たに山東と広東の軍が動員された。二〇年（一三八七）に西安左・前衛など陝西や山西など北辺諸衛が、一六年に次ぐ規模で動員さ

れた。二一年になると京軍は、完全に姿を消したが、桂林の中・右衛などの諸衛が初めて現れた。その後、新たな衛所の動員は少なくなり、二三年には雲南・貴州に設立された衛所の軍が多くなった(23)。この間、名称が確認される衛所だけで八五に及び、次第に動員範囲が全国に拡大していったことがわかる。

四　軍士への賜与

これまでみたように、雲南平定の為に広汎な動員が行われたが、その為の明朝の財政的な負担は極めて重かったと考えられる。軍官・軍士に対して軍糧(月糧・行糧)のほか、臨時に種々の物品を賜与し、帰還時には論功行賞を行った。更に軍糧や馬匹の購入の為の費用等が加わる。険阻な雲南への輸送は困難を極めたと思われるが、補給問題は現地の軍にどのような影響を及ぼしたのか。どれだけの物資が必要で、どのように調達されたのか。米で支給された月糧・行糧と、臨時の賜与(軍糧や馬匹の購入の費用の一部を含む)と、一五・一七年に実施された論功行賞に分けて考えたい。この中で本節では臨時の賜与について検討する。

出動の準備、士気の鼓舞、留守家族の慰労等の為、さまざまな物品が賜与されたが、明実録で雲南関係の賜与事例を検索すると一四~二四年の間に七七例あった。賜与総額が記されているか、一人当たりの賜与額と員数が判らないと算出できないが、一九例はそのいずれかが欠けており、算出できる事例を示すと表Vのようになる。

表中の銀両には一九年(一三八六)二月に烏撒での馬匹購入にあてた二万二六五〇両と、同年五月の雲南における馬匹の購入のための一六万一三九両と、二〇年一二月、雲南布政使司に命じて軍糧を購入させた際の二〇万両を含む。この三例は、軍士に直接賜与されたものではないが、銀の総量を示す為、便宜上ここに含めた。しかし、二〇年八月

表Ⅴ

14～15年	鈔(1,057,640錠)　布帛(344,448疋)　文綺(172疋)　綿布(20疋)
16年	鈔(1,835,640錠)　綿布(1,305,394疋)　綿花(477,100斤)　文綺(19,418疋)
17年	鈔(470,385錠)　布帛(1,206疋)　戦衣(90,000着)　文綺(9疋)
18年	鈔(517,910錠)　布帛(81疋)　文綺(81疋)　綿布(35,060疋)
19年	鈔(367,580錠)　銀(305,459両)
20年	鈔(600,830錠)　銀(200,000両)
21年	鈔(888,600錠)　文綺(8,436疋)
22年	鈔(521,180錠)　文綺(100疋)　銀(5,000両)　金(200両)
23年	鈔(1,016,100錠)　文綺(20疋)　銀(500両)
24年	鈔(13,000錠)　銀(6,500両)
合　計	鈔(7,288,865錠)　銀(517,459両)　綿布(1,340,474疋)　綿花(477,100斤) 布帛(345,735疋)　文綺(28,236疋)　戦衣(90,000着)　金(200両)

に、雲南に出征している京軍の留守家族に、各々銀一〇両・鈔一〇錠を賜与した事例、同年一〇月に雲南にあった陝西・山西の軍士五万六〇〇〇人に賜与した鈔錠、二一年一〇月に軍糧一万二〇〇〇石の購入に充てた銀両、二二年（一三八九）九月に雲南にあった湖広・広西・福建都司の軍士に一人当たり五～七錠賜与した鈔錠などかなりの額になるはずだが表には加えることができなかった。

表Ⅴからみると、賜与に米穀はあまり用いられず、鈔・銀・綿布・布帛が多くつかわれた。なかでも最も主要なものは鈔であり、算出できた額だけで約七三〇万錠にのぼる。明朝政府が軍糧の確保に苦しんだことは後述するが、鈔は輸送に便利だったこともあって大量に投下されたのであろう。結果的に雲南では鈔がダブつき、同時期の他の地域に比べても、鈔価が著しく下落したと考えられる。檀上寛氏は鈔法施行時の鈔一貫＝銅銭一〇〇〇文の比価が二三年には二五〇文に下落したと指摘されたが[24]、このような軍への大量賜与が一因でなかったか。一九年二月、使者を派遣して雲南・烏撒の各衛に鈔・銀を賜与したが、雲南各衛の軍士には鈔（一五万四九〇〇錠）を、少数民族からなる烏撒の軍士には銀（一二万七一四〇両）を給した[25]。少数民族は価値の下落した鈔を信用せず、彼らの反抗に悩んでいた明朝は銀を賜与せざるを得なかったのであろう。

二〇年一二月、雲南の各州県で軍糧を購入した時も銀（二〇万両）を使用しなければならなかったのも同じ理由によるものとみられる(26)。一九年二・五月の雲南での馬匹購入の場合も同様であった。鈔だけで軍費の全てをまかなうことはできず、少なからぬ銀を用いざるを得なかったのである。その銀の量は表に示したものだけで約五二万両に及ぶ。

賜与されたもののなかで各年に共通するのは鈔だけであり、他は殆ど単年に集中していた。布帛はほぼ一四年のみで、綿布・綿花は主に一六年である。綿布の表示額は一三〇余万匹だが、第四章第一節で述べたように、更に二〇〇万匹以上が加わる筈で、実際には莫大な量にのぼったと考えられる。また銀は一九・二〇年に集中している。その賜与方法には無計画な感があり、明朝は種々の物品を計画的に用いたのではなく、備蓄していたものをいわば手当たり次第に賜与していたのではないか。一五年四月以降の状況は、明朝側では予測しなかった事態であり、当然その為の準備もなかったであろう。少数民族の抵抗にあって長期戦に引き摺り込まれた明朝政府の混乱を示しているように思われる。

五　一五・一七年の論功行賞

一五年三月と一七年四月の両次にわたり、大規模な論功行賞が行われた。一次の行賞は作戦が極めて順調に進捗していた時期で、明朝政府は出兵の主要な目的は既に達したと判断したようで、戦功賞格を定め使者を雲南に派遣して行賞を実施した。戦功賞格は表Ⅵのようであった。輸送の困難な雲南での支給であることを考慮したためか、行賞は全て鈔で実施された。諸軍官と一般の軍士の差をみると、特別な功のあったⒶ・Ⓑの場合、百戸・所鎮撫は各々軍士の一・六倍、二・六倍であり、Ⓒの負傷の場合には一・六倍、Ⓓの戦死では一・五倍となる。其の差は必ずしも大き

表Ⅵ

Ⓐ

対　象	功	賞	功	賞
指揮使	首賊1	鈔25錠	更に1人	鈔30錠
千戸・衛鎮撫	人を生擒	20	を加えた	24
百戸・所鎮撫	又は殺死	16	場合	19
軍士		10		12

Ⓑ

指揮使	従賊1	鈔23錠	更に1人	鈔26錠
千戸・衛鎮撫	人を生擒	18	を加えた	20
百戸・所鎮撫	又は殺死	13	場合	14錠2貫500文
軍士		5		6

Ⓒ　負傷

指揮使	鈔25錠
千戸・衛鎮撫	20
百戸・所鎮撫	16
軍士	10

Ⓓ　戦死

指揮使	鈔50錠
千戸・衛鎮撫	30
百戸・所鎮撫	24
軍士	16

Ⓔ　従軍

指揮使	鈔20錠
千戸・衛鎮撫	15
百戸・所鎮撫	10
軍士	2

（明実録・洪武一五年三月戊午の条）

くはなく、特に戦死の場合には指揮使でも軍士の約三倍にすぎない。しかし、Ⓐ～Ⓓに該当するのは全体からみれば少数であろう。最も基本的なのはⒺであるが、指揮使は軍士の一〇倍、千戸・衛鎮撫は七・五倍、百戸・所鎮撫でも五倍で、軍官と軍士の差が非常に大きい。他の給与、例えば行糧の場合は、指揮使・千・百戸・鎮撫は軍士と同額（一日一升五合）で、都督・都指揮使でも二倍にすぎない(27)。俸給・月糧ならば、総旗・小旗は軍士と大差なく、所鎮撫が三倍、百戸が三・八倍、千戸・衛鎮撫が四倍、指揮使が八・八倍である(28)。行糧は動員時の本人の食糧だから差が少ないのは当然だが、月糧と比べても賞格の格差は大きく、戦時の行賞の特徴が窺える。支給された鈔の総額はⒶ～Ⓓの該当数が不明で算出できない。確実なのは二五万九一〇〇人の京軍に対するⒺの支給である。軍士と諸軍官が定数通りだと仮定すると、各々の額は次のようになる。軍士→四九万六〇六〇錠、百戸・所鎮撫→六六八〇錠、千戸・衛鎮撫→四〇二〇錠、指揮使→二六八〇錠で、合計は五〇万九四四〇錠となる。

表Ⅶ

Ⓐ従軍軍官

正総兵	綵段20表裏		鈔100錠
副総兵	18		90
公	16		60
侯	14		50
都督・平章	12		40
指揮使	文綺10疋、	絹20疋、	鈔100錠
千戸・衛鎮撫	8	16	80
百戸・所鎮撫・司仗	7	14	70
散騎舎人	0	0	30

Ⓑ病故・傷残の軍官

指揮使	文綺5疋、	絹10疋、	鈔50錠
千戸・衛鎮撫	4	8	40
百戸・所鎮撫・司仗	3	7	35
散騎舎人	0	0	17

Ⓒ被傷の軍官

指揮使	文綺4疋、	絹8疋、	鈔35錠
千戸・衛鎮撫	3	5	25
百戸・所鎮撫・司仗	2	4	20
散騎舎人	0	0	17

Ⓓ征回の軍官

指揮使	文綺3疋、	絹5疋、	鈔30錠
千戸・衛鎮撫	2	4	25
百戸・所鎮撫・司仗	1	2	20
散騎舎人	0	0	10

Ⓔ従軍軍士等

至大理、建昌	布2疋、	鈔9錠
至楚雄、雲南、臨安、曲靖	2	8
至霑益、烏撒、東川	2	7
至畢節、七星関、芒部	2	6
至貴州、普定、盤江、黄平、平越	2	5
至重慶、瀘州、叙南、永寧	0	2
至常徳、沅州で未戦のもの	0	0
逃而復征の軍士	軍士の半額	
舎人、力士、軍吏、獣医	軍士と同額	

Ⓕ死傷の軍士

戦死、病死		
父母、妻子、弟姪ある者	布4疋、	鈔16錠
妻子のみある者	2	8
負傷		
重傷者	2	12
軽傷者	Ⓔと同じ	
疾病、守船	0	2

（明実録、洪武一七年四月癸未の条）

傅友徳・藍玉に率いられた京軍主力が、漸く京師に還ったのは一七年三月だったが、明実録・洪武一七年四月癸未の条に、

賞征南将校。先是詔礼部曰、賞賜国之重事、所以報賢労、而厲士気。権度毫髪、一失軽重、則上為失礼、而下無所勧。……爾礼部、其核実定議行之。至是議上、上以為賞薄曰、将士甚労苦、此非所以報有功也。其重賞之。

とあり、帝は正確な論功と厚賞を命じた。表Ⅶがその賞格である。一次の賞格では鈔だけだったが、二次では鈔が大幅に増額されるとともに、布や絹などの物品が用いられたことが注目され、負傷の場合も重傷と軽傷で差をつけるなど、規定が詳細になった。まず、軍官についてみると、Ⓐは全てに支給されたもので、Ⓑ・Ⓒ・Ⓓは各々該当する場合に加算されたと考えられる。病死や負傷した軍官数が不明なので総額は算出できないが、出征した京軍の中で、指揮使以下の軍

官数が規定通りだったとするとⒶの支給額のみで絹一万四六七四匹・鈔七万三三三五錠となる。二次の賞格には敵の斬獲や戦死の場合の規定がないが、斬獲に関しては一次の賞格が適用されたと思われる。戦死の場合について、明実録・洪武一六年一二月甲戌の条に、

詔凡征南将校死事者、恤其家属。指揮給米三十石・麻布十五疋・鈔五錠、千戸米二十五石・麻布一十二疋・鈔四錠、百戸米二十石・麻布一十疋・鈔三錠。

とあり、米・麻布を主として賞格が示された。この詔が以後の基準になったのは次のことから窺える。明実録によれば、出兵から一七年三月の帰還までの間に、指揮使以下の軍官の死傷が四八例あり(29)、一五年三月に戦死した府軍後衛千戸王仲の子王絵に鈔一六〇錠、百戸鄭礼の弟鄭興に一四〇錠、負傷した寧国衛指揮使陸達に文綺二四匹・鈔一〇〇錠を賜った。翌四月には戦死した竜虎衛千戸俞賢の家属に米二〇石・布二〇匹、竜虎衛指揮僉事趙鑑の子趙宗に綺帛四二匹・鈔二〇〇錠、同副千戸張興の家族に綺帛三六匹・鈔一六〇錠を賜った。各々の軍功にも依るのであろうが、これらの例では支給された物品の種類も額もまちまちである。しかし、一六年一二月の詔の後は支給物品の内容が記されていない例が多くなる。例えば一七年六月に戦死した応天衛千戸王与、飛熊衛千戸張徳、金吾衛千戸張勇の場合は、いずれも「例に循いて其の家に贍給す。」とあり、既に遵拠すべき規定があったことがわかる。これらの事例から、一六年一二月の詔が、軍官の戦死の場合の基準となったと考えられる。重慶衛指揮僉事劉勝は、一七年八月に負傷して原衛に還ったが、文綺四匹・帛八匹・鈔六〇錠を賜った。これは二次の賞格Ⓒにほぼ合致する。以上から、斬獲等については一五年三月の賞格、戦死は一六年一二月の詔、他は一七年四月の賞格が軍官の行賞の基準となったとみられる。

軍士の場合、従軍者は一次では一律に鈔二錠だったが、二次では動員地域の遠近によって零～九錠の七段階に分け

ており、[30] 一次に比べて鈔の支給額も増加し、そのほかに雲南地域まで至った軍士には各々布二匹が支給された。その合計は五〇万匹以上にのぼるはずである。死傷者は、一次では陣亡と被傷に分けただけだったが、二次では戦死・戦病死・重傷・軽傷、疾病に分けた。戦死・戦病死者に対する賞格は残った家族によって差があり、行賞が本人の功に対する報酬であると同時に、遺族への補償でもあったことを示す。それは軍戸を維持し、戦闘に従事する者の士気を高める為の措置であった。[31] この外Ⓔに「逃而復征」者の項をたててあるのは、かなりの逃亡軍士があったことを窺わせるが、これについては後述する。明実録・洪武一八年三月甲戌の条に、

上諭礼部臣曰、従征雲南軍士、回者已加賞賚。其戍守者、須按例給之。死者宜厚卹其家、病故戦没者、宜有差等。

とある。この記事の中の「例」は二次の賞格とみられ、帰還した京軍ばかりではなく、京軍と交替して雲南に在った諸都司の軍にも適用されたことがわかり、明朝政府は行賞の為に莫大な鈔・布・絹等を用いなければならなかったと思われる。行賞の実施に当たって、かなりの脱漏や不正があったことは、明実録・洪武一七年六月庚寅の条に、

上諭礼部臣曰、曩者発兵征雲南。朕憫其労苦、出師臨陣、皆有賞賚。此者将士還京、論功行賞、士卒已令五軍十衛、験名給之。近聞有賞不及格者、或所司有欺蔽者、致使竊議于外。爾礼部即榜諭諸軍、或受賞不及格、与有労而不及賞者、皆許陳訴、験実賞之。

とあることからも窺える。賞賜の額に対しても不満があったとみられ、七月になってから軍官に対して米を支給した。支給額は公・侯→一五〇〇石、都督→一〇〇〇石、指揮使→五〇〇石、千戸・衛鎮撫→三〇〇石、百戸・所鎮撫→二〇〇石とかなりの量で、本人が死亡した場合は承襲すべき子孫や父母妻女に支給された。[32] 軍士に対しては明実録・洪武一七年九月丙申朔の条に、

上諭都督府臣曰、……曩者雲南諸夷、負固弗庭、労師遠征、瘴煙毒霧、万死一生、若此者尤在矜卹。爾五府閲諸

兵籍、凡征南士卒、其自丁酉年以前隷兵者、悉俾為小旗、以酬其労、不必比試。

とあり、雲南に出征した軍士で、丁酉の年（一三五七）以前から兵籍にあったものは、比試を免除して小旗に昇進させるように命じた。昇進すれば米で支給される月糧が増額されることになるので、軍官への米の支給と同じ趣旨の措置といえる。鈔のみだった一次の行賞に対して、二次ではかなりの布・絹が加わったことと、これらの措置を併せて考えると、価値の低下が著しい鈔の支給に対して強い不満があったのではないか。二次の賞格の決定に当たって、帝が礼部の案を改定させたことからもわかるように、明朝政府は財政の許す限り手厚い行賞を実施したと思われる。賜与や行賞の費用だけでも、明朝政府の財政に大きな負担になったと考えられる。それでは恒常的に行糧や月糧を支給しなければならなかった雲南の補給状況はどうだったのか。

六　軍糧の欠乏

明朝政府が少数民族に対する戦略を誤った為に、早期の撤兵ができなくなったことは既に述べた。しかし、何故に洪武朝の後半一杯に及ぶような長期戦になってしまったのか。そこには深刻な軍糧不足の影響があったように思われる。軍士は、平時には所属する原衛で月糧を支給されていたが、動員されると本人には各々の場所で行糧が、家族には原衛で月糧が支給された。京師を発した遠征軍は湖広を経由して雲南に進攻したが、この間の補給体制を整備したのは東莞伯何真と子の北城兵馬指揮使何貴であった(33)。明実録・洪武一六年一〇月戊寅の条に、

罷湖広各駅守餉軍士。先是大兵討雲南、命自岳州至貴州、置二十五駅、一駅粮儲三千石。小旗一人、領軍十人守之。至是荊州等衛言、雲南已平、将士各還衛所。而所留旗軍、亦宜代還。詔従其請、命旁近巡検司、弓兵守之。

とある。遠征軍の通過に備え、岳州から貴州の間に、一日の行程ごとに二五駅を置き、各駅に三〇〇〇石の軍糧を備蓄して、荊州等の衛から管理の為の軍を派遣させたのである。行糧は一日に一升五合が原則だから、各駅の三〇〇〇石は二〇万人分であり、京師を発した遠征軍の兵力にほぼ符合する。遠征軍の通過に当たり、事前に周到な準備をしていたことがわかる。しかし、軍糧を集積できたのは、当然ながら明朝の支配が及ぶ範囲に限られ、梁王政権の勢力圏に入って以後は、後方からの輸送か現地での調達にたよらなければならなかった。

それでは、雲南地域の明軍はどれほどの軍糧を必要としたのか。軍糧額は兵員数と動員期間がわからないと算出できない。各年の新たな動員兵力は確認できるが、原衛に帰還した兵力は不明なので、各年の在雲南兵力を確認できない。しかし、一四・一五・一六・二三年は、兵力が各々約二七万、三五万、五七万、三五万と概算できるので軍糧額を算出できる。二三年の必要量を計算すると次のようになる。この年尚宝司卿楊顒と尚宝司丞楊鎮が雲南・貴州の兵員数を調査したが、その結果、雲南は雲南左・右・前、臨安、曲靖、金歯、大理、洱海、楚雄の九衛で軍官一〇三五人・軍士八万七三七〇人、貴州は貴州、普定、普安、平越、興隆の五衛と平夷、黄平に増設した二千戸所で軍官三七一人・軍士二万九六五九人だった。正徳『大明会典』巻二七・戸部一二・経費二・月糧に、

(洪武)二十三年令、普定・貴州・平越三衛、烏撒・畢節・永寧・黄平千戸所、興隆・普安・層台・赤水四衛軍士、有家小者月支糧一石、無家小者五斗。（（ ）内は筆者）

とある。この規定が適用されたと考えられるので、現地の衛所に籍がある軍士は月糧を支給されるわけだが、その月糧のみでも年間の必要量は全員無家小者の場合の六三万六〇〇〇石と全員有家小者の場合の一二八万四〇〇〇石の間となり、これに一四〇〇余人の軍官の分が加わる。このほか、八月に四川都司から動員された五万五二〇〇人と六月に南雄侯趙庸らが募集した一七万九五〇〇人の新兵の分がある。彼らは行糧を支給されることになるが、八月以後の

四川都司の軍と六月以後の新兵の行糧の合計は約六九万石となる。そうすると総額で一三二万五〇〇〇余石～一九七万四〇〇〇石が必要だったことになる。このほかに前年からの軍がかなり残っていたに違いないので、実際にはこの数量を更に上回るはずである。同様にして計算すると、一四年（九月～一二月）は四一万一二〇〇余石、一五年は一三九万三四〇〇余石、一六年は最も多く二二七万四二〇〇余石が必要となる。雲南地域でかかる大量の軍糧を調達することはできなかった。一五年三月、雲南地域がほぼ平定された段階で、帝は傅友徳等に対し、京軍を帰還させた後、広西・浙江・湖広・河南・四川都司の軍を留めて守備に当たらせるよう指示し、必要な兵力を決定する為に梁王政権下の兵力・軍糧額や税糧・徭役の法についての報告を命じた。明実録・洪武一五年三月丁丑の条に、

征南将軍潁川侯傅友徳等、遣人至京奏事、……至是友徳等奏、自元世祖至今、百有余年。屢経兵燹、図籍不存、兵数無従稽考。但当以今之要害量、宜設衛以守。其税糧則元司徒平章達里麻等嘗言、元末土田多為僧道及豪右隠占。今但準元旧則、於歳用有所不足。已督布政司覈実、雲南・臨安・楚雄・曲靖・普安・普定・烏撒等衛及霑益・盤江等千戸所、見儲糧数一十八万二千有奇。以給軍食、恐有不足。宜以今年府州県所徴、并故官寺院入官田、及土官供輸、塩商中納、戍兵屯田之入以給之。上可其奏。

とある。傅友徳らの報告によれば、帳簿が散逸しているため兵員数は把握できず、田土の多くは寺観や豪右に隠占され、税糧は歳用に足りないという。雲南各地に備蓄されている軍糧は一八万余石にすぎないとのべた。約二五万の京軍の行糧に限っても四八日分しかないことになる。他の都司から動員されている軍の必要量も考えれば、軍糧不足は極めて深刻である。傅友徳は軍糧を確保する為にさまざまな手段を提案した。出兵以来、戦局は事前に策定した作戦通りに進んだようにみえたが、梁王政権下の雲南各地では軍糧の備蓄量が予想外に少なく、その結果、現地で軍糧を調達できず、戦略はこの点から齟齬をきたしつつあったのである。雲南では備蓄量が少なかっただけでなく、其の後

の生産についても期待できなかった。明実録・洪武一七年一二月壬子の条に、

戸部言、雲南布政使司、自十四年至十六年、多被霜災。田租一十一万九百五十石、無従徴納。詔皆免之。

とあり、一八年正月癸酉の条には、

四川永寧宣撫使禄肇、遣弟阿居来言、比年以来、歳賦馬匹、皆已輸足。惟糧不能如数。縁大軍南征、蛮夷驚竄、耕種失時。加以兵後疫癘、死亡者多、故輸納不及。上命蠲之。

とあり、一八年二月丁巳の条に、

雲南烏蒙軍民府知府亦徳言、蛮夷之地、刀耕火種。比年霜旱疾疫、民人饑窘。歳輸之糧、無従徴納。詔悉免之。

とある。戦役の長期化に伴って、雲南地域では兵火や流行病あるいは天災の為に生産が低下し、人民そのものが饑えている状況で、大軍の軍糧を供給することは到底不可能だった。二〇年には左軍都督僉事馮誠に命じ銀二〇万両を雲南に運ばせ、府州県で軍糧の羅買に当たらせた(34)が、十分な量を確保できなかった。雲南地域に隣接する湖広と四川は兵力の主要な供給源だったが、軍糧についても同様であった。二一年、湖広の思南宣慰司に使者を遣わし、銀をもって糧一万二〇〇〇石を羅買して貴州等の征南軍士に支給し(35)、二二年には湖広布政司に命じて、備蓄の糧四〇万石を発して雲南地域の軍に支給させた(36)。しかし、必要な軍糧額にはとても足りない。四川についても、明実録・洪武二二年二月甲子の条に、

蜀府長史司奏、親王之国、歳用米五万石。已収万石、余米例於十月収受、請定撥給。上諭戸部侍郎楊靖曰、四川糧餉、供給雲南、民甚艱苦。蜀王禄米、宜且停五年。若王欲有賞賚、朝廷運鈔与之。

とある。蜀王府が、前年一〇月に受領すべき禄米四万石の発給をもとめたのに対し、帝は五年間の支給停止と鈔による代替を命じた。その理由として、帝は雲南への軍糧供給による人民の艱苦を挙げた。王府の僅かな禄米すら削らな

ければならない状況であり、四川にも雲南の軍糧をまかなう余力はなかった。更に同年四月壬寅の条に、

貴州都指揮使司奏、赤水・層台二衛、軍餉不給。請令四川運糧往済之。戸部尚書楊靖奏曰、如此供運、益見民労。莫若令富民輸粟、而以淮浙塩償之。候各衛屯種収成、下年必可足用。従之。

とある。貴州都司が赤水・層台二衛に四川から軍糧を供給させることを請うたのに対して、戸部尚書楊靖は人民の労苦をますと述べて反対し、開中法と屯田の実施を提案して帝の承認を得た。補給基地となった湖広や四川では、軍糧の調達と輸送の負担が重く、人民の疲弊が甚だしかったことが窺える。明実録・洪武二三年四月甲午朔の条に、

上以湖広・四川人民及水陸駅夫、連年供億征南之兵、命戸部遣官詣所在、発官庫給鈔、賜之民人一錠、駅夫人五錠。

とあり、輸送に従事する湖広と四川の人民や駅夫に対し、かなりの鈔を賜給しなければならなかったのも、彼らの負担が極めて重かったことを示している。しかし、四川や湖広の人民が負担に喘ぐ一方で、雲南の軍士は軍糧の欠乏に苦しんでいたのである。明実録・洪武一七年七月甲寅の条に、

遣国子助教楊盤等使安南、征糧餉助雲南兵食。先是上謂戸部臣曰、曩為雲南数生辺釁、命将討之。今其地已平、悉入編籍。然兵多民少、糧餉不給。朕思安南壌地、去臨安甚邇。彼能堅事大之心、当助糧餉、以佐兵食。戸部如上旨、咨諭安南、復命盤等往使。盤至、陳煒即以糧五千石、運至臨安界之水尾。且遺盤以金帛、盤却不受。

とあり、国子監助教楊盤らを安南に派遣し、軍糧の提供をもとめさせた。どの程度期待したのか必ずしも明らかではないが、帝自身の発案だったとみられる。安南の陳煒は一衛の一ヶ月の月糧にも足りない五〇〇〇石を送ってきたのみだったが、かかる手段まで採った所に、帝あるいは明朝政府の焦慮をみることができる。

このような厳しい軍糧事情は、明軍の行動にどのような影響をもたらしたのか。出兵当初、雲南に進攻した明軍は、

破竹の勢いで進撃し、出兵以来一〇〇日余りで梁王を自縊に追い込む程だった。しかし、明実録・洪武一四年一二月辛未の条に、

遣使賚勅、諭征南将軍潁川侯傅友徳・左副将軍永昌侯藍玉・右副将軍西平侯沐英曰、内使羅信至、知将軍調度有方、節制厳整。普定諸蛮、倶已推奔。但未知此時、事勢何如、烏蒙・烏撒果降否。前恐蛮地無粮、符報将軍、令分軍回衛。今知資粮於敵、軍可不必回也。

とある。傅友徳は、曲靖の大勝の後、藍玉・沐英の二将と分かれて北上し、烏蒙・烏撒の平定に当たっていたが、後方からの輸送が困難で「敵に粮をもとめる」方針をとらざるを得ず、もし現地で軍糧を獲得できなければ撤兵を考えなければならない状況だったことがわかる。華々しい勝利の反面、明軍は既に深刻な軍糧不足に悩んでいたのである。その為にも早期の撤退が必要だったが、一五年四月以後、少数民族の叛乱が頻発し撤収が不可能となった。明軍は叛乱の鎮圧に全力を挙げたが、軍糧の欠乏から行動を掣肘されることが多かった。諸叛乱の嚆矢となった烏撒・烏蒙・東川・芒部の場合をみてみよう。遠征軍への補給は湖広、四川の二方面から行われたが、湖広からは普定→普安→曲靖→雲南府のルートと、四川からは成都→瀘州→畢節→烏撒→曲靖→雲南府と成都→黎州→建昌→東川→雲南府の二ルートがあった。その中で前の二つが主要な補給路であり、四月におこった烏撒等の叛乱は、そのいずれにも脅威を与えるもので、早急な討伐が必要だったが、明軍はすぐに出動できなかった。雲南府に在った傅友徳に対し、帝は次のように命じた。明実録・洪武一五年六月丙戌の条に、

近得報知、盤江道路尚梗、且乏糧食。符到可留兵四百、守水西城、以観靄翠動静。普定亦留兵如水西。且令両軍合勢日、攻烏撒諸蛮、取粮為食。彼将奔命不暇、尚暇擣我空城耶。不然則士卒饑困矣。

とある。補給路が杜絶した結果、軍糧が欠乏しているので、烏撒を攻めて現地で軍糧を徴発せよと命じた。出兵遅延

の背景に軍糧不足があったことが窺える。明軍は討伐の開始前から軍糧の欠乏に悩み、敵の糧を当てにして戦わなければならなかったのである。軍糧が尽きるのが早いか、その前に叛乱を制圧して現地で軍糧を調達できるか、薄氷を踏むような作戦だったといえる。討伐が始まった七月、帝は傅友徳らにその後の方針を示した。明実録・洪武一五年七月己巳の条に、

近得報知、雲南守禦諸将軍、餽餉不足。…然後以東川之兵、駐於七星関之南烏撒之北、中為一衛。其餽餉則東川之民給之。若烏撒立衛、則令烏撒之民給之。或七星関或烏蒙或芒部立一衛。各俾本土之民給之。自永寧以南至七星関、中為一衛、令禄照羿子等蛮給之。皆俾餽餉歳足。如是則兵衛相属、道路易通。無事則分兵駐守、有警則合兵勦捕。若分兵散守、深入重山、蛮夷生変、道路梗塞、則非計也。符至諸将当慎飲食撫士卒、俟諸蛮悉定、方可班師。

とある。軍官に対し、軍士の反感をかわないように飲食を慎めと命じており、軍糧不足の状況が窺える。補給路を確保する為に兵力の分散を避け、要処に衛を設けて連携を保つことを指示し、軍糧は各々の地域の民に負担させよと命じた。後方からの補給が困難な為とみられるが、具体的にはどのような方法をとろうとしたのか。明実録・洪武一五年一〇月丙申の条に、

且乗兵勢、修治道塗、務在平広、水深則搆橋梁、水浅則疊石、以成大路。烏撒・東川・芒部之地、亦皆治之。仍召其土酋、令諭其民丁、各輸糧一石贍軍。治蛮夷之道、必威徳兼施、使其畏感、不如此不可也。

とある。補給路を整備するとともに、土酋を通じて民丁に各々一石を輸納させることを命じた。しかし、このような手段をとれば、事実上強制的な徴発となり、少数民族の抵抗を更に激化させることになったであろう。この叛乱は一六年になってようやく鎮圧されたが、明軍にとって軍糧の欠乏が作戦の大きな障害になったのである。

また、定辺・姚安に駐屯していた普定侯陳桓・靖寧侯葉昇麾下の軍は、二〇年一一月、同地の軍糧不足と四川からの補給路を確保する為に、畢節への進駐を命ぜられた(37)が進出は容易ではなかった。彼らは禄肇・芒部で軍糧を調達するように指示されたが、明実録・洪武二一年二月癸丑の条に、

又遣人諭桓等曰、初命卿等往雲南、為彼芻粟不継、故俾於禄肇権駐。近得報知、已於麻哈之地屯軍。彼処糧餉、艱難尤甚。然種已入土、不可軽動。若有警急、即遣人馳報雲南西平侯沐英。候秋収軍乃徙。

とあり、陳桓らは、軍糧を得る為に貴州の麻哈州に赴いて播種した。帝は同地の軍糧事情が非常に悪いことを指摘したが、既に播種したのでは移動できないので、収穫を待って移るように命じた。陳桓が一部の軍を率いて、急ぎ畢節に進駐したのは二一年四月(38)で、全軍の進出は更に遅れた。最も早く到着した部隊でも、定辺・姚安から畢節への移動に約六ヶ月かかったことになる。この間、同軍は大規模な戦闘はしておらず、途中で軍糧を得る為に播種したことからわかるように、軍糧不足が軍の移動を阻害したのである。

このほかに思倫発の叛乱の場合をみると、思倫発は藍玉・沐英の軍が大理・金歯を制圧すると一旦帰服し、一七年には平緬・麓川の支配を認められていた(39)。しかし、一八年に叛旗を翻して景東を攻め(40)、二一年には大挙して定辺に来寇した。沐英が激戦の末これを破ったが(41)、二二年一一月に思倫発が再び帰服するまでの間(42)、越州の囉囉族の土酋阿資など呼応するものが多く(43)、雲南全域をまきこむ動乱となった。この間、明朝政府は沐英・陸仲亨・費聚・俞通源らの諸将に対し、出撃を禁じてひたすら守りを固めることを繰り返し命令した(44)。明朝政府が遠隔の地に在る諸将に、かかる命令を下した背景には、戦術的な理由だけでなく、戦略的な事情がなければならない。それが軍糧の欠乏だったと考えられる。明実録・洪武二一年六月乙巳の条によれば、定辺の勝利の直後だったにも拘わらず、沐英も思倫発を追撃して、平緬・麓川まで進攻するのは無理だとの判断を示し、更に、

今東川・越州・羅雄・把哲諸夷、悍驁未服、必須併力勦捕。一以資給粮餉、一以讋懾余衆。使賊聞之、姦計自沮。

とのべた。沐英は、まず思倫発に呼応する諸部を討伐すべきだとしたが、その目的の第一に軍糧の調達を挙げた。思倫発に対して明軍が積極的に攻勢に出られず、防備を固めて静観し、帰服を期待する方針を採らざるを得なかった背景には、軍糧の欠乏があったことが窺える[45]。

また、明朝政府は二二年三月に、沐英ら一部の軍を残して、在雲南軍の大部分を湖広・四川の各地に後退させようとした。諸将が指定された駐屯地は表Ⅷの通りである。

表Ⅷ

将名	場所
潁川侯傅友徳	沅州
中国侯鄧鎮	大庸
魏国公徐允恭	常徳
曹国公李景隆	安陸
開国公常昇	辰州
靖寧侯葉昇	襄陽
普定侯陳桓	岳州
雄武侯周武	武昌
吉安侯陸仲亨	蘄州
安陸侯呉傑	茶陵
東平侯韓勲	黄州
東川侯胡海	宝慶

将名	場所
南雄侯趙庸	長沙
宣寧侯曹泰	瞿塘
宣徳侯金鎮	施州
靖海侯呉禎	衡州
江陰侯呉高	永州
全寧侯孫恪	沔陽
延安侯唐勝宗	黄平
都督張銓	桂陽
都督王誠	忠州
都督予彦	道州
信国公の子湯鼎	長寧
六安侯の子王威	夷陵

（明実録・洪武二二年三月庚午の条）

この後退の理由として明実録・洪武二二年三月庚午朔の条に、

遣使命征南将軍潁国公傅友徳等、……今得爾報、已平東川、降阿資、大勢已定。然諸蛮夷、易変生乱。朕恐大軍一回、彼復跳梁嘯聚、豈不重労吾将士乎。今且還軍、分駐要地、一以休息士卒、一以控制蛮夷。使至爾等一如所諭。（。は筆者）

とあり、帝は大勢が既に定まったと述べて後退を命じた。確かに当時思倫発に呼応した東川の諸部と越州の阿資は一旦鎮圧されていた。しかし、思倫発はまだ帰服していないうえに、平越衛では、二月以来苗族の叛乱が続き、四月には都匀の苗族も叛旗を翻し、やがて阿資も再び叛するに至り、湖広・江西から兵力を新たに動員しなければならない有様で、到底在雲南軍の大半を撤退させられる情勢ではなかった。更に表示の如く広範囲に分駐したのでは急速な集中は無理で「蛮夷を控制」することにはならない。後退命令は「士卒を休息せしむ」こと、つまり軍士に充分な軍糧を与えることが目的で、それが可能な各地に分散させようとしたと考えられる。在雲南軍の窮乏への対応策だったことが明らかである。この間、軍士の困窮も甚だしかった。明実録・洪武二二年九月丁卯の条に、

誅西安前衛指揮使王綱。先是綱従征雲南、輒箠死軍士、又裒歛金帛諸物、至是還。上諭之曰、……比征雲南乏糧、至有掘杞蕨根而食者。爾不加卹、反酷虐之至死、而之裒歛無度。有人心者、故如是乎。……綱無以対、遂斬之。

とあり、軍士を虐待し財物を貪った軍官を誅した。国初の指揮使は高官であり、それを斬るのだから罪状を殊更強調したのかもしれないが、草木の根を掘って食う軍士があるとの帝の言葉は在雲南軍の窮状を示している。このような情勢は、動員される軍士の厭戦気分と士気の低下を招き、軍士の逃亡をさそうことになったであろう。逃亡兵の例は既に出兵の当初からみられる。明実録・洪武一四年一一月戊子の条に、

勅宋国公馮勝曰、聞有盗五百余人、由黄陂県而西、殺掠居民。此必征南士卒畏避而逃者、夫不用軍法、罪固当死、因而為盗者又甚焉。宜即遣兵於汝寧・南陽之地、偵其出没捕之。

とあり、逃亡兵とみられる盗五〇〇余人が黄陂県附近で居民を殺害・掠奪した。彼らは雲南に進攻する京軍が湖広を通過する際に逃亡した軍士であろう。軍糧不足が顕在化し始めた一五年八月乙巳の条に、

雲南士卒艱食、措置軍事、貴乎得宜。不則大軍一回、諸夷復叛、力莫能制。其士卒逋逃者、既入蛮地、不復能出。蓋非蛮人殺之、則必為禁錮深山、使之耕作。

とある。傅友徳・沐英への勅諭だが、少なからぬ逃亡兵が少数民族の住地に逃げ込んでいたことが窺える。一七年四月の第二次の行賞の賞格に「逃而復征」の項目が建てられていたことからみても、かなりの逃亡兵が出たと考えられる。(46)

以上のように、雲南地域に投入された明軍は常に軍糧の欠乏に悩み、作戦も掣肘されることが多かった。その為に少数民族の叛乱に迅速かつ積極的に対応できず、強引に軍糧を調達しようとすれば、少数民族の叛乱を更に誘発する悪循環に陥ったのである。少数民族の激しい抵抗が戦役を長期化させた主要な原因だが、軍糧不足による明軍の不活発さも一因であった。雲南の生産力では軍糧は賄えず、四川と湖広からの輸送も不充分だったことは既にのべた。このほかに明朝政府が軍糧調達の手段として力を注いだのが開中法と屯田の実施であった。

七　開中法と屯田

雲南で最初に開中法の実施が命ぜられたのは、明実録・洪武一五年二月乙亥の条に、

上以大軍征南兵食不継、命戸部令商人往雲南、中納塩粮以給之。於是戸部奏定商人納米給塩之例。

とあるように一五年二月であった。この頃は明軍にとって戦局が有利に展開していた時期だが、軍糧調達の手段として当初から開中法の実施が予定されていたのかもしれない。当時はまだ大理方面に進攻する前で、開中法の実施は雲南東部に限られており、淮浙塩と四川塩が用いられた。塩糧の比価は表Ⅸの通りであった。この年の一一月に雲南塩課提挙司が置かれ、大引一万七八七〇引余りを供給したが、所属するのは蘭州等の塩井であり(47)、雲南の塩井はまだ本格的に稼働していなかったようである。軍糧不足に対処する為に開中法の実施を急いだのであろう。翌一二月、雲南の安寧塩井の塩糧比価が表Ⅹのように定められた(48)。塩場が近い為に、表Ⅸの淮浙塩や四川塩に比べて、納糧額は四～七倍になっている。安寧塩井がこの頃稼働し始めたとみられるが、提挙司はまだ雲南府の一ヶ所だけなのでその管轄を受けたのであろう。其の後、塩井の整備に伴って提挙司も増設された。明実録・洪武一七年五月庚戌の条に、

　雲南左布政使呉印等言、新置塩課提挙司三。曰白塩井、曰安寧、曰黒塩井。白塩井之地、其人号生蛮、未易拘以塩額。宜設正副提挙二人、聴従其便。其安寧塩井、月課塩六万三千斤、宜設提挙一人、同提挙一人、副提挙一人、吏目一人。黒塩井、月課塩二万九千四百斤、宜設提挙一人、同提挙一人、吏目一人。従之。

表Ⅸ

納入地	糧米	塩
雲南	六斗	淮塩　二〇〇斤
	五斗	浙塩　二〇〇斤
	一石	川塩　二〇〇斤
普安	六斗	淮浙塩二〇〇斤
	二石五斗	川塩　二〇〇斤
普定	五斗	淮塩　二〇〇斤
	四斗	浙塩　二〇〇斤
	二石五斗	川塩　二〇〇斤
烏撒	二斗	淮浙塩二〇〇斤
	二石五斗	川塩　二〇〇斤

表Ⅹ

納入地	糧米	塩
雲南府 臨安府	三石	安寧塩二〇〇斤
烏撒府 烏蒙府	二石八斗	〃
霑益州 東川州	三石五斗	〃
曲靖府	二石八斗	〃
普安府	一石八斗	〃

とあり、白塩井・安寧・黒塩井の三提挙司が新設された。白塩井は明軍に服さない少数民族の居住地に在るので、産塩額も示されていないが、安寧・黒塩井の二司は本格的に稼働し始めたとみられる。ただ、黒塩井提挙司についてはやや疑問が残る。明実録・洪武一五年一一月庚午の条と辛酉の条によれば、同司提挙の呉印が雲南左布政使に転じ、「不任職」として左遷され、戸部左侍郎程昭が後任に発令されていたので、同提挙司が一五年一一月には既にあったことは確かである。或いは、同提挙司は黒塩井（塩興県）・阿陋猴井（広通県）・琅井（定遠県）の三塩課司からなるが、この三司体制が出来たのが一七年なのかもしれない。更に黒塩井と白塩井の稼働開始の時期については、一六年一二月に既に稼働していたことが、明実録・洪武二四年一〇月辛未の条に、

　四川建昌府言、所属白黒二塩井、自洪武一六年十二月開煎、至今年三月終、計四十八万三千一百二十三斤。請召商人納米給塩、或作官吏軍人俸糧月塩。詔戸部給之。

とあることから確認できる。しかし、この記事にもあるように、両塩井の産

塩が開中法に本格的に利用できるようになったのは二四年末であり、一七年当時、雲南塩では安寧塩が主力で、淮浙塩や四川塩も並行して開中法に利用されたのであろう。それでは開中法の効果はどうだったのか。明実録・洪武一九年正月甲申の条に、(49)

雲南左布政使張紞言、旧例商人納米于金歯者、毎一斗給塩一引、以穀準米者聴。以是商旅輻湊、儲偫充溢。其後、有司不許輸穀。由是商人少至、餉弗給。請仍其旧。従之。

とあり、二二年九月丙寅朔の条に、

普安軍民指揮使周驥言、自中塩之法興、雖辺陲遠在万里、商人図利運糧。時至於軍儲、不為無補。今蛮夷屢叛、大軍所臨、動経歳月、食用浩穣。而道里険遠、餽運弗継。宜減塩価、以致商人。旧例雲南納米二斗、給淮浙塩一引、二石給川塩、一石七斗給黒井塩、二石四斗給安寧塩。近因塩重米軽、故商人少至。請更定其例。於是命部量減塩価、淮浙塩一引、米一斗五升、川塩一石五斗、安寧塩二石、黒井如川塩之数。

とある。実施当初はかなりの糧米が納入され、軍糧の充実に役立ったとみられるが、戦役の長期化とともに次第に応ずる商人が少なくなったようである。支配が不安定で治安がよくないことが商人の納糧を妨げたのであろう。金歯では再び未脱穀の穀物の納入を認め、雲南府では塩価を引き下げて商人の納糧を促進しようとした。なおこの記事をみると、一五年から二二年の間に塩価の改定があったことがわかる。雲南府を例にとると淮浙塩一引当たりの納糧額は、五斗（浙塩）・六斗（淮塩）→二斗→一・五斗となり、四川塩は一石→二石→一・五石となり、安寧塩は三石→二・四石→二石となった。四川塩はやや異なるが、淮浙塩は当初の三分の一、四分の一に下げられ、安寧塩も三分の二になった。軍糧事情が悪化する一方で、開中法に応ずる商人が減っていったことが看取できる。このことは他の地域の塩価との比較からも窺える。佐伯富氏は明実録・洪武四年（一三七一）二月癸酉の条によって大同・太原・山西等の北辺の一五ヶ所の塩糧比価を示された(50)。淮塩一引当たりの納糧額は平均すると約二石五斗で浙塩は約二石である。雲南に塩井のある安寧塩はほぼ同額だが、淮塩は北辺の一六分の一、浙塩は一三分の一となる。かかる塩価を設定せざるを得なかった所に雲南地域の軍糧不足の深刻さをみることができる(51)。

次に屯田についてみてみよう。洪武朝における雲南の屯田の建置については既に王毓銓氏が明らかにしておられるが(52)、戦況との関連で検討してみたい。前述の如く、一五年三月の段階で既に傅友徳が開中法・軍屯の実施を提案していた。開中法は早々に実施されたが、屯田を実施すれば少数民族の田土を侵すことが不可避で、その結果、抵抗を更に激化させるとの判断があったのかもしれない。屯田の本格的な実施は沐英の上奏を機に始まった。明実録・洪武一九年九月庚申の条に、

西平侯沐英奏、雲南土地甚広、而荒蕪居多。宜置屯令軍士開耕、以備儲偫。上諭戸部臣曰、屯田之政、可以紓民力足兵食。辺防之計、莫善於此。

とあり、帝は沐英の提案を評価して屯田の実施を命じた。これまで行われなかった屯田が一九年に実施されるようになった背景には、軍糧不足がより深刻になったことの外に、長びく戦乱の為に放置されて荒れた田土が増加したことがあったのではないか。沐英が荒蕪の地が多いと述べたのもこのような土地だったとみられる。翌二〇年から設置の準備が本格化した。八月に右軍都督僉事孫茂が四川に派遣され、鈔三万二〇〇〇錠をもって雲南に送る為の耕牛一万頭の買い付けにあたった(53)。更に景川侯曹雲と四川都指揮司に詔して、同都司から二万五〇〇〇人の軍士を選び、軍器・農具を給して雲南・品甸に派遣して屯種させよと命じた(54)。翌九月には湖広都司の要請で、靖州・五開・辰州・沅州等の諸衛軍四万五〇〇〇人を雲南に派遣するに当たり、屯種の為の耕牛二万頭を伴わせることになった(55)。このほか一〇月戊午の条には、

詔湖広常徳・辰州二府民、三丁以上者出一丁、往屯雲南。

とあり、軍士のみでなく常徳府と辰州府の三丁以上の戸から一丁ずつを出して雲南に派遣することを命じた。これらの四川と湖広の軍民に加えて、陝西の軍も屯田に動員された。明実録・洪武二〇年一〇月丙寅の条に、

詔長興侯耿炳文、率陝西土軍三万三千人、往雲南屯種聴征。

とあり、二一年二月癸丑の条に、

長興侯耿炳文承制、遣陝西都指揮同知馬燁、率西安等衛兵三万三千、屯戍雲南。

とある。二〇年一〇月に命を受けた耿炳文は、翌年二月に都指揮同知馬燁に陝西の軍三万三〇〇〇人を率いさせて雲南に派遣した。(56)兵力の主要な供給源だった湖広・四川・北辺が、屯田の設置に当たっても重要な役割を果したことがわかる。それでは雲南ではどのような地域に屯田がおかれたのか。明実録・洪武二一年四月癸酉の条に、

普定侯陳桓、率師駐畢節。初詔桓等、自永寧抵畢節、度地里遠近、夾道樹柵為営、毎営軍二万、刊其道傍林莽、有水田処、分布耕種、為久遠之計。且与西平侯沐英、相為声援。至是、桓等師至畢節。

とあり、前述の陳桓麾下の軍は、四川と雲南を結ぶ交通通路上の要衛に、各二万を配する営を置き、屯田をひらいて守備に当たることを命ぜられていた。二〇年九月辛巳の条には、

命西平侯沐英、籍都督朱銘麾下軍士無妻孥者、置営以処之、令讁徙指揮・千・百戸・鎮撫管領、自楚雄至景東、毎一百里、置一営屯種、以備蛮寇。

とあり、沐英・朱銘に銘じて楚雄から景東までの一〇〇里ごとに営を置き屯種させた。また、二〇年一二月丁巳の条によれば、帝は前城門郎石壁を沐英のもとに遣わし、永寧から大理の間に六〇里ごとに堡を設けることを命じた。その結果、曲靖（火惣都）と雲南前衛（易竜）の間に五堡、易竜から雲南右衛（黒林子）の間に三堡、黒林子より楚雄衛

（禄豊）に至る間に四堡、禄豊と洱海衛（普淜）の間に七堡、普淜と大理衛（趙州）の間に二堡の合計一三堡が設置された。各堡に配置された軍士は、堡の周囲に屯種して交通路を守備するとともに、遞送にも従事し駅伝の機能も果した。これらの例から、屯田はまず交通・補給を確保する為に、交通路沿いに置かれていったことがわかる。四川からの補給路や雲南内部の交通路に守備軍を配置し、屯田によってその維持をはかったのである。この外に二〇年中の実施が確認できるのは雲南府・曲靖府・楚雄府・品甸府・景東府・大理府・姚安府等[57]だったが、屯田の範囲はその後次第に拡大された。明実録・洪武二三年六月乙丑の条に、

給雲南諸衛屯牛。先是延安侯唐勝宗等、往雲南訓練軍士、置平溪・清浪・鎮遠・偏橋・興竜・清平・新添・降里・威清・平壩・安荘・安南・平夷十三衛屯守、而耕牛不給。勝宗請以沅州及思州宣慰司・鎮遠・平越等衛官牛六千八百七十余頭、分給屯田諸軍。至是詔給与之。

とあり、一三衛の屯田のために、湖広や貴州から約七〇〇〇頭の耕牛を支給した。衛所を設置した場所は、明軍にとって確保の為に守備兵を常駐させる必要のある要地だと考えられる。屯田がまず交通路沿いに、ついで衛を設置したいくつかの拠点に実施されたことからみるに、当時の明軍の支配の及ぶのはいわば点と線に限られ、その確保に全力を挙げなければならない情勢だったといえる。

屯田の成果について、本格的に実施されてから約一年後の明実録・洪武二一年一〇月壬寅の条に、

南安侯兪通源奏、雲南新附官民軍士、田粮馬牛之数。都指揮使司所属官、計一千三百一人、軍士六万四千二人。馬三千五百四十五匹、屯牛一万二千九百九十四頭。田四十三万四千三十六畝、糧三十三万六千七石。布政使司所属軍民、凡六万三千七百四十戸、粮七万六千五百六十二石。馬駅六十七所、馬九百九十三匹。

とある。軍屯のみで四三万四〇〇〇余畝、糧は三三万六〇〇〇余石、屯牛は約一万三〇〇〇頭に及び、かなり急速に

整備され、それなりの効果があったことが確認できる。しかし、既に述べたように、この頃雲南地域に展開していた明軍を養うには一〇〇万石を遙かに上まわる軍糧が必要だった。三〇余万石の屯糧ではその数分の一にしかならず、記事にある雲南諸衛の軍士六万四〇〇〇余人の月糧だけにしても五ヶ月ほどしかまかなえない。明実録・洪武二〇年八月癸酉の条に、

復命雲南・楚雄府、開種塩糧。先是商人輸米雲南・楚雄・曲靖諸府、給以淮浙川塩。未久而罷、令戍卒屯田以自給。至是仍啇於用、戸部請復行中塩法。従之。

とある。雲南府や楚雄府では屯田の実施とともに開中法を停止していたが、結局守備軍の軍糧がまかないきれず、開中法を再開しなければならなかった。この後も屯田は拡大されていったが、開中法と併用されることが多かった(58)。軍糧問題解決の期待を込めて実施された屯田だったが、雲南の明軍が大兵力だったこともあり、充分な軍糧を確保するには至らなかったのである。

雲南で屯田が実施された時期は、全国的にも屯田が強力に推し進められた時期でもあった。明朝政府が早くから屯田を行ったのは周知のことだが、二一年には更に全国的に屯田の推進を命じ(59)、王府護衛と要衝の都市に在る衛所は軍士の五〇パーセントを、他の衛所は八〇パーセントを屯軍に当てるように命じた(60)。二五年（一三九二）に比率を改め、全国一律に七〇パーセントを屯軍に、三〇パーセントを守城軍とすることを命じた(61)。国内統一戦の過程で帰服する軍を次々に吸収し、いわば軍拡路線を採ってきた結果、軍は肥大化し財政上の負担は非常に大きかったと思われる。二〇年代に入ると北元勢力が崩壊し、モンゴル方面の形勢も一段落したが、膨大な軍士を放還することは不可能である。この時期の屯田の推進は、軍の組織を残したまま事実上兵力を大幅に削減し、財政上の負担を軽減しようとする方策だったと考えられる。これに対し雲南は大軍を投入し続けなければならない唯一の地域であり、軍糧調達の為の懸命

な努力の一環として実施された。しかし、屯田では充分な軍糧を確保できず、開中法と併用しても不充分で、明軍は軍糧の欠乏に苦しみながら泥沼の如き長期戦を戦わなければならなかったのである。

小結

明朝が雲南遠征軍を発した洪武一四年当時、モンゴルではまだ北元が余喘を保ち、雲南の梁王政権は北元との交渉を維持していた。洪武帝或いは明朝政府にとって、雲南平定戦は国内統一の為の最終的な戦いであると同時に、北元攻撃に備えて後顧の憂を解消しておこうという狙いもあったと思われる。明朝政府は雲南に出兵した場合の補給の難しさについては充分認識していたとみられ、それ故に主力軍である親軍衛・京衛を中核とした大軍を投入し、一挙に梁王政権を打倒して短期間で撤兵する戦略をたてたと考えられる。しかし、少数民族に対する判断を誤った為に、対応が二転三転し、大規模な叛乱が勃発してしまった。その結果、早期の撤兵は不可能になり、明軍は相い継ぐ叛乱の討伐に東奔西走しなければならなかった。この間、臨時の賜与に莫大な物品を費やし、更に論功行賞に伴う出費があった。何よりも現地における恒常的な軍糧が不可欠であったが、険阻な雲南への補給は困難を極め、開中法や屯田によって賄おうとしたが、十分な量を確保できなかった。雲南に展開した明軍は、慢性的な軍糧の欠乏に苦しんで、軍事行動を阻害されることが多く、結局洪武朝の後半一杯に及ぶ長期戦となった。この間、明朝政府は全国から動員した大兵力と莫大な物資を投入し続けなければならなかった。雲南平定戦の軍事的・経済的な負担は、洪武朝後半における対外政策や財政の重い足枷になったと考えられる。内政の面でも、川越泰博氏は、この戦争の間に強まった京衛軍内の個人的な結びつきが太祖の警戒する所となり、藍玉の獄の一因となったとする見解を示された(62)。結果的に、雲南出兵は洪武帝の最大の誤算の一つとなったといえよう。

註

(1) 元の中慶路を改めて雲南府としたのは洪武一五年二月だが、便宜的に雲南府と記す。
(2) 明実録・洪武一四年九月壬午朔の条
(3) 明実録・洪武一四年九月丁未の条
(4) 明実録・洪武一四年一二月辛酉の条
(5) 明実録・洪武一四年一二月戊辰の条
(6) 明実録・洪武一四年一二月庚辰の条
(7) 明実録・洪武一四年一二月壬申の条。又、同一五年三月庚午・四月甲申の条によれば、梁王の残った家族と威順王子伯伯ら三一八人は一旦京師に送られ、ついで耽羅に送られた。
(8) 明実録・洪武一四年一二月庚辰の条
(9) 明実録・洪武一五年閏二月癸卯の条
(10) 明実録・洪武一五年正月甲午の条
(11) 明実録・洪武一五年二月戊午の条
(12) 明実録・洪武一五年二月乙卯の条
(13) 明実録・洪武一五年二月己未の条
(14) 明実録・洪武一五年三月己未の条、国権・明史では府州県数が異なるが、ここでは明実録の記事に従っておく。
(15) 明実録・洪武一五年二月壬申の条によれば翌年二月にも同様の詔諭をくだした。
(16) 明実録・洪武一四年一二月辛未の条
(17) 明実録・洪武一五年二月丙寅の条

(18) 明実録・洪武一五年四月戊申の条

(19) 明実録・洪武一五年六月辛卯の条

(20) 明実録・洪武一五年九月乙亥の条

(21) 明実録・洪武一六年三月甲辰朔、一七年三月丁未の条

(22) 雲南・貴州以外の地域については、明実録・洪武二三年六月庚寅、同八月戊子の条によれば、陝西都司二四衛の兵力は馬歩軍一二万四九九一人・馬八三七一匹で、九月庚寅の条では、四川都司は七万八三六〇人だった。

(23) 明実録・洪武一五年二月戊午の条に、

勅征南将軍潁川侯傅友徳・左副将軍永昌侯藍玉・右副将軍西平侯沐英曰、……前已設貴州都指揮使司、然地勢偏東。今思控制之法、莫若於実卜所居之地立司、以控貴州・普定・普安・霑益・東川・芒部・烏蒙・永寧・建昌等処。卿等以為如何、宜審図可否為之。

とあり、帝は、既に設けた貴州都司は東に偏りすぎていると述べ、傅友徳らに別に都司を建てるように命じた。その結果、雲南府に都司が置かれることになったが、以後雲南地域（雲南・貴州二都司の管轄地と四川都司の管轄下の一部の地域）に衛所が設置されていった。二三年までの設置衛所を示すと次のようになる。

〈一五年〉楚雄衛・曲靖千戸所・大理衛・建昌衛　〈一六年〉鎮南衛　〈一七年〉霑益千戸所　〈一八年〉金歯衛　〈一九年〉洱海衛　〈二〇年〉雲南左・右・前衛　〈二一年〉赤水衛・層台衛・平夷千戸所　〈二二年〉越州衛・馬隆衛・興隆衛　〈二三年〉陸涼衛・平溪衛・平夷衛（平夷千戸所を改む）・清良衛・鎮遠衛・偏橋衛・清平衛・隆里衛・威清衛・平壩衛・景東衛・蒙化衛・安南衛・普定衛・安荘衛

(24) 「初期明王朝の通貨対策」（『東洋史研究』三九―三・一九八四年、『明朝専制支配の史的構造』〈汲古書院・一九九五年〉に収録）

(25) 明実録・洪武一九年二月己酉の条

(26) 明実録・洪武二〇年一二月壬子の条

(27) 万暦『大明会典』巻三九・廩禄二・行糧馬草の天順五年の条。明実録・天順五年三月戊午の条

(28) 『金山衛志』巻三・兵政・餉給

(29) 京軍の軍官だけに限ると次のようになる。

	指揮使	千戸	百戸	所鎮撫
戦死	3	13	6	1
他の死	1（病死）	1（溺死）	0	0
負傷	4	0	0	0

(30) 戦闘に参加しないが軍需品の輸送に当たった軍士についても明実録・洪武一六年五月庚申の条に、

賜各衛士卒送征南将士衣鞋者鈔有差。其送至大理者、人鈔二十貫。至臨安・楚雄者、人十九貫。至雲南・建昌者、人十五貫。至曲靖者、人十三貫。至普定・烏撒者、人十二貫。至瀘州・叙南・永寧者、人七貫伍百文。至重慶者、人五貫。

とあり、賞格とはやや異なるが、地域によって七段階に分けて鈔を賜与した。

(31) 明実録・洪武一七年四月庚寅の条に、

上諭兵部臣曰、……今西南諸夷、悉已平定。凡従征将士、已各加封賞、酬其勲労。独念死者、永違郷土、不得収葬、誠可哀憫。爾兵部即移文有司、凡征南将士有死者、悉為収其遺骸、具棺葬之。

とあり、戦没者の遺骸に対して手厚い配慮をしたのも同様の趣旨からであろう。

(32) 明実録・洪武一七年七月乙巳の条

(33) 明実録・洪武二一年三月己卯の条、明史・巻一三〇に伝がある。至正の間、盗が起こると義兵を募って恵州を守り、元朝から官職を授けられて資善大夫江西分省左丞に至った。明朝に帰服して江西分省参知政事、山東行省参政を歴任し、一一年に致仕したが、一四年命ぜられて雲南遠征軍への補給体制を整備した。

(34) 明実録・洪武二〇年一二月壬子の条

(35) 明実録・洪武二一年一〇月甲寅の条
(36) 明実録・洪武二二年正月壬辰の条
(37) 明実録・洪武二〇年一一月壬午の条
(38) 明実録・洪武二一年四月癸酉の条
(39) 明実録・洪武一七年八月壬申・丙子の条
(40) 明実録・洪武一八年一二月癸丑の条
(41) 明実録・洪武二一年正月辛巳、三月甲辰の条
(42) 明実録・洪武二二年一一月己卯の条
(43) 明実録・洪武一九年一二月戊申、二〇年一〇月壬子、二一年六月甲子、同年九月癸巳、二二年二月戊辰、同年四月甲子の条
(44) 明実録・洪武二〇年五月庚申、六月己亥、二一年四月癸亥の条
(45) 明実録・洪武二二年一一月己卯の条によれば、思倫発が再び帰服を請うた時

　如欲釈憤、当躬修臣礼、悉償前日用兵之費。

と軍費の賠償をもとめたものも軍糧を供給させようとしたのであろう。

(46) 雲南には旧元の韃靼兵や女直兵も動員されたが、かなりの逃亡兵を出した。気候や風俗の異なる遠方に動員された彼らの逃亡には、軍糧の欠乏ばかりでなく別の理由もあったと考えられるが、明実録・洪武二〇年一一月己亥の条によれば、蒙古衛指揮僉事法古は、指揮下の番軍から四二〇余人の逃亡兵を出したと報告した。同一五年八月乙巳の条には、病没した営陽侯楊璟の子で襲爵した楊通が、二〇年に韃靼軍を率いて雲南に赴く途中、多くの逃亡兵を出した責任を問われ、普安衛指揮使に降格された記事がある。同二二年正月己亥の条によれば、叛亡の韃軍跋迷旦らが、四川の連雲桟で松潘軍民指揮使徐凱に斬られた。徐凱はこの功で四川都指揮同知になり鈔一〇〇錠を賜った。又、同二一年一一月庚子の条に、

　女直千戸孛羅哥等、叛于沅江。初江陰侯呉高率所部故元蕃軍、往征百夷。至是行至沅江、孛羅哥与百戸粉紅等、謀叛事

覚。高召其党、至駅擒之。孛羅哥聞之、即馳馬渡江、殺不従己者、趨晃州駅、掠駅馬走思州。

とあり、約三ヶ月後の二二年正月壬午の条に、

守陝西右軍都督僉事聶緯等、追撃叛寇孛羅哥等平之。初孛羅哥軍叛、由思州界、出荊州。湘王命護衛、率兵遏其走路不克。孛羅哥直趨荊州歴樊城、由鄧州内郷入武関、経商洛至華州構峪山、出渭河欲遁帰沙漠。緯総率西安護衛等処軍馬、会前軍都督僉事何福、追及鄜延。孛羅哥等失道、入山谷間、谷深邃険隘、両崖峻絶不得度。我師併力攻之、孛羅哥等遂敗、死者二百余人、生禽二百人、獲馬五百余疋。

とある。思倫発討伐の為に、江陰侯呉高に率いられて雲南に赴いた旧元の蕃軍が途中で逃走した。記事では沅江とあるが沅州の誤りではないかと考えられる。彼らは女直千戸孛羅哥・百戸粉紅らに率いられ、晃州で駅馬を奪い思州方面に逃走した。其の後の経路は不明だが、やがて荊州に現れて湘王の護衛を撃破し、樊城・鄧州を経て北上して陝西に入り、武関・商洛山を経て華州で渭水を渡り洛水の流域に入った。鄜州と延安の間で道に迷った所を聶緯・何福の軍に攻撃されて潰滅した。しかし孛羅哥本人は捕捉できなかったようである。彼らは、ひたすら沙漠に逃帰しようとして、三ヶ月にわたり湖広・陝西をほぼ縦断した。最後の段階でも軍士四〇〇人・馬五〇〇匹以上を有していたことから判るように、当初はかなりの人数からなり、強い紐帯をもった集団だったとみられる。恐らくは指揮者のみでなく構成員も女直人からなる部隊だったと考えられる。

（47）　明実録・洪武一五年一一月丙午朔の条に、

置雲南塩課提挙司。所属塩課司、凡蘭州塩井等処、歳弁大引塩一万七千八百七十引有奇。

とある。

（48）　明実録・洪武一五年一二月丙申の条

（49）　明実録・洪武一九年四月丙午の条に、五井塩課提挙司の設置も記事がみえ、四提挙司体制となった。しかし、一五年一一月に設置された雲南塩課提挙司がどうなったのか明らかでない。

（50）　佐伯富氏『中国塩政史の研究』（法律文化社・一九八七年）四三二頁。

(51) 雲南でも地域によって塩糧比価が異なることは勿論であり、ほぼ同じ時期の畢節・赤水・層台三衛の場合をみておくことにする。三衛は四川と雲南を結ぶ主要な交通路上にあり、二〇年一一月、普定侯陳桓・靖寧侯葉昇が交通路の確保を命ぜられ、翌年には二将一三万余の軍をもって守備に当たった。この軍の軍糧をまかなう為に開中法の実施を命ぜられた。明実録・洪武二〇年一一月庚子の条、二四年八月辛未の条によって塩糧比価を示すと表の如くなる。なお、二四年八月の改定に当たっては、一旦戸部が示した案を帝が改めさせたので両方の比価を記す。畢節衛の四川塩について二〇年と二四年を比べると、戸部案では三斗から五斗に引き上げようとしたが、帝の命令で二石となった。赤水・層台二衛でも戸部案と決定額は大幅に異なる。雲南府に比べて四川の塩井が近いことを考慮した為であろうか。淮浙塩は大きな変化はないが、二四年の比価は雲南の倍額である。しかし、北辺に比べると六分の一から八分の一とやはり低く設定している。

	二〇年例		二四年戸部案		二四年例	
納入地	塩(一引)	糧	塩(一引)	糧	塩(一引)	糧
畢節衛	浙塩	二斗	淮浙塩	三斗	淮浙塩	三斗
	川塩	三斗	川塩	五斗	川塩	二石
赤水衛			淮浙塩	四斗	淮浙塩	四斗
			川塩	六斗	川塩	三石
層台衛			淮浙塩	四斗	淮浙塩	四斗
			川塩	六斗	川塩	三石

(52) 王毓銓氏『明代的軍屯』（北京中華書局・一九六五年）上編二・建置
(53) 明実録・洪武二〇年八月甲寅の条
(54) 明実録・洪武二〇年八月癸酉の条
(55) 明実録・洪武二〇年九月乙巳の条

（56）明実録・洪武二一年一〇月庚午の条に、
置瀘州・赤水・層台三衛指揮使司。時陝西都指揮馬燁征南、還言瀘州与永寧接壌、乃諸蛮出入之地、宜置守兵。遂従其言、調長安等衛官軍一万五千二百二十人、分置各衛。

とあり、陝西軍を雲南に引率した後、馬燁自身は陝西に帰還したようで、其の報告に基づき、四川と雲南を結ぶ交通路上に三衛が置かれ、新たに陝西から軍を動員して配置された。
（57）明実録・洪武二〇年八月癸酉・九月辛巳・一一月壬午・一二月丁巳の条
（58）明実録・洪武二二年四月壬寅の条
（59）明実録・洪武二一年九月丁丑の条に、
勅五軍都督府臣曰、養兵而不病於農者、莫若屯田。今海宇寧謐、辺境無虞。若但使兵坐食於農、農必受弊。非長治久安之術。其令天下衛所、督兵屯種、庶幾兵農兼務、国用以舒。

とある。
（60）明実録・洪武二一年一〇月丁未の条に、
命五軍都督府、更定屯田法。凡衛所係衝要都会及王府護衛軍士、以十之五屯田、余衛所以五之四。

とある。
（61）明実録・洪武二五年二月庚辰の条に、
戸部尚書趙勉言、陝西・臨洮・岷州・寧夏・洮州・西寧・蘭州・荘浪・河州・甘粛・山丹・永昌・涼州等衛、軍士屯田、毎歳所収穀種外余粮、請以十之二上倉、以給士卒之城守者。上従之。因命天下衛所軍卒、自今以十之七屯種、十之三城守。務尽力開墾、以足軍食。

とある。
（62）川越泰博氏『明代中国の疑獄事件』（風響社・二〇〇二年）第七章

第Ⅱ部　中期以後の給与

第一章　正統・景泰朝の給与

一　動員先への家族の同伴

土木の変（一四四九年・オイラート部エセンの侵入）では、直接に戦った軍のみでなく、北辺一帯で配備地からの逃亡や軍糧の遺棄がみられ、防衛体制は大混乱に陥った。其の後、徐々に兵力の再配置と補給網の再建が進められたが、モンゴルの重圧が続いており、多数の軍事拠点への軍士の常駐が必要で、従来から北辺に設置された衛だけでなく、内地の衛からも多くの兵力を動員しなければならなかった。拠点の多くは原衛から遠く隔たった険阻な地にあり、駐屯部隊に給与を支給する上で種々の問題を生じた。其の一つは、原衛からの動員が長期に亙った場合の家族の扱いである。明実録・景泰元年正月壬午の条に、

巡撫通州等処・右僉都御史鄒来学奏、易州密邇紫荊関、原有土城、居民鮮少。請於腹裏、調発一衛、連妻孥前来安插、暫修土城、俟春煖甃以甎。……従之。

とあり、閏正月戊午の条に、

巡撫山西・右副都御史朱鑑奏、欲将山西所属府州県、清勾天城陽和等関衛所、軍連家属、暫発振武衛、帯搽守関、

候辺塵寧息転解。従之。

とある。腹裏（北京周辺）の衛から易州での修築工事に動員される軍士や、山西各地から代州近傍の振武衛に移動する軍士は、巡撫の要請により家族を同伴することになったことがわかる。このような動向は北辺のみでなく、同年二月丙子朔の条に、

総兵官・靖遠伯王驥奏、湖広・貴州奸狡旗軍、畏懼征摻、各携妻孥、逃回原籍。又有千・百戸等官、買囑衛所、仮作公差、在外延住。乞勅巡按御史、督同清軍官、将旗軍起解原衛、将千・百戸等官、械繫赴京鞫罪。従之。

とあり、靖遠伯王驥の指揮下に、苗族の反乱討伐に従軍していた軍士も妻子を同伴していたことが看取できる。この様な妻子の同伴は、土木の変後の北辺で最も顕著にみられたが、其の背景には給与の重複支給の問題があった。軍士が原衛から離れた場所で任務につく場合、原衛の家族には月糧が、動員先の本人には行糧・口糧が支給された。行糧については第四章で述べるが、原衛から一〇〇里（約五六キロメートル）・行程五日以上に亙る場合、沿途で一日一升五合前後を支給され、口糧は去城四〇里を条件に、現地で一日一升を支給されるのが原則だった。当然、これらの支給は動員期間内だけで、例えば明実録・正統一〇年四月己未の条に、

宣府総兵官・武定侯郭玹奏、臣所部操備官軍、下班者例不給口糧。今沿辺新河等口、宜加修理。暫撥下班官軍一千九百余名、往彼供役、口糧仍宜給之、俟工成住支為便。従之。

とあるように、任務の解除と共に支給は停止されたのである。しかし、本来、月糧と行糧・口糧の重複支給は、動員が比較的短期間で終ることを前提とした規定であり、大兵力が長期に亙って動員されれば財政的負担は恒常的に増加する。負担の軽減は明朝政府にとって喫緊のことであり、『皇明経世文編』巻四三・李秉「奏辺務六事疏」に、

一、旧例各辺瞭望官軍、去城四十里之外者、方給口糧。近因達賊犯辺、創立墩台、多在腹裏。守瞭官軍、較之沿

辺昼夜不得休息者、労逸不同。而口粮一体支給、亦為虚費。乞令住給。

とある。この上奏は明実録では景泰三年（一四五二）八月乙丑の条に記載されており、当時、右僉都御史李秉は総督辺儲・参賛宣府軍務として辺糧を統轄していた。モンゴルの動きが活発なので、北京周辺にも墩台が設置され、そこに配置された軍士にも規定どおりの口糧が支給されていたが、李秉は腹裏と沿辺との「労逸同じからざる」ことを理由として、これらの墩台に配置された軍士に対する支給の停止をもとめた。又、

一、各処軍士、止以有妻為有家小、其雖有父母兄弟、而無妻亦作無家小、減支月粮。是軽父母而重妻、非経久可行之法。況父母兄弟、供給軍装、不無補助。乞以此等、作有家小開報、一体増給、庶使親属有頼、軍不逃亡。

一、調撥守辺官軍、倶有行粮・口粮。其家小在原衛者、復給月粮。固已重費矣。近聞、有家小随住、潜将本衛月粮、糶売与人者。又有私探家小、因而逃赴原籍者。是虚出之弊、又且甚焉。乞令該衛送其家小、倶赴守備処所、就支月粮、行粮住給。其有父母年老、果不能去、及事故代回者、仍在原衛給月粮、必須開豁明白、勿得重冒。

とある。妻帯者は月糧を増額されるが、未婚の軍士は、父母兄弟があっても増額されない現行の規定は、父母を軽んずるものであると述べて、同額にすることをもとめた。当時、北辺では家小の有無によって概ね二斗の差があったが、(1)李秉は、動員された軍士本人には行糧・口糧を支給し、原衛に留まる妻子にも月糧を支給するのは、二重の支給だと主張する。そして、実際には妻子が動員先に同行していて、原衛で支給される月糧を密かに売却するものがあること、動員先から妻子の居る原衛に逃げ還ろうとする軍士があることを指摘し、例外的な場合を除いて家族を動員先に赴かせ、現地で月糧を支給することとし、本人への行糧・口糧の支給は停止せよと論じた。李秉の要請は戸部の議を経て帝の承認を得た。李秉は景泰三年一〇月から提督宣府軍務に転じたが、この規定の実施に熱心で、明実録・景泰五年正月甲子の条に、

提督宣府軍務・右僉都御史李秉奏、……城堡官軍、多隻身無妻、易為逃竄。宜勅兵部、移文総兵・鎮守等官計議、将官軍家属、尽令随住、庶人心有繋、辺備充実。詔是其言、命兵部其即行之。

とあり、六年七月戊子の条には、

提督宣府軍務・右僉都御史李秉奏、直隷隆慶衛、原撥土木・楡林二駅、擺站軍士月粮、有家室者給八斗、無者六斗。而原衛月粮、或有重報冒給者。此等軍士、走逓之外、既無別差、又不出戦。請従撙省、照口外站軍例、有室家者給六斗、無者四斗五升。倶於附近懐来倉関支、原衛月粮、明白開除、不許重冒。其家口畏懼辺城、不肯随住者、如例発遣。従之。

とある。これらの記事にみられるように、家族を同伴させることの目的の一つは軍士の逃亡を予防すること、二つには給与の重複支給を解消し、財政上の負担軽減を図ることだったが、「例の如く発遣」とあるように、景泰末には既に規定となっており、家族が同行したがらない辺境の動員先でも、強制的に実施しようとしていたことが看取できる。この規定が厳密に実施されれば、事実上、衛所そのものの内地から北辺への移動、又は再配置に等しく、其の結果、月糧の支給場所が原衛から動員先の駐屯地にかわることになる。そうすれば確かに行・口糧は支給しなくてもよくなり、政府としてはその分節約できる。しかし、これまで動員先で支給されてきた行糧や口糧よりも月糧ははるかに多額だから、不便な駐屯地まで従来よりも大量の軍糧を輸送する必要があり、輸送の為の負担はかえって大幅に増大することになり、補給組織も大きく変わらざるを得なくなる。遠隔地にある多数の駐屯地の全てに後方から軍糧を運搬するのは困難であり、動員先によっては集積地まで人員を派遣して、受領した軍糧を輸送してこなければならず、そこに新たな問題が生じた。

二　遠隔地での給与支給

平時における軍士は、所属する衛所の衛倉や所倉、或いは駐屯地の営や堡でも営倉・堡倉で給与を受領するのが従来の原則だった。例えば明実録・正統一四年四月丁巳の条に、

参賛甘粛軍務・右副都御史馬昂奏、陝西各辺倉厫、周囲倶与官軍住居相接。倘有風火、猝難救滅。乞照京倉事例、毎面拆離三丈。其被拆之家、就令官司踏撥空地、起蓋房屋、与之居住。従之。

とあり、陝西の衛所では、火災になれば延焼を危惧しなければならないほど、倉と軍士の住居が軒を接しており、当然ながら、受領時には遠方に赴く必要がなかったことが確認できる。しかし、軍事的緊張が高まって、前線の拠点に動員され、更に現地の兵力のみでは足りなくて、客兵として内地の軍まで動員しなければならなくなった時、其の給与はどこで支給されたのか。明実録・正統八年六月辛亥の条に、

遼東総兵官・都督僉事曹義等奏、在京并直隷諸衛武臣之在遼東備禦者、例因更番回衛、置弁軍装。今辺報未寧、難令輒回。乞於遼東官庫内、人給与綿布二匹、俾得置弁為便。従之。

とある。京衛や直隷の諸衛から、増援の為に遼東に派遣された軍官に対して、軍事的な緊張が続いて原衛に戻る余裕がないとの理由で、総兵官の要請によって遼東で綿布を支給することが承認された。従来は交代で原衛に帰り、給与を受領して装備を整えてこなければならなかったことがわかる。又、同一二年九月丁巳の条に、

宣府総兵官・左都督楊洪、言辺備五事、……一、柴溝堡調来備禦官軍、其芻糧仍於本衛支給。往来道途、動経旬月。乞於柴溝立倉、就令山西民運糧輸納、或給銀収羅、或召商中塩、庶免軍士奔走負載之労、而亦不妨戍守。……上悉

従之。

とある。柴溝堡は宣府鎮管下の下西路に属し、懐安城・西陽河堡・洗馬林堡と共に重要な軍事拠点である。総兵官楊洪は、宣府からここに動員された軍士は、給与を原衛で受領しなければならず、往復に一ヶ月もかかる場合があると述べ、現地での倉の設立をもとめた。同じく天順六年五月甲寅の条に、

巡撫遼東等処・左副都御史等官胡本恵等、赴京議事言、……其甘粛地方、設立馬駅牛站、倶係要害之処、原無積聚粮料。官軍按月、倶赴所管衛所関支。途路既遠、遇寇衝突、驚散逃亡、不能関支。請毎駅站一処、設立一倉、撥粮一千、遇急不能赴衛所関支者、就彼関給。……上倶従之。

とある。後述するように、当時、各地の巡撫は、毎年一次、京師に赴いて関係衙門と打ち合せをする規定があった。この時、右副都御史芮釗が巡撫甘粛だったが、彼は各駅站における倉の設立を要請した。其の理由は衛所から駅站に配置された軍士の給与支給地が原衛なので、受領の為の往復が困難だったことにある。これらの例から、動員時も原衛での支給が原則だったが、動員の長期化と遠隔地化によって、原則の維持が難しくなりつつあったことが確認できる。勿論、支給地の遠隔化は動員の結果だけでなく、附近で充分な軍糧を確保できない地域の衛や営では、平時でも遠方まで受領に赴かねばならなかった。明実録・正統五年一〇月癸酉の条に、

(総兵官・定西伯蔣貴)貴又奏、陝西行都司并甘州左等一十四衛所、与関糧之処、相去千里、往復費耗。今諸衛所倉、皆有蓄積。請斟酌就於本処関支為便。事下行在戸部、覆奏以為軍糧宜暫於本処給之、官員俸仍毎歳挨程関支四月。従之。(　)内筆者

とある。陝西行都司管下の甘州の一四衛所では、原衛での支給を認められることになったが、従来の支給地は極めて遠方で往復の負担が大きかったのである。又、正統六年五月辛酉の条には、

命陝西花馬池営、哨備官軍糧料、倶於定辺営倉関支。先是花馬池営糧料、於寧夏関支。至是寧夏総兵官・都督史昭言、定辺稍近、関給不労。故有是命。

とあり、花馬池営の軍士の給与はこれまで寧夏で支給されていたが、総兵官の要請でやや近い定辺営倉に変更された。遠隔地での支給の弊害は深刻で、中央政府も支給地をなるべく近い場所に改めようとしていたことが看取されるが、それには充分な輸送力が必要で急速な実現は難しかった。そこで拡大したのが折給である。しかし、折給は近い場所で支給する為の手段であるが、物品によってはかえって遠隔化を促進することにもなった。明実録・正統五年四月癸酉の条に、

巡撫大同宣府・行在都察院右僉都御史盧睿奏、山西行都司官折俸銀、于北京取給。而大同府贓罰金銀、共四千余両、例応解京。如留給官俸、可免往復支運。従之。

とあり、同一二年九月癸卯の条に、

大同総兵官・武進伯朱冕奏、山西行都司属衛官員、旧折俸鈔、近易以布匹、令赴山西布政司官庫支領。路費之外、所余無幾。況今用人防秋、恐誤辺備。乞下有司、令遞運所運至該衛所分散。従之。

とある。前者は山西都指揮使司の軍官の給与についての記事だが、折給される銀の受領場所は北京だった。盧睿は往復の費を省く為に、大同府における贖刑の金銀の流用を提案した。又、朱冕の上奏によれば同都司管下の一四衛三千戸所の軍官の折給が、価値の下落した鈔から綿布に改められたが、山西布政司まで受領に赴かねばならず、路費を差し引くと殆ど手元に残らないという。この頃、従来からの鈔の外に、非常に多様な物品が折給されたが、種類によっては貯蔵場所が限られているので、受領の為にかえって遠方まで赴かねばならず、新たな弊を生じる場合があったのである。かかる傾向は、防衛体制を再建する為に、大軍を動員し再配置しなければならなかった景泰朝以後、更に顕

著になった。北辺各地の状況について明実録の記事を示すと景泰元年正月癸卯の条に、

巡撫永平等処・右僉都御史鄒来学奏、自密雲至山海、守辺軍士、月糧一石、除本色八斗、余二斗折色。自正月至六月、例於附近官司支鈔、自七月至十二月、例於京庫、関胡椒・蘇木。然毎軍歳関胡椒二両一分、蘇木一両七銭二分。往来関領、動経数月、所得不償所費。乞倶於附近関鈔為便。……従之。

とあり、同月丙戌の条には、

提督遼東軍務・左都御史王翺言、内地官軍之在遼東操備者、其折俸生絹、例於京庫関支。然沿途僦車、為費已多。請於広寧官庫、給銀為便。従之。

とあり、更に天順二年正月癸未の条に、

宣府総兵官・武強伯楊能奏、万全所属官軍、俸糧折鈔者、例于京庫関支、路途遙遠。乞于本処官庫、折与綿布、毎匹准鈔一百七十貫。従之。

とある。景泰初年、密雲から山海に至る地域に配置された部隊は月糧一石を支給されたが、一～六月は本色の米八斗と二斗分の鈔を附近の官司で受領し、七～一二月の二斗分は、京庫で胡椒・蘇木を支給されるという非常に複雑な方法だった。鄒来学は、胡椒や蘇木の六ヶ月分の支給量が各々二両一分・一両七銭二分にすぎず、受領の為の往復に数ヶ月もかかるので、輸送費用の方が多くなってしまうと述べ、附近での折鈔支給を請うた。鄒来学は、敢えて価値の下落が甚だしい鈔でも、動員先に近い場所での受領を望んだわけで、遠隔地での受領の弊が深刻だったことが看取される。同時期に内地から遼東に動員された軍士は生絹を折給されたが、受領場所が京庫なので輸送に多くの費用が掛るとして、王翺は広寧での折銀支給を要請した。更に万全都司管下の軍士の場合も京庫で鈔を折給されたが、楊洪は受領の為の行程が長すぎることを指摘し、現地での綿布の支給を提案した。

これらの諸上奏からみるに、北辺では軍士が駐屯している場所から遠隔の地で給与が支給されることが多かった。それは、一つには動員が長期に亙って原衛での支給の原則が維持できなくなったこと、二つには折給が拡大したが、物品によっては、かえって遠方の貯蔵地まで受領に赴かねばならなかったことによると考えられる。所引の上奏は、全て駐屯地又は其の附近での支給をもとめており、しかも巡撫や提督或いは総兵官等の高位の文武官僚の要請であることに、当時の給与支給地の遠隔化が齎した問題の深刻さが窺える。正統朝の給与に関する要請の事例では、綿布や銀による折給を求めることもあるが、従来通りの米の支給を請う場合も少なくなく、支給地の改善をもとめていた。これに対して、景泰朝以後の例では、任務の性質上、米が必要な駅站の例を除いて全て折給を望み、物品の変更と支給地の改変を併せて要請しており、駐屯地の附近で受領できるならば物品の種類を問わない傾向がみられる。折給は物品によっては受領地がかえって遠くなってしまう結果を招いたが、本来近い場所での支給を実現する為の手段でもあり、一段と拡大したといえる。これらの要請が確実に実施されたか否かは必ずしも明確ではないが、上奏は全て帝の承認を得ており、輸送力に制限されながらも、駐屯地の近くでの給与支給を実現しようとしていた明朝政府の姿勢は確認できる。

このような事態は、北辺に限らず西南辺でもみられた。明実録・正統一〇年六月戊辰の条に、

参賛雲南軍務・刑部右侍郎楊寧奏、雲南・大理・洱海・瀾滄等衛、官員俸糧、洪武中、倶照品級、一半米・麦・鈔貫兼支、一半于屯田内撥種子粒。邇歳屯田倶撥与軍余。以此官員俸給、止得一半、又于臨安諸処倉分関支。路途僻遠、易価回還、十得二三。衣食不給、難以養廉。況諸衛屯、軍余布種之外、空閑甚多。乞如洪武中例、給田与官員養贍。上命戸部議行之。

とある。雲南都司管下の二〇衛の中で、大理・洱海・瀾滄衛等の軍官は、洪武中は米・麦・鈔と屯田子粒を半ばずつ

支給されていたが、正統朝に至り屯田が余丁に割り振られてしまった為に一半のみになってしまった。しかも遠方の臨安衛倉等で受領しなければならず、結果的に給与が甚だしく目減りしてしまうという。かかる弊害は雲南の場合だけでなく、『皇明経世文編』巻二八・王驥「貴州軍粮疏」に、

貴州官軍月粮、皆于四川関支。相去甚遠、舟車不通。各衛差一二人、捴領其粮、動以千数。皆賤糶之、而軍士不過得塩一斤半斤而已。況四川之粮、皆百姓肩挑背負、積之甚艱、而出之甚賤。以致軍士妻子、衣食不給、皆剜蕨根度日。而親管官員、又不矜恤、剥削万端。按察司及御史、以地方広闊、巡歴不周。俾被害軍士、飲恨呑声、無可控訴。

とあり、正統中、三度に亙って麓川の土司の反乱討伐に当たった総督軍務王驥は、指揮下の貴州の軍士の月糧支給について其の弊害を指摘した。貴州の各衛は受領の為に人員を四川まで派遣するが、大量の俸給・月糧の輸送は困難であり、受領地で安く売却し運び易い塩に換えてしまう。其の結果、極くわずかの塩が軍士の手に渡るのみで、軍士やその妻子は衣食にも窮しているという。其の上、軍官の搾取が加えられたが、管轄地域が広い為に、按察使や巡按御史の監察の目もゆき届きかねると述べた。(3) 給与が遠隔地で支給されると、輸送が困難な為、受領地での安価な売却を余儀なくされ、給与が目減りするのは北辺と同じ図式だが、この場合、軍官や軍士の手に渡るのは本色以外の物品になるのだから、事実上の折給となる。明実録・景泰七年六月庚戌の条に、

湖広辰州・沅州・鎮遠・偏橋・清浪・平渓・銅鼓・五開・靖州等衛、官軍俸糧、旧於永州・衡州関支、路遠不便。巡撫湖広・工部尚書王永寿請、会計各衛歳用之数、将存留粮、毎米一石、徴銀二銭伍分、運赴沅・靖二州官庫貯之、准作各衛官員俸粮之用。如不願給銀、仍聴於永・衡二府関支。従之。

とある。湖広の辰州衛以下の九衛の給与は、遠方にもかかわらず、永州・衡州まで受領に赴かなければならなかった

が、巡撫王永寿が存留分（地方行政の経費）の税糧を銀で折納させて各衛の給与に当て、折銀支給を望まない者は、従来通り本色支給とする方法を提案して承認された。遠隔地での支給に伴う弊害除去の為の措置が、銀による折納・折給を拡大させる一つの要因になったと考えられる。これらは軍官や軍士が原衛に在った時の例だが、動員された場合の弊害は更に大きくなった。明実録・景泰四年一〇月丙戌の条に、

提督松潘兵備・刑部左侍郎羅綺奏、利州・青州等衛所哨守官軍、七年無人更替、三年無糧養贍。蓋因四川各府州県運糧之人、買囑豪猾、虚出実収。民徒費其脂膏、軍不得其実用。乞為究問。

とあり、四川都司管下の利州衛や青州衛から、哨戒や守備の為に前線に派遣された軍士は、七年間交替がなく、その上三年間は給与は支給されていなかったという。提督羅綺は、前線までの運搬の過程に「豪猾」が介入して不正を行う為だとの判断を示し調査を要請した。結局この事件は、巡按御史に究問させると共に、布政司から銀二〇〇〇両を支出して未払い分の給与に当てることになったが、西南辺でも前線の各拠点に駐屯する部隊の給与支給には多くの困難があり、種々の弊害を生じていたのである。次に各駐屯地から指定された倉まで受領に赴く過程の問題について検討する。

三　委官の派遣

動員先の駐屯地が比較的近距離の場合には、軍士自身が支給地に赴いて受領したが、遠隔地の場合には委官を派遣して、受領した軍糧を駐屯地まで搬入しなければならなかった。それは新たに動員された部隊だけではなく、屯田が衰退して必要な軍糧を供給できなくなった地域の衛所でも同様であり、輸送の労苦と共に種々の不正が入り込む余地

が生じた。先ず第一に、委官自身による不正が深刻であった。『王公奏議』巻一「申明律例奏状」に、

一件除奸革弊事。切照在京五府并各衛軍職官員俸糧、折支銀・絹・椒・木等物。毎季、倶係各衙門差委指揮・千百等官、赴内府総領、出外分散。中間有等無知委官、不以銭糧為重、惟務貪図肥己。多方侵漁、略無忌憚。有指以置買什物、而侵欺者。有仮以抵還私債、而剋落者。或見彼軟弱、而全不給与。或因人不在、而就不送還。宿弊百端、難以枚挙。及至事発到官依法追問、却乃展転支吾、不服招認。銭糧被其侵欺、官府被其攪擾。

とある。景泰五年（一四五四）九月三日の日付があり、当時王恕は大理寺左少卿だった。五軍都督府や京衛から季ごとに指揮使・千戸・百戸等が委官として、銀・絹・胡椒・蘇木等の折給の物品を受領する為に派遣された。銀ならば内承運庫、絹は承運庫、蘇木は丁字庫というように所定の庫に赴いたとみられる。委官は受領した物品を各軍官に届けなければならないが、実際には横領して什器を買い込んだり、自分の債務の支払いに当てたり、届けるべき相手の軍官が軟弱とみれば物品を渡さず、不在ならばそのまま着服し、不正が発覚しても言を左右にしてごまかしてしまうという。輸送上の困難のない近距離で、しかも委官が指揮使などの比較的高位の軍官であっても不正が甚だしかったことが看取できる。不正の防止については、王恕は、

蓋縁給散之際、無有文職糾察、得以縦意自由故也。……乞勅該衙門計議、合無今後毎季、関領軍職折俸銀・絹・椒・木之時、照旧各差委官、赴内府関領到衛、仍照給散冬衣布花事例、差給事中・御史并戸・兵部官、分投督令委官、将銀両照数分鑿成塊、絹疋毎分綑作一束、椒・木分包作一処、如法封記、眼同委官、逐一唱名給散。如此則侵欺之弊可革、而告訐之風自息矣。

とあるように、支給の際に官僚の監視がない為に弊害が生じるのだと指摘し、科道官と戸部・兵部の官僚による監督の強化を提案した。

更に、委官がしばしば詐欺の被害にあった。このような事件は、受領地の遠隔化と折給の拡大に伴って増大した。明実録・景泰三年一二月壬辰の条の協賛山西軍務・山西右参政葉盛の上奏は、其の典型的な形態を示しており、

協賛軍務・山西右参政葉盛奏、万全都司各衛所、折俸胡椒・蘇木・鈔錠、毎歳、委官赴京庫関領。近聞、在京有等無頼者、名為攬頭、積年邀攬各衛所委官于家、通同庫官并開食店之人、遇庫中関出官物、倶各以贗易真。鈔則易以軟爛、蘇木則易以浅淡嫩小、胡椒則与店戸煮去辣味、及以麵糊攪入鉄屑・砂土、以増斤両。物雖出於官庫、利則帰於姦貪、衛所官軍、不蒙実恵。若不痛加禁革、恩沢豈能下流。

とある。万全都司管下の一五衛七千戸所に折給される胡椒・蘇木・鈔錠は、各衛所の委官が毎年京庫に赴いて受領した。ところが攬頭と称する無頼が待ちうけて委官を自宅に引き込み、受領の代行を請け負う一方で、庫官や飲食店の経営者と通謀して、贗鈔や粗悪な胡椒・蘇木にすりかえたり、飲食店で胡椒の辣味を煮出してしまい、その後で鉄屑や砂土を混入して量目を合せる等の不正を行った。京師では、無頼・庫官・飲食店経営者を含む大規模な請け負いと詐欺の組織があったとみられる。更に、

戸部議、今後各衛関支折俸官物、本部遣主事、督領各衛委官并本部弁事官、同関鈔内取十錠、椒内取一斤、如法封識、蘇木用印烙記。令委官等領運、赴各処総督辺儲都御史并管糧参政処。看験無弊、転発各衛、唱名給散。如有仍前作弊、即将攬頭・委官等、執送法司、追究明白、悉発戍辺遠。両隣知情、而不挙者罪同。従之。

とあり、その対策として、葉盛の指摘により、戸部は戸部主事の監督下に抜き取り検査を実施して厳重に封印し、委官には総督辺儲や管糧参政の点検を受けさせた上で各衛に運び、軍士の名を呼びあげて本人であることを確認して支給させる方法を提案して帝の承認を得た。詐欺の被害を防ぐと共に、委官による横領を予防する為の措置といえる。

成化末の史料だが、攬頭について『皇明経世文編』巻六一・余子俊「議軍務事」に、

又有等挾勢賤買、或尅減官軍俸糧、不行関支、就留在倉。逼挾該倉出給実収、却行増価関支官銀、并攬糧過久、因為有司差官守併通関、方与備弁三七・四六麄米、插和沙土進倉。該倉官攢、平日被誘呑餌、只得収受、養軍無恵。弊源在此。

とある。攬頭が倉への上納や軍士への支給に関与して不正を行っても、倉の官攢は日頃から利を以て誘われているので黙認するという。攬頭と官攢の通謀が窺える。北辺では、土木の変後、各地に大兵力を配置した結果、必要な軍糧が急増したことを背景に、このような被害が拡大したとみられる。成化二年（一四六六）、巡撫宣府葉盛は宣府に集積される馬料・草束が、土木の変以前の六倍余にもなったと指摘し、これに伴う弊害について『皇明経世文編』巻六〇・葉盛「経画辺儲疏」に、

毎歳坐山西納草五十万束、草束粗重、難于遠運。初年本処運来、車摧牛斃、十分負累。近年小民賷価、自至宣府地方、近者本処、遠不過蔚州等処、買草上納。州県科歛盤纏使用、其弊已多。及其既到、或奸貪軍舎、或官豪勢要、従中包攬、其弊尤多。入場之草有数、彼此之弊百端、疲民不勝遠労、官府被其攪擾。

とあり、重量のかさむ草束の遠距離輸送は困難で、納戸は宣府や附近の地域で購入して上納するようになったが、包攬が行われて深刻な被害をもたらした。(4)「官豪・勢要」と並んで軍舎、つまり軍官や其の子弟が包攬に関与していたことが窺えるが、明実録・景泰四年九月己未の条に、

鎮守懐来・都督楊信、為軍余奏其包攬塩糧、倚勢誆騙。詔巡按御史、覆審以聞。

とあり、天順二年九月丁酉の条に、

巡撫宣府・右副都御史王宇劾奏、右参将都督僉事張林・内官厳順・都指揮孫素、各令家奴攬納糧草。事下都察院、左都御史寇深等謂、林等家奴攬納、必依時直両、願交易非恃勢。上曰、林等皆内外重臣、何得俱違法、令家奴攬

納。深等明知国有重禁、何乃如是容情。今姑宥其罪、以後毋得更爾、以速罪譴。

とある。北辺では都督などの高位の軍官が、直接に或いは家奴を通じて包攬を行っていたことがわかる。宣府の例について、都察院は納戸の財物を詐取したわけでなく、正常の交易であるとの判断を示したが、帝は祖法の維持を理由に叱責を加えた。軍士に対しては、既に給与の折給を実施せざるを得ない状況にありながら、一方で現物納入の原則を守ろうとする所に矛盾があった。辺境への大軍の常駐に伴う軍糧の増加、支給・納入地の遠隔化、折給・折納の拡大等を背景に不正が行われ、其の弊害も深刻になったとみられる。

四　衛所倉の管理

衛所には衛倉・所倉が設けられていたが、それを管理する軍官や出納の実務に当たる官攢・斗級・庫秤等の倉吏による横領が跡を絶たず、軍士の給与を確保する上で大きな障害となった。それでは横領の防止の為に、どのような対策がとられたのか。まず、北辺についてみてみると、明実録・正統六年六月壬午の条に、

宣府等処管糧参政劉璉言、宣府所轄各衛倉添設経歴、各所倉添設吏目、提督出納。今長安嶺・鵰鶚・赤城・馬営・雲州等堡、指揮等官、提督不便、請如例添設。上命於龍門守禦千戸所、添吏目一員、専司出納。指揮等官、毋得干預。

とあり、正統六年（一四四一）には、宣府鎮管下の衛倉には経歴、所倉に吏目が配置されて出納を管理していたが、(5) 劉璉は、衛所のみでなく、従来通り指揮使等が管理している動員先の堡にも経歴・吏目の配置を請うた。帝は竜門の守禦千戸所に吏目を置くことを命ずると共に軍官の関与を禁じた。この後、宣府以外の地域にも経歴・吏目が配置さ

れたことが確認できるが、全ての衛所や駐屯地に設置されたわけでなく、明実録・正統一二年九月乙卯の条に、

一、遼東都司所属二十五衛、見在倉庫所貯金帛貨物、不下九百余万。倶是各衛鎮撫等官収掌、恣肆侵欺。乞添除山東按察司副使一員、提督出納。

とあり、同年一〇月辛巳の条に、

改遼東都司遼陽税課司、隷山東布政司、設広寧等五衛税課司、置大使各一員、設定遼左等二十五衛庫、置大使・副使各一員、倶隷山東布政司。従巡撫・右副都御史李純奏請也。

とある。遼東都司管下の二五衛では、衛鎮撫等の軍官が各衛の倉庫を管理していたが、不正が甚だしかったとみえ、正統末に巡撫の要請によって各衛庫に大使・副使を置いて出納を司らせ山東布政司の管轄下においた。侵欺防止の為に、衛所倉の管理から軍官を排除しようとする方向が看取できる。その後の宣府の状況をみると前掲の葉盛「経画辺儲疏」に、

一件、照旧添設管粮州官事。査得、宣府倉場二十余処、正統間、毎倉添除衛経歴一員、提調収放。三年考満、守支尽絶起送。蓋縁銭糧重事。而倉場官攢、職小名軽、易于挟制、亦易于自盗、添一名分稍重之人、互相関防。最為良法。迨尚書金濂等、以各倉属軍衛管轄、作弊多端、具奏改隷直隷隆慶・保安二州、其経歴改作各州判官・吏目、倉粮弊蠹、十去四五。後経裁減、近年雖為欠官提調、奏添判官四員、分投収放、但毎員分管四・五倉、道路往復、動百余里、奔走不便。……前件合無仍照正統間事例、戸部行移吏部、毎倉除授判官或吏目一員、前来提調収放。

とある。巡撫宣府葉盛によれば、宣府では官攢以下の倉吏に対する監督を強化するために、正統朝に衛倉に経歴が配置されて出納を司ったが、景泰朝に入り戸部尚書金濂の提案によって、倉を隆慶・保安の二州の管轄下に移し、衛倉

に判官、所倉に吏目をおいて管理させせた。しかし、其の後判官の員数が削減されて一人で幾つかの倉を管理しなければならなくなり、監視が弛んだと述べ増員をもとめた。衛倉や所倉が州の管理をうけるようになったことがわかるが、それは宣府の場合だけではなく『皇明経世文編』巻四〇・楊鼎「議覆巡撫漕運疏」に、

又正統時、新設靖虜衛、除収粮経歴一員。是衛直隷布政司、既歳委有司、監督出納、経歴亦為虚設。請倶革之。

とあり、陝西都司管下の靖虜衛では、布政司の管理下に入った結果、経歴は職務を吸収されてしまい空名を残すのみとなった。これらの事例から、正統朝以後、衛所や営堡の倉を軍官の直接管理から布政司や州の管轄に移し、官僚による監督を強化することによって、軍官の侵盗を防止しようとしたとみられる。

しかし、出納の実務に当たったのは官攅以下の倉吏であり、彼らの不正を完全に禁遏するのは困難だった。明実録・天順六年五月甲寅の条に、

巡撫遼東等処・左副都御史等官胡本恵等、赴京議事言、遼東定遼左等二十五衛、毎衛原置一庫、設官攅・庫秤、共三百員名。有一城六庫・四庫・二庫者。中間所収銭帛不多、官吏徒費俸給。請以遼陽在城六庫、併于定遼左・中・前三庫。広寧在城四庫、併于広寧左二庫。開原在城二庫、併于三万庫。義州在城二庫、併于義州庫。錦州在城二庫、併于広寧左屯庫。……事下戸部、覆奏宜従其議。上倶従之。

とあり、遼東都司管下の二五衛の各倉庫には三〇〇名にのぼる官攅・庫秤が配置されて出納の実務に当たっており、倉吏の員数が多いので、俸給の節約の為に倉庫の統合がはかられる程だった。彼らによる軍糧の横領や詐取は頻繁で、軍士に対する給与支給に支障をきたした。幾つかの例を挙げると明実録・正統九年五月丁卯の条に、

巡按山西・監察御史吉慶奏、……又山西存留太原府大盈倉糧一十余万、正欲供給軍士。近体得提調及官攅人等、通同作弊、多将糠粃中半麤米、一槩混収、軍士不得養贍。

とあり、景泰二年三月甲子の条には、

大同総兵官・定襄伯郭登奏、左都御史沈固、在辺年久、法令不行。致辺城経収糧草官吏、大肆姦貪、以灰土插和米麦、軍士啼饑号寒、無所於訴。

とある。太原の大盈倉には、軍士に支給される為の糧米一〇余万石を集積していたが、官攅によって横領され糠粃（しいな・ぬか）が混入されており、大同でも灰土を混入される事件があった。葉盛の「経画辺儲疏」にも、

査得、天順五年、独石倉官攅、為包攬奸人挾制、虚出通関。事発、都御史韓雍、委郎中王育、前去査盤、虧折粮米、一万七千有余。

とあり、独石では官攅が包攬にまきこまれて多額の欠損を出した。更に『皇明経世文編』巻四〇・楊鼎「会議大同等処事宜」に、

巡撫大同甘粛等処・都御史殷謙等所奏事宜、……一、陝西・甘粛一帯官倉、近被官攅・斗級侵盗粮料。多至一万三千余石、少者二千有奇。

とあり、陝西や甘粛でも官攅や斗級による侵盗の被害が極めて深刻であった。このような倉吏にまつわる不正は枚挙にいとまないが、その防止の為に官僚による統制が更に強化された。明実録・景泰二年五月己未の条に、

命山西布按二司、各委官輸赴宣府・大同収糧。時宣府有侍郎劉璉、大同有都御史年富。然皆在城総督、不能躬臨監収。是以各倉官攅作弊。総兵官・定襄伯郭登以聞。戸部請准陝西各辺例、於山西布按二司差官、佐理監収。故有是命。

とある。宣府には戸部侍郎劉璉、大同には都御史年富が総督辺儲として在任したが、其の任務を佐け各倉を監視する為に、山西布政司・按察司から官僚を派遣することを命ぜられた。布政司だけでなく、監察権をもつ按察司の官僚が

派遣されたのは、布政司の官僚では軍官や軍士との統属関係がない為に不正を十分に取り締まれず、結果的に倉吏の侵盗をゆるすことがあったので、これを補うためであり、官僚による統制を一段と強化する措置といえよう。(6)

このような動向は、西南辺でもみられた。明実録・正統一二年二月壬寅の条に、

改貴州新添・清平・興隆・威清・平壩・安荘・烏撒・赤水八衛倉、倶隷布政使司。従巡按監察御史虞禎奏請也。

とあり、貴州都司管下では、正統末に新添衛以下八衛の衛倉を布政司の管轄としたが、これ以後、しばしば西南辺各地の衛倉に、戸部や布政司の官僚が査察の為に派遣された。例えば景泰二年（一四五一）、戸部主事張恵が貴州永寧衛倉に赴いたが、

若該倉官攅、将巻簿蔵匿者、執問解京。

と官攅の監視を命ぜられていた。(7)又、広東左参議徐正が広東の衛所倉に派遣された時にも、官攅らに対する監督が特に命ぜられた。(8)更に明実録・天順三年七月壬午の条に、

勅戸部主事李璵、近聞、四川行都司所属衛所及松潘等処、倉糧出納、作弊多端。今命爾同進士徐源、会同巡按四川・監察御史、親詣各倉、査算盤量。若有虧折及侵欺等弊、就将原経提督并各該官攅人等、提問追理、応奏者具奏拏問。

とあり、戸部主事李璵が四川の諸衛所倉の調査に派遣されたが、この場合も官攅に対する監察が主要な任務の一つだった。西南辺でも軍官を排除して布政司や戸部の官僚による衛所倉の管理が強化されたわけだが、明実録・景泰四年一二月丙戌の条に、

巡撫貴州・右僉都御史蔣琳奏、左布政使董和、職司銭穀、不能革弊、致官攅盗売辺儲、宜究問之。命和具実以聞。

とあり、天順四年八月戊午の条に、

巡按四川・監察御史銭璡案、管糧参議馮譓、防範不厳、致倉官盗以万計。命執治之。

とあるように、官攅以下の倉吏の侵盗によって、官僚が監督の責任を問われることが少なくなかったのである。以上からみると、正統朝以後、軍官による軍糧の侵盗を防ぐ為に、衛所や動員先の営や堡などの倉に経歴や吏目を配置して出納を管理させ、ついで布政司・按察司・戸部の官僚による統制を強化した。しかし、官攅などの倉吏の不正を完全には防止できず、遠方の駐屯地から委官が受領に赴いても、糠粃や灰土が混った軍糧を支給される場合が少なくなかったのである。このような弊害は、大軍を動員しなければならなかった北辺と西南辺で最も甚だしかったとみられる。

小　結

土木の変後、モンゴルの重圧が続く中で、防衛体制の再建の為に前線に大兵力を配置しなければならなかったが、動員の長期化に伴い家族も同伴させるようになった。その結果、原衛での給与支給の原則は維持できなくなり、前線の各部隊から受領の為に委官を派遣する必要が生じた。委官は受領地で運搬の困難な軍糧を安価に売却し、運び易いものにかえて前線にもち帰るので、受領した軍士はそれを生活に必要な物資にかえなければならず、給与は二回にわたる売買で商人の利鞘分だけ目減りすることになる。遠隔地での支給は、委官が本色の米を受領したとしても、軍士にとって事実上の折給になったのである。月糧の折給には洪武・永楽朝では主に鈔が用いられ(9)、嘉靖朝以後は銀に一本化されたが、正統・景泰期は折給の物品が最も多様な時期で、鈔や銀の外に絹・綿花・胡椒・蘇木・塩等があり、雲南では海𧴩も支給された。本来、折給は動員先に近い場所で支給する為の手段であったが、物品の種類によっては、受領の為にかえって遠方まで赴かねばならないこともあった。委官が受領に赴く倉でも官攢・斗級・庫秤等による不正があって、糠粃や灰土の混入した軍糧を支給される場合があり、更に委官自身が横領したり、詐欺の被害にあうこともあった。給与支給の各段階で不正や弊害があり、軍士は定められた額の給与を受け取れないことが多かったのである。それは、軍士の窮乏と軍事力の低下をもたらしたが、同時に不正の防止を大義名分として、官僚が軍の給与支給の面を掌握し、やがて軍全体に対する統制を強化する契機ともなったと考えられる。給与の内容や支給方法の大きな変化に伴って、様々な弊害が顕在化してきたわけだが、その弊害には大別して二つの局面がある。一つは規定そのものに基づくものであり、二つには横領やピンハネ等の人為的な弊害である。これらの弊害は、その後どのような様相を呈したのか。第二章では折銀支給の拡大と米・銀換算率の問題をとりあげ、第三章では人為的な弊害について検討を加えたい。

註

（1）万暦『大明会典』巻四一・戸部二八・経費二・月糧

（2）正統朝の貴州における軍士の月糧は有家小者九斗・無家小者七斗であった。これに小旗・総旗の七斗、百戸の三石、所鎮撫の二石四斗、千戸の三石二斗、衛鎮撫の三石二斗、指揮僉事の四石八斗、指揮同知の五石二斗、指揮使の七石、儒学教授の五石が員数分加わる。勿論、各衛所の員数が完全に充足されていることはあり得ないが、軍官は額員数と実数の差額分を横領する為に減少数を報告しない場合が多かったので、支給地の段階では実在の員数分よりもはるかに多くの糧料を受領したとみられる。

（3）貴州の軍糧を四川に仰がねばならなくなった原因について、王驥は同疏で、
亦見貴州二十衛所屯田池塘、共九十五万七千六百余畝。所収子粒、足給官軍。而屯田之法久廃、徒存虚名。良田為官豪

所占、子粒所収、百不及一。貧窮軍士、無寸地可耕、妻子凍餒、人不聊生。誠為可慮。

とのべ、「官豪」の占拠によって屯田が有名無実となったことを指摘した。又明実録・景泰二年一一月丙午の条によれば、巡撫四川・左僉都御史李匡は、四川から貴州への軍糧輸送を提督した結果に基づいて、四川側で処置すべきこと二事、貴州側で対応すべきこと七事を指摘している。

（4）明代中期の包攬については鈴木博之氏「明代における包攬の展開」（『東方学』六四・一九八二年）がある。

（5）個々の経歴や吏目にいかなる人物が任ぜられたのかは明らかにできないが、明実録・天順三年一二月庚申の条によれば常熟県の富民銭暲なるものが米穀を輸送して都司の経歴に任ぜられた例がみえ、捐納によって任ぜられる場合もあった。

（6）明実録・景泰四年五月癸未の条に、

鎮守陝西・刑部右侍郎耿九疇奏、陝西延慶地方、雖有管粮参政、於各堡官軍、不相統摂。毎遇納戸上粮、任其恃強作弊。縦有発露者、不服提問、致使官攅人等、虧折粮多。乞令吏部選除有風力按察司副使一員、赴彼監督収放粮料、禁革姦弊、原委参政、取回管事。従之。

とあり、按察司の官僚が派遣された理由がうかがえる。

（7）明実録・景泰二年三月庚戌の条

（8）明実録・景泰五年四月己酉の条

（9）万暦『大明会典』巻四一・戸部二八・経費二・月糧

第二章　銀支給の拡大

一　折銀支給の背景

明初においては、軍士の給与は、米で支給される規定だったが、後期には殆ど折銀支給になった。商品化した米の存在がその前提であることは勿論だが、具体的に如何なる経過と背景によって折銀支給が拡大したのか。明末の例だが『原李耳載』巻上「糧徵本色」によれば、太原知府黄洽中が稍々復古的な思想に基づき、所轄の二八州県で、本色による徵税と軍士への支給を復活せんとして郷宦の支持を要請した。この時、著者李中馥の外祖父馬朝陽のみ反対し、その理由として、

独余外祖従淮上監差復命回籍、与於会曰、事係重大、還宜詳酌。愚以本色之廃、折色之行久矣、唯久則安。……至車輛必従郷中簽報、郷至県計羈遅五日。県至府計羈遅十日、即如太原一邑、本色近四万石、計用車一万輛、毎輛費以五銭計、則已五千両矣、此猶約略言之也。如給散於軍、即領尚可。倘以粟色留難、或不願得粟、孰得而強之、百姓受累、更有難於言者。総之銀之用活、粟之用滞、此軍国大計、望再詳酌之。

とのべ、銀に比して、重量・容積の大きい米の運搬や取扱いの困難さを強調した。(1) 馬朝陽の反対にも拘わらず、本色

による徴税と支給が実施されたが種々の混乱と不正を生じ、ついには軍士の騒乱を誘発して黄洽中は失脚する結果となった。現地での生産力が低く、常駐している大軍に定期的に給与を輸送して支給せねばならない北辺では、運搬の容易さが折銀支給の拡大の大きな要因であったといえる。

それでは、米を輸送すると、どの程度の経費が必要だったのか。『世経堂集』巻二二「与連白石中丞」に、

南方輸米一石入都、計須用米二石。毎石以銀五銭計之、凡費銀一両。而京師軍士、得米一石、売銀不過四銭。若以今年未到之糧、令明歳毎石折解銀七銭、却按季以銀五銭折米一石、支給軍士。如此則毎石百姓可省銀三銭、軍士可多得銀一銭、而朝廷有余銀二銭、可供他用。至於旗軍之行糧・修船之料価、又皆可省。而貧軍亦藉以少甦。

とある。嘉靖三一年（一五五二）から三二年にかけて、総督漕運兼巡撫鳳陽の任に在った右副都御史連鉱に対し、徐階は、江南から京師に米一石を輸送すると経費を加算すれば二石分、一石が銀五銭ならば一両を必要とするのに、月糧として米一石を支給された京衛の軍士が売却すると、四銭にしかならないと指摘し、折銀化すれば納戸（税糧を納入すべき戸）・軍士・政府共に利があるとのべた。ここでいう米は脱穀ずみの大米をさすとみられる。京師から北辺まで輸送すれば経費は更にかさむことになる。中期の史料だが『皇明経世文編』巻五九・葉盛「緊要辺儲疏」に、

臣訪聞得、如粳米一石、京師・通州直銀三銭三分之上、又毎石関脚銀六銭、耗米二升、毎三石蘆席一領。則是以銀一両、然後運米一石得到独石。

とあり、順天等の三府から、民間の車輛を動員して独石・馬営まで輸送すると、京師や通州での価格の三倍近い一両にもなるという。単純に計算すれば、江南の米を北辺の軍士に支給するには、原価の六倍もの費用がかかるということになる。労働力が慢性的に不足して生産力が低い北辺では、特に軍屯の衰退の著しい中期以後、内地からの軍糧輸送は益々重要になったが、その実施には非常な負担が伴った。それは江南や京師から輸送する場合だけでなく、北辺

に近接した地域でも同様であった。『皇明経世文編』巻一八一・桂萼「進沿辺事宜疏」によれば、甘粛地方の軍糧は、西安・鳳翔等の各府からの輸送にたよっていたが、オルドスがモンゴル族に占拠されて以後、成化・弘治朝には納戸による搬入は不可能となり、破家に至るものが続出したので、米一石を銀一両として折銀納入となり、これに伴って軍士の給与も銀で折給されることになったという。更に、米には運搬の困難さに加えて保管の難しさもある。『玉恩堂集』巻一「崇脩実政以裨安攘大計疏」に、

近見軍士所支月糧、堅好者固多、而濫悪者不少、紅腐朽蠹、人不可食。甚有插和草土、毎石不値二百文銭者。……再照、賞賜冬衣布花、朝廷所以播挟纊之仁也。臣嘗于万暦二年、給散一次、所抛布疋稀鬆、綿花殺雑、皆無実用。軍士所得沾沾喜者、惟此折色銀耳。……若蒙断自宸衷、尽改折色、則民不労而軍有益。

とある。万暦初に、兵科給事中林景暘は、京師・通州の倉には七年前の古米すら貯蔵されているとのべ、京衛の軍士に支給される軍糧には腐敗したものも少なくなく、布疋や綿花等も実用に耐えないので、軍士が喜ぶのは銀だけだと指摘した。米の保管の難しさを理由として、折銀支給を支持する意見である。脱穀済みの米穀の長期保存は特に難しかったと思われる。軍士の給与が銀による折給に変化する契機となったのは、米の運搬と保管の困難さだったといえる。

二　折銀支給の拡大

明実録、万暦『大明会典』、『皇明経世文編』や各文集の記事から、各地域・時期ごとに折給の事例を蒐集し、表化して検討したが、これに基づいて折銀支給が如何に拡大したのかを概観すると次のようである。洪武朝の折給は前述

したので省略し、永楽朝以後についてみると、永楽八年（一四一〇）、軍士に対して米八分・鈔二分の支給が命ぜられ、鈔による折給が命ぜられた。しかし、この時は「糧多」の地域と限定され、どの程度実施されたかも明らかではない。翌九年（一四一一）になると鈔の折給が本格化し、各地域の実情に応じて本・折の比率が定められた。つまり、中都留守司・河南・浙江・湖広の各都司下の衛所は全て米支給、山西・陝西の両都司と腹裏の衛所は米八分・鈔二分、福建・広西・四川都司下の衛所は米七分・鈔三分、江西都司の衛所は米五分・鈔五分と定められた。ただ、永楽朝では、洪武朝の政策を踏襲しようとする傾向が強かったから、この時の折鈔支給も、どの程度実情を踏まえたもので、実効性があったのか否かは必ずしも明らかではない。前述のように、正統朝に入ると月糧の増額や鈔以外の絹・綿布・蘇木・胡椒等の折給の例が頻繁に現れるが、折給拡大の一環としてこの時期に銀が用いられはじめた。従来も、出動前や帰還後に、臨時の賜与として軍士に銀が支給された例は少なくなく、一時的には月糧も折銀支給した例もあったが、恒常的な月糧の一部に銀が用いられたのは正統一二年（一四四七）の万全都司下の衛所が最も早く、米と銀・布が一ヶ月ごとに支給され、閏月は米とされた。(2) 折銀支給の拡大の契機となったのは、正統一四年（一四四九）八月の土木の変であった。いくつかの事例をあげると、土木の変直後の同年一〇月、巡撫永平・右僉都御史鄒来学は、軍糧購入の為に遵化県に収貯してあった銀両を糧一石＝銀二銭五分に換算し、月糧として軍士に支給した。(3) 又、京衛から遼東に動員された軍士は、従来、月糧の一部を生絹で折給されたが、その支給場所が京庫であったため、往復の費用が多大であったので、景泰元年（一四五〇）、提督遼東軍務・左都御史王翺が、広寧の官庫で銀を支給せんことを要請し、帝の承認を得て実施された。(4) 更に、同年九月には、鎮守山西・左副都御史羅通が、軍糧や馬草を購入する為の銀二万両を帯びて山西に赴いたが、不作で穀物の価格が高く、買い入れを強行すれば、更に騰貴させる恐れがあるとのべ、この銀を軍士の月糧として支給せんことを要請し、戸部の覆議を経て銀一両＝糧二石五斗に換算して支給された。(5) 軍士の月糧ばかりでなく、正統一四年一二月には、代王府の儀賓等の俸給も翌年から米・布絹・銀を各々三分の一ずつとされ、(6) 景泰二年（一四五一）八月には、大同在任の官僚の俸禄は、厚薄にかかわらず本色の米は一石のみで、これ以上の分は米一石＝布二疋＝銀五銭と換算して銀・布で折給された。この処置は提督大同軍務・左副都御史年富の要請によるものだが、年富は、内地では米が頗る安く、米一石＝銀二銭五分＝布一疋として折給されているが、沿辺の地域では価格が高く、軍糧が欠乏していることを理由に、前記の換算値をもとめたのである。(7) これらの例から、土木の変後、特に輸送体制の混乱によって軍糧の欠乏に見舞われた北辺各地で、折銀支給が急速に拡大したとみられる。

これ以後も、規定の上では鈔による折給が残るが、次第に折銀支給が拡大した。万暦『大明会典』巻四一・戸部二八・経費二・月糧によってこの間の状況をみると、成化七年（一四七一）には、貴州でも糧米欠乏の時との条件があるが、銀・布の折給が承認され、北辺のみでなく西南辺にも拡大した。そして同二〇年（一四八四）、遼東で上半年は米を、下半年は一石＝銀二銭五分に換算して折銀支給するかたちがあらわれ、その後の基本的な形態となった。薊州鎮では、弘治五年（一四九二）、従来折給された綿布・綿花も綿布一疋＝銀二銭五分、綿花一斤＝七分と換算して支給され、折給は全て銀による傾向が更に強まった。嘉靖元年（一五二二）には、北辺と並んで、最も多くの軍士が常駐する京衛でも一～七月は米で、八～一二月は折銀支給と、遼東とほぼ同様の支給方法となった。更に、同七年（一五二八）に、薊州中・東路の前線に配備されている軍士に対し、折色月たる下半年は一石＝四銭五分で換算し、米を支給すべき上半年の本色月も一石＝五銭五分として、年間を通じて全て折銀支給する例が現れた。嘉靖一七年（一五三八）、各辺軍の月糧について、上半年の本色月は、糧米が欠乏した場合には三ヶ月まで時価に従って折銀支給してもよいこと、下半年の折色月は一石＝六銭を基準とするが、随時増減することが承認された。その結果、一年の内で九ヶ月まで折銀支給をみとめ、三ヶ月が本色支給となるわけで、これ以後の北辺における基本的な支給方法となった。

同三一年には、全国的に軍士の月糧を春・夏は米、秋・冬は銀による折給とすることが定例とされた。しかし、北辺では、基本的には一七年の規定が維持されており、例えば同三四年（一五五五）の馬水口の例では、月糧一石のうち上半年は米六斗と、残りの四斗分を銀による折給として二銭六分を給し、下半年は一石＝四銭五分として全額折銀支給した。同年の大同の例でも、上半年は米五斗と残りの五斗分を銀で折給し、下半年は全て折銀支給した。年間ほぼ三ヶ月分を本色の米で支給するわけで、一七年の規定にそったものといえる。しかし、この本色の部分が折銀支給される場合も少なくなかった。例えば、保定では、大月は米六斗と四斗分を折銀した二銭六分を支給する規定だったが、実際には、六斗の米も一斗＝銀七分に換算して支給されており、小月は一石＝四銭五分で換算され年間を通じて折銀支給であった(8)。同三八年（一五五九）には、昌平・密雲・薊州で、常例にかかわらず米価の高い時には米を、安い時には銀を、適宜に支給することが承認された。同四二年（一五六三）には、遼東・薊州の軍士に対し、上半年は米、下半年は折銀支給が定例だが、まず収貯してある米を支給し、それが無くなったら折銀支給とすることが命ぜられ、翌四三年（一五六四）には永平でも同様の措置がとられた。慢性的に軍糧が不足していたこれらの地域では、かかる支給方法をとれば事実上ほとんど折銀支給となったとみて大過あるまい。

以上のような銀による折給拡大の過程で、幾つかの注目すべき変化が看取される。一つは、嘉靖一七年の規定により、米価の変動に応じて支給の際の米・銀の換算率の変更が認められたこと、二つには、急速に折銀支給が拡大する状況の下で、中央政府は、嘉靖一七・三一年の規定にみられるように、ある程度の本色支給を確保しようとしたことである。たとえば、通年の折銀支給が最も早くみられた薊州で、隆慶三年に至り、嘉靖一七年の規定を再確認して上半年は本・折各三ヶ月、下半年は折給としたし、万暦四年には、興州でも上半年を米支給四ヶ月、折銀支給二ヶ月（一石＝六銭五分）とし、下半年は一石＝四銭五分として全て折銀支給としたが、いずれも年間三ヶ月程度の米支給を実施しようとするものであった。これらの規定の変化の背景には、折銀支給の拡大に伴う種々の弊害があったとみられる。

三　折銀支給に伴う弊害と対応

月糧の折銀支給が一般的になった嘉靖期の北辺における軍士の生活について、『東塘集』巻二〇「禁剥削軍粮」に、

訪得、辺軍貧苦、月支粮壱石、全家仰頼。若支折銀、止貿米六七斗、兼以数月欠支。且柴煤俱貴、多焼馬糞。所餧馬匹、止支料半年。其余草料、俱自行管弁、日費銀伍分、毎年又出馬価銀三銭。以致預売月粮、止得半価。貧苦至此。

とある。この記事の嘉靖一九年（一五四〇）当時、毛伯温は総督宣大山西軍務の任に在ったが、軍士の貧苦の原因として、月糧の支給が規定通りに実施されないこと、馬匹の料豆が、半年分は支給されるが残りは軍士が自分で購入せねばならない(9)等の点と共に、月糧一石を折銀支給すると、軍士が米を購入する際六～七斗にしかならないとのべたことは注目すべきである。(10)『皇明経世文編』巻一九六・楊選「条上地方極弊十五事疏」には、

一、薊鎮月糧、給本色者、尚可保一家。給折色者、不能贍一家。乃又在東数区。常至四五閏月而不給。在西数区、常二三閏月而不給。此月糧不敷之弊也。

とあり、嘉靖四〇年（一五六一）六月から四二年一〇月にかけて、薊遼総督だった楊選は、月糧支給が規定通り行われていないと指摘するとともに、米穀が支給されれば一家を保つことができるが、折銀支給では不可能だとのべた。

それでは何故に折銀支給が軍士に貧苦を齎すのか。『毛東塘奏議』巻一三「正邪謀除虜患疏」に、

司国計者、又以積貯有限、専務節省、惜小惧大。有養軍之名、無養軍之実。即如去年、宣・大斗米、時価二銭五

分。軍士月粮、毎石給与七銭、僅可買米二斗八升。且欠支数月、以致軍士挙家、嗷嗷待哺。身無完衣、腹無飽食、馬無草料、多到倒死、器械等物、倶各損壊。

とある。当時、毛伯温は兵部尚書で実情を知悉できる立場に在り、宣府・大同の軍士は月糧一石を銀七銭として折給されているが、米価が騰貴して一斗が二銭五分にもなった結果、軍士の支給額では二斗八升を購入できるにすぎず、支給が滞っていることもあって、軍士は生存すら困難で戦闘力を喪失しつつあると痛論した。このような米価の暴騰は、必ずしも稀ではなく『世経堂集』巻二「請処宣大兵餉」に、

臣近日訪聞、宣大二鎮、……二鎮米麦、毎石値銀三両以上。而軍士毎月支銀七銭、僅買米麦二斗二三升、豈能養贍。欲尽照時估給価、戸部又難応付。今北直隷・山東・河南等処、仰頼聖恩、二麦大熟、毎石止値銀四銭以下。若乗此時、収買数十万石、毎石加脚価四五銭、便可運出居庸関、以給宣府月糧。加脚価七八銭、便可運出紫荊関、以給大同月糧。通融計算、在内不過用銀一両以上、軍士却得一月飽食、費省恵博。

とある。嘉靖三四年六月一九日の日付があるので、毛伯温の記述の一三年後だが、全く同じ事態が起こっており、騰貴は更に甚だしい。徐階は、対策として一石が三両以上にも騰貴しているので、現地で全額を折銀支給するのは不可能であり、豊作で一石が四銭以下になっている麦を腹裏地方で購入した方が、宣府・大同への輸送費用を加えても一両余りですむことになり、軍士の生活を救うことができるとのべた。注目されるのは二つの記述の間に一三年の隔たりがあるのに、折給の米・銀換算率が共に一石＝七銭のままで固定されていたとみられることである。固定した換算率では米価の変動に対応できず、騰貴すれば月糧が実質的には著しく目減りして軍士の生活を破綻させ、辺防体制の動揺を招くことになったのである。

宣府・大同については前述の通りだが、他の地域ではどうであろうか。隆慶初年、総督陝西延寧甘粛軍務王崇古は

『皇明経世文編』巻三一九「陝西四鎮軍務事宜疏」で、

> 至正徳初年、先任文布政、査照該年時估、将各処民運、毎米豆一石並脚価、米折徴銀一両二銭、豆折徴銀一両、倶解広有庫、折放官軍俸月粮料之用。……其楡林鎮城、四望沙漠、絶無耕収。積貯毎歳招商銀易、費価十数万。鄰境豊収、毎銀一銭、糴米八九升。一遇虜患・荒歉、毎銭止糴米五六升。故該鎮有「米珠薪桂」之謡。歴年撫臣雖多方催徴、招商糴買、止縁民力既竭、輸運不便、付之無何。該鎮折放軍粮、毎月支粮銀五六銭。料銀六銭、遇米豆貴時、止可得米四五斗。料六七斗、人馬不足半月之用。軍士困憊、何能自贍。且額粮折徴以病民、有賤糴之苦。粮料折放以病軍、受貴糴之累。

とのべた。正徳朝に月糧や馬料の折銀支給が始まった延綏・楡林でも、宣府や大同と全く同じ事態がおこっていた。楡林鎮の周囲は耕地がなく、商人の搬入する米豆にたよらざるを得ない為に、その価格は近隣地域の豊凶やモンゴル族の侵入の影響を受け易いわけで、大同や宣府以上に不安定だったと思われ、米・銀の換算率が固定されていることの弊害は深刻であった(11)。甘粛地方についても同様の状況があった(12)。それではどうして支給時の換算率が固定されたのか。これについて『皇明経世文編』巻三〇七・劉燾「上内閣司徒議処薊東銭糧書」に、

> 惟有薊東四路、主客銭糧、往往告乏。推原其故、蓋以本折之議不定、而軍士之情不平。彼此観望、多致躭延。……彼時、燕石二路、議改折色者、不計銭糧之盈歉、惟論道路之遠近。不思銀米之価、有時而低昂、惟知本折之数、可以因之那借。及至今春会計、主兵銭糧、又未増入、二路折色銀数、止照先年旧額奏請。毎遇放糧之期、在燕石二路、尽索折色、則銀已為不足、而馬太二路、又比例陳告。所以司餉者無以応之、往往二三月、而軍士不得蒙月糧之恵也。

とある。薊州鎮管下の燕山・石門二路の軍士の月糧を折銀支給しようとする議がおこった時、道路の遠近つまり、軍

糧輸送の困難さと銀の扱い易さばかりが論じられ、米価の変動とこれに対応するための米・銀換算率の操作の必要性が考慮されなかった。その結果、機械的に前年と同じ額を奏請するのみだから、一旦、米価が上昇すれば増額しようとしてもできず、月糧の欠配を招くことになるという。軍士の給与を大規模に折銀支給するには、商品化した米穀の豊富な存在が前提となるが、需要と供給のバランスによる価格の変動について考慮されない場合があったのである。

それでは如何なる対策がとられたのか。折銀支給が拡大した嘉靖以後、米・銀の換算率に関する官僚の意見が非常に多くなったことが看取できる。『世経堂集』巻三「答倉儲諭一」が代表的なもので、

臣聞、近年太倉只有二三年之儲。而一歳所入、又僅足供一歳所出、未見有積。惟上年四月米賤、倉米毎石糶銀三銭四五分。臣勧戸部、以所収折兌銀、毎石五銭給軍。于時軍士既喜於得価之多、而太倉却留得二十余万石之米、縁折兌毎石該銀七銭、二十万石該銀十四万両。今給軍毎石只銀五銭、二十万石只銀十万両。則是省銀四万、計該米八万、此乃盈余者耳。其折兌之詳、臣別具一帖、進呈聖覧。折兌一件、若歳歳行之、及以所折之銀、供別項支用、則太倉之積必虧。旧時太倉有八年之積、而今只有二三年者、由此故也。若専主不折外間、或遇水旱、不能弁納本色、而必欲取盈、又非所以便民。況其勢終至於逋負、而不能完、則於倉儲亦未見有益也。惟於水旱之処、照常折兌、而以所折之銀収、候米賤之時、給放月糧、則軍民両便。而倉儲亦不致虧損。況折兌毎石該銀七銭、今放銀毎石只五銭。計三石之銀、可克四石之用、倉儲仍可望増。此只在戸部留意行之耳。

とある。嘉靖四三年九月二二日の日付があり、米価が下落して倉米一石を三銭四〜五分で糶売しなければならなくなった時、徐階が戸部に提議して、一石＝七銭で徴収してあった銀両を、一石＝五銭に換算して軍士の月糧に支給させた。その結果、規定の月糧は一石だから、軍士が糴買すれば約一・五倍の増収になり、市中の購買力が増して米価が上昇し、糶売の価格を上げることができたとみられ、太倉に二〇余万石が残った。折納させる際の換算率の一石＝七銭で

二〇万石を羅買しようとすれば一四万両が必要なのに、各軍士に五銭を支給した合計の一〇万両でこれを確保できたのだから、銀にすれば四万両、米ならば八万石を節約できたと述べ、その経験を敷衍して折納と折給について提案した。災害で本色を徴収できない地域では折納させるべきだが、その際、米・銀の換算率は騰貴している価格にはよらず通常の比価で行う。やがて価格が下がった時に、その銀両を軍士の月糧として支給すれば軍・民共に利を受けるとのべた。つまり、米価の変動に迅速に対応して折納・折給を実施すれば、政府は利鞘を稼ぐかたちで節約できるだけでなく、軍・民も恩恵を受けることができるとの主張である。前掲の嘉靖三四年の宣府・大同での米価の暴騰に対する処置の提案に比べ、より整理された内容となっている。又、前掲の『玉恩堂集』巻一「崇脩実政以裨安攘大計疏」に、

移咨戸部、通査各処漕糧、随其原派多寡、定為分数、毎年本色若干、折色若干。軍士支糧、某月本色、某月折色、務俾上不虧国、下不病民。除所輸本色自有議単照旧外、其折色一節、出納盈縮之宜、尤要衰酌停妥。咨行漕運衙門及浙・直等処撫按、実心遵守。夫然後徴於民者寛一分、則受一分之賜。散於軍者多一分、則領一分之実。此正明旨。所謂本折通融支放事例、蓋軍民両利者也。

とあり、林景暘の主張も徐階と同様で、折納と折給は、共に出納盈縮つまり米価の変動に応じた米・銀の換算率の適切な操作が肝要だと指摘するとともに、漕運の衙門や江南の巡撫・巡按御史と連繋して、全国的な視野から米価の動向に対応する必要があると論じた。徐階より更に明確な主張である。これらの意見では、軍士の給与の折給と税糧の折納が常に連動したものとして論じられた点が注目されるが、折給については換算率を変動させることによって、軍士の生活を保障し戦力を維持しようとする意見である。

これらの意見とは別に、軍士の生活の破綻を防ぐ為の対策として、前掲の劉燾「上内閣司徒議処薊東銭糧書」に、

中間又有謂、燕石二路、已題准折色、難以更改。意欲減去漕運之本色、増入二路之折色、是亦権宜之策。大率辺方之地、万一年穀不登、弁銀固難、而弁米尤難也。査得、延綏・大同、改本色為折色、至今米糧告匱者、其事倶可鑒也。……今欲将燕石二路、仍復本色。况題有明例、兼以三軍之情、増之甚易、減之甚難。若尽給折色、不惟各路之情不平、抑且銀有不継。再査旧例、上半年原係応給本色者、必不得已。除将永平地方、民屯本色、就近関支者、可足燕石二路、両月之用。其余四個月、給与両個月折色、以全新題之例、以慰軍士之心。仍給与漕糧両個月、以存軍賦之体、以平各路之情。

とある。薊州鎮の燕山・石門の二路における折銀支給は、既に帝の承認を経てしまったので変更し難いが、折給は本来漕運の負担を軽減する為の臨時の策であって、北辺では一旦凶作に見舞われれば、米穀を確保するのは極めて困難であるから、嘉靖三一年の規定で米支給とされた上半年については、周辺の地域で調達できるものと漕運糧で各二ヶ月分の米支給を確保し、残りの二ヶ月を折給とせよとのべた。たとえ充分な額の銀両が支給されたとしても、凶作の時には米穀そのものがなくなってしまうのだから糴買は不可能で、ある程度の米支給を確保する必要があるとの意見である。一年のうち下半年は折給、上半年のうち四ヶ月が米支給で二ヶ月が折給となるわけで、嘉靖一七年の規定に沿ったものといえる。延綏・楡林については王崇古が、甘粛については桂蕚が同様の提案をした(13)。

以上の様に、折銀支給に伴う弊害を解消する為の対策には二つの方向が看取される。一つは、米・銀の換算率を米価の動向に応じて変動させること、二つには、ある程度の米支給を確保することであった。前述の給与規定の変化は、これらの提案を背景にしておこなわれたとみられる。二節でのべたが、米穀の時価による換算率の変動は、嘉靖一七年の規定で認められたのを嚆矢として、同三七年（一五五八）の保定、三八年の密雲・昌平・薊州、四一年の遼東、四三年の永平の各地で、その実状に応じて実施され、これらの地域では嘉靖末には米穀の時価に応じた換算率で通年折給されていた。換算率は各月ごとに変わるわけではなく、通常は一定の額を支給されるが、米価に大幅な変動があった時にこれに対応するわけである。それ故、同一地域で時期によって変動すると同時に、各地域についても適用されるわけで、米一石を糴買できる銀両が規準となり、地域によって支給額は異なってくる。『皇明経世文編』巻三三七・汪道昆「遼東善後事宜疏」に、

臣惟、故遼地斥鹵多、市中露積、且烽火罕至、辺地則皆菑畬。故月粮折色、毎石僅二銭五分、非故薄之、価止此耳。……臣査、各鎮折粮、薊・昌以七銭計、保定以八銭計。薊州・永平馬料、旧例、毎石二銭五分、視遼東折粮等也。臣以密雲・昌平伊邇則皆四銭、随請月加一銭、以均仰秣。

とあり、万暦初の遼東では一石が銀二銭五分のままだったが、薊州や昌平では七銭、保定では八銭であり、薊州や永平の馬料ですら二銭五分だとのべ遼東の増額をもとめた。遼東の換算率は、万暦九年（一五八一）に一石が六銭に改められたことが確認できるが、各地域によって支給額にかなりの差があったのである。

米支給の確保の努力は、換算率の処置に比べて明確ではないが、やや遅れて行われたように思われる。例えば、薊州鎮についてみてみると、ここでは最も早く、嘉靖七年に一部の軍士に対してであるが、通年の折銀支給が実施された。その後、同三八年には、薊州鎮全体について米価が上昇すれば米、下落すれば銀と適宜に本折兼給することが認められ、同四二年には、上半年は米で、下半年は折色でという定例にかかわらず、まず、現有の米を支給し、これが尽きたら全て折銀支給とされた。その結果、実質的にほとんど折給となったとみられるが、全面的な折給には前述の如く強い反対があり、隆慶三年（一五六九）に、下半年は全て折給だが、上半年は本・折各三ヶ月で、折給は米の時価によると定められた。劉燾らの提案とほぼ同じであった。実際には一年を通じて折給されることが少なくないにしても、規定の上ではこのかたちが万暦以降の基本的な支給方法となった。

小　結

軍士の月糧は米支給が原則だったが、洪武九年（一三七六）以後に折鈔支給の動きがあり、洪武朝の政策を踏襲する傾向が強かった永楽朝でも実施された。しかし、鈔の価値の下落と共に絹・綿花・綿布・蘇木・胡椒等が給与として支給され、正統朝には銀が用いられ始めた。銀の支給はその後拡大して、嘉靖朝の北辺では月糧の全てを銀で折給されるに至った。しかし、弊害が生じ年間約三ヶ月を米、約九ヶ月を米の時価に応じた折銀支給とするかたちがとられるようになった。この間、価格が騰貴した時には、軍士一人当たりの支給額が一両八銭八分にもなった例があり、本章ではふれられなかったが行糧・口糧・馬料も折給される方向にあったので、北辺に流入した銀は膨大な量にのぼったとみられる。明朝政府にとって経費の最大の比重をしめるのは軍事費、就中、軍士への給与であった。多くの官僚の論議にもみられるように、給与の折給と税糧の折納は密接に関連していた。銀による折給が始まった正統朝や本格化した嘉靖朝は、賦役制度においても重要な変革の時期であった。そして、時間的にみると、軍における給与の折給が賦役制度の変革よりやや早く現れるように思われ、銀両徴収拡大の背景として注目される。月糧の折銀支給の拡大と、それに伴って生じた米・銀換算率の問題について述べたが、次に人為的な弊害についてみてみよう。

註

（1）『皇明経世文編』巻三〇七・劉燾「上内閣司徒議処薊東銭糧書」によれば、薊州鎮の燕山・石門で折銀支給が実施された際も、運搬や支給に便であることが最も強調された。

（2）万暦『大明会典』巻四一・戸部二八・経費二・月糧
（3）明実録・正統一四年一〇月戊午の条
（4）明実録・景泰元年正月丙戌の条
（5）明実録・景泰元年九月庚申の条
（6）明実録・正統一四年一二月辛酉の条
（7）明実録・景泰二年八月己巳の条
（8）嘉靖三七年には米価が騰貴した結果、大月の米六斗の換算率を一斗＝一銭七分とし、従来から折銀支給された四斗分の銀八銭六分と合せて、軍士一人の月糧が一両八銭八分にものぼった。
（9）『皇明経世文編』巻一九六・楊選「条上地方極弊十五事疏」に、

一、本鎮馬匹、近年以辺鄙多虞、夏秋軍士不暇下場採草。其春冬料豆、又毎過期不支。支又折色毎料九斗、折銀不満三銭。夫以半年無料、一年無草、而折料復不能弁本色之半。此馬匹不壮之弊也。

とある。楊選は嘉靖四〇から四二年にかけて薊遼総督であったが、薊州の馬匹について夏・秋は軍士が草場で採草して飼料とし、草の枯れる春・冬は料豆を支給される規定だが、実際にはこの料豆も折銀支給されていた。同一九年の宣・大で折銀化されていたかどうかは確認できないが、軍士が採草すべき半年分の飼料を銀を用いて購入していることからみて春・冬の料豆も折銀支給された可能性が高い。
（10）軍士が銀を得る為に未支給の月糧を売却してしまうことについて、『皇明経世文編』巻一八一・桂萼「進沿辺事宜疏」に、

一、宣大二鎮地方、事体大畧相同、有収則米賤難売而病農、無収則米価湧貴而病官。又有世家豪商、乗青黄不接之時、低価撤放於農、而秋成倍収厚利、低価預買俸糧、而臨倉頂名冒支。官軍窮困之根、実在於此。

とあり、宣府・大同地域では豊作になると穀物の価格が下落して農民は銀の獲得に苦しみ、凶作の時には騰貴して政府の糴買の負担が大きくなるが、有力者や商人は端境期を利用して農民に高利の貸しつけを行い、或いは軍士の未支給の月糧を安く買収してしまい、支給の時には名を偽って受領するという。この場合、軍士の氏名を記した支給証のようなものが売買さ

れたと考えられる。『四友斎叢説』巻一二・史八に

余在南都時、家中因倭寇之変、避難来依。家口頗衆、時糴倉米以継食。買軍家籌到倉会支。

とあり、北辺と南京で同じ名称か否か明らかではないが、ここで「軍家の籌」と称されているものが支給証とみられる。

(11) 月糧の米・銀の換算率が固定されていれば米価騰貴の場合には目減りするが、価格が下れば当然増収となる。『皇明経世文編』巻四二八・侯先春「安辺二十四議疏」に、

臣今査閲各倉、間有実支已出、而糧尚未支者。詢之則曰、今歳糧賤、各軍非急頼于此。則視糧曾無愛惜者矣。然歳不常豊、当此粒米狼戻之時、不可不求、所以剤糧盈縮之術矣。今遼中毎歳約三個月支本色、八九個月支折色例也。粟貴銀賤、利在得粟、粟賤銀貴、利在得銀情也。

とある。遼東では嘉靖一七年の規定が再び行われ、上半年は本折各三ヶ月・下半年は折給とされ、米も支給されたが、米穀が豊かで安価な時には軍士が米支給を喜ばない状況が生じることもあった。

(12) 『皇明経世文編』巻一八一・桂萼「進沿辺事疏」

(13) 『皇明経世文編』巻三一九・王崇古「陝西四鎮軍務事宜疏」、巻一八一・桂萼「進沿辺事宜疏」

第三章　月糧支給上の弊害

一　月糧支給の実状

北辺各地や東南沿海地域での軍士に対する月糧の支給状況をみると、まず宣府・大同について前掲の『毛東塘奏議』巻一三「正邪謀除虜患疏」によれば、嘉靖二一年（一五四二）当時、兵部尚書だった毛伯温は実状を知悉できる立場に在ったが、宣府・大同の軍士と家族の生活が破綻し戦闘力を消耗しつつある原因として、前述の如く折銀支給の際の米と銀両の換算率の不備を挙げるとともに、月糧の不払いが数ヶ月に及んでいることを指摘した。何故にこのような不払いや遅延が生じたのか。宣府・大同のみではなく、嘉靖四〇年（一五六一）六月から四二年（一五六三）一〇月の間、薊遼総督だった右都史楊選の『皇明経世文編』巻一九六「條上地方極弊十五事疏」によれば、この頃、薊州鎮でも宣府・大同と同じ弊が生じており、燕河営・台頭営・石門寨・山海関の東四路では四~五ヶ月、墻子嶺・曹家寨・古北口・石塘嶺の西四路でも二~三ヶ月は支給されないのが常態だという。又『皇明経世文編』巻四〇四「修内治以安辺境疏」は万暦初に総督宣大山西軍務・兵部左侍郎鄭洛が洮州・河州の状況について述べたものだが、

職見、洮州盛夏大雪、五穀不生、惟有青稞・大豆耳。豈人生所願到哉。毎月兵粮、或五銭七銭、又常欠支三四月。

自顧衣食不足、况妻子乎。夫衣食妻子無靠、責之舍命赴敵、是古今決無之理也。

とあるように、陝西都司管下の洮州衛でも同様であった。月糧は毎月一～五日の間に支給する規定だったが、常に三～四ヶ月は不払いのままだという。給与が円滑に支給されないことが軍士と其の家族の生活を破綻させ、軍事力を著しく低下させていたといえる。給与の不払いは北辺のみでなく、やはり大兵力を配置しなければならなかった嘉靖朝の東南沿海地域でもみられた。『甓余雑集』巻八「福建浙江提督軍務行」には、

一、銅山西門澚水寨、原額官軍一千八百五十三員名、今実有四百八十七員名。虧額之数、将及四分之三。又分班休息、見在哨守二百四十六員名、実有之数、止存二分之一。浯嶼水寨、原額官軍、三千四百四十一員名、今実有二千四十員名。虧額之数、已過五分之二。又分班休息、見在哨守六百三十四員名。実有之数、不存三分之一。二寨如此、余寨可知。又抛漳州衛軍曾欽昭等訴称、本年月糧、自六月起至今、半年之上、未得関支。行抛漳州府回称、額派民屯拖欠、即今追徴、尚欠五個余月、無従措処。議将布政司糧剰銀両補給、批行海道査催外、又抛平海衛軍楊子政告称、自二十三年十二月起至今、月分不等、其計一十五個半月、糧餉久欠無支、批興化府行査外、二衛如此、余衛可知。……一、各衛所官軍俸糧、各寨墩官軍行糧、募兵工食、放支不時、稽考無法、月造小冊散乱、易於作奸、雖有盗支冒支情弊、無従究詰。駁査結報、亦属虚文。至於造冊回文常例、科擾之弊、又不知其紀極也。

とある。嘉靖二六年（一五四七）一一月一七日の日付があり、朱紈が七月に南贛巡撫から提督浙江福建軍務に転じて、現地を調査した結果とみられる。これによれば、銅山の澚水寨では、一八五三名の兵力が配置されているべきだが、四分の一の四八七名しかおらず、しかも交代で半数ずつ任務につくので、実際に配置についているのは二四六名にすぎない。浯嶼水寨でも原額の五分の一にも満たない人員が任務についているのみだという。その原因として、朱紈は給与の不払いを指摘した。漳州衛の軍士曾欽昭らの訴えでは、同年六月以後のほぼ半年間月糧が支給されず、平海衛

の軍士楊士政によれば、各月に所定の額が支給されず同二三年（一五四四）一二月以後の未払い額が一五・五ヶ月分に及ぶという。しかし、朱紈の督促をうけた漳州府の回答では、未納の民屯糧を追徴したが五ヶ月分の不足がどうにもならず、結局布政司から支出しなければならなかった。更に、支給期日が一定せず支給状況の確認も当てにならない上に、月造の小冊―軍士の氏名・給与額や支給状況を記録する帳簿であろう―も散佚していて不正があっても追究できず、支出の台帳を提出する規程も全く意味がない状態であると痛論した。軍糧の徴収・運搬・支給の各段階の組織が機能せず、無責任に放置されたことがかかる結果を齎したといえる。

これらの上奏の多くは、軍士の困窮の原因として、折銀支給の際の米と銀両の換算が不適切であること、支給の遅延或いは不払いが屢々おこることの二つを挙げている。換算率の問題については第二章で述べたので、ここでは支給の遅延や不払いに注目する。給与の不払いや遅延は、軍士の生活にとって換算率の不適切さよりも更に深刻な影響を与えたであろう。以下で不払いや遅延が生じた背景について考えてみよう。

二　倉吏の侵盗

最初に、軍糧の集積地で出納の実務に当たる倉吏について検討する。嘉靖四二年一〇月、前掲の楊選の後任として、巡撫大同から薊遼保定総督に就任した劉燾は、密雲・昌平二鎮では、各月初の五日間に支給する規程を厳密に遵守することはできないにしても、ほぼ其の月内に支給され、米と銀両の合併支給も実施されているのに、薊州鎮では屢々不払いが起こると指摘した。劉燾は、其の理由の一つとして、前述のように、薊州鎮で折銀支給が議論された時、折銀支給を主張する者は軍糧輸送の困難さのみを論じ、米価の変動に応じた銀米の換算を考慮しなかったことを挙げ、もう一つの原因として倉吏の不正をあげた。『皇明経世文編』巻三〇七「上内閣司徒議処薊東銭糧書」によれば、軍士が月糧の不払いを訴えるので、管糧郎中に問い合せると、月糧は所定の倉に準備してあるはずで、軍士の訴えは詐りだろうと回答してくる。そこで前線の軍官に問い合せると、部隊の給与受領の為に人員を倉に派遣したが軍糧はなかったという。責任のなすり合いで、結局、兵備道に調査させなければならなくなるが、兵備道が駐箚する密雲は遠く、文書の往復だけでも一～二ヶ月掛ることがあり、其の間、軍士の月糧の不払い分は宙に浮いたままであるという。劉燾は、輸送に当たる解戸と現地の倉の出納に当たる倉吏が共謀して不正を働くので、州県から薊州鎮の倉に送られる軍糧は、上納の報告が有っても実際には納入されておらず、其の為にこのような事態を招くのだとの判断を示した。倉吏の甚だしい侵盗が給与不払いの有力な原因の一つだったことが窺われる。それでは、倉吏の不正はどのような方法で行われたのか。『皇明経世文編』巻四七一「敬陳辺防要務疏」は、万暦三五年（一六〇七）、余懋衡が巡按陝西御史だった時の上奏とみられるが、延綏鎮の庫や倉の弊を詳論し倉吏の不正を列挙した。主な不正の方法を示すと、

有彼此通同、于流単内、洗改字様、多加軍数、多支銀両、以図掩餙者。

とある。彼此とあるのは、各営で帳簿の処理に当たる識字と衙役化した書算だが、彼らが通謀し帳簿の字を洗い流し軍士の員数を水増しして、多額の給与を引き出しその差額を着服する。また、

有監収庁書算、将銀易一項、通同狡弁奸商、詭名領出、経年侵費、糧草不得完納者。

とあり、商人と共謀した書算が、糧草の購入を名目として、実際には納入されていない分まで代価の銀両を支出する。

有一事始末、応領銀若干分、作数次関領、故于後領、隠下前領数目、以希混冒者。

とあり、受領する銀両をわざと数次に分けて引き出して混乱を誘発させ、先に受領した分をごまかし二度払いさせようとする。更に、

有猾役収監収庁印信・空簿、待本官去後、偽塡本官那費、若遇侵盗事発、便于推諉者。

とある。密かに官印と未記入の帳簿を手に入れておき、上官が転任した後その名義を書きこんで軍糧や銀を引き出し、もし発覚すれば上官に責任をなすりつけてしまう。

有駕言廒口充溢、将糧料寄貯民房及閑署城楼、星散不一、令査盤官不便稽核者。

とあり、倉が一杯であると称し、軍糧や馬料を民家や使われていない官府の建物に分散して貯蔵し、検査の目が行き届かないようにして横領をはかる。又、

有将上納本色、官攢与識字、折乾虚出実収者。

とあり、軍糧が納入されると、倉の出納に当たる官攢と営の識字が通謀して、虚偽の名目で支出したことにして貪ってしまう。

有受賂聴上納人、雑糠粃与燕麦、抵充正数者。

とあり、納戸から収賄して、納入する軍糧に糠粃や燕麦を混入することを黙認する。

有収各営軍丁、私領預借料豆、及扣還時、侵入已者。

とあり、各営の軍士や余丁が個人的に前借りした料豆を給与から差し引いて、返済させる時に着服してしまう。そして、これらの不正が発覚した場合には、

有事発、輒帰罪于已故之官攢、已遣之員役、甚則歳月経久、并巻宗而埋没者。

とあるように、死亡したり転任したものに責任を転嫁し、帳簿を処分してうやむやにしてしまうという。識字・書算・官攢等が、あらゆる手段を弄して侵盗を図ったことが看取できる。余懋衡は、各営・堡・衛所で月糧や馬料を支給すべき員数を明確に帳簿に記載して兵備道に送付し、兵備道はこれに基づいて各倉に支給額を提示し、倉では支出額を

記録して検査に備え、各季ごとに巡撫の責任で検査を実施せよとのべた。帳簿の整備と官僚の監視を強化することによって不正を防止しようという提案だが、実際に倉吏の侵盗を禁遏することは困難だった。又、倉の構造や軍糧の保管状態にも、充分な注意が払われていなかった。『皇明経世文編』巻四二八・侯先春「安辺二十四議疏」に、

臣見、広寧・遼陽二倉、厫房甚多且大、毎倉不下数十余間、毎間可貯千余石。但墻垣不固、甃瓦不密、有不蔽風雨者、有漸就堋頽者。有米堆地上、不藉以席者。問之曰、随即支放、無須久貯也。臣又見、東山民家倉房、倶用板藉、去地尺許、以通地気。今于各倉之中、酌量修整、倣民間法、藉之以板、収貯之日、仍令簸揚晒晾、務潔浄乾燥、板上藉以穀草、草上加席両三層、而又時時晒晾之。如是而浥爛者、臣弗信也。

とある。兵料給事中侯先春によれば、広寧や遼陽には各々軍糧数万石を貯蔵できる倉厫が設けられているが、民間の倉に比べ、湿気が籠もって腐敗しやすい構造である上に、破損して風雨も凌げないありさまだった。更に、直ぐに支給するから長期間の保管の必要がないとの理由で、野積みされている軍糧さえあり、侯先春は、民間の倉に倣って保管状態を改善することを提案した。大規模な施設はあっても、管理は極めて杜撰で倉吏の侵盗も容易な場合が少なくなかったのである。

三　委官の不正

軍士の給与は、所属する原衛で支給されるのが原則だったが、中期以降、軍士が家族も同伴して長期に亙って動員された結果、原衛での支給はできない場合が多くなった。しかし、数多い動員先の営や堡の全てに後方から軍糧を輸送するのは困難で、各々の営や堡から所定の倉に委官を派遣して受領した軍糧を運搬しなければならず、この間に種々

の弊害が生じた。『皇明経世文編』巻二七六・楊博「奏旨條上破格整理薊鎮兵食疏」に、

一、山海一片石等処、相去薊州、数百余里。軍士本色月粮、倶於薊州倉関支、甚為不便。雖有委官総領、無力転運。只得就彼、減価糶売、兼之委官任意侵漁。及至到営、毎軍僅得銀一銭二銭而已。

とある。楊博は、嘉靖三二年（一五五三）から三四年（一五五五）にかけて薊遼総督だったが、山海関方面に配置された軍士の月糧は薊州で受領しなければならないので、委官を派遣するが、受領した軍糧をを駐屯地まで運搬できず、薊州で安価に売却して銀に易えてしまう。更に、委官の搾取が加わるので前線の軍士の手に渡るのは銀一～二銭にすぎないと指摘した。前述の如く、当時の北辺では、概ね年間三ヶ月は米で、九ヶ月は折銀支給とされ、銀米の換算率についての規程はあったが地域によってかなりの格差があり、薊州鎮管下では月糧一石を銀七銭として支給していた(1)。記事にもあるように、委官が売却する際に買い叩かれて価を減じて売らざるを得ないので、商人の利鞘分は目減りするわけだが、それだけで五～六銭に及ぶとは考えられず、委官の不正による被害が大きかったとみられる。次の記事は、遼東における折銀支給の例だが(2)『太函集』巻八九「遼東善後事宜疏」に、

夫遼軍艱食之状、臣已槩言之猶未也。遼地脩衍、二千余里、広寧乃在河西之中、管糧郎中部署于此。去寧前五百里而近、去開原険山千里而遙。各営衛赴領折糧、近者或三宿至、遠者率旬日至。卒然而遇虜騎、又復遅廻、此難以日計也。至則各齎兵備道印信公文、先赴巡撫衙門掛号、又越信宿、比投部司告領、率以部運未至遣帰。是行者未獲一箪之儲、而旬月之聚糧盡矣。夫是行者類、皆軍中豪猾、力能頤指諸軍。帰而宣言、我行往返、皆浹旬費且盡、頼貸母銭得帰耳。某氏收責、必倍子銭、若等他日領折糧、我当扣若干、以償齎用。諸軍唯惟彼所裁。是諸軍未獲一箪之儲、業已什去其一。再至不得。行者・居者皆如初、則什去二・三矣。三至不得、行者・居者、又皆如初、則什去四・五矣。折糧月給二銭五分、歳無全給、諸軍曾不得什五。如之何、其不饑而死耶。

とある。遼東では、唯一の管糧郎中が駐箚する広寧が西南に偏っており、寧前兵備道管下の営や衛からは五〇〇里許りだが、開原兵備道の管轄地域からは一〇〇〇里もあり、受領に赴く委官は近くても三日、遠ければ一〇日もかかる。委官は所轄の兵備道発行の公文を持参し、まず巡撫の衙門に出頭して登録したあと、途中で二泊して戸部郎中のもとに行き銀両の支給をもとめるが、大抵の場合は期日通りに届いておらず、受領できないまま旅費を使い果してしまう。しかし、委官の多くは「軍中の豪猾」なので、軍士達に対して往復に各々一〇日もかかり、旅費がつきてしまったので借財しなければならなかったと称し、元金と高率の利息の返済の為に、給与の受領時に各々の割り当て分を差し引くことを要求する。その結果、軍士は給与の一割を失い、これを何回もくりかえすので、受領の前に既に五割を失ってしまうという。委官が受領に赴いて、出先での借財を理由に軍士を搾取したことが窺えるが、「軍中の豪猾」とは如何なる者なのか。前掲の「安辺二十四議疏」に、

為委官者、率皆罷閑武弁、貪饕素著。

とあり、休職や退役した軍官が多かったとみられる。更に、

至如広寧千総張九叙等、仮称買馬、扣侵月糧一千八百両。瀋陽委官于良臣等、侵欺十七年月糧四百余両、至今未給。此侵欺之弊也。

とあり、彼らは受領・運搬の過程で種々の名目で軍士の給与を横領したのである。其の背景について、

蓋由遼中文官甚少、勢不得不専委武官、故敢肆無忌憚如此耳。

とある。明初以来、特殊な軍政地域だった遼東でも、既に官僚が給与の支給機構を掌握していたが、官僚が少ない為に軍官を給与支給に関与させなければならなかったのである。この頃、遼東では広寧の戸部郎中の外に、巡撫の下に寧前兵備道・分巡遼海東寧道・開原兵備道・分守遼海東寧道・金復海蓋兵備道の五道員が駐箚していた(3)。しかし、兵

科都給事中侯先春は、「安辺二十四議疏」で、

邇者戸部題奉欽依、戸司収放銭糧、各道稽査奸弊。法至善矣。夫曰収放銭糧、則稽査已在其中。曰稽査奸弊、則収放豈非其責。蓋欲使之同心共済、互相査核、非故岐而二之也。况該道凡五、而部司惟一。該道于各城堡為近、而部司為遠。倘該道曰、出納銭糧、非我責也。一槩聴之委官、而不之問、則部司一人之耳目、豈能周徧于二千里之間、而各道所謂稽査者、又安在哉。

とのべ、戸部郎中に軍糧の出納を、道員に不正の取締りを分担させようという戸部の案に対し、二つの職務は重複するので分割できず、もし道員を出納に関与させなければ委官にまかせてしまうことになるが、戸部郎中一員では監視が行き届かないと主張した。駐劄する官僚が少ないうえに、各官僚の権限や職務の範囲が必ずしも明確でなく、相互の連絡がよくなかったことが看取できる。(4) 支給機構の不備が委官の搾取を助長し、軍士の被害を大きくしたわけだが、それは遼東のみではなく、対外的緊張の高まりによって配備の兵力が急速に増加した北辺や東南の各地域でみられた。

四　其の他の弊害

集積地から駐屯地までの間に前述の諸弊があり、軍士の給与は既に規程通りの支給が困難だったが、更に動員先における軍官の搾取が加わった。軍士は種々の名目で搾取され、給与の支給状態は更に劣悪になった。『皇明経世文編』巻三〇四「劉帯川辺防議」によれば、薊遼保定総督劉焘は、モンゴルと中国の風俗が異なる為、間諜を潜入させるのが難しいので、狼煙・砲声・旗等で軍情を遞伝する墩台の役割は極めて重要だが、全く機能していないとのべ、其の原因について、

但、墩軍之弊、難以悉挙何也。上受其賄、而下買其閑也。墩軍月粮二石、其優恤者、不為不至矣。但軍無入家之粮、是以墩無可守之軍。自其科歛之弊言之、有曰火把銭、有曰坐月銭、有曰空閑銭、有曰節礼銭。各項名色、計出千般。此銭一欠、則査点行焉。査点不到、則綑打行焉。是故軍用朝廷之銭粮、給前項之科歛《ママ》。弁納不欠、雖不上墩亦可也。弁納不全、雖在墩猶罰焉。軍士借官粮、以逸其身。下官仮公事、以遂其欲。是以毎墩或七人或五人、雖有食粮之数、実無在墩之軍、而全墩倶無者亦多矣。是故烽火之明、墩軍有不可以為恃者也。

と指摘した。墩軍はその任務の困難さに対し、一般軍士の倍額に当たる月糧二石を支給され、一台に五～七人が配置されているはずで、現に其の給与も支出されているのに、実際には軍士が全くいない墩台が少なくない。軍官は種々の得体の知れない名目を設けて軍士に金品を強要し、軍士が少しでもこれに応じないと、突然点検を行って粗探しをし不備を理由に私刑を加えるという。結局、給与は軍士の手に入らず、軍士は給与を軍官に差し出して任務をのがれているわけだが、監視が行き届かない前線の部隊ほど、このような弊害が深刻だったと考えられる。

この外に、所謂無頼が辺鎮に入り込み、軍官と軍士の間に介在して弊害を齎すことも少なくなかった。前掲の侯先春の「安辺二十四議疏」に、

曰禁游食、游食之人、天下皆有之、而所趨惟辺方、所争趨又惟遼東何也。時可乗而利多也。有仮勘合、以出関者。始也不惜厚賄、従左府買得勘合、以為奇貨可居矣。……又有持挟古玩、仮托異術、鑽書刺干謁辺臣、生平無半面之交、而覬覦獲千金之利。辺臣不能取諸宮中也。而送之各将領、名曰作興。各将領又不能取諸宮中也。而索之軍士、亦名曰作興。於是十金五金、預扣月餉者有矣。以一索二、以五索十者有矣。此軍士之膏脂、亦国家帑蔵也。

とある。游食の徒が賄賂によって、遼東都司を管轄する左軍都督府から、一定の使命を帯びた使者であることを証明する勘合を発行させて遼東に赴き、口実を設けて遼東在任の辺臣に近付き利をもとめるが、辺臣は彼らによって毀誉

褒貶が京師に伝わることを恐れ、配下の軍官のところに送ってしまう。軍官も同様で、結局、軍士から搾取することになるが、軍官はこれを好機として、金品を確保する為に月糧から大幅に差し引いて徴収するという。軍士は理由も不明のままに月糧が目減りすることになる。以上の如く、軍士の給与は、駐屯地で軍士の手に渡るまでのあらゆる過程で、搾取・横領の対象だった。その結果、第一節で述べたように、宣府・大同・遼東等の北辺の各鎮や、福建・浙江等の大兵力が動員された地域では、支給の遅延や不払いが頻繁におこっていたのである。

五　軍士の減少

劣悪な給与の支給状況に対して、軍士の側にはどのような動きが見られたのか。前掲の「條上地方極弊十五事疏」によれば、山西から薊州鎮に動員された軍士は、一日に一升五合の行糧が支給されるはずだが、実際には糠秕や沙土が混入されていたり、一〇日以上も支給されない場合があり、其の結果、軍士は装備を質入れしたり逃亡したりすることになるという。本来、割り当てられた装備は軍士が管理し、必要なときには月糧から費用を出して補修しつつ維持しなければならない。軍器を遺棄した場合でも一件につき杖二〇で、私売は杖一〇〇のうえ辺軍に充てるとの極めて厳しい規程があったが、(5)十分な給与を受けられない軍士は装備を質入れや売却せざるを得なかった。流出したこれらの軍器は、社会不安や軍事的緊張を更に激化させたと考えられる。また『皇明経世文編』巻一八一・桂萼「進沿邊事宜疏」に、

一、宣大二鎮地方、事体大畧相同。有収則米賤難売而病農、無収則米価湧貴而病官。又有世家豪商、乗青黄不接之時、低価撒放於農、而秋成倍収厚利。低価預買俸糧、而臨倉頂名冒支。官軍窮困之根、実在於此。

とあり、前述の侯先春の疏に、

曰核給散、遼地軍無他産、資餉以生至急也。邇年支給毎不依期、有両三月而後給散者。軍丁無食、称貸于有力之家。若起一月息、所得僅十之七。二月息、所得僅十之三。月久則尽為他人有矣。此給散不時之弊也。

とある。「世家・豪商」は米価のあがる端境期を利用して高利の貸付けを行い、借財している軍士の名義をつかって給与を受領してしまう。一ヶ月で三割に及ぶ高利の借財をした軍士は、支給が概ね三ヶ月遅れれば、その後規程通りの額が支給されたとしても全く手元には残らないことになる。不払いの場合は勿論だが、支給が遅延するだけで軍士の生活は容易に破壊され、結局逃亡せざるを得ない状況に追いこまれるわけである。『皇明経世文編』巻一九〇・毛憲「言備辺患事」に、

夫軍士所資以養育者月糧也。今月糧且不足、而況于燕賞乎。竊念沿辺軍士、枕戈待旦、朝不謀夕、其労苦較之内軍百倍。内軍或時得賞賜、而辺軍乃月糧不給、誠為可憫。臣聞山西潞州等衛、至有六七十月而不給糧者。父母妻子、無所仰頼、方且逃遁之不暇、顧何以責其出死力以禦寇乎。

とあり、山西都司管下の潞州衛等でも、給与の不払いによって軍士とその家族が逃亡を余儀なくされつつあった。不払いや遅延の被害は、内地の軍よりも辺軍において甚だしく、辺軍でも原衛に在る主兵よりも、他処から動員されて給与にたよるしかない客兵の場合に最も深刻だったとみられる。嘉靖初の記事だが『皇明経世文編』巻一〇一・李承勛「陳言辺務疏」に、

照得、開原并各城堡逃軍、先因月糧・賞賜、数年欠支、内外各官、科歛《ママ》民財、逼買貂鼠・馬匹・夷器等物、以匱其財、搶奪首級、淫占婦女、以失其心、此等軍役、一身在逃、家産尽棄、妻子・田地、属之他人。今聞此輩多在金・復等衛及海島等処潜住。若銭糧充足之時、出給告示、許其自首還伍。若十日之内自首者、将在前欠伊月糧、

一併通給、二十日首者、准給一半、一月首者、准三分之一。違者許諸人首告捉拿、并窩家両鄰、照例問罪。解発在前拖欠月糧、通不補放。俟其到衛、追還妻子、以繫其心、給与原産、以安其業、則人心固、而軍伍実矣。

とある。巡撫遼東・右副都御史李承勛によれば、辺墻の東北端に近い開原や附近の城堡に配置された軍士は、数年に及ぶ月糧の不払いと、軍官の搾取によって生活が破綻した結果、家族は離散し、本人は遼東半島南端の金州衛や復州衛あるいは附近の海島に潜んでいるという。李承勛は、不払い分の支給を約束することによって、逃亡軍士を自首させて員数を確保せんとし、その財源となる軍糧や銀の送付をもとめた。不払い期間の長さと、逃亡範囲の広さが注目されるが、給与の不払いや遅延が軍士の逃亡をひき起こし、深刻な兵力不足に陥っていたことがうかがえる。東南沿海地域でも、同様の事態が起こっていたことは第一節で述べたとおりであり、兵力不足から沿海地域の防衛に支障を来たしていたのである。原額の員数に比べて実数が少ないのは主に軍士の逃亡によるが、逃亡があった場合の上官の罰則規定にも問題があった。万暦の史料だが『皇明経世文編』巻三八五・呉時来「応詔陳言辺務疏」に、

五曰、寛在逃之律、以実軍伍。臣聞各辺軍士逃亡、其実不及旧額之半。今委官査点、各数俱在、而実則亡何也。蓋公畏律条之重、而私冒支粮之利也。臣査大明律、親管頭目、不行用人鈐束、致有軍人在逃、小旗名下、逃去五名者、降充軍人。総旗名下、逃去二十五名者、降充小旗。百戸名下、逃去一十名者、減俸一石。遞減至逃去五十名者、追奪降充総旗。以是各親管官、不敢開逃、逃愈多愈不敢報。

とある。軍士が逃亡して額数の半分もいないにもかかわらず、点呼をとると員数がそろっているという。呉時来はその理由を二つ指摘した。一つには、軍官が指揮下の軍士の給与を一括して受領し各軍士に支給するので、軍士の逃亡を報告せずに額数と実数の差額を着服しようとする。二つには、配下に逃亡があったときの軍官に対する罰則が厳しいことである。記事にもあるが『大明律』巻一四・兵律二・軍政「従征守禦官軍逃」によれば、軍士一〇人を統率す

る小旗は逃亡者五人で軍士に降格、五小旗と軍士五〇人を指揮する総旗は逃亡者二五人で小旗に降格、百戸は逃亡者一〇人で減俸一石、二〇人で二石、三〇人で三石、四〇人で四石、五〇人で総旗に降格、千戸は逃亡者一〇〇人で減俸一石、二〇〇人で二石、三〇〇人で三石、四〇〇人で四石、五〇〇人で百戸に降格とあり、概ね配下の半数の逃亡で一段階降格となる。指揮使以上についての規程はないが、世襲を原則として生活を保障されているものの、給与の低い下級の軍官にとって非常に重い罰則といえる。軍士が逃亡しても軍官の報告がなければ追捕は行われず、逃亡は益々多くなったであろう。給与の不払いや支給の遅延は、軍士の逃亡と兵力の減少をまねいたが、更に兵変の契機ともなった。『趙氏家蔵集』巻五「咨総督胡侍郎海防事宜」に、

　拠総欠《ママ》盧堂《ママ》等呈称、調到海船及兵腸《ママ》裏郷兵、各欠行糧七月。兵士嗷嗷、咸慮生変。本部急将戸・兵二部募餉銀各三万両、権給各兵、僅充三月之数。余月銭粮、将何抵給。今浙直連年用兵、民困已極、無可加徴、将安措処。

とある。海防状況の督察の為に、嘉靖三四年に江南に派遣された工部右侍郎趙文華が、総督胡宗憲にあてたものだが、動員された郷兵等の行糧が七ヶ月も支給されておらず、兵変の発生が危惧される状態であった。規定では行糧は沿途の州県が支出すべきものであるが、急遽戸兵二部から六万両を調達して支給せざるを得なかった。それでも三ヶ月分にしかならず、郷兵等の不満が増大して不穏な形勢をまねいたのである。この時は兵変に至らなかったが、嘉靖三九年（一五六〇）には南京の振武営で叛乱がおこった。川勝守氏が明らかにされたように[6]、これは、妻に対する増加手当として支給されていた妻糧の削減を機として勃発した事件であった。明朝政府は非常な努力をはらって膨大な軍事費を注ぎ込み、人民は呻吟しつつもこれを負担した。その結果、軍に供給すべき米・銀は必ずしも不足していたわけではない。それにも拘わらず、支給過程での横領によって、末端の軍士レベルでは、数ヶ月から数年に及ぶ給与の不払いや遅配が恒常的にみられたのである。軍士は装備の売却や借財を重ねた揚句、生活が破綻して逃亡せざるを得ず、

その結果兵力が減少し、更には兵変すら誘発して、北辺や東南沿海地域の防衛に重大な支障をきたしたのである。

小結

後方の集積地から、前線の駐屯地の全てに月糧を輸送することは不可能で、各駐屯地から委官を派遣して受領させたが、軍士の手に渡るまで間に多くの不正が行われた。集積地では出納の実務に当たる倉吏があらゆる手段で横領し、受領に赴く委官は種々の口実を設けて詐取した。更に現地での軍官の搾取が加わり、軍士の生活は破綻せざるを得なかったのである。中期に露呈した給与支給上の弊害は、後期に至っても改善されず、寧ろ更に甚だしくなっていた。対外関係の緊張が高まった嘉靖期以降、大軍を配置しなければならない北辺や東南沿海地域では、深刻な兵力不足にみまわれていた。兵力不足は軍士の逃亡によるものであり、逃亡は給与が支給されないからである。諸弊の中で米・銀換算率の不備は、当初の固定した換算率から、徐々に米価に応じて変動するかたちに改められ、少なくとも規定の上では改善されていった。しかし、人為的な弊害は更に激化しており、明朝政府は経費が増大する反面、兵力が減少し軍事力が低下するという矛盾した状況に苦しまなければならなかったのである。軍士の逃亡は家族の離散を伴い、生活の基盤を喪失した多数の遊民を発生させるとともに、武器の流失や拡散をも招いて社会不安を増大させたと考えられる。

次に月糧や賜与と並んで給与の重要な一環をなした行糧の支給規定とその実情についてみてみよう。

註

（1）『太函集』巻八九「遼東善後事宜疏」によれば、薊州・昌平では一石を七銭とし、保定では八銭で遼東は二銭五分として支給した。

（2）万暦『大明会典』巻四一・戸部二八・経費二・月糧によれば、遼東は折銀支給が最も早く本格化した地域の一つで、成化二〇年に上半年は本色で、下半年は一石を銀二銭五分に換算して折銀支給となった。しかし、其の後、各地の換算値が次第に引き上げられた時も遼東では据え置かれ、嘉靖三九年に漸く米価の高騰時に四銭五分にすることが認められ、万暦九年に六銭に改められた。

（3）万暦『大明会典』巻一二八・鎮守三・督撫兵備

（4）侯先春は委官の侵欺を防止する対策として、同疏で、

合無今後京運到日、部司即于三五日内、分発各道、委官当面秤兌対針足数、開写錠件封鎖厳密。委官領至、該道当面験封、査数税兌明白、分鑿碎封、該道親自掣験、各用印封、再委別官、唱名給散。仍不時謫《ママ》取一軍審験、以防侵尅、庶軍得実恵、而不失戸部題准初意矣。

とのべた。京運年例銀が広寧に着いたら、戸部郎中はすぐに各道に通達し、派遣された委官に封印・計量を確認させた上で運ばせ、到着したら道員が自ら確かめ別の委官に支給させる。其の際、軍士を呼名して、本人であることを確認した上で支給し、道員は任意の軍士について規程通り支給されたか否かを検査するという。官僚による監視を強化することによって軍官の不正を禁遏しようとする官僚の意図が窺える。

（5）『大明律』巻一四・兵律二・軍政「私売軍器」・「毀棄軍器」

（6）川勝守氏「明末、南京兵士の叛乱」（『星博士退官記念　中国史論集』星斌夫先生退官記念事業会・一九七八年）

第四章　行　糧

一　支給規定の変化

各衛所から軍士が動員される場合、規定では、所属の衛から出動前に軍士・馬匹数を戸部に報告し、部隊が通過する州県の官司は予め戸部の指示をうけ、部隊が到着すると人馬数を確認した上で行糧・馬草を支給し、その支給額を戸部に報告することになっていた。(1) 明初では一人当たりの支給額や支給条件は明確ではなかったが、宣徳朝に入ると、各処の鎮守総兵官が統率する軍士に月に四斗五升、京営に番上してくる軍士には月三斗の行糧を支給することになり支給額が明示された。本来一日ごとに支給される行糧が、月単位で定額を支給する規定が定められたのは、各処に総兵官が常駐するなど、動員が長期に亙る場合が多くなった為であろう。更に、正統朝では出動距離についての規定があらわれた。大同の例をみると、各地から動員された客兵に対し、宣徳一〇年（一四三五）以後、月五斗の行糧が支給されていたが、正統二年（一四三七）に、巡辺の軍士には、行糧の外に月に豆一石二斗の馬料も加えることが承認された。(2) 更に同六年（一四四一）、大同境外の墩堡に配置されたり、或いは城堡を離れること一〇〇里以上の軍士への行糧支給が認められた。(3) 支給の為の距離的な条件が初めて定められたわけだが、同一〇年（一四四五）には、寧夏でも沿辺の城堡の修築に動員される場合、駐屯地を一〇〇里以上離れた軍士には日に一升の行糧を支給することとした(4)。大同や寧夏では、一〇〇里以上の出動距離が行糧支給の条件となったことが確認できるが、動員の期間には言及していない。日数についての条件があらわれるのは、景泰三年（一四五二）、四川の松潘等の衛であり、原衛から三〇〇里・行程五日以上の地で諸任務につく軍士に行糧を支給した(5)。ただ、ここでは原衛が距離算定の起点となっているが、西南辺と異なり遠隔地からの客兵が多い北辺では、原衛から駐屯地である営までと、その営を起点として出動する場合の両方にこれらの条件が適用されたと見られる。成化一五年（一四七九）に至って、これ迄の諸条件をまとめるかたちで、支給の規定が定められた。この規定では、各辺の軍士が守備や城堡の修築、あるいは枯れた秋草を焼き払う焼荒に動員されたとき、営から距離一〇〇里及び行程五日以内ならば、人馬の糧・料を携帯できるので行糧を支給しない。もし条件に合致せずに支給した場合は帰営後に月糧から扣除する。しかし糧・料を携帯できない緊急の出動のときは一〇〇里・五日以内でも支給してよいとする(6)。正統朝以来の各地の諸規定をまとめ、駐屯地から一〇〇里及び五日以上の出動の場合に行糧を支給することになったわけである。つづいて、弘治二年（一四八九）沿辺の地で征哨・按伏・備堡等の任務に動員され、出動距離が一〇〇里以上の場合には、軍士に日に行糧一升七合、馬に料三升・草一束を支給することが命ぜられ、もし一〇〇里以内で支給したときには、巡撫・巡按御史に参奏（処罰を要請）せしめることとした(7)。距離条件を再確認すると共に、支給の監視体制を強化したわけだが、この成化一五年と弘治二年の規定が其の後の行糧支給の基本的規定となった。しかし、これらの機械的な規定が、実際の運用にあたって種々の弊害を生じたことも確かである。例えば『東涯集』巻六・疏二「広儲蓄以備軍需以防虜患疏」に、

　査得大明会典開載成化一五年令、各辺防護・修墩・焼荒官軍、若有百里及五日之内、堪自備糧料者、不許関支行糧・馬草。若五日及百里之外者、聴令関支。其遇警截殺、探賊按伏官軍、不能自帯糧料者、並聴随処関支。又弘

治二年奏准、沿辺各衛所、征哨并按伏・備堡等項官軍、出百里之外者、倶日支口糧一升五合、都指揮・把総等官、日支廩米三升、備禦官軍、日支行糧一升七合・馬料三升・草一束。在営草料住支。欽此欽遵。看得会典所載、蓋為行兵五日、及有警按伏、暫往暫来者而言、未嘗及防秋久住之軍也。即今防秋軍士、派定各辺防守、頃刻不敢暫離。蓋自六月赴辺、至九月方回、昼夜戒厳、且幇補辺墻、辛苦万状、不可勝言。若照前例、百里之内者、一槩不給行糧、其勢必使防秋軍士、日毎回家、自取飲食、及令各軍妻子、日逐親自負送。若無家属、憑誰転輸。

とある。この上奏は嘉靖二五年（一五四六）であり、翁万達は宣大総督の地位に在った。当時も、成化一五年・弘治二年に示された条件が、準拠すべき規定として存続していたことが確認できるが、翁万達は、日数の条件は短時間の出動を前提として定められた規定であって、毎年、六〜九月にもわたる長期の動員を必要とする現状にはそぐわないと指摘し、一〇〇里以上の条件を厳密に適用すれば、秋防の任務についている軍士を飲食の為に帰宅させるか、妻子に運ばせねばならないと述べた。翁万達は更に、

照得、今日擺辺、尽将各路馬歩官軍、調赴墻下。……令其不分風雨、無間昼夜、披堅執鋭、寝甲枕弋、常如虜在目前。兼以幇修墻垣、堆積石塊、擔水造飯、提鈴転籌、各有責成。蓋無時刻可以摘離者。豈非截殺・按伏之類邪。遣行於六月之半、而議掣於十月之終、往返之間、動幾半載。尚可計五日之内外邪。

とのべる。軍士は、常時、臨戦体制で待機すると同時に、城堡の保修などにも駆り出され、更に日常の任務もあり、其の困苦は行糧支給を認められている截殺（防禦・戦闘）や按伏（偵察）等の任務と全く差違はない。しかも、動員は六月半ばから十月末にわたる状況の下で、会典の五日内外の規定は意味があるのかと主張した。一〇〇里内外の規定についても、

苟行糧不足取於官、非放帰令其自弁、則運送付之家人。如放帰也、雖三二十里之近、去帰一日、託以羅買一日、

比其赴辺、則又一日。況又有家無擔石、称貸罔資、而竟至泯没者乎。如運送也、数口之家、出戍者一人、則転輸者又一人。未免老稚婦女、奔走於窮荒絶塞之下、已非人情。況又有単丁隻身、無人可藉者乎。

とある。軍士の任務をはずして、帰宅して食料を自弁させようとすれば、近距離でも往復と購入に三日かかることになり、家族に運ばせせると軍士の外にもう一人が必要となり、家族の負担が極めて大きいとのべた。更に、

前項防守応援官軍、百里之外者什五、百里之内者亦什五。若将百里外者、日支料糧、百里内者不支、則防守既同、支否頓異、揆之物情、似有不堪。

とあり、宣府・大同には各処から多くの客兵が動員されてくるが、一〇〇里の内と外がほぼ半数ずつであり、同じ任務についているのに、一方が行糧を支給され一方は支給されない状況は極めて好ましくないと指摘した。又、

如軍士同一城堡者、揆赴擺辺、自某墩起、至某墩止、有起処不及百里、而止処又踰百里者、抑何所区別、而使之一一中理乎。此皆勢之滞礙而不可行者。

とあり、軍士が各墩堡の配置につく場合も、どこで一〇〇里と算定するのか明らかではなく、事実上この規定は意味がないと主張する。これらの矛盾は、モンゴルの圧迫が強まった嘉靖なかばの時期に、約六〇年前の規定をそのまま適用すれば当然生じるものであり、翁万達は規定の弾力的な解釈を試みた。

拠此、職伏覩大明会典所載、防護・修墩・焼荒、分百里・五日内外者、蓋修墩・焼荒、約其所住之日不多。故首分百里、随分五日。又繋堪以自備之説、蓋一人帯所自用者、力之所能、僅五日耳。五日之外、未必不仰給於官也。故又曰、五日及百里之外者、聴令関支、不曰五日。而又曰五日及百里之外。蓋百里之外、自是応支、而加以五日者、恐指百里以内言也。又曰、其遇警截殺、探賊按伏、官軍不能自帯粮料者、並聴随処関支。又有変於先意之意。百里・五日、又非所限矣。惟先朝裁定会典之時、尚未有擺辺之事、而縁情立法、亦自檃括。即其文意、而可以類

推也。

とあり、制定当時と現状は異なるのだから、文意に即して類推しなければならないとし、一〇〇里以上の場合には日数にかかわらず当然支給されるべきであるし、五日とあるのは一〇〇里以内のときに支給すべき条件をいっているのだという。そして宣府・大同及び山西の極辺で防秋の任につく軍士には、一〇〇里の内外を問わず全て行糧料草を支給することを強くもとめた。

このころ、多くの官僚が同様の意見をのべたが、実際に支給規定が変更されたのは嘉靖二九年（一五五〇）以後である。この年には庚戌の変が起こり、その結果、辺防体制の矛盾が一挙に表面化したが、当時すでに北辺でも家丁や召募兵が軍事力の中核となっており、衛所は兵力源としての機能を失いつつあった。かかる状況の下で成化・弘治朝の規定が全く実情にそぐわなくなっていたのである。支給条件の改定は、まず嘉靖二九年、密雲・馬蘭谷・太平寨・燕河営の四路の墩堡の守備につく軍士に対し、七～一〇月の防秋の期間は、月に二斗の行糧を全員に支給することが承認された(8)。これによって五日内外の条件は事実上解消したが、一〇〇里内外の規定はまだ存続していた。例えば嘉靖三二年（一五五三）三関鎮の例では、都指揮使に廩米を日に三升・指揮使以下には行糧一升五合を支給したが、その条件は弘治二年の規定に従って出動一〇〇里以上とされた(9)。又、翌三三年（一五五四）にも蘇州府・松江府・浙江の各地域に於いて、沿海の防衛に動員される軍士で、出動距離が一〇〇里以上の場合には日に一升五合の行糧を支給したが、一〇〇里以内は各自の月糧によって自弁させた(10)。この距離条件が緩和されたのは翌三四年（一五五五）であり、薊州・密雲・昌平の各鎮について、一〇〇里以上の出動距離のときには全額支給、五〇里以上一〇〇里までの距離でも七～一〇月の防秋の期間内で、しかも敵の動きが活発で、臨戦態勢をとって配置についた場合との条件付きだが、一日おきに支給する。五〇里以下は自弁させ行糧は支給しないと定めた。しかし、敵と対峙したり緊急の事態が生じた時には、五〇～一〇〇里のときも毎日支給、五〇里以下でも隔日支給をゆるした。従来の一〇〇里内外に[11]、新たに五〇里内外の規定を加えて三段階とし、条件付きながら支給範囲を拡大したわけである。更に隆慶五年に至り、同じ薊州・永平・昌平・密雲の各鎮において「昼夜擺守・与賊対壘」の場合との条件がついているが、五〇里内でも全額支給されることになった[12]。支給が毎日か隔日か等の差違はあるが、出動距離についての条件がほぼなくなり、支給規定が大幅に緩和された。以上の如く、諸条件の緩和は庚戌の変後に顕著にあらわれた。これらの緩和策は、当時広範に行われた軍事力再建のための措置の一環だったとみられ、その結果、行糧は動員された場合にはほぼ全員に支給されることになり、月糧の不足を補填する役割を果すことになった。

二　支給額

次に行糧の額について検討する。万暦『大明会典』巻三九・戸部二六・廩禄二・行糧馬草に記載された支給額を表示すると次のとおりである。

	時期	支給額	地域	対象
①	宣徳3	月支4斗5升	各処	鎮守総兵官が帯同する軍士
②	3	月支3斗	京営	各衛より京営に番上する軍士
③	10	月支5斗	大同	各処より大同に番戍する軍士
④	正統2	月支5斗 料豆1石2斗	大同	巡辺の軍士
⑤	4	月支3斗	甘粛・寧夏	出境して征進・進勦・探聴・巡羅・哨瞭に任ずる各衛の軍士
⑥	5	月支4斗	京営	梁城守禦千戸所から京営に番上する軍士
⑦	5	月支5斗	甘粛・寧夏 延綏	寨堡の守備にあたる軍士
⑧	6	月支4斗5升	遼東	沿辺で城堡・墩堡の守備や哨瞭にあたる軍士

⑨	7	日支 1升	密雲	夜不収・出境して巡哨する軍士
⑩	8	月支 4斗	京営	河南・山東から京営に番上する軍士
⑪	8	月支 4斗	天寿山	工事に動員された軍士
⑫	8	月に添支 2斗	宣府	夜不収・墩軍
⑬	10	日支 1升	寧夏	沿辺で修砌にあたる軍士
⑭	14	日支 1升	寧夏	巡哨にあたる軍士
⑮	景泰 3	月支 4斗	福建	腹裏・沿海の衛所から動員され沿海の防衛にあたる軍士
⑯	3	2ヶ月で8斗 6ヶ月で 2石8斗	南京	各衛の余丁で動員されたもの
⑰	4	月支 2斗	京衛	各衛の余丁で動員されたもの
⑱	天順 5	日支 1升5合	／	達官軍士の動員されたもの
⑲	成化 8	日支 2升5合	／	達官軍の舎人・余丁で動員されたもの
⑳	弘治 2	日支 1升5～7合	沿辺	出動一〇〇里以上の地で征哨・按伏・備堡・備禦にあたる軍士
㉑	嘉靖 6	月支 2斗	遼東	夜不収
㉒	11	日支 2升2合	沿辺の各鎮	敵と交戦あるいは緊急の哨探にあたる軍士
㉓	13	月支 4斗5升	広東	広州等の六一衛の屯軍で動員されたもの
㉔	28	月支4斗5升（折銀希望者は月支2銭2分5釐）	四川 湖広	動員された土司兵
㉕	29	月支 2斗（7～10月）	密雲・馬蘭谷・太平寨 燕河営	防秋の墩軍・夜不収
㉖	31	月支4斗5升（1石＝6銭3分で折銀）	大同	寧夏から大同に動員された軍士
㉗	41	月支 4斗5升	薊州 遼東	遊撃・操練に従う軍士
㉘	44	月支 3斗	薊州	地薄人稀の地に配置された軍士
㉙	44	月支 2斗	遼東	沿辺の城堡の哨守・夜不収・墩軍

洪武・永楽朝での行糧の支給額は明らかではないが、表示したように宣徳朝に入り①・②・③の規定があらわれる。この中②の京営の番上軍は月支三斗だが、正統朝では⑥・⑩に示されるように四斗に増額された。番上軍は各地の衛所から派出されたが、河南・山東が⑩の如く四斗となったことからみて、月支四斗が番上軍の行糧支給額の規準となったと考えられる。北辺をみると③にあるように、大同への番戍軍は京営番上軍よりも多い月支五斗で、この支給額は正統朝に入り④でも確認される。甘粛や寧夏では⑤で月支三斗、⑦で五斗と異なるが、これは増額されたのではなく、

⑦は遠隔地での長期に亙る任務に対する優遇措置だったと思われる。なぜなら⑬・⑭にあるように、比較的短期です む任務の時は日支一升であり、月に換算すれば三斗となるので、⑤の規定が維持されていたとみられるからである。⑧の遼東では月支四斗五升の規定がある。これらから、正統朝の北辺では任務内容によっても異なるが、月支三斗・四斗五升・五斗の地域があったといえよう。景泰朝には⑮・⑯の如く、北辺や京営だけでなく、福建や南京でも支給額が定められたが月支四斗で、京営番上軍と同額であった。前述のように、成化一五年と弘治二年の規定がその後の規準となったが、前者は「五日及百里外」の支給条件を記すのみで支給額についての言及はない。弘治二年の規定では、備禦の軍士の行糧は一升七合とされたが、実際には一升五合の場合が多かった。嘉靖朝では㉓・㉔の如く、広東・四川・湖広等でも月支四斗五升であり、㉖・㉗にみられるように北辺でも同額である。これらは動員が長期に亙り、日支一升五合を月単位で支給した額であり、弘治以後行糧の支給額は日支一升五合、月支の場合は四斗五升が規準になったと考えて大過あるまい。ただ、夜不収（探索や哨戒等の特殊任務に当たる兵士）や墩軍（狼煙台の兵士）は、⑨で日支一升の密雲の例があるが、正統八年の⑫の規定より後、㉑・㉕・㉙と北辺各地とも月支二斗で一般軍士よりも少なくなっている。これは夜不収や墩軍が極めて困難な任務なので、月糧が一般の軍士の倍額となっている為であろう。支給額が明示された宣徳朝で、すでに①の四斗五升の例がみられ、支給条件には種々の変化があったが、支給額には大きな変動はなかったといえる。

次に軍官の行糧についてみてみよう。支給額が明示されたのは天順五年（一四六一）で明実録・同年三月戊午の条に、

命給総兵官・都督僉事顔彪所帯指揮人等行糧・馬匹草料。指揮・千・百戸・鎮撫・書弁吏、日糧三升。舎人・総・小旗・軍・報効吏、日糧一升五合。家人日糧一升。馬毎匹料四升・草一束。

とあり、この記事に基づいた万暦『大明会典』巻三九・戸部二六・廩禄二・行糧馬草所載の規定には、

天順五年奏准、凡都督等官、率領達官軍人征勦者、都督・都指揮、日支行糧三升、指揮・千・百戸・鎮撫・頭目・旗・軍一升五合、舎人・儒士・家人一升、馬毎匹日支料四升・草一束。

とある。明実録の例では指揮使・千戸・百戸等は日支三升で、総旗・小旗・軍士等が一升五合、将校の家人は一升だが、万暦『大明会典』所載の規定では、同じく三段階だが都督・都指揮使に三升、指揮使・千戸・百戸等には軍士と同じ一升五合となっている。同書の嘉靖三二年の規定では、

三十二年議准、三関鎮把総等官、及跟官旗牌、務遵弘治二年例、如遇征調、出百里之外、把総若係都指揮、支廩米三升、領軍頭目、不分指揮・千・百戸并旗牌官、日支行糧一升五合

とあり、都指揮使は廩米の名称で三升、指揮使・千・百戸等は軍士と同額の一升五合であった。弘治二年の例を遵守してとあるが、弘治二年の規定では、都指揮使の廩米額を定めてあるだけで指揮使以下の支給額は示しておらず、むしろ天順五年の例に沿った内容である。翌三三年の条には、

三十三年題准、蘇・松・浙江禦倭将士、除百里内月糧自給外、其余征行調集百里外、総兵・参将・守備、都督・都指揮等官、日支米五升。千・把総、署都指揮等官、日支米三升。管隊官、不分指揮・千・百戸并旗・軍、倶日支行糧一升五合。馬匹倶料三升・草一束。

とある。江南の例だが都督・都指揮使等は五升、署都指揮は三升、指揮使以下は一升五合である。都指揮使と署都指揮で差違があり三段階になっているが、都指揮使クラスと指揮使以下で分けられ、指揮使・千戸・百戸等は軍士と同額である点は、やはり、天順朝以来の規定がおおむね維持されていたといえる。ただ、嘉靖三二年の例で把総の任にあるのが都指揮使であるならばといい、或いは領軍の頭目は指揮使・千戸・百戸等を分かたずといい、三三年の規定

でも、総兵官・参将・守備に任ずる都督・都指揮使、千総・把総になる署都指揮とあり、管隊官は指揮使・千戸・百戸等を分かたずとある。天順五年の規定が官銜のみによって支給額を示したのと異なり、任務と官銜を並記しむしろ任務によって支給額を定めている。

この変化の背景には武官数の変化があったと思われる。『涓厓文集』巻二「再辞礼部尚書」によれば、嘉靖初年、礼部尚書霍韜は、洪武の頃の軍官は二万八七五四人だったが、成化六年（一四七〇）には八万一三二〇人と四倍になり、その後更にどれだけ増加したかわからないと述べた。これらの有資格者を吸収するためのポストが次々に添設された結果として『穀城山館文集』巻四〇「練兵議」に、

国初、設立武将・都司・衛所、体統相維、而総兵・参・遊等官、間一設置、其員甚少、其任甚重。故権有所帰、而事無所廃。近年以来、止為補偏救弊之方、不思抜本塞源之計。官日増於上、軍日困於下。自総兵而下、非衛所正官、随在添設、一事而数人治之、不免疊床架閣之弊。一卒而数将守之、且有十羊九牧之譏。……嘗考衛所之制、一衛官軍、約五千六百員名、今一総兵所部乃三千耳。是為一指揮之任、設一総兵也。而指揮之隷属者、何啻数十。一所官軍、約一千二百員名、今一守備所統、甚者止五・六百名。是為一千戸之任、設数守備也。而千戸之隷属者、何啻数十。

とあるように、各軍官の統率する軍士数が減少すると同時に、同一任務により高い官銜のものがつくことになり、実職のポストと官銜の対応関係が著しく変化したのである。嘉靖三二・三三年の支給規定はかかる状勢に対応したものと考えられる。

ただ、軍官の支給額が軍士に比して必ずしも多くはなく、特に指揮使・千戸・百戸等が軍士と同額であったことは月糧の場合と大きく異なる点である。月糧の額は地域や時期によって異なるが、正徳『金山衛志』巻三・兵政・餉給

所載の例では以下のとおりであった。指揮使＝七石、指揮同知＝五石二斗、指揮僉事＝四石八斗、衛経歴＝二石、衛鎮撫＝三石二斗、正千戸＝三石二斗、所鎮撫＝二石四斗、百戸＝三石、儒学教授＝五石、総旗＝八斗、小旗＝八斗、軍士＝八斗である。軍士に比べると百戸で三・八倍、千戸は四倍、指揮使は八・八倍と非常な差違がある。月糧は妻の有無によって支給額に差違があることにも示されるように、家族を含めた生活費としての性格が強いが、行糧は本来本人のみを対象にした出動期間中の食糧確保の為の給与であり、支給額に月糧程の差がないのは行糧の基本的な性格を示している。

又、行糧は米が原則だが次第に折銀支給が進んだ。前掲の表㉔に示したように、嘉靖二八年（一五四九）には湖広・四川の土司兵に対し、本人の希望によって米四斗五升か銀二銭二分五釐いずれかを支給することが認められたし、㉖の三一年には大同で二銭八分三釐余りを支給した。同年、遼東の寧前衛では、平時は一石＝二銭五分、米価の騰貴時は四銭五分に換算して支給した例がある。この外、三三年には蘇州府・松江府・浙江各地で、沿岸防衛に出動した将士に対し「如し本色の数少なければ、時価を査照して、量りて銀両に折せよ。」と米穀の時価に応じた折銀支給が承認された。しかし、これらの例にもみられるように、行糧の折銀化が拡大するのは嘉靖後半で、月糧の折銀支給が正統朝から始まるのに比べ遙かに遅い。次節でのべるが、北辺では行糧は全面的に折銀化することはなく米支給の地域が残った。

三　支給の実状

軍士が実際に動員された時、どのように行糧を支給されたのか。北辺と江南の例をとりあげて検討する。まず北辺

の例をみると『皇明経世文編』巻三一九・王崇古「陝西四鎮軍務事宜疏」に、

臣撫夏三年、毎遇起送入衛将領官旗、張筵給賚有差、軍士量給煤炒、預支両月粮銀充路費。釘造盔甲、買兌馬匹。臨行之日、会同総兵官、送餞出郊、哭声震野、惨不忍聞。

とある。王崇古は、嘉靖四三年（一五六四）から隆慶元年（一五六七）にかけて巡撫寧夏だったが、この間に、寧夏の諸衛から薊州鎮に動員される軍士について述べたものである。軍士に燃料等の日用物資と旅費として二ヶ月分の月糧を折銀支給したほか、甲冑を製造し馬匹を買いととのえた。これらの費用が軍士を送り出す側の負担となる。出動した軍士に対して、沿途の各駅と出先の薊州鎮で行糧が支給されることになっていたが実態は規定とは程遠い。出発の日には、巡撫も郊外まで出て見送るが、家族の哭声が野を震わせるという。王崇古が寧夏から軍士を送り出した同時期に、受け入れ側の薊州鎮には楊選（嘉靖四〇～四二年）・劉焘（四二～隆慶元年）が薊遼保定総督として在任した。『皇明経世文編』巻一九六・楊選「條上地方極弊十五事疏」に、

一、山西入衛兵馬、七月初已上関隘。類給以一升五合之行糧、加以糖秕沙土之插和。此輩去家千百里、為国家終歳勤瘁。乃其日給之糧、不獲一飽。乃又有間支折色、又或十余日無支者、如之何。不典売衣甲、凍餒而逃也。此行糧不敷之弊也。

とある。山西から薊鎮に動員されて配置についた軍士に対し、日に一升五合の行糧が支給されるはずだが、実状は食うに耐えない糖秕や土砂が混入されたものであったり、一〇日以上も支給されない場合すらあって、軍士は軍装を典売（質入れ）したり更には逃亡したりすることになるという。その理由として楊選の後任者の劉焘は次のようにのべた。『皇明経世文編』巻三〇七「答内閣本兵議処属夷及客兵行粮書」に、

其二謂、客兵行糧・料草、所宜加厚。……或倉攢掯索、或将領尅留、通行懲治。以後調遣諸兵、随帯折乾銀両、

緩則随倉関支、急則照日折算。但恐将官内多不才、恐三軍又不得蒙其実恵也。……折乾銀両、半給於軍、半入於将、此又各辺之通弊也。

とあり、倉庫の管理者の横領と将領によるピンハネが、規定通りに支給されない原因だと指摘した。軍士は敵の侵入に備えて臨戦体制をとると同時に、種々の工役にも従事させられた。前掲の王崇古の疏に、

奈何、近年以来、該鎮将領、不思訓練主兵、中多売間私昵、往往凌虐辺兵、視如奴隷。各分信地、日限工程、督発沿辺沿山、絶無棲址処所。粮餉之給、毎日粗米一升、止得七・八合、一月不足半月之用。其塩菜柴薪、倶須自弁。馬匹草料、率隔遠工所三・五十里、倉場関支。……坐致官軍衣鞋破壊、弓矢損失、馬死軍逃、将官莫能自顧。尽将選発精鋭、漸至疲羸。緩急有警、何能衝戦。其分工各道、各逞技能、以工多為上功、不恤辺戍之労苦。査工委官、倶係襍流、百計科索、肆挟持之貪横。……而薊鎮将領、乃凌詈領兵各官、挟騙財物、稍不遂私、指以査工、綑打官旗、間至死傷。

とある。遠隔地からの客兵が、なじみのない現地の上級将領の指揮下に入った場合は特に過酷で、彼らは本来の指揮下の軍に対しては、売間（収賄して任務のがれを黙認する）して私腹を肥す一方、客兵には人煙稀な辺地での過酷な工役を強制した。軍士には日に米一升が支給されることになっているが、実際には七～八合で必要量の半分にも足りず、更に副食物や燃料は自弁であり、つれてきた馬の飼料も工事の現場から遠く離れた場所でしか支給されないという。装備を整えて寧夏から薊鎮に赴いた軍士や馬匹は戦わずして消耗してしまい、もし敵の侵入があっても、到底戦えない有様になってしまう。しかし、工事の分担を各々決められている現地の将領達は、その進捗状況に囚われるばかりで客兵の労苦を顧慮しないと指摘する。更に、工事の検査に当たる委官には品性の下劣なものが多く、あらゆる賄賂を要求する。薊鎮の将領は賄賂の費用を調達する為に、寧夏の将士を搾取するとのべた。客兵が、現地の将領にとっ

て格好の搾取や酷使の対象になっていたことが窺える。王崇古は、寧夏の軍士が規定の給与も支給されず、過酷な工役や搾取によって徒らに消耗することに激しい憤りを示した(13)。ようやく防秋の任を終えて帰還する寧夏の軍士について、王崇古は、

比及回営、軍多憔悴、馬半瘡疲、兵杖損失。無馬者衣甲梱載、徒歩擔負、呻吟苦楚、目不忍見。甚至死者輿櫬数百、狼藉郊外、妻子悲号、生死可憫。臣毎為設祭存恤、以慰死士。

とのべた。軍士も馬も疲労困憊し、出発の時に持参した武器も破損して、馬を失った者は荷物を背に負って惨擔たるありさまで、しかも数百の棺を伴っており、出迎える家族の悲嘆はみるに忍びないという。遠隔地に動員される軍士に対する行糧支給は規定とは程遠く、一旦動員されれば、仮に戦闘はなくとも生還すら危ぶまれるありさまであり、送りだす側の負担も非常に大きかったことが窺える。

次に嘉靖期には、北辺と並んで多数の軍士が動員された東南の沿海地方についてみてみよう。鄭暁は、嘉靖三二年一二月から三四年四月にかけて、兵部右侍郎として総督漕運・巡撫鳳陽の任にあった。『端簡鄭公文集』巻一一「定議江南江北兵糧疏」は、同三三年九月一五日の日付けがあり、この期間の上疏であるが、

近拠廬・鳳・徐・沛・蕭・碭・泗・亳等府州県節申、江南防禦倭寇、屢蒙上司明文、責令挑選兵・快、多寡不等、各要量給盤纏、差官管領、至江南等処、聴候遣用。……只如無錫之富庶、奚啻百倍於沛県。今調沛人、以守無錫。又令沛県出弁安家銀一百二両、自沛至瓜洲、経行北江一千五百余里、所過又皆出弁行糧、江北地方、豈堪此等労費。

とある。正規の軍士ではなく、召募兵や快手（民兵）からなる兵力だが、江南各地の防衛の為に軍士を派遣する江北の州県は、まず送り出す州県が兵力を確保する為に軍装を整え、かつ留守家族への手当である安家銀を支給する。そ

して部隊が通過する各州県は行糧を負担しなければならない。鄭暁は、はるかに富裕な無錫の防衛の為に、貧しい沛県が一〇二両の安家銀を負担し、瓜洲鎮までの一五〇〇里に及ぶ沿途の州県が各々行糧を支出しなければならない矛盾を指摘した。更に、同年六月、徐州兵備道が動員し、丹陽・蘇州に赴いた軍について、

本道、督領精兵一千五百名、前到丹陽・蘇州等処、会合截殺。遵依先選徐兵八百名、責付徐州左等衛指揮金漢等統領。又行徐州、動支銀八百四両、官毎員給銀二両、軍兵毎名一両、以為安家之資。経過州県、官毎員給廩糧銀一銭、軍兵毎名行糧銀四分。只山陽一県、支給行糧銀三十二両。……惟近日調取江北兵・快、不下三千余人。銭糧一切取弁於江北、通計不下銀万両。夫既役江北之人、復竭江北之財。是江北四府三州、兼江南之徭賦矣。

とある。指揮使金漢ともう一人の軍官が率いる八〇〇人の軍士の準備の為に、徐州では軍官には各二両、軍士には各一両の、合計八〇四両の安家銀を支出し、沿途の州県は一日当たり三二両の行糧を支給しなければならなかった。部隊が域内を通過するたびに各駅で支給するのだから[14]、各州県の支出の合計はかなりの額にのぼる。鄭暁は、江北の人と財をつくして江南の賦役を負担していると痛論したが、一回の動員のみで沛県は一〇二両、徐州は八〇四両を負担したわけで、部隊を送り出す州県の負担も大きかった。このように遠隔地から兵力を動員しなければならなかったのは、前述のように、給与支払いの遅延や不払いによって、多くの軍士が逃亡し、前線で深刻な兵力不足に陥っていた為である[15]。

嘉靖二〇～三〇年代の例では、北辺も江南も共に出発地が出動準備の為の費用を支出し、沿途の州県が各駅站で日ごとに行糧を支給し、任務の期間中は現地で行糧を支出した。家族に対しては、正規の軍士の場合は原衛で月糧が支給され、召募兵等ならば出動にあたって安家銀が支給された。負担は各々非常に大きかったが、将領のピンハネや倉庫の管理者の横領によって行糧は規定通りに支給されず、軍士の苦痛は増幅され、必ずしも実効はあがらなかったと

いえる。又、薊鎮の例から、北辺ではある程度行糧の米支給が残っていたことが確認できる。月糧の折銀化は北辺が最も早く、当時一年に九ヶ月程度が折銀支給されたが、行糧はその本来の趣旨から米による支給が残存したとみられる。北辺に比べ、沿海地方では行糧の折銀化の傾向が顕著で、前述の沛県・徐州の例では全て折銀支給されていた。商品化した米穀が豊富で、軍士が日ごとに銀で支給されても比較的容易に購入できた為と考えられる。

小　結

成化一五年・弘治二年に定められた、出動距離一〇〇里及び行程五日以上が、行糧支給の基本的な条件となったが、嘉靖半ば以後、北辺や東南沿海地域の防衛の為の動員が長期化するのに伴って実状に適合しなくなり、条件は次第に緩和された。しかし、支給額は宣徳朝以来大きな変動はなく、軍士は日支一升五合、月で四斗五升が標準であり、軍官については天順五年の規定がほぼ維持され、指揮使以下が軍士と同額、都指揮使以上が廩米の名称で倍額であった。軍官と軍士の格差が小さいこと、或いは、折銀化が遅いこと等は月糧と異なる点である。条件の緩和によって、動員されれば、支給はほぼ恒常的になり、月糧の不足を補完する給与となったが、行糧本来の意義もある程度残ったといえる。しかし、支給規定は整っているにもかかわらず、実際の動員の場合、送り出す地方や沿途の州県の負担が大きいのは勿論であるが、軍士は動員先で所定の行糧を支給されず、将領の搾取や酷使によって非常な苦痛を強いられたのであり、この点月糧の場合と同様であった。軍士にとっての主要な給与である月糧や行糧が、支給過程における弊害によって、規定通りに支給されなかったことが、明朝軍事力の低下の大きな要因であったといえよう。

註

（1）万暦『大明会典』巻三九・戸部二六・廩禄二・行糧馬草・洪武二六年の条
（2）万暦『大明会典』巻三九・戸部二六・廩禄二・行糧馬草・正統二年の条
（3）万暦『大明会典』巻三九・戸部二六・廩禄二・行糧馬草・正統六年の条
（4）万暦『大明会典』巻三九・戸部二六・廩禄二・行糧馬草・正統一〇年の条
（5）万暦『大明会典』巻三九・戸部二六・廩禄二・行糧馬草・景泰三年の条
（6）万暦『大明会典』巻三九・戸部二六・廩禄二・行糧馬草・成化一五年の条
（7）万暦『大明会典』巻三九・戸部二六・廩禄二・行糧馬草・弘治二年の条
（8）万暦『大明会典』巻三九・戸部二六・廩禄二・行糧馬草・嘉靖二九年の条
又、隆慶三年の条によれば、防秋の期間、軍夫にも行糧が支給されることになった。
（9）万暦『大明会典』巻三九・戸部二六・廩禄二・行糧馬草・嘉靖三二年の条
（10）万暦『大明会典』巻三九・戸部二六・廩禄二・行糧馬草・嘉靖三三年の条
（11）万暦『大明会典』巻三九・戸部二六・廩禄二・行糧馬草・嘉靖三四年の条
（12）万暦『大明会典』巻三九・戸部二六・廩禄二・行糧馬草・隆慶五年の条
（13）王崇古はかかる将領の典型として昌平総兵官劉漢を挙げ、

寧夏官軍、連年分守渤海所一帯。山高石峻、天険可恃、各道未否親歴相度。率聴昌平総兵劉漢、逞其驕詐貪刻之性、肆為斬山修磴之議、逼令軍士、自備鉄鑽鋧錘、日作石工、斬伐林莽、焼山烈石。手足破裂、備極苦楚。以故毎年該営馬死二千余匹、官軍死亡三・四百名。皆漢逼逐致然。

とのべ、寧夏の軍士が連年劉漢によって峻険な山岳地帯での工役に駆り立てられた結果、毎年多数の人馬が倒死すると指摘した。
（14）『端簡鄭公文集』巻三「復聶雙江」に、

江南調兵募兵、凡安家行糧等項、倶令有司駅逓支給、其何能堪。再加以山東兵、従沛至揚、駅擾何可言。

とあり、各駅で支給されたことが確認できる。

（15）東南沿海部の事例としては、前掲の『甓余雑集』巻八「福建浙江提督軍務行」があり、京衛については『済美堂集』巻三「贈参伯李梅台陞戎政都御史序」に、

其患莫甚於虚兵、又病羸也。夫謂虚兵者、兵具而無其人、有其食也。無人而有食、是其食必有私之者矣。彼執籍而覈之、蟻聚鳥散、靡可猝詰法、而按之則梗不可施也。乃其存者、率又罷弱、不任旌鼓、亦唯糜廩、無以雄敵治内之指。

とある。南京兵部主事呉文華は、給与は支給されるが実在しない名目のみの虚兵が多く、残存するのは弱兵ばかりで、実状は究明しようがないとのべ、沿海地方と全く同様の状況がみられた。

第Ⅲ部　中期以後の軍の統制

第一章　京営の諸勢力

一　勲臣の排除

勲臣については谷光隆氏の論考があり[1]、氏は明史・功臣世表によって勲臣の地位の変動を考察して京営に論及された。本章では視点を異にし、如何なる人物が提督・坐営官（以下では将領と記す）に任ぜられたかを検討して京営の権力構成を考察したい。明一代の間、京営は三大営・団営・東西官庁・新三大営と変遷したが、嘉靖二九年（一五五〇）の新三大営設立の時を除き、それ以前の制度は完全に破棄されず重複した。中核となった軍の他は老家と称されて工役等に従事した。京営の権力構成を考察する場合、主力軍と老家の将領を同じには扱えない。万暦『大明会典』によれば、勲臣（公・侯・伯）・都督・都指揮使が将領となり[2]、特に勲臣は永楽朝以来主導的な地位を占めてきたが、この勲臣の地位が成化～嘉靖の間に至って動揺した。この点を確認する為に、明実録によって、この間の将領任命数を勲臣と他の武臣に分けて表示すると次の如くである。表では都督・都指揮使等の流官は「武臣」とし、任命のない年度は省略した。庚戌の変前後の京営については次章で考察するので、本章で扱う嘉靖朝の範囲は二九年以前とする。

まず、表Ⅰで成化朝（一四六五～八七）に任命された京営全体の将領数をみると一一四人で、このうち勲臣は六三人、「武臣」五一人である。[3] 当時の主力軍である団営では勲臣二一人、「武臣」三〇人となる。ただ成化二年一月～三年四月（一四六六～六七）の間は団営が廃されたので、この期間の三大営の将領を加えると、勲臣三〇人、「武臣」三二人となる。全体では勲臣がやや多く、主力軍では概ね均衡していたとみることができる。次に表Ⅱで弘治朝（一四八八～一五〇五）をみると、弘治朝では京営全体で勲臣七八人、「武臣」三二人であり、団営では勲臣一九人、「武臣」一八人となる。全体で勲臣は「武臣」の二・五倍余であるが、団営では略々均衡するので、概ね成化年間と同じ傾向を示すとみてよい。正徳朝（一五〇六～二一年）に、強兵策として新たに東西官庁が設立されたので、三大営・団営と共[4]に三制度が重複することになった。この間の正徳朝と二九年以前の嘉靖朝（一五二二～一五五〇）に任命された将領を示すと表Ⅲ・Ⅳのようになる。正徳朝では京営全体で勲臣六七人、「武臣」九一人であり、当時の主力軍である官庁

表Ⅰ

「武　臣」			勲　臣			年
不明	三大営	団営	不明	三大営	団営	
0	0	8	0	4	6	天順 8
3	0	2	0	0	0	成化 1
1	2	0	1	8	0	2
0	1	11	0	3	2	3
0	0	0	0	1	0	4
2	0	0	0	0	0	5
0	0	1	0	2	3	6
0	2	0	0	2	0	7
0	0	2	0	1	0	8
0	1	1	0	1	6	9
0	0	2	0	1	2	10
0	2	0	0	0	0	11
0	3	0	0	5	0	12
0	2	0	0	1	0	13
0	0	1	0	2	0	14
0	0	0	0	2	0	15
0	0	0	0	6	0	16
0	0	2	0	1	1	21
0	2	0	0	1	1	22
6	15	30	1	41	21	合　計

表Ⅱ

「武　臣」			勲　臣			年
不明	三大営	団営	不明	三大営	団営	
0	3	2	0	5	0	弘治 1
0	0	2	0	3	0	2
0	0	1	0	7	2	3
0	1	0	0	1	2	4
0	0	0	0	2	1	5
0	0	0	0	1	0	6
0	0	0	0	1	0	7
0	0	1	0	2	1	8
0	0	0	0	2	1	9
0	1	0	0	7	4	11
0	1	1	0	0	0	12
0	1	3	0	12	2	13
0	3	1	0	4	2	14
0	2	1	0	2	1	15
0	0	0	0	3	2	16
0	2	5	0	4	1	17
0	0	1	0	3	0	18
0	14	18	0	59	19	合計

では勲臣四人、「武臣」二五人であった。団営では各々二五人、四〇人となっている。嘉靖朝では全体で勲臣七八人、「武臣」一〇五人であるが、官庁では各々二人、三四人であり、団営では各々三八人、三〇人となる。正徳朝と嘉靖朝では勲臣と「武臣」の比率が完全に逆転した。以上のように京営将領の任命者数を検討すると、成化～嘉靖の間に勲臣の割合が急速に低下したことが確認される(5)。それは特に正徳朝以降の主力軍において著しく、勲臣は老家の将領に任ぜられる例が多くなった。上意下達を旨とする軍の性格からして、正徳朝以降、勲臣は主力軍から排除されていったと見て間違いあるまい。

表Ⅲ

「武臣」			勲臣			
三大営	団営	官庁	三大営	団営	官庁	年
1	3	4	1	3	1	正徳 1
2	4	0	2	2	0	2
1	5	2	4	2	0	3
5	1	0	8	1	0	4
1	4	0	7	2	0	5
3	5	0	3	1	0	6
1	4	0	1	0	0	7
1	2	0	1	0	0	8
0	1	4	2	2	0	9
2	6	0	2	2	0	10
0	1	5	2	0	0	11
0	1	1	1	1	0	12
0	0	0	0	1	0	13
1	0	5	0	2	1	14
2	1	0	1	1	0	15
6	2	4	3	5	2	16
26	40	25	38	25	4	合計

表Ⅳ

「武臣」			勲臣			
三大営	団営	官庁	三大営	団営	官庁	年
0	6	0	2	0	0	嘉靖 1
2	1	0	0	3	0	2
0	2	0	1	1	0	3
2	1	0	3	2	0	4
2	0	0	1	4	0	5
3	3	0	4	3	0	7
5	1	0	3	3	0	8
1	2	0	3	0	0	9
0	0	0	1	2	0	11
1	1	2	1	1	0	12
0	0	1	0	1	0	13
1	0	3	2	0	0	14
0	0	1	0	0	0	15
1	1	0	1	0	0	16
2	1	1	1	1	0	17
2	0	0	4	1	0	18
0	1	1	1	1	0	19
1	0	0	2	3	0	20
3	2	7	1	3	0	21
1	0	0	0	1	0	22
0	2	1	0	0	0	23
0	1	4	1	0	0	24
2	1	4	0	0	2	25
0	0	3	2	2	0	26
4	0	0	1	2	0	27
3	1	4	2	2	0	28
5	3	2	1	2	0	29
41	30	34	38	38	2	合計

表Ⅴ

嘉靖			正徳			弘治		成化		年代
官庁	団営	京営全体	官庁	団営	京営全体	団営	京営全体	団営	京営全体	官職
1	2	3	5	2	10	2	2	5	8	都督
0	0	0	0	2	3	1	2	11	14	都督同知
0	2	3	1	3	4	0	0	0	1	署都督同知
1	4	5	2	3	10	7	12	13	19	都督僉事
7	3	10	1	3	5	0	0	2	2	署都督僉事
1	2	4	5	4	11	1	3	0	1	都指揮使
0	0	1	0	0	0	0	0	0	1	署都指揮使
0	1	3	0	5	8	1	3	2	2	都指揮同知
1	0	1	1	1	2	1	1	0	0	署都指揮同知
2	7	12	3	10	23	3	3	2	2	都指揮僉事
20	7	47	0	5	11	0	5	1	1	署都指揮僉事
0	1	1	0	0	0	0	0	0	0	指揮使
0	0	1	0	0	0	0	0	0	0	署指揮使
0	0	1	0	0	0	0	0	0	0	指揮同知
0	0	1	0	0	0	0	0	0	0	署指揮同知
0	0	3	0	0	2	0	0	0	0	指揮僉事
0	1	1	0	0	0	0	0	0	0	署指揮僉事

二　「武臣」の身分低下

それでは次に勲臣に代わって将領の多数を占めた「武臣」について検討してみよう。京営の将領に任命された「武臣」の身分を示すと表Ⅴの通りである。成化年間は京営全体で、都督から署都督僉事の都督級が四四人、都指揮使から署都指揮僉事の都指揮使級が七人であった。このうち当時の主力軍であった団営では都督級三一人、都指揮使級五人であった。つまり都督同知、都督僉事を中心とした都督級が圧倒的多数を占めたわけで、指揮使以下は見当たらない。弘治年間では、全体で都督級一六人、都指揮使級一五人、団営のみで都督級一〇人、都指揮使級六人となっている。全体で両者は均衡しているが、団営では都督級が多く、都督級の中でも都督僉事が最も多い。成化年間に比べて都指揮級使の割合は増加しているが、略々同じ傾向を示しているとみられよう。正徳年間には、全体で都督級三二人、都指揮使級五五人、指揮使級二人となり、新たな主力軍である官庁では都督級九人、都指揮使級九人であり、団営のみでは都督級一三人、都指揮使級二五人であった。更に嘉靖年間には、全体で都督級二一人、都指揮使級六八人、指揮使級八人であり、官庁で都督級九人、都指揮使級二四人、団営で都督級一一人、都指揮使級一七人、指揮使級二人となった。正徳・嘉靖年間には、京営全体でも主力軍でも都指揮使級の将領が急速に増加して多数を占めるに至ったことが確認でき、しかも都指揮使級の中で最も身分の低い署都指揮僉事が中心となった。将領の主要部分は、勲臣から都督級の「武臣」へ、更に都指揮使級に移ったわけで、(6) 四朝を通じて、特に正徳朝を機として将領の身分低下が明らかである。この変化は如何なる背景をもち、どの様な結果を齎したのであろうか。従来勲臣が果した役割の大きさに鑑み、勲臣から「武臣」への変化にその背景が端的に現れていると考えられるので、この点について考えてみよう。

三　身分低下の原因と結果

名爵は天下の公器、国家の大柄であり、軍功のない者は重職に任ずべきでないとする主張があったが、(7) この背後には、明実録・正徳七年一〇月庚午の条に、

工科給事中潘塤奏、古者伍大不在辺、伍細不在廷、今為武臣者、皆乳臭木偶、有警則調辺将辺兵、此倒持之勢也。

とあるように、官僚側が乳臭い木偶人形だと罵るように、武臣層の無能に対する痛烈な批判があった。このような批判は世襲の軍事貴族である勲臣に対して特に厳しかったであろう。勲臣の軍事能力の低下への対策として二つの方向が看取される。一つは明実録・弘治一二年七月丙寅の条に、

兵科右給事中屈伸言三事、一謂、公侯伯生膏粱、未経戦陣。若不重加策励、恐其精鋭坐銷。今後襲爵之初、乞命往三辺大鎮屯兵処所、参随戦守、使識虜情地勢与安走陣之法。労其筋骨、作其志気、経歴三辺。其中必有脱類而出者。……従之。

とあるように、北辺等での訓練によって、軍務に未経験な勲臣の子弟の軍事能力を向上させようとするものであった。もう一つは明実録・成化一三年八月甲辰の条に、

兵科左給事中郭鏜等、陳内修外攘八事。……一広用人、京営坐営者、責任匪軽。今止求于侯伯都督百数十人之中。乞自都指揮以上、才堪坐営者、皆許任用。勿拘品位。

とあり、弘治一二年七月己卯の条に、

兵科給事中蔚春言、今京営中堪挙以備主将者、皆世襲公侯伯。夫封爵所以報前功、非謂子孫皆可用也。趙括為名将、子徒能読父書、不知合変、遂有長平之敗。今之世襲、服美于人、未閑兵畧。豈能臨機応変、以成厥功。況在営在辺、有昏耄老疾貪酷無厭退。……乞諭天下諸司、公挙将才、不拘流品、凡善用兵有勇畧曉占候者、悉挙赴部、各随才略用之。山林之下、有才堪百万之将者、朝廷以礼聘之、或擢総京営、或専守大鎮。……従之。

とあるように、勲臣に見切りをつけ、有能な者を身分に拘わらず任用せんとするものであった(8)。これらの主張からみて、京営の将領の身分低下の背景に勲臣の軍事能力の喪失があったことは間違いあるまい。次に、明実録・嘉靖二九年九月辛卯朔の条に、

侍郎王邦瑞曰……今承平既久、武備廃弛。挖籍見在者、止四十万有奇。較之原額、已減三分之二。而在営参練者、又不過五六万人而已。戸部支糧則有、兵部調遣則無。……臣以為軍伍之不足、其弊不在逃亡、而在占役。訓練之不精、其罪不在軍士、而在将領。今之提督武臣、即十二団営之総帥。坐営等官、即各営之主帥。而号領把総之類、

又古偏裨之官。其間多属世冑紈袴、不閑軍旅。平時則役占営軍、以空名支餉、臨参則四集市人、呼舞博笑而已。軍安得足且精乎。

とあるように、兵士の減少や訓練が行き届かない原因は、無能な将領の占役（私的な使役）によるとの認識があり、占役防止の為には将領の統制を強化する必要があった。明実録・嘉靖五年一一月丙午の条に、

刑科給事中管律上言、……且、都督流官、無所怙恃、心常小而畏常深。恩之易感、威之易行。公侯伯世爵難褫、有犯不能尽其法、有求必欲尽其恩。此祖宗於兵政、所以重任都督、而不軽授侯伯也。

とあり、勲臣の身分は先祖の功績によるので、罪があっても奪い難いが、「武臣」は統制しやすいという。この判断を進めれば、「武臣」でも身分の低い者ほど統制に便であろう。官僚の側が占役防止のため勲臣を排除しようとしていたことが窺える。

更に『韓襄毅公家蔵文集』巻一一「慶大司寇楊公序」に、

今制、惟武勲得襲廕、文臣惟公孤元老、秉鈞軸者、歿則録其後、亦階止其身耳。其有身位上卿、親拝恩命、俾子若孫得世襲武職、非其才兼文武。出将入相、有大勲労於国家者、不能比也。

とある如く、勲臣が能力に拘わらず世襲によって高位にあることに対して、官僚の強い不満が看取できる。勲臣の排除には以上のような背景があったと考えられる。京営の将領に任命される者の身分が、勲臣から流官の「武臣」へ、更にその中でも都督級から都指揮使級に低下したことの影響はどうだったのだろうか。明実録・弘治二年七月丁丑の条に、

兵部尚書馬文升等、以災異言十三事。……一、斟酌会議譋、大小将官并坐営官、近例倶会官推挙、似為太煩。今後京営提督及南京守備・各処鎮守総兵官、仍照新例、会各衙門推挙。各営坐営官、止会京営提督等官推挙、其余

従本部推挙為便。……従之。

とある。兵部尚書馬文升は京営提督、南京守備、総兵官のポストについては、従来どおり関係各衙門と会同して推挙するが、坐営官は京営提督等のみと会同して推挙し、他は兵部だけの推挙によることを提案し裁可を得た。果して右の提案が、どの程度実行されたか否かは必ずしも明らかではない。しかし坐営官に任ぜられる者の身分低下が、坐営官そのものの権限の縮小を齎し(9)、これと反比例するかたちで兵部の人事権が強化されたと考えられる。但しこの段階では勲臣の広範な権限のすべてが兵部に移行したわけでなく、内臣が軍に対する影響力を強化しつつあった。次に内臣が如何に京営に関与したかを検討する。

四　内臣の役割と類型

京営における内臣の役割は、『皇明兵制考』天部・京営に、

其令勲臣掌之者、謂其明武略。令文臣共之者、謂其督怠弛。令中貴人監之者、謂其防壅蔽。

とあるように、壅蔽を防ぐ為、つまり皇帝に軍情を伝え、その意志を軍に徹底させることが目的であったという。内臣が武臣・官僚を監視し、三者鼎立によって権力の濫用を防止するのがその任務であった。京営における坐営内臣の配置の開始時期については検討の余地があるが、景泰以後の京営に内臣が配されたことは確実である(10)。景泰三年（一四五二）、十団営が創設されると、太監曹吉祥、劉永誠が、兵部尚書于謙、武清侯石亨と共に京営を統率した。天順五年、曹吉祥は李賢らに打倒されたが(11)、この事件は内臣全体の排除を意味するものではなく、京営提督に任ぜられた内臣は、成化間一一人、弘治間六人、正徳間一二人、嘉靖間一人を数える。提督に任命された内臣の中には汪直や劉

瑾も含まれており、彼らが朝権を壟断したのは周知のことである。汪直の如きは、『商文毅公集』巻三「請革西廠疏」に、

一、京営管軍頭目、倶係朝廷托以重寄之人。其公私勤惰、朝廷自有賞罰。今聞西廠不論有無事情、一槩令人跟緝鈐束、以致各懐危疑不安。

とあるように、皇帝直属の特務機関である西廠に拠って、京営の将領にも統制を加えた。然し曹吉祥、汪直、劉瑾らが打倒された時、京営に拠って抵抗した事例はなく、提督ではあっても京営に対する統制力は必ずしも強くはなかったとみられる。彼らはあくまで政治的な勢力であり、その権力は制度的に承認されたものというより、皇帝の信任によって個人に備わった力であった。仮に政治権力指向型とよぶべきグループであり、彼らの多くは司礼監に属していた。このような政治権力指向型と全く異なる代表的な人物が、御馬監太監の劉永誠であった。劉永誠は政治の表面には現れず、明史の伝も僅か数行にすぎない。然し、王圻の『続文献通考』巻九三・職官考・内侍省に、

今西南夷及世所称三宝太監者、鄭和也。西北所称劉馬太監者、則英廟時劉永誠也。皆本朝中貴之翹楚也。

とあるように、劉馬太監と称されて、三宝太監鄭和と並称される人物であり、『類博稿』巻一〇「明故御馬太監劉公墓誌銘」によると、洪武二四年（一三九一）の生まれであった。一二才で入侍して以来、成祖に随って北征し、宣徳・正統の間には兀良哈を征した。更に景泰三年には于謙、石亨と共に団営を節制し、英宗が歿すると孫継宗と共に団営の再建に当たった。成化三年には三大営提督に転じ、同七年（一四七一）二月一七日に歿した。約七〇年に亙り五帝に近侍し、景泰以降は常に京営の最高位にあったわけである。劉永誠の一族を『類博稿』巻九「寧晋伯夫人葛氏墓誌銘」、同一〇「明故御馬監太監劉公墓誌銘」、『徐文靖謙斎文録』巻三「昭勇将軍署指揮僉事寧夏左参将劉公墓誌銘」によって示すと表Ⅵのようになる。

表Ⅵ

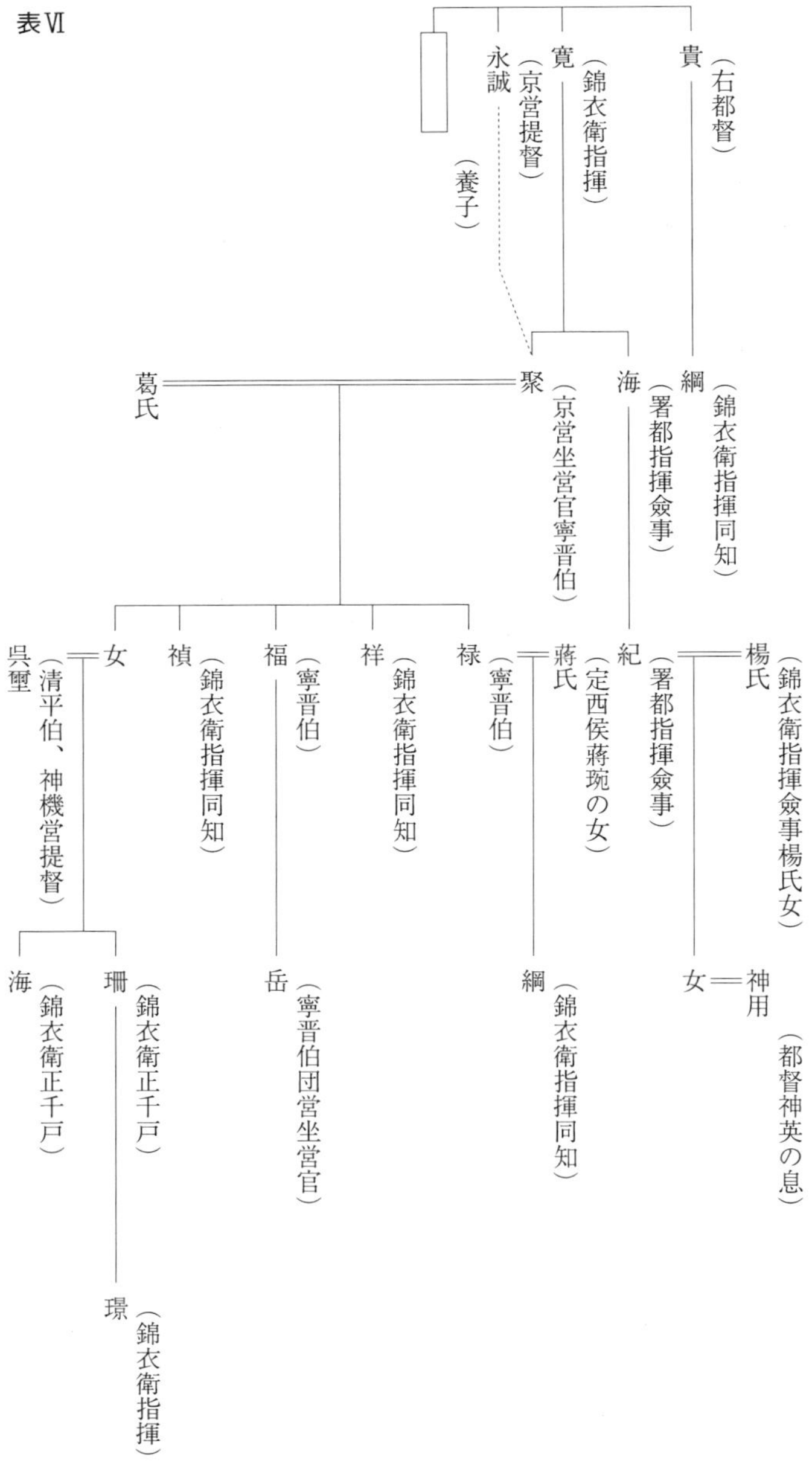

これによると一族を軍と特務に配し、有力な勲臣と姻戚関係を結んでおり(12)、非常に鞏固な勢力をもっていたことがわかる。しかも劉永誠の活動は京営提督の職分内に限られ、その権力も職に備わったものであったといえる。京営内の内臣を検討する時、注目すべきはこのグループであろう。彼らの統制は強力であり、『空同先生集』巻三八「上孝

宗皇帝書藁」に、

三害、一曰兵害。夫兵害者何也。臣以為冗食而無補、空名而鮮実也。……団営兵之精也。内官参之、内兵又其専掌之。陛下乃何独而不為之寒心邪。古人有言曰、官惟賢賞惟功。今団営把総号頭等、孰非内官之私人乎。彼其家人子弟、抑孰非詭託冒官也。乃遂令布列要地為爪牙乎。

とあり、把総や号頭等の中下級将校まで掌握した内臣の強大な勢力を看取することができる。それでは内臣は如何にして京営に勢力を扶植したのだろうか。この点を検討する為には提督・坐営内臣の所属部局を明らかにする必要がある。

五　御馬監と四衛営

成化～嘉靖間の提督、坐営官に任命された内臣を示すと表Ⅶのようになる。配置された内臣の多寡が、ある程度京営内の勢力の消長を示すとすれば、成化朝以降強盛となり、正徳朝で頂点に達し、嘉靖朝に入って急速に衰退したと見て大過あるまい。注目すべきは提督、坐営内臣の所属部局である。成化間の二八人中、判明するのは提督劉永誠、李良のみであり、弘治間でも提督甯瑾、苗逵の二人にすぎないが、彼らはいずれも御馬監太監であった。正徳朝の六八人の中では、御馬監三〇人、御用監八人、都知監六人、内官監七人、司設監五人、尚衣監三人、尚膳監一人、印綬官一人、兵杖局一人、所属不明六人であった。つまり部局の明らかな六二人中、約半数の三〇人が御馬監であり、提督に限れば七人中五人が御馬監太監であったし、嘉靖の提督麦福も同様である。このことは京営と御馬監が特殊な関係にあったことを窺わせる。

表Ⅶ

他営の坐営内臣で神機営坐司官を兼任するもの	三大営			団営	官庁	
	神機営	三千営	五軍営			
所属不明　5人	所属不明　2人	所属不明　2人	御馬監　1人 所属不明　4人	御馬監　2人 所属不明　17人		成化
計　5	計　2	計　2	計　5	計　19		
0	0	0	御馬監　1人	御馬監　2人 尚衣監　1人 所属不明　6人		弘治
計　0	計　0	計　0	計　1	計　9		
御馬監　8人 御用監　4人 内官監　4人 司設監　3人 所属不明　2人	都知監　6人 御馬監　5人 尚衣監　2人 司設監　2人 兵杖局　1人 内官監　1人 御用監　1人 尚膳監　1人 印綬監　1人 所属不明　4人	御用監　1人 御馬監　1人	内官監　1人 司設監　1人	御馬監　11人 御用監　6人 内官監　5人 司設監　2人 尚衣監　1人 所属不明　2人	御馬監　13人	正徳
計　21	計　24	計　2	計　2	計　27	計　13	
0	0	0	0	御馬監　1人	0	嘉靖
計　0	計　0	計　0	計　0	計　1	計　0	

そこで御馬監の職掌を調べると、[13] その中に四衛営の管理が含まれている。洪武朝の侍衛上直軍十二衛中の羽林左・右衛と、永楽朝の増設にかかる羽林前衛が、宣徳朝に武驤左・右、騰驤左・右の四衛に改編されたのが四衛営であり、御馬監の監督の下、四人の坐営指揮と五四〇三人の勇士・旗軍を有した。弘治朝には勇士一万一七八〇人、旗軍三万一七〇人に増加し、歳支五〇万石を費やすに至った。[14] しかも『空同先生集』巻三八「上孝宗皇帝書藁」に、

> 夫騰驤四衛者、今非所謂内兵邪。外官既不与稽其数、征役又不選用兵丁。故其人率富豪而気驕。夫内官者、陰狡的狼貪者也。以富豪気驕之人、而率之以陰狡狼貪之徒。茲其害可忍言哉。

とあるように、兵部は「内兵」と称される四衛営に全く関与できないまま、その兵数すら知り得ず、四衛営の兵士は征役に動員されることもなかった。

当時の主力軍であった団営は実数七～八万人にすぎず、四衛営の約四万人が兵部の監督外に在ることは重大問題であった。弘治末に至り、兵部は漸く四衛営に統制の手を延ばした。明実録・弘治一五年八月己酉の条に、

　南京監察御史余敬等言七事。……又如騰驤四衛軍士、不与操練。内府御馬監勇士、専名養馬。其安閑独異他衛、以故夤縁投充者多。宜勅該部并科道等官、一一清査。

とあり、弘治一七年閏四月丁卯の条に、

　先是兵部尚書劉大夏等、会奏救荒弭盗事。……一、騰驤等四衛軍人勇士、多有冒名及投充者、宜厳加清覈。

とあるように、南京監察御史余敬らが四衛営の現状を批判し、兵部・科道官による立ち入り検査を求めた。しかし、それは実現しなかったようで、約二年後に兵部尚書劉大夏も同様の意見を上奏した。これに対して御馬監は強く抵抗し、結局、科道官を営中に入れず御馬監自身の調査結果を報告するに止めた。[15] しかし、兵部は更に科道官の派遣を乞い、明実録・弘治一八年二月甲子の条に、

　先是有旨、差科道官、査御馬監軍旗勇士之詭冒者。太監甯瑾奏止之。上為改命司礼監太監一員、同瑾等査処。給事中張弘至以為言、兵部亦執奏請如初旨。上曰、査理禁兵、誠為重事。爾等既有此奏、可仍差堂上官一員、同原差科道官、従実清査、具奏処置。

とあるように、甯瑾の再度の抵抗で皇帝も動揺したが、給事中張弘や兵部の反発により、遂に帝の裁可を得て科道官の派遣が決定した。それが実施されたことは史料によって明らかであり、[16] 立ち入り検査の結果、舎人・余丁・民丁等一万三九〇〇余が整理され、[17] 以後の新補・赴役は兵部の監督を受けることになった。[18] ただ御馬監太監が四衛営提督であることには変化がなかった。この間、兵部が検閲を実現する過程で、内臣による管理を攻撃する為に、四衛営の任務の重要性を強調した点が注目される。明実録・正徳元年八月乙丑の条に、

兵部尚書許進言、勇士名雖養馬、実為禁兵、防姦禦侮、関係為重。

とあり、正徳三年四月辛卯の条に、

太監李栄伝旨、御馬監官勇士旗軍、係禁兵重務。其令太監谷大用提督、太監楊春、同都指揮夏明等、坐勇士営、太監李堂、同都指揮田忠等、坐四衛軍営。

とあるように、四衛営は禁兵の重任に当たるべきものとの認識が強く現れている。本来、京営は京衛と外衛の番上軍で編成されたが、正徳年間に強兵策として官庁が設立されると、遼東・楡林・宣府・大同の兵が導入されて外四家と称した[19]。これらの軍に加えて、明実録・正徳九年一一月庚申の条に、

命兵部選団営官軍六千人、分前後二営、与勇士并四衛営営《ママ》各三千人、以右都督張洪・都指揮桂勇・賈鑑・李隆分領之、于西官庁、操練洪勇士営・勇前営・鑑後営・隆四衛営。

とあるように四衛営の軍が団営選抜軍と共に重要な構成要素となったのである。この結果、明実録・正徳一四年二月丙戌の条に、

司礼監太監蕭敬伝旨、左都督劉暉、令同安辺伯朱泰等、団営西官庁監督管操。又伝旨、御馬監太監張欽・陳禄・仏保、同太監張増等、監督勇士四衛営、提督団営。御馬監太監孫和、同太監張永、把総神機営。御馬監太監蕭永・張玉、同太監谷大用、提督勇士四衛営。

とあるように、御馬監太監張欽・陳禄・仏保・孫和・蕭永・張玉らが一斉に各営に配置されるに至った。当時、御馬監の内臣が京営内に配置されることは、官僚にも承認されつつあったことが次の蔣冕の掲帖にも見られる。『湘皐集』巻三「乞革去武忠御馬監并団営管事掲帖」(正徳一六年五月初六日)には、

臣等看得、天寿山守備太監武忠、近日蒙調御馬監管事、今又令其提督団営。命下之日、人皆駭愕。以為御馬監職

掌禁兵、団営総戎重務、豈可授非其人。武忠昔在孝廟時、憸邪阿附壊事、頗□□加斥逐不用。正徳年間、夤縁守陵、愈肆貪虐、強占民田、累死人命数多。剋削軍糧、歳取動以数万、売放軍人二千有余。恃勢為悪、人心積怨。所以給事中史道・劉世揚、前後交章論奏、欲付之法司、明正其罪、并追究援引之人。蓋亦去邪慮患之深意也。伏望皇上俯賜鑒納、亟将武忠革去御馬監并団営管事。

とあり、蔣冕は武忠が御馬監太監・提督団営たることに反対したが、その理由として人格的欠点のみをあげており、御馬監の内臣が提督団営を兼ねること自体は全く攻撃しておらず、御馬監は京営を統べるものと認識していたことが看取できる。四衛営軍の京営への導入が、御馬監の内臣の進出に足掛りを与えたとみて間違いあるまい。ただ、内臣は官庁設立以前から京営に配置されていたわけであるから、他の要因も考えなければならない。そこで注目されるのが内臣と火器との関わりである。

六　火器の管理

兵器の進歩は戦闘の様相を変え、軍事組織そのものを変化させるが、明代は火器が非常な発達を遂げた時代であった。[20]当初、明軍の火器装備の中心は京営で、時代が下るにつれて強化されたが、火器の増強は京営の権力構成にも影響を与えずにはいなかった。如何なる勢力が火器を管理したかを検討してみる必要があろう。[21]永楽年間の安南征討を機に、中国に火器が導入されたといわれているが、[22]明朝政府は火器が地方に拡散することを恐れ、火器の製造・管理を厳重な統制下においた。[23]『皇明経世文編』巻七四・丘濬「器械之利二」に、

永楽中、東平南交、交人所製者尤巧、命内臣如其法監造、在内命大将総神機営、在辺命内臣監神機鎗、蓋慎之也。

とあり、王圻の『続文献通考』巻一六六・兵考・軍器には、

凡火器係内府兵杖局掌管、在外不許成造。其銅鉄手把銃・碗口銃、辺関奏討及添造、必須鎮守・巡撫等官、公同会議、該用数目明白、奏准鋳造給用。

とある。火器製造の監督や配備された火器の管理に当たったのは、内臣特に兵杖局であり、原則として地方の軍には火器の製造を許さず、是非とも必要な場合には、総兵官や巡撫が打ち合せたうえで、数量を明示して申請させたのである。製造は北京・南京の兵杖局の外に、(24)工部軍器局でも行われたが、軍器局も内臣の統制をうけた。(25)内臣はこのような火器の製造・管理を介して軍に進出したとみられる。王圻の『続文献通考』巻一六四・兵考・教閲に、

永楽間、始間用内臣。而神機火器、則特命内臣監之。之曰監鎗。

とあり、同書巻九三・職官考・内侍省に、

（正統）十三年、寧陽侯陳懋、為総兵官、率師討鄧茂七等、太監曹吉祥・王瑾、監督神機火器。按此、内臣監器之始也。（　）は筆者

とあるように、内臣は火器を管理する「監鎗」として軍に配置され、鄧茂七の乱を機に地方への出征軍にも配されるに至った。天順八年（一四六四）四月、団営が復設されると、十二営のすべてに監鎗内臣の配備をみたのである。(26)前述の如く、正徳朝には内臣が京営に強大な勢力をもつようになったが、前掲表によれば正徳朝の京営提督・坐営内臣六八人の中、神機営坐司官を兼任する者が二一人あった。このことは内臣の勢力が火器の管理と密接な関係にあったことを示している。火器の製造・管理を独占したことが、火器の重視に伴って、内臣の権力の強化を齎したのではあるまいか。このことを明確に裏付ける史料をまだ見出していないが、嘉靖以後は、坐営内臣は殆ど京営に任命されておらず、その背景を検討することによってある程度の考察は可能であろう。明実録・嘉靖三〇年六月庚申の条に、

増設神機営坐営官一員、専理火器。以原任総兵官・署都督僉事黄振為之。

とあり、嘉靖朝に入ると内臣ではなく「武臣」が火器を管理した例があらわれ、更に嘉靖四三年閏二月壬寅の条には、

先是工部覆巡視京営科道官辛自修等議、請将軍器・兵杖二局所造盔甲火器、倶付巡視衙門及本部官督理。有詔允行。已而兵杖局内臣執奏、本局掌造上供御器、例不関白外廷。詔該部再加酌議。部覆奏、臣等初議欲委官至該局清査、乃軍器非御器也。軍器亦止欲造完之後、付外廷験其中否、与該局事体原不相侵、惟上裁定。得旨、軍器係戦守所資、該局毎遇造完、如擬開数送部、委官査験、爾部中仍預報各辺合用各色器械、以便成造。

とあるように、火器も上供の御器だから、政府の管轄外であると主張する内臣の抵抗を排して、兵杖局所造の火器や盔甲には工部の検閲が加えられることとなった。工部が各辺で必要とする火器をあらかじめ報告することは、製造・管理を次第に工部の統制下に移行させることになったであろう。当然、火器に対する内臣の統制は後退し、火器の管理を任務として京営に配置された監鎗内臣の存在の意義は動揺する。

それでは、何故内臣の独占が不可能になったのであろうか。『世経堂集』巻四「繳南兵論」（隆慶二年六月）に、

近日与戚継光細論、盖以近来虜賊毎次入犯、人人戴盔被甲、其盔甲又極堅厚。我兵縦使善射、然射之不能透。縦使善砍、然砍之不能入。況又原不善射不善砍、則其不能破虜、固無恠也。惟有鳥嘴銃、火力甚大、不拘盔甲、遇之即穿。譚綸・戚継光往年在南方、用兵専頼此取勝。而北方兵将皆不慣習。綸欲選而教之、又不能一時便会。目今防秋期近、故只得取用南之見会放銃者三千人、一以応目前急、一以使之訓練北兵。

とあるように、徐階は戚継光と会談した結果、防秋の時期が迫っているが、モンゴル軍の甲冑は頑丈で、普通の弓矢や刀では効果がなく、貫通できるのは鳥嘴銃だけだと指摘し、先に戚継光が海寇を打ち破ったのもその威力によったのだと述べ、南兵三千人を呼び寄せて北辺の兵の訓練に充てることを提案した。南兵とは如何なるものか明らかでな

いが、内臣の関与がなく而も精強な火器部隊が地方に登場した事実を確認できる。更に『顧文康公文集』巻二「処撫臣振塩法靖畿輔疏」に、

凶頑徒、……今江洋海洋淮徐之間、千百成羣、横行水陸。持利刀挾弓弩、挙放火銃、擾害地方、莫敢誰何。軍衛有司、巡捕人員、非惟不能禁遏、仰且納賄交通。

とある。凶頑の徒の実態は不明だが、体制外の勢力であることは確かであり、彼らが火器を所持していたことは火器の拡散を示している。中央政府の火器が流失した可能性もあるが、『世経堂集』巻二三「復楊虞坡」に、

火器火薬、内府所造、皆不堪用。聞山西火器最佳。

とあるように、地方で兵杖局よりも優れた火器の製造が可能になっていたのである。このような火器の製造・使用の拡大によって、嘉靖の間には中央政府、特に内臣の独占が困難になったと見られよう。そしてこのことが内臣の排除に影響を与えたのではなかろうか。

小　結

成化から嘉靖に至る時期には営制が非常に混乱したが、京営内のポストを固定して、ここに任命される武臣の身分に注目すると、公侯伯の勲臣から都督級へ、更に都指揮使級に低下していたことが看取される。従来勲臣が掌握してきた京営内の諸権限は、次第に兵部と内臣勢力に移行していったとみられる。正徳朝を頂点とする時期には、御馬監を中心とする内臣が京営内で大きな勢力となったが、彼らにその力を齎したのは、一つには御馬監の監督下にあった四衛営の京営への導入であり、二つには内臣の火器との密接な関係であったといえよう。しかし、嘉靖朝に入ると軍

における内臣の勢力も急速に衰えた。結局、武臣勢力の衰退と、その後の内臣勢力の退潮を背景に官僚が優位を占めてきたことになる。次章では、土木の変と並ぶ大きな衝撃だった庚戌の変を機に、京営にどのような変化がみられたのか、兵力源と改革の主導勢力に注目して分析を試みたい。

註

（1）「明代の勲臣に関する一考察」（『東洋史研究』二九―四　一九七一年）

（2）万暦『大明会典』巻一三四、兵部一七、京営

（3）同一人物で複数の営を歴任した場合、各一人とし、延べ数で集計した。以下の表も同様である。

（4）明実録・嘉靖二三年六月戊寅の条に、

成国公朱希忠言、団営官軍、専以守衛京師。而東西官庁、聴征官軍、尤為緊要。

とあり、団営はこの間もある程度の戦力を維持したようである。

（5）谷氏は前掲論文、註22に、「憲宗実録巻四一、成化三年四月乙卯の条によれば、同年十二団営が立てられた時の坐営官は、平江伯陳鋭を除き、他は都督・都督同知、都督僉事である。然し、恐らく時代の降るにつれ勲臣の坐営は漸増の傾向にあったと思われる」と述べている。しかし、実際には正徳以後既に排除されていったとみられる。

（6）正徳・嘉靖朝を通じ、指揮級の者が坐営官になった場合、任命直後に署都指揮僉事に陞任した。

（7）明実録・天順八年五月丁丑の条

（8）明実録・嘉靖六年一二月己未の条にも、

上諭大学士楊一清等曰、団営重務、国家第一事。幸今四方無大警。然安不忘危、聖賢至訓。卿等其図之。一清等対曰、……二曰、択将領言、将非其人、兵雖衆不足恃。今所任多膏粱紈袴、不閑軍旅、宜推挙各辺空閑将官、曾経戦陣者、或令坐

府、或令坐営、無欠則令充協賛、付以蒐選教練之任、庶克有済。

とあり、嘉靖七年正月丁酉の条に、

大学士楊一清言、京営将領、多係勲臣世冑膏粱紈袴之輩、宜依弘治間劉大夏所議、凡辺将曽経戦陣、偶坐事居間者、悉取至京、付以蒐選教練之任。

とある。

(9) 提督についても、明実録・嘉靖元年三月癸酉の条に、

武定侯郭勛、既受命提督京営、因奏軍務六事。内言将権不重、乞制勅明開臨陣退縮、及訛言惑衆、会審得実者斬。兵科駁勛要求制勅、欲竊威権。部議亦以為不可許、上是之。

とあり、郭勛は京営を提督するに当たり専断権を求めたが、兵科の駁論によって却下された。

(10) 万暦『大明会典』には三大営でも配置されたとあるが、青山治郎氏「明代景泰期の団営について」(『駿台史学』二四・一九六九年、『明代京営史研究』〈響文社・一九九六年〉に収録)では、内臣の提督が確認できるのは景泰三年一二月の例が最初だとしている。又王圻の『続文献通考』巻九三・職官考・内侍省には、

是年、虜入寇徳勝門外。勅太監興安・李永昌、往同武清伯石亨・尚書于謙、整理軍務。按此、内臣総京営兵之始。

とある。是年とはエセンの入寇した正統一四年である。更に『世経堂集』巻四「進擬科道諫止内臣坐営票帖」(隆慶元年九月)に、

兵科都給事中欧陽一敬等、巡視京営給事中孫枝・御史韓君恩等、各一本倶奏、乞皇上収回内臣坐営之命。臣等査得、太祖時原無団営。其団営之設、乃起於景泰年間、至嘉靖二十九年、已経先帝裁革。但大明会典係正徳年間所修之書。故不曽載有此節。今内臣委無団営可坐、事体有礙施行、科道官所言無非。仰望皇上遠遵太祖初制、近守先帝之定制。

とあり、隆慶初に坐営内臣の復活が図られた時、徐階は正徳会典の不備を指摘、団営が廃止された今、内臣の坐すべきもの無しと反対した。これは団営と内臣の密接な関係を示しており、三大営以来内臣が配置されたのならば、この様な主張の仕方はするまい。少なくとも徐階は内臣の配置は団営の設立以後、即ち景泰以後と判断していたと言える。

（11）拙稿「曹欽の乱の一考察」（『北大史学』一七・一九七八年）

（12）劉聚は劉永誠の功によって累進し、成化二年三月に五軍営、三年四月に団営顕武営の坐営官となり十年八月まで存在した。この間七年三月に寧晋伯に封ぜられた。『野獲編』巻六・内監・劉聚封伯によれば、正徳間に内臣の一族多数が封爵されたが、嘉靖初にすべて廃革され、寧晋伯のみが明末まで続いた。

（13）『酌中志』巻一六「内臣職掌紀畧」

（14）明史・巻八九・兵志一、万暦『大明会典』巻一三四・兵一七・四衛営

（15）明実録・弘治一七年八月己卯の条

（16）明実録・弘治一八年二月己巳の条に、

命兵部左侍郎熊繡、会同科道官、査理騰驤等四衛軍旗勇士。

とある。又、明実録・嘉靖九年正月壬寅の条参照。

（17）稍々後の例であるが、明実録・正徳元年八月乙丑の条に、

兵部尚書許進言、……近進充者、五百五十人、未論其身力武芸。其中尚多稚子年方五六歳者、此類以牧養則未能執轡、以操練則不任荷戈、毎歳月糧為六千六百石、而冬衣不与焉。

とあり、軍士のなかには五・六才の子供が充てられる様な場合もあった。

（18）明実録・弘治一八年一一月乙酉の条

（19）明実録・正徳一一年一二月乙亥の条、一六年三月庚午の条、一六年一〇月癸亥の条

（20）王兆春氏『中国火器史』（軍事科学出版社・一九九一年）、周緯氏『中国兵器史稿』（明文書局・一九八一年）等を参照。

（21）『唐漁石集』巻一「軍器局記」に、

衛所軍器、各自成鋳、星散無統、監工不設、閲視以文、是故官胥縁而為奸、以匿其数、市司上下其価。…局置四所、所各置典守、以千・百戸為之。又総立監工、命守巡或兵備摂其事。

とある。各衛所の軍器は各々製造し、弊害を内包しながらも、官僚の監督下にあった。

（22）第Ⅰ部第一章の註（14）で述べたように、洪武朝から火竜鎗系の小銅銃が装備されていたが、安南から導入されたのは別系統の火器だったとみられる。明実録・弘治二年五月甲戌の条に、

錦衣衛夷匠阮清等、其先安南人、永楽中、以能製火銃・短鎗・神箭及刻絲袞竜袍服、収充軍匠。

とあり、安南から優秀な火器が導入されると、安南出身の工匠に製造させる場合もあった。

（23）明史・巻九二・兵志四、明実録・成化一三年一二月丙申の条

（24）南京兵杖局については『王公奏議』巻六「同南京吏部等衙門応詔陳言奏状」に、

南京兵杖局、見有欽差内臣四員名、帯領匠作一十四員名、在局成造。

とあり、同巻四、「覆奏南京六科陳言弭災事奏状」に、

拠南京兵杖局右副使李誠等呈称、本局成造軍器火器数多、并前廠按季成造軍器、共一万九千七百余件。

とあり、おおよその規模がわかる。

（25）明実録・成化二一年正月戊申の条に、

軍器局軍匠金福郎奏、正統年間、本局官軍民匠五千七百八十七員名、止有太監一員、内使一員、工部侍郎一員提督。近年以来、人匠逃亡事故、止余二千余名、而監督内臣乃増至二十員。

とあるように、工匠の大半が逃亡し、監督の内臣だけが増加するような情況があった。

（26）明実録・天順八年四月壬辰の条

第二章　庚戌の変前後の京営

一　京衛・班軍番上制の動揺

京営は宣徳以来、在京の衛（京衛）と、外衛から派出される番上軍によって編成されたが、次第に京衛と班軍番上制の動揺が著しくなり、京営は深刻な兵力不足に陥った。京営は中央集権体制を支える最も直接的な力であり、その衰退は中央政府の軍事的支配に重大な脅威を与えるものであった。何故に京衛と班軍番上制が弱体化したのかをみてみると、嘉靖二九年（一五五〇）の京営改革後の史料であるが、『済美堂集』巻三「贈参伯李梅台陞戎政都御史序」に、

其患莫甚於虚兵、又病羸也。夫謂虚兵者、兵具而無其人、有其食也。無人而有食、是其食必有私之者矣。彼執籍而覈之、蟻聚鳥散、靡可猝詰法、而按之則梗不可施也。乃其存者、率又罷弱、不任旌鼓、亦唯糜廩、無以雄敵治内之指。

とあり、南京兵部主事呉文華は、京衛には月糧を支給されるだけで実体は存在せぬ虚兵が多く、月糧を横領している者を摘発しようとしても不可能であること、実在の軍士にしてもその大半は弱兵であって、実用に堪えぬことを指摘した。かかる京衛から採って送られる軍士は固より劣弱であった。このような虚兵増加の背景を考えると、第Ⅱ部で

述べたように、その主要な原因として将領[1]が軍士の月糧を横領したことがあげられる。『毛東塘奏議』巻一四「厳禁奸偽疏」に、

武官素寡学識、心急求進、楽於信従、恬不恠疑。習染成風、牢不可破。故自総・副・参・遊・守備・都司、以及各衛指揮等官、無有不借貸者。夫借一百則償二百、償債之外、又欲肥己、必又得一百乃已。故借一百則三百矣。借一千則三千矣。借一万則三万矣。是豈神鬼之所運輸哉。分毫皆軍士之膏血也。何者将官、於民不相係属、惟取給於軍士。広設名色、大肆朘索。月粮幾何、半入将官之室、以供貨賂之謀。

とある。この上奏の嘉靖二一年（一五四二）当時、毛伯温は兵部尚書であり、実状を知悉し得る立場にあったが、昇進や留任の為の賄賂・謝礼の必要に迫られ、高利の債務を抱えた将領が、激しく軍士の月糧を収奪したことが看取できる。彼らが保身の為に、要路に贈賄せざるを得ない背景には、武官の有資格者たる武職数の増加があった。霍韜の『渭厓文集』巻三「再辞礼部尚書疏」に、

臣謹按、洪武初年、天下武職二万八千七百五十四員。成化六年、増至八万一千三百二十員。……天下武職、由成化視洪武増四倍矣。迄今不知増幾倍矣。

とあり、礼部尚書霍韜は、洪武から嘉靖初に至る間に、武職数が三万人弱から八万余人に激増したと述べた。霍韜のいう「天下の武職」が、どの範囲の武官を含めているのか必ずしも明らかでないが、彼らが限られた実職を得る為に、賄賂が横行するのは当然であり、その経済的欲求は増幅され、軍士に対する搾取は更に激化したことは間違いあるまい。『劉忠宣公遺集』巻一「処置軍伍疏」には、

姑以在京論、監局軍匠類多需銀、各営軍毎多私役。官撥営作、負累尤甚。衛所差遣、需索百端。軍不聊生、何以自存。

とあり、兵部尚書劉大夏は、在京軍士の多くが収奪に堪えかねる有様であることを述べた。それは京衛だけでなく、各地で月糧を殆ど支給されない軍士が、飢餓の境を彷徨う場合すら生じていたのである。(2) これによって生ずる軍士の逃亡に対して、上官は責任を問われたが、(3) その規定は厳密には実施されていなかった。一方、逃亡兵に対しては勾軍が実施されることになっていた。勾軍には逃亡兵本人を検束して連れ戻す根補と、本人を捕捉できない場合に軍戸内から別な壮丁を取って代わりに当てる勾補があったが、いずれも効果をあげることができなかった。万暦初の史料であるが、『玉恩堂集』巻一「崇脩実政以裨安攘大計疏」に、

一、覈勾補之実、照得、清理軍丁、所以実営伍壮国威也。……臣管理存恤、自三月迄今、所収新軍、不過一百七十余名。乃其幼小・猥瑣・老病・尫羸・孤独・零丁、状如乞丐者、十居七八。一加詰問、則彼此串同、牢不可破。甚有連長解、而包攬者送験之後、取獲批廻、不旋踵而軍丁随逃矣。軍逃而保歇被累、又不免重勾矣。其在京衛如此、則在外衛可知。

とある。巡視京営兵科給事中林景暘が、親しく京衛を調べたところでは、軍政条例の規定は厳密であるにもかかわらず、勾補による補充が極めて少なく、七・八割は乞食の如き有様であり、其の責任を詰問しても、互いに気脈を通じていて明らかにならない。甚だしい場合には、軍士の補充を請け負う者があり、京衛に到着して請け負った者が踵を旋らすや否や軍士は逃亡してしまい、また勾補しなければならないという。逃亡によって正規の軍士が減少する一方、『渭厓文集』巻一「嘉靖三劄疏」の第三劄に、

在京七十二衛、……近奉詔書裁革、倶無完冊可考。故凡革退人役、或詐称首逃復役、或詐病故補役。蒙准行査、彼則内賄本司猾胥、外賂衛所官吏、朦朧保結本司。……雖竟曰磨研、不過開吏胥一騙局。数年之後、官転弊生、冒名奸猾、復鑽隙投回、盗騙倉粮矣。

とある。この記事は、嘉靖元年（一五二二）一月、嘉靖帝の即位の時に発せられた不当人事の是正・冗員の整理・冒陸等の淘汰を命ずる詔に応じた兵部主事霍韜の上奏である。(4) 嘉靖初年には京衛の軍冊は、全く実状を反映せず、先に除籍された軍士が、或いは逃亡したが自首したと詐り、或いは病故の軍士の子孫と称し、(5) 身分を回復して月糧を取得した。彼らは、兵部職方清吏司や衛所の胥吏と賄賂によって結びついており、一旦改めても数年後には又同じ状態になってしまうという。胥吏を巻き込んで月糧を詐取する多数の名目的軍士があったわけであるが、彼らは固より操練を受けることはなかった。京衛では賄賂や月糧の横領が横行し、京営は月米八万石を費やすにも拘わらず、二・三万の動員すら困難な状況に陥ったのである。(6)

一方、京衛と共に京営の一翼を担った番上軍(7)にはどのような情況が見られたのであろうか。番上軍は、宣徳以来、南北直隷・山東・河南・山西・陝西等の諸衛から、春・秋両班に分かれて京師に至り、京衛軍と合して京営を組織したが、成化頃より期限どおりに上京できない例がめだってくる。(8) 漸く到着しても定員に満たない場合が多く、中央政府は対策に苦慮した。定数に満たぬ部隊の将領を処罰すると共に、逃亡軍士の追捕を強化したり、或いは赦免を条件に自首を奨めたが、根本的な解決にはならなかった。『毛東塘奏議』巻一四「除宿弊疏」に、

該班官軍、不行依期赴操、欺公玩法、委当従重処置。但本部原議、少軍衛所官員、査照不到分数、以十分為率、不到二分以上、行撫按官、提問住俸。五分以上、将掌印官提解、来京究治。八分以上、提問降級、調発辺衛。

とあり、嘉靖二一年、兵部尚書毛伯温は定員に満たぬ部分二・五・八割に段階をつけて将領の処罰を提案した。この提案は、実施されたことが確認できるが、(9) 不足額の大きさと共に、兵部尚書の意見であることに番上制衰退の深刻さがみられる。何故かかる逃亡を招いたのであろうか。逃亡の原因について『劉忠宣公遺集』巻一「乞休疏」には、

如京師官軍、在衛者苦於出銭、在営者困於私役、逼令逃亡。江南軍士、多困漕運破家、江北軍士、多以京操失業。

竭軍民之力、以運糧儲、而濫失者不知。罄生民之財、以買戦馬、而私用者罔顧。鎮守者或害一方、守備者或害一城。辺軍最苦、而陞賞恒於勢要。

とあり、京衛の軍士は種々の名目で金品を搾取され、京営に動員されれば上官に使役された挙句逃亡してしまう。江南の軍士は漕運で破産し、江北の軍士は班軍番上によって生計を失うのだと述べた。更に同書巻一「条列軍伍利弊疏」に、

毎遇京操、雖給行糧、而往返之費、皆自営弁。況至京即撥做工、雇車運料、而雑撥納弁、有難以尽言者。

とある。行糧が支給されることになっているが、実際には往復の費用は全て自弁で、京師に至れば工役や運送に動員されたり、或いは種々の収奪を受けて生活が破綻するに至ったという。(10)番上軍が、京師到着後、各営に分散配置されたことも(11)収奪を助長したであろう。番上は非常な経済的苦痛を伴い、京師に至る兵数は減少の一途を辿ったのである。嘉靖三九年（一五六〇）には、原額一六万中番上したのは二万にすぎず、隆慶年間（一五六七～七二年）には銀納化の例が現れ(12)、番上制は有名無実の状態になったとみられる。

以上のように、嘉靖改革以前の京営は京衛・班軍番上制の荒廃によって弱体化していたのである。荒廃を齎す将領の軍士収奪の解消と兵力確保が、京営再建の為に最も緊要な課題であった。次節で中央政府がどのような対策を採ったのかを検討する。

二　召募の導入と挫折

軍戸による京営の兵力充実が困難になると共に、兵力確保の為に傭兵たる召募兵の導入が行われるようになった。

召募の例は正統朝ごろより散見するが、弘治朝以後次第に多くなり、嘉靖朝に入って本格化した。嘉靖一一年（一五三二）、兵部の反対で却下される結果に終ったが、京営総兵官武定侯郭勛は、各衛所において軍戸の正軍丁以外の余丁四万を選抜して、京営の不足数を補充することを請うた。(13) 二一年には兵部尚書劉天和が、団営の逃亡兵四万を補う為に、軍戸の弟・姪・義男・女婿等の傍系の者をあて、更に、営軍の雇役に多い市井無頼の徒から精壮な者を選抜して編入することを提案した。(14) これらの提案は、兵力不足の解消を最緊急事とみて、敢えて無頼の徒をも含む召募兵によって、兵力を確保しようとするものであった。この立場を採る者に、郭勛や成国公朱希忠ら京営の首脳があった。この段階まで補充の対象となったのは主として軍戸の余丁であったが、(15) 実態は無籍の徒や游惰の民と称される者が多く、戦力とはなり得なかった。(16) 二八年（一五四九）には、兵部侍郎詹榮も、京営の兵力が原額の三分の一に過ぎず、将領は公・侯・伯の軟弱な子弟で、軍士は市井游惰の徒のみであると指摘しており、(17) 召募を導入しても、基本的に衛所制に依拠する限り軍事力の再建にはならず、依然として軍士は将領の搾取対象でしかなかった。かかる状況下で、召募を更に拡大するか否かが論議の的となった。『東塘集』巻一四「固根本防虜疏」に、

　邇年以来、強健之兵、日漸消耗、遊食之人、時復充斥。以之食粮、則無益有損。以之調征、則有名無実。是以本部近議、欲沙汰老弱。尚書劉欲充補原額、無非求実効、以省靡費之意。今京営科道官蘇応旻等既称、除選補外、尚欠二万余名。若募平民為軍、則民差無人供応。欲要従長議処。臣等反覆参詳、今日之事、不在于足兵、而在于選兵。不在于生財、而在于節財。若所募不得其人、不但無益営伍、誠為虚費銭粮。所拠前項募兵之議、似応暫為停止。

とある。兵部尚書毛伯温は、提督団営・兵部尚書劉天和の、兵力確保の為には京師周辺からの召募が必要であるとする説に対し、京師の周辺は各衛・衙門の加派（割り付け）が過重で疲弊が甚だしく、さらに召募すれば税役の負担が

不可能となり、徒らに出費を増加させるだけであるとして、平民の召募に反対した。「足兵」よりも「選兵」を重視し、将領の収奪防止を最優先とする立場であり、この主張を採る者に巡視京営給事中蘇応旻・張元冲らがあった。帝の裁断により、毛伯温の奏議の線に沿って召募の拡大はせず、とりあえず、点検と選抜を厳しくし老弱兵を淘汰して強化を図ったが[18]、充分な成果をあげ得ぬままに俺答汗の侵寇を迎えることになったのである。この所謂庚戌の変で、京営がその無力ぶりを完全に暴露したのは周知のことである。中央政府は、この外的衝撃によって漸く本格的な京営再建に着手した。

嘉靖二九年九月、東西官庁・団営を廃し、新三大営が設立されたが、改革の初めに当たり、帝が兵力不足は召募で補塡することを承認した点は重要である[19]。以後、召募は増加して三三年（一五五四）には四万人にのぼり、三九年には実在一二万の大部分が召募の新兵となった。しかし、召募兵の大半は市人や四方竄籍の人と称される游民であり[20]、精壮な軍士ではなかった。『世経堂集』巻二一「答京兵諭」（嘉靖三一年一一月七日）に、

臣訪得、京兵雖繫名在営、其実皆在市井販鬻、及在各衙門跟官。一或尽法操練、則養生不贍、怨謗由之而起。故当事者、率為姑息、以致戎政日廃。

とあり、大学士徐階は、京営の軍士が実際には在営せず、市井で商いをしたり或いは各衙門の従者になっており、操練しようとしても不可能な有様であると述べた。しかし、兵力不足が深刻なので、このような状態にも拘わらず召募は更に推進された。『玉恩堂集』巻二一「条陳京営事宜疏」に、

一、議広召募、以実行伍。……訪得、在京衛分、往往有余丁願投軍者。合無責成各副将、将各営見在操兵、汰其老弱、就於各衛分、召募精壮余丁以充之。仍令各衛掌印指揮総其綱、各所掌印千戸理其目、什伍互相結、而後取収管於百戸。其或未敷、再募居民有来歴者、亦照前例隷籍各衛、所以便食糧、務足十万之数。

とある。これは隆慶の史料であるが、その後、召募の範囲が京衛の余丁から、武勇があれば居民からでも採用する方向に拡大しつつあることが看取できる。

しかし、一方で、召募の増加は財政の逼迫をもたらした。『温恭毅公文集』巻一「修実政図治安疏」に、

是国初六年之用、僅足今一年之費。万有警急、増賦則病民、不増則病国。司国計者、計将安出。国初武職、非軍功不授、応襲厳比試之法。何今之武職、不尽出軍功、比試之法、又習為故套。以故乳臭之子、皆可領印綬、豢養之流、不堪任堅鋭。以朝廷有用之財、養市井無頼之徒、至所望以摧鋒陥陣者、又不在是焉。是所養非其所用、所用非其所養。有識者付之長嘆而已。

とある。隆慶二年、戸科給事中温純は、本来は将校たる軍官の地位は軍功によって与えられるもので、子孫が継承する際も厳重な比試（世襲時の資格試験）が実施されていたが、現在は全く形式だけになっており、無能な者が上官となり、配下は無力な召募兵であると述べ、国初の六年分の費用を一年で費やし、市井の無頼の徒を養っていると痛論した。しかし、兵力の充足が急務であり、財政を圧迫しながらも、嘉靖改革以後、急速に増加したのである。つまり、庚戌の変を機に京営の弱体ぶりが露呈し、もはや、衛所制に依っては京営の軍事力を維持することは不可能であることが明らかになった。召募の導入によって兵力の確保が図られたが、将兵の離間を解消できなければ、将領の軍士収奪を防止できず、徒らに軍士の逃亡を招くのみであった。そこで考えられたのが家丁の導入である。

三　家丁の導入と辺将

家丁については、鈴木正氏の示唆に富む論考があり(21)、氏によれば、初期の家丁は「即ち家人・家奴・家衆・奴僕・

僮奴・家僮の如き半人半物の人格提供者の如き意味をもつもので兵士であったかどうか疑わし」く、兵士として出現するのは正徳朝以後であり、兵士としての家丁は、兵力・労働力が慢性的に不足した辺鎮で顕著な発展を遂げ、辺将に隷属しつつ、辺将と義子関係や婚姻による親族関係を持つものもあったという。正徳朝に東西官庁軍が編成された際、兵力源の一つとして、外四家と称される宣府・大同・楡林・遼東の辺軍が京営に導入された。この辺軍にも家丁が含まれていたと思われるが、本節では嘉靖以後の家丁について検討する。まず、京営と最も関係の深い北辺の家丁の実態をみてみよう。嘉靖期の北辺における家丁の活動をよく示す史料として『東塘集』巻一七「対敵斬獲疏」と巻一九「安攘済中興疏」（嘉靖二三年）がある。この史料によれば、家丁集団は将領と強固な紐帯をもつ小部隊で、探索や奇襲を任とし、戦闘にあたっては極めて勇敢であり、冒険を恐れずモンゴル族の牧地に迄進入し、時には、纔か三〇騎で塞を出ること七〇〇里（一里は五五九・八メートル）に及ぶこともあったという。中央政府も家丁の戦闘力を認めざるを得ず「旧例に非ず」としながらも、家丁の戦功に賞賜を与えてその活動を奨励し、多数の家丁を集めてモンゴル族に変装させ、その宿営地を夜襲することすら計画した。家丁はモンゴル族に対抗し得る殆ど唯一の兵力として重用されつつあったのである。これらの家丁は、逃亡兵・悪少・被虜来帰の人・無籍の徒などと表記されるように(22)、社会矛盾から析出された体制外の人々からなり、沿辺の壮士と称された。当時の将領一人当たりの家丁数は概ね一〇〇人前後と考えられる(23)。家丁の生活について明実録・嘉靖四〇年九月乙巳の条に、

総督薊遼保定・都御史楊選、条上地方極弊十五事。……一、宣大陝西将領、所畜《ママ》家丁、平居則出辺赶馬、以図印売。有警則按伏斬獲、以図陞賞。故壮士楽為之。

とあり、隆慶六年二月己丑の条に、

巡按御史劉良弼言、……又家丁素以搗巣赶馬為資。近因禁止、故厚其月粮、誠得優養死士之意。第恐虜已販盟、

而此輩猶藉口加増、漸不可長。宜預為申明、無因循踵襲誤辺計。兵部是其議、請戒諭辺臣、如良弼言。報可。

とある。後者は、隆慶和議（俺答汗との講和）の後の家丁の取り扱いについて述べた記事だが、これらの記事からみると、家丁は平時には哨戒や探索を名目に塞外に出て密貿易を行い、事が有ればモンゴル族と戦って昇進や恩賞の獲得を図っていたことがわかる。モンゴルとの貿易は、その家丁個人だけでなく、家丁を蓄養する将領の財源でもあったろう。塞外での探索や奇襲を任務とする家丁は、一般軍士と異なり自由に塞外に往来して、盛んにモンゴルと貿易を行っていたのである。和戦を問わず、家丁の生活はモンゴルと極めて密接な関係を持ち、中央政府が高く評価した家丁による探索や奇襲は、家丁の日常生活そのものであった。この北辺の家丁がどのように京営に導入されたのか。

京営における家丁を考える時、将領と家丁の強固な紐帯からして、京営の将領の構成が有力な手掛かりとなる。嘉靖改革直後の嘉靖二九年一〇月から、新三大営が一応の安定に達した隆慶六年（一五七二）までの、二十数年間の京営坐営官の移動を明実録によって一覧表にして検討した結果が次の如くである。この期間に、京営坐営官で京営外から転入してきた者は九九人であった。その内訳は宣府一四人・山西一一人・遼東一〇人・大同九人・薊州四人・延綏三人・甘粛・固原・寧夏各一人で、九辺鎮の将兵が五四人を占めた。更に、陝西総兵官二人・居庸関三人・大寧三人・密雲三人・保定付近（保定・浮圖峪・馬水口）四人・紫荊関二人・雁門関付近（黄花・鎮辺城）三人・通州二人・倒馬関・涼州・遵化・万全・昌平付近（鞏華城）・張家口・鎮虜営各一人で、長城地帯の将領が三〇人あった。他は中都・河南・河間・興都・山東・徳州衛・江淮総兵官・南京・湖広を合して一五人である。つまり、辺鎮とその付近の辺将が転入者の八五パーセントに達する。一方、京営からの転出者は七一人だったが、そのうち革職が二四人ある。他の転出者の新任地は、宣府四人・大同三人・薊州五人・延綏二人・遼東二人・山西五人・寧夏と甘粛各一人で、二三人が九辺鎮であった。このほか、保定（白羊口を含む）四人・倒馬関二人・居庸関・山海関・涼州・朔州・太原・通州・石匣営（古北口の南）・狼山（昌平近傍）各一人と十四人が長城地帯であった。他は南京・湖広・中都・四川と不明を合せて一〇人である。新任地の判明する将領の七九パーセントが、辺鎮とその付近に転出したことになる。これ以外に、京営内での配置転換が八二人あったが、この中でかつて北辺に在任したことを確認できる将領が一六人ある。この結果からみると、京営坐営官と辺将の互換率は極めて高く、京営坐営官の大半は辺将によって占められたといえる。

それでは、次に辺将が京営に赴任する時、家丁を帯同したか否かを検討する必要がある。『玉恩堂集』巻一「崇脩実政以裨安攘大計疏」に、

　必選其精鋭者為一等、稍次者為二等、比照家丁之例、逓加優給。復選謀勇兼資将官若干員領之。使上下相孚、恩義相結、則将有鳴剣抵掌之風、士有投石超距之気、而常勝在我矣。（。印筆者）

とある。家丁を念頭に置いた論であることは明らかで「上下相に孚じ、恩義相に結ぶ」と表現される強固な私的紐帯が軍事集団としての強靱さを齎すものとされている。かかる将領が戦闘の予期される新任地に家丁を帯同した例は明実録からも少なからず検索できるが[24]、平時の京営に来任した場合はどうであったか。『世経堂集』巻二四「復温三山中丞」に、

　承示各将家丁一節、愚意以為家丁出力、与標兵相同。若不与募銀、是責之者同、而待之者異。情恐不堪。然給与募銀、而另列於標兵之外、則人数益多、用財益広、費恐難継。不若使領標兵之銀、亦卽以入標兵数、総不得過三千名。許将官陞遷・事故之日、各自帯去、而以遺下名欠、俟新任将官、帯来塡補、頗似両便。惟高明更裁処之。

とある。大学士徐階は、順天巡撫・右僉都御史温景葵への書翰で、各将の家丁の機能は標兵（指揮官直属の親衛兵、第Ⅲ部第四章参照）と同じであること、待遇を同じくすべきだが、財政的配慮が必要なことを指摘し、将領が転出する時に家丁を帯同せしめ、そこに生ずる欠員は、新任の将領が帯同して来る家丁で補充せよと論じた。公式の上奏では

ないが、徐階がこのような意見を述べたことは、将領が家丁を帯同して赴任するのが普通だったことを示している。京営における辺将の重用に伴い、嘉靖改革後は、京営内の家丁数は急速に増加したとみられる。

四　仇鸞の兵柄掌握と家丁の公認

庚戌の変後、京営改革を主導したのは咸寧侯仇鸞であった。仇鸞は安化王寘鐇の反乱鎮圧に功の有った寧夏総兵官咸寧侯仇鉞の孫であり、俺答汗が京師を急襲すると逸早く大同の軍を率いて入援し、其の功により変後急速に頭角を現した。仇鸞の兵権は強大で、京営と辺鎮を併せて統率したが、帝の仇鸞に対する信任は極めて厚く、(25)京営総兵官ついで総督京営戎政として京営改革に当たったのである。仇鸞は、まず嘉靖二九年九月に大同の家丁や通事五〇〇人を京営に導入したが、(26)翌一〇月京営軍は戦闘に耐えないとして、御史四人を派遣し大同東路・中路・西路・甘粛・寧夏・延綏・宣府から各三〇〇〇人、更に延綏は家丁一〇〇〇人、宣府・大同は遊兵二枝を加えて調兵し、翌年五月迄に京師に送ることを請うて、(27)兵部の反対にも拘わらず略実施された。(28)以後、仇鸞は頻りに辺将と辺兵を導入したが、(29)これらの辺兵の中には、辺将に帯同された多くの家丁が含まれていたとみられる。しかし、仇鸞の方針には反対も強く、明実録・嘉靖三〇年九月丙戌朔の条に、

咸寧侯仇鸞言、頃間妬臣者謂、臣家丁刼趙時春所統民兵営、被其殺戮。夫兵雖有軍民之分、悉臣節制。臣何怨於民兵、而令家丁刼之。此由去冬臣欲調遣辺兵、而尚書王邦瑞・郎中尹耕、欲募民兵、以阻撓軍機不遂。故値臣出兵於外、遂駕此浮詞、揺乱国是。伏望収臣重権、俾得全首牖下。上手書慰之曰、卿竭忠戎務、今秋果賊未犯。豈可以群嫉求退。宜益尽心運思、以慰朕望。不允辞。

とある。兵部尚書王邦瑞は、協理京営戎政として仇鸞と共に改革の衝に当たった人物であるが、仇鸞の家丁と趙時春指揮下の民兵が起こした紛争の背景には、仇鸞が辺兵・家丁を導入したのに対し、王邦瑞らは民兵を募ろうとして、両者の間に方針の対立があったためだという。改革にあたって、様々の路線の対立と混乱が在ったことが看取される。

ところが嘉靖三一年（一五五二）、家丁導入を推進した仇鸞が失脚した。すでに同年六月頃より、仇鸞は帝の信頼を失いつつあったが[30]、八月仇鸞が病むや、帝はその兵柄を奪って兵部侍郎蔣応奎らに軍務を提督させ[31]、更に、同月仇鸞が没すると追戮を加えたのである。帝は、仇鸞が度々調兵禦虜の策を献じながら効果がないのを厭うたのだという[32]。この事件の背後を探ると、『世経堂集』巻二二「与熊北原太宰」に、

如近者罷咸寧之戎政、分京辺之兵権、皆自僕発之。主上幸見聴矣。然咸寧去、而議所以代之者未必賢。兵権分、而議所以処之者未必当。僕極口争之、今猶未定。乃知格主之心固難、格士夫之心、尤不易也。

とあり、もと吏部尚書熊浹への書翰で、徐階は咸寧侯仇鸞の京営と辺鎮双方に及ぶ兵権を分割しようとした発案者は自分であり、それは幸いにして帝の承認を得たが、事後の処理に苦心していると述べた。徐階が仇鸞の余りに強大な兵権に対して、強い危惧の念を抱いていたことを看取できる。同書巻二「請処兵将」に、

臣今日見兵部云鸞疾、非旦夕可愈。又捓宣大各掲報声息切、惟防秋方急、領兵不可欠人。伏乞皇上早賜断処、庶免誤事。臣又惟防秋固重、而久安之計、尤当慎図。祖宗時、京辺之兵、未有統於一将者。且戦守異術、人鮮全才。若分其事権、択長而使、則目前既足有済、日後亦可無虞。併乞聖明、乗此機会、留神審処。臣受恩深重。於国之大計、不敢緘黙。伏惟聖慈照察。

とあり、仇鸞が病を得るや、徐階はすかさず八月九日に兵権の分割と兵柄奪取を上奏したのである。仇鸞は死後、家丁の時義を遣して俺答汗と通謀し、或いは倭寇に通じた罪により追戮された[33]。『世経堂集』巻一七「明故太保兼少傅・

後軍都督府左都督掌錦衣衛事贈忠誠伯謚武恵東湖陸公墓誌銘」は、錦衣衛を指揮して辣腕を振るった陸炳の墓誌銘であるが、

時逆鸞兼総京辺兵、又多蓄死士、将謀不軌。公請於上建射所、選官校舎余、分番習射、以陰制之。鸞果憚不敢輒発。……壬子秋、鸞病死。其所蓄死士、故嘗横於京師。及是懼罪洶洶思変。公為好語安之、而奏請還諸各鎮。京師遂安。未幾鸞逆謀洩、詔剖其棺斬首、伝示九辺。公分遣旗校授方略、尽獲其党時義・侯栄等、以置諸法。義・栄本与虜通。当是時非公幾北走虜矣。

とある。この徐階の記述によれば、陸炳は仇鸞の動きを警戒して陰かに牽制しており、仇鸞の追戮と与党の一掃に当たっても活発に行動したことがわかる。これらの記事から、仇鸞失脚の背後には其の過大な兵権を危険とみた徐階らの策動があり、陸炳指揮下の錦衣衛に罪状を調査させて仇鸞を打倒し、兵権の分割を図ったとみて間違いあるまい。

それでは、仇鸞が推進した家丁の導入は、仇鸞の失脚後どうなったのか。これをみるには、仇鸞打倒の首謀者とみられる徐階の家丁に対する態度が、事件の前後で如何に変化したか、或いは変化しなかったのかが重要な指標となろう。事件前の徐階の家丁に対する態度は、前に引用した史料にもみられるが[34]、『世経堂集』巻七「請収用報效人馬」に、

臣聞知、各辺将官子弟及各処官吏・監生・生員人等、仰感皇上平日長育教養之恩、多有自備鞍馬器械、帯領家丁、赴京願殺賊報効者。其人馬率驍壮可用。臣愚欲乞皇上勅下巡視九門大臣、遇有前項報効之人、逐一収録在官、咨行戸部、給与行糧・料草、結伍団操。

とあり、庚戌の変の直後、徐階は辺将の子弟や官吏・監生・生員らが、家丁を帯同して京師に入援するのを公認し、組織することを提案した。更に、同書巻二「答辺事」（嘉靖二九年九月八日）には、

募兵一事、専以委之書生、恐所募之人未心堪用。況以趙甲募之、他日以銭乙統之。利害不切、已未必肯尽心。不如推二三将官同往、聴其精選、選訖就令統理操練。中間有合行事務、亦就聴其処置。一如各辺将官自募家丁之法、庶得実用也。今去寒月已近、事須窮日夜之力為之、乃可望済。伏乞聖明申勅百司、及時修挙。

とあり、募兵者と指揮者が異なる場合の不利を指摘し、同一将領に募兵・操練を委ねよと述べ、辺将の家丁を実用に耐えるとした。徐階は、将兵の離間を解消し得るものとして、家丁を高く評価したといえるのであって、家丁に対する評価は仇鸞と異なるところは無かったのである。ついで、事件後の徐階の態度を示す史料として、同書巻二「論兵事」（嘉靖三一年一〇月五日）に、

臣両日在外、訪知入衛辺兵、因提督侍郎孫某行事乖方、縦容原跟逆鸞、中軍主文人等、作弊索賄、及因戸部減給糧価、頗懐嗟怨。今虜賊尚未滅絶、明年仍須此輩入衛。臣愚切恐一失其心、縦無他虞、亦難得力。伏乞皇上再加詢訪、如臣所聞果実、特賜伝旨、将某罷還。幷勅戸部、於軍士応得糧賞、勿軽減革。庶使辺兵感激聖恩、各図報効。

とあり、仇鸞失脚後も、仇鸞の導入した兵力は待遇をかえずに維持せんとしたのである。徐階は事件の前後を通じ、一貫して家丁の京営への導入に積極的であったといえる。

ただし、仇鸞の後を襲った豊城侯李熙は、三一年九月各将の家丁の裁革を請い[35]、三三年九月にも仇鸞の家丁王庸ら二四人が革せられるという事態が起こっている[36]。しかし、この処置は仇鸞の余党の排除としての性格が強く、決して家丁の全てが裁革され、兵力制度そのものとしての家丁の導入が廃止されたのではない。明実録・嘉靖三六年八月乙未の条に、

総督京営戎政・鎮遠侯顧寰請、給京営副将・参将所招選家丁、行粮月石有半。戸部覆言、家丁支糧、原非旧例。……

第今値防秋之時、用人為急、可下兵部会戎政大臣及巡視科道官、厳閲所招選人員、果有膂力過人、弓馬閑熟、慣経戦陣、堪以訓練者、方許収用。副将十人、参将・遊・佐各七人、収為家丁、査係食粮正軍、不拘家丁及余外人、歳防秋三月、人支行粮、馬給草料如例。防秋畢日、家丁外尽数発回。……疏上、従之。

とあることからも、家丁の用いられたことがわかる。顧寰が家丁への給与の支給を請うたのに対し、戸部は旧例に非ずとしたが、防秋の時期なので、特に総督京営戎政・協理京営戎政・巡視京営給事中の検閲した者に限り、副将一〇人、参将・遊撃・佐撃は七人の家丁の帯領を認めて支給することを提案し、帝の裁可を得た。特例ながら初めて京営における家丁の存在が公認された。以後、北辺の家丁に対しても給与が支給され、総督・巡撫も競って収養するに至った。[37]更に、同書・嘉靖三九年九月辛卯の条の記事によれば、協理京営戎政・兵部尚書王邦瑞は上奏して、京衛番上軍が全く無力となり、京営の大半は戦陣の経験のない召募兵であると指摘し、召募兵は悉く革去せよと論じた。更に、

一、募家丁以倡勇敢言、営軍脆弱、素未経戦。各将官有原任辺方者、所部家丁、曾経戦陣可用。毎員准帯二十名、毎名月給米二石、仍給犒賞銀五両。或太僕馬価、或本営子粒銀内動支。至于在京召募、悉宜革除。三営老弱者、亦宜沙汰。即択本戸余丁更替、無戸丁者免補。詔俱允行。

と述べ、辺将と家丁を高く評価して、各将に二〇人の帯領と月米二石等の支給を提案した。家丁についての提案は、帝の承認を得て実施されたが、[38]三六年に比して帯領の家丁数は倍加し、一般軍士の倍額に当たる二石の月糧を給した。前述の如く、王邦瑞は民兵の導入による京営再建を図り、仇鸞と対立した人物であった。その提案で家丁の増額と優遇の決定をみたのは、京衛・番上制の衰退と、召募兵の無力を背景に、家丁が京営の中核たる地位を獲得しつつあったことを示している。京営での公認後南京でも家丁が導入され、[39]北辺では急速にその規模が大きくなった。[40]嘉靖末年には、家丁を以って「選鋒」を編成し「衛鋒破敵」に任ずる最精鋭として組織され、京営での訓練に随い教閲を受け

た。[41]

五　家丁の変質

家丁の公認と組織化は弊害も伴った。一つには北辺の例として『温恭毅公文集』巻一「将官賄虜出辺地方難保無虞乞賜究勘以懲玩弊振国威疏」に、

臣知其不敢戦有三、而其所可恨亦有三。蓋諸将素未嘗練兵、所恃者数百十家丁耳。家丁蓄、則三軍之気懈。蓋既不能以蓄家丁者、蓄三軍。又安能使三軍尽若家丁。此其不敢戦一也。

とあり、戸科給事中温純は、家丁の蓄養が一般軍士の士気を阻害すると指摘した。更に家丁そのものを変質させることになった。前述の如く、北辺の家丁はモンゴルとの極めて密接な関係の中で発展してきたものであった。しかし、北辺から切り離され、京営で組織された家丁は、一般軍士よりも多額の月糧を給されるとはいえ、本来の生活形態であるところの、賞賜の獲得を目的をした塞外での探索や奇襲、或いはモンゴルとの貿易活動は不可能になってしまった。[42]その結果、多くの家丁が京営から逃亡する一方で、京師推埋の徒と称される無頼や無籍の徒が家丁として流入した。[43]北辺においても所謂無頼から析出される家丁は多かったが、新たに京師で流入した無頼の徒は北辺での活動の経験はなく、家丁としての機能ももっていない。『玉恩堂集』巻二「条陳京営事宜疏」に、

一、議立選鋒、以倡勇敢法。曰兵無選鋒、曰北家丁月食双糧。先年、取用辺人及曾経戦陣者充之。正欲其衝鋒破敵、為衆軍倡、即選鋒之意也。近多無籍之徒、希覬糧厚、営幹充補。乃其技芸生疎、反有不如衆軍者。而衆軍為営制所限、雖有材能、将焉用之。其不足以示激勧而服人心也、宜矣。且家丁止隷之六副将、而不列之各営、則毎

秋出防二枝、朝夕与虜為隣、卒然有急、安所恃頼。以故有虚糜而無実用也。為今之計、合無革去家丁名色、改立選鋒、通将在営人数、責成総協衙門、督率将官中軍千把総及各衛所指揮・千・百戸、拘集正身、設法従公挑選、無論家丁・軍丁、但膂力驍猛、騎射絶倫者、即為中式。除城守営外、毎車戦営、各取三百名、共足六十之数。号曰選鋒、月給米二石以優之。統以智勇兼全把総、而豊厚其口糧、俾之日事教習。

とある。これは万暦五年（一五七七）の上奏だが、巡視京営給事中林景暘は、月米二石を給して優遇したことが、その獲得を目的とした無頼の徒の流入を招いたという。その結果、一般軍士よりも武勇の劣る家丁が多いと述べ、家丁・軍士を問わず精鋭を選抜して、新たに「選鋒」として再編成することを提案した。無籍の徒の流入により将領と家丁の紐帯は弱まり、将兵の離間が再び深刻化し、同時に家丁部隊は所期の強靱さを保持できなくなっていったのである。この上奏は裁可され、選抜した四〇〇〇人を戦兵営・車兵営に加え、「選鋒」として各営の把総に訓練せしめ、副将六人には別に各三〇〇人の帯領を認めた。そして「選鋒」には月糧二石を給すると共に、科道官（給事中・御史）に不時に点検させて統制の強化を図った[44]。ここに於いて「選鋒」は単に精鋭部隊の称となり、京営から家丁の名称はなくなった。将領と家丁の私的関係を公認して京営に取り込もうとする試みは頓挫したといえる。しかし、京衛・班軍番上制は既に衰退しており、兵力は召募に拠らざるを得なかった。しかも、辺将が京営の将領の大半を占める趨勢は同じであり、嘉靖以来、北辺での召募兵の実状は『東塘集』巻一九「防胡要畧疏」に、

一面行移総督尚書楊守礼・都御史張璁・総兵官呉瑛、招募三千員名。先侭家丁壮夫、次及精壮余丁。毎名先給銀伍両・馬一疋。該銀一十伍両、共銀六万両。不必動支戸部銀両、倶於太僕馬価幷募軍銀両動支。

とあるように、優先的に家丁を含むものであって、万暦以後も京営には辺将に帯同された多くの家丁が存在したのである。京営において、公式には家丁の名称がなくなっても、強兵策をとれば、将兵の離間を解消する為に、将領と軍

士の紐帯を強化しなければならず、召募兵も含めて京営軍は各将領の私兵的性格を強めていったとみることができよう。

小結

嘉靖二九年の京営改革は、単に指揮系統や人員配置の変更による強兵策ではなかった。兵力源としての衛所制の動揺に直面した京営に、新たな兵力源を獲得せんとする努力であった。その努力は正徳から隆慶に亙って続けられたが、嘉靖改革は其の頂点をなす事件として位置づけられる。改革前の最大の問題は、将領による軍士収奪ならびにそれによる兵力の減少であった。その解消の為に導入されたのが北辺の家丁であったが、家丁の公認は、将領と家丁の関係を変化させ、万暦初年に家丁の名称は京営から消え去った。しかし、実際には其の後も京営軍の中には多数の家丁が含まれ、京営の重要な構成要素であった。明代後期に顕著に現れる社会の変動の中で、国初以来の諸体制・制度が崩壊していったが、その一つとして兵力の供給源としての衛所制の機能も動揺した。このような状況の中で、庚戌の変を機として京営の兵力源は衛所制に訣別し、家丁を含む召募に転換したと考えられるのである。又、京営の改革を通じ、官僚が重要な役割を果したことが看取できる。次章では、官僚が京営を掌握するに至るプロセスと、その間の官僚勢力相互の抗争について考察する。

註

(1) 前章では把総以上を将領として取り扱ったので本章でもこれを踏襲する。
(2) 明実録・隆慶四年二月壬戌の条
(3) 万暦『大明会典』巻一一九・兵部二・銓選二・降調、巻一六六・刑部八・律令七・兵律一
(4) 明実録・正徳一六年四月壬寅の条
(5) 万暦『大明会典』巻一三七・兵部二〇・重役・老疾
(6) 王圻『続文献通考』巻一六一・兵制
(7) 班軍番上制については川越泰博氏の「明代班軍番上考」(『中央大学文学部紀要』八四・一九七七年、『明代中国の軍制と政治』〈国書刊行会・二〇〇一年〉に収録)がある。
(8) 明実録・成化一一年二月甲辰、三月甲寅、一二年八月丙戌、一七年二月丁卯、二〇年九月庚子の条。成化一一年三月辛亥の条では兵部は期に遅れること一・二ヶ月に分けて処罰を定めた。
(9) 万暦『大明会典』巻一三四・兵部一七・営政条例
(10) 明実録・成化一二年七月庚戌の条でも、兵部や京営の首脳は逃亡が工役や侵漁・箠辱によるとの判断を示した。
(11) 明実録・嘉靖三四年六月乙亥の条
(12) 明実録・隆慶六年一〇月壬午の条
(13) 明実録・嘉靖一一年六月丙申の条
(14) 明実録・嘉靖二一年正月壬寅の条
(15) 明実録・弘治一三年六月丙戌の条
(16) 明実録・嘉靖七年一一月庚申の条
(17) 明実録・嘉靖二八年五月己丑の条
(18) 明実録・嘉靖二一年一二月甲辰、二八年一一月癸未の条

(19)明実録・嘉靖二九年九月丁酉の条
(20)明実録・嘉靖四三年七月辛未、隆慶二年九月戊辰の条
(21)鈴木正氏「明代家丁考」、(『史観』三七、一九五二年六月)
(22)明実録・嘉靖四四年五月乙丑、四五年六月丙寅、四五年六月丁亥、隆慶二年四月甲午、三年一一月乙未の条
(23)明実録・嘉靖三七年四月癸未、四五年六月丙寅の条
(24)明実録・嘉靖三三年一二月戊寅、三四年八月乙亥、三九年二月壬寅、三九年三月丙戌の条
(25)明実録・嘉靖二九年一〇年甲申の条によれば、余りに強大な仇鸞の兵権に対し、巡視京営兵部主事申旞は、仇鸞が寵を恃んで権を弄ぶと劾奏したが、反って帝の命によって拷訊、ついで革職された。
(26)明実録・嘉靖二九年九月丙午の条
(27)明実録・嘉靖二九年一〇月甲子の条
(28)明実録・嘉靖三〇年五月丙申の条
(29)明実録・嘉靖二九年一〇月甲子、一一月癸巳、三〇年五月丙申の条
(30)明実録・嘉靖三一年六月壬子朔の条
(31)明実録・嘉靖三一年八月己未の条
(32)明実録・嘉靖三一年八月乙亥の条
(33)『雙江聶先生文集』巻六「都察院右副都御史少峯商公墓誌銘」、明実録・嘉靖三一年八月乙亥の条
(34)『世経堂集』巻二四「復温三山中丞」
(35)明実録・嘉靖三一年九月戊申の条
(36)明実録・嘉靖三三年九月庚戌の条
(37)明実録・嘉靖三八年二月壬戌、三八年五月辛巳の条
(38)万暦『大明会典』巻一三四・兵部一七・営操

（39）明実録・嘉靖四〇年一二月癸亥の条
（40）明実録・嘉靖四五年六月丁亥の条によれば、中央政府は北辺の総兵官の家丁数を四〇〇人、副総兵の家丁を三〇〇人に制限せんとした。公認以前の一〇〇前後に比し急速に規模が拡大していたことがわかる。
（41）王圻『続文献通考』巻一六四・兵考、万暦『大明会典』巻一三四・兵部一七・営操
（42）先に引用した明実録・嘉靖四〇年九月乙巳、隆慶六年二月己丑の条によれば、北辺でも月糧支給と同時に統制を強化し、いわゆる「出辺赶馬」を禁止した。
（43）明実録・隆慶三年一一月乙未の条
（44）万暦『大明会典』巻一三四・兵部一七・営操

第三章　官僚の京営統制

一　隆慶四年の京営分割論争

隆慶四年（一五七〇）一月、総督京営戎政・鎮遠侯顧寰は、提督漕運・淮安総兵官に転出し、代わって恭順侯呉継爵が総督京営戎政（以下、総督と略記する）に就任した。(1) 総督交代直後の同月己卯、大学士趙貞吉は京営の分割を提案し、九ヶ月余に亙る対立と混乱の発端となった。趙貞吉は、明初以来の五軍都督府の体制は、「強臣、握兵の害」を防止する為の、太祖の深謀遠慮であったが、嘉靖二九年の京営改革（嘉靖改革と略記する）によって一変し、総督一人が全京営を統率するに至った。その結果、一将の賢否によって全京営の強弱が左右されると弊害を指摘した。このような弊害に対し、趙貞吉は既に前年にその対策を示していた。『趙文粛公文集』巻八「論営制疏」に、

合無将見操官軍九万、分為左右中前後五営、各択一将、以分統之。責令開営教習、依法訓練。仍以文臣巡覈之、毎歳春秋、遣官校閲。凡将官之能否、軍士之勇怯、技芸之生熟、紀律之厳縦、皆得奏聞、而賞賚罰治行焉、務令五営斉精鋭。先将戎政印、収入内府、有事則領勅掛印、而命将于閫外、事完則繳勅納印、而帰将于営中。如是則太阿之柄、独持于上。而輦轂之下、常有数万精兵。可戦可守、聴調聴戍、随所用而無不宜矣。転弱為強之道、実

不外此。

とあり、趙貞吉の判断によれば、全京営を一人で統率できる将領はないので、京営を分割して五将に訓練させ、一方で官僚がこれを監視し、毎年春秋には科道官を派遣して、各将領の能否・軍士の勇怯・技芸の生熟・紀律が厳重か否かを査察させるとともに、戎政府の関防印（官庁の割印）は、有事以外は内府に保管せよと提唱したのである。提案の趣旨は、京営を五分して総督に集中していた兵権を分割し、監視を強化して京営を官僚の統制下に置こうとしたものである。(2) 彼の上奏後、事は重大だから広く群臣を集めて議すべきだという兵科給事中張鹵の意見が採用された。その会議の結果、趙貞吉の案に賛成するもの英国公張溶ら一六人、戎政府の撤廃と関防印の取り扱いについては賛成だが、新三大営は維持すべきだとするもの成国公朱希忠ら二八人、真向から反対するもの兵科給事中邵濂・魏体明・御史高徳怕・尚徳恒らであった。(3) この段階では分割反対の中心は科道官であったといえる。明実録・隆慶四年正月己卯の条に、

給事中邵濂及魏体明・御史尚徳恒、仍各上疏言、彊兵在択将、不在変法。

とあり、彼らは、強兵の実現は変法ではなく、良将を択ぶことにあると主張した。ついで兵部尚書霍冀も反対論に賛同した。(4) ここにおいて、営制改変をめぐって大学士と兵部尚書が対立することになったわけである。両者の対立は急速に激化し、翌二月には私的な確執も含めて劾奏しあうに至った。明実録・隆慶四年二月乙卯の条によれば、霍冀は趙貞吉との確執の四因を列挙して批判したが、その四に、

貞吉欲更営制。臣謂、祖宗旧規、不宜軽改。已而廷臣集議、皆如臣言。其私憾於臣四也。貞吉与臣、勢不両全。乞罷臣以謝貞吉。

と述べ、営制改変をめぐる対立が一因だと述べた。趙貞吉も直ちに駁論し、『趙文粛公文集』巻八「弁霍本兵疏」に、

其四謂、営制之議、臣与之有憾。……夫人臣于天下之事、当以公天下之心処之。兵権貴於分、練兵亦貴於分、此古法也。分府以設将、分営以練兵、此祖制也。

とある。趙貞吉は、古来兵権は分割するのがよく、練兵も分割して行うのが有利である。太祖はそのために五軍都督府を設けたのである、とあくまで分営を主張した。この間、他の官僚も活発な動きをみせ、魏体明・尚徳恒らは当時欠員だった協理京営戎政（協理と略記する）に、分営反対の立場をとる南京都察院右都御史曹邦輔を就任させることに成功した(5)。又、張鹵らは、抗争している趙貞吉・霍冀両人を、営制を乱す者として弾劾した(6)。しかし、帝は営制更新の意志を明らかにし、まず協理を閲視京営と改称した(7)。更に、弾劾を受けた趙貞吉と霍冀がともに休を乞うたが、趙貞吉は慰留され霍冀は閑住（休職）となった。ついで趙貞吉の提案が裁可を得、京営全体を統率する総督が廃止されて、恭順侯呉継爵・都督僉事焦沢・袁正が各々五軍営・神枢営・神機営の総兵官に就任した(8)。つまり、大学士の提案が科道官を巻き込んだ論争の末、兵部尚書の反対にもかかわらずほぼ実現したわけである。しかし、分営の実現は思いがけない結果を齎した。総督を総兵に改めた為、諸将はその権威を軽んじて命令をきかない傾向が生じ、神枢営副将・署都督僉事孫国臣は最も倨傲で、総兵に無礼な振舞いがあったとして、署都指揮僉事に降格のうえ延綏に送られた。このような事態の対策として、勲臣の総兵には流官（都督や都指揮使などの一代限りのポスト）の総兵よりも丁寧な儀礼を用いることが命ぜられた(9)。しかし問題は更に発展した。明実録・隆慶四年三月甲戌の条に、

五軍営総兵・恭順侯呉継爵、再疏辞任、不許。初継爵推三営総督。時言官有論其庸懦不勝任者。及改為総兵、与流官袁正・焦沢為伍。継爵意怏怏、乃自称才薄固辞。上知其意、因諭留継爵、而以三営倶用勲臣領之、行兵部会推。

とある。呉継爵は無能を弾劾されたうえ、総督から流官の袁正・焦沢と対等の総兵となったのを不満として、辞任を

求めたが、帝は彼を慰留すると共に、三営の総兵には全て勲臣を充てることとし、兵部に推挙を命じたのである。この方針に対し巡視京営・兵科都給事中温純・魏体明・御史王友賢らは一斉に反発した(10)。温純は総兵を勲臣のみから選任することに反対し、その理由について『温恭毅公文集』巻一「慎選将領以重営務疏」に、

蓋求三大将於数十人也、難求三大将於数千百人也。臣豈敢曰流官尽可用、勲臣尽不可用哉。惟以天下事謀之、在始断之貴果。即京営一議歴数月、経閣部九卿諸科道。始而曰、永革勲臣。既而曰、兼用勲臣。今皇上又欲尽用勲臣。是議論日多、績効無期。……如此則京営大務、終落故套而已。臣故曰、今日京営之将、惟其人而已矣。勲臣・流官何暇拘哉。

とある。温純は、総兵を数少ない勲臣に限定して、そこからだけ選ぶのは適切でなく、方針を軽々しく変更しては実効があがらぬと述べ、勲臣や流官の身分にかかわらず有能な将を用いよと論じた。しかし、三月壬午、帝は詔を発して総兵を提督と改称し、定西侯蒋佑・平江伯陳王謨・恭順侯呉継爵を任命し改めて関防印を給した(11)。これらの処置については明実録の同日の条に、

及佑等提督之命、皆出内批。兵部不得已、仍奏改原任総兵袁正於後府僉書、焦沢帯俸。紛紛措置、徒滋煩擾。而大学士趙貞吉、自是亦不復言分営事矣。（。印は筆者）

とあり、兵部や科道官の反対を無視して、全て皇帝自らの意志によって決定されたものであった。趙貞吉が、これ以後、分営を主張しなくなったとあるのは、事態が貞吉の意図と異なる方向に動いたことを示している。更に呉継爵らの三提督が、官僚の閲視京営という名称は、提督に比して軽々しくみえ、文武協同の実があがらぬとして、閲視を提督と改称せんことを乞い許された(12)。これに対して、閲視京営曹邦輔は、これは勲臣が責任転嫁を図るための奸計であり、権限も応接の儀も不明確だと不満を表明し(13)、科道官も悉く改称に反対した。特に温純は、勲臣の無能を激しく批

判して、勳臣の中には京師の外に出たこともなく、文盲の者すらあると痛論した。更に、『温恭毅公文集』巻一「虜患可憂営務久廃乞重事権以専責成疏」に、

伏乞勅下該部、従長酌議。邦輔既改提督、凡各営之勤惰虚実及一応練兵事、宜務要不時督率糾正、不許推諉、以負朝廷委任之意。

とあり、官僚による統制の強化を主張した。しかし、翌五月には官僚の提督も三分し、曹邦輔の外に前両広総督・左都御史兼兵部左侍郎劉焘と前宣大山西総督・右都御史兼兵部右侍郎陳其学が提督に任ぜられた(14)。ここに至って京営は五軍・神機・神枢の三大営に、文武の提督が二人ずつ合せて六人の提督が存在する未曾有の状態となった。

温純はこのありさまに対し、趙貞吉や呉継爵らの主張のままに営制が頻繁に変り、六提督が京営を統率することになったと述べた。その弊害について、『温恭毅公文集』巻二「営制屢更統帥不一懇乞聖明亟賜裁定以正事権疏」に、

仮令此六人皆才且賢、然十羊九牧之害、臣等猶不能無慮。况入秋以来、一分布兵馬、輙肆胸臆択便利、歴旬余莫能定。豈惟文与武不相為用、而文臣中亦自相矛盾矣。千把総・号頭、受参・遊令倏焉、而副将之令至又倏焉、而文提督之令至又倏焉、而武提督之令至。多指乱視、多言乱聴。即無事且不可、况欲以臨敵乎。……故臣等以為文武大統帥、則莫如復先帝制便。

とあり、温純は、決断に多くの時間を要し指揮系統が混乱するばかりで、到底実戦の役にはたたぬとして、新三大営への復帰を提言した。他の科道官もこの主張に賛同し、兵部で検討した結果、温純の言に従って六提督を廃し武臣一人を提督、官僚一人を協理として新三大営を復活することになり、帝の裁可を得て実施された(15)。結局、一月の大学士趙貞吉の提案に端を発した分営問題は、九ヶ月に亙って中央政府を混乱させた末、旧制に復帰する形で終熄した。翌一〇月には、南京守備・臨淮侯李廷竹と総督薊遼保定軍務兼理糧餉・右僉都御史兼兵部左侍郎譚綸が、各々総督と協

理に任ぜられた(16)。趙貞吉は、吏科給事中韓楫により、徒らに混乱を招いたと弾劾され、翌一一月に致仕（強制退職）した(17)。

この論争を通観すると、幾つかの注目すべき点がある。一つには、兵権の分割と官僚統制の強化という京営の根幹にかかわる問題が、大学士によって提案され、兵部の反対を押しきって一応実現したことである。背景には大学士の権力の増大と軍に対する関与の強化があったとみられよう。二つには、分営論争を通じて科道官が重要な役割を果したことである。論争の開始以来、彼らが盛んに活動したことは既に述べたとおりであるが、特に兵科都給事中温純は、六提督制に激しく反対し遂に廃止に追い込んだ。論争は、大学士によって始まり給事中によって終ったといえよう。更に、論争を通じて科道官の弾劾が極めて苛烈になったことも指摘できる。趙貞吉・霍冀と、霍冀の後を襲った兵部尚書郭乾(18)・総督鎮遠侯顧寰(19)・呉継爵らは、相い継いで弾劾を被り閑住や致仕となった。明実録・隆慶五年一二月己亥の条に、

兵部議覆、巡視京営科道官梁問孟・侯居艮、所陳営務十二事。……一、請令巡視科道官、考第営中諸将優劣、送部視才更調。……上允行之。

とあり、巡視京営科道官梁問孟・侯居艮の要請によって、京営の巡視に当たる科道官が将領を評価し、兵部の検討を経て、配置転換することが承認された。趙貞吉の当初の提案のうち、分営は廃止となったが官僚統制の強化は実現したといえよう。

二　兵部と科道官の関与

分営問題で主要な役割を果した大学士・兵部・科道官が、これまで如何に軍にかかわりその権限を強化してきたのか、特に京営の人事にどのように関与したかをみてみよう。永楽朝の京営創設以来、兵部の官僚が直接京営に関与したのは、景泰朝の兵部尚書于謙を以て嚆矢とする。しかし、于謙の刑死後官僚の関与は改廃常なかった。まず、于謙の後、京営に関して如何なる官僚が如何なる地位についたかを明らかにする必要があるが、明実録を検索した結果を示すと、次のとおりであった。天順→都御史・提督団営一人、成化→兵部尚書兼都御史・提督団営一人、弘治→都御史・提督団営一人、兵部尚書・提督団営一人、兵部侍郎・提督団営一人、正徳→兵部尚書・提督団営六人、嘉靖（二九年以前）→兵部尚書・提督団営七人、兵部尚書兼都御史・提督団営四人、嘉靖（二九年以後）→兵部侍郎・協理一三人、兵部侍郎兼都御史・協理一人、兵部尚書・協理二人、僉都御史・協理一人、隆慶→兵部侍郎・協理四人、兵部侍郎兼僉都御史・協理二人、兵部侍郎兼都御史・提督三大営三人、都御史・閲視京営一人であった。天順・成化・弘治朝では、兵部尚書、都御史、兵部侍郎が提督団営に任ぜられたが、其の数も少なく一定した方向はみられない。正徳朝・二九年以前の嘉靖朝では、兵部尚書が提督団営になることが、ほぼ定制となったとみられる。ただ、当初の兵部尚書は「不妨部事」の提督で兵部と京営を兼摂しており、京営に対する統制は必ずしも強力ではなかったと考えられる。さらに、京営での部署は、ほぼ于謙の創設に係わる団営に限られ、明初以来の旧三大営や正徳朝に設立された東西官庁には統制が及ばなかった。全京営に統制が及ぶのは嘉靖改革以後である。嘉靖二九年（一五五〇）以後、名称の混乱はあったが、兵部侍郎が協理として、総督と共に京営全体を統率し得るようになった。協理に任ぜられた兵部侍郎が、兵部との兼任ではなく、営務に専従したことは史料によって確認できる。[20]

次に、部事・常務の分離が如何にして実現したかを見てみよう。弘治一五年（一五〇二）に工部左侍郎李鐩[21]、正徳七年（一五一二）には工科給事中潘塤[22]、嘉靖六年（一五二七）に大学士楊一清[23]が部・営両務の兼摂は過重だから、専任の提督をおくべきだと上奏した。しかし、いずれも却下されて実現しなかった。嘉靖八年（一五二九）に至って、兵部尚書兼左都御史・提督団営であった李承勛が部事に専念し、一方で提督雲貴川広軍務伍文定が、兵部尚書・提督団営に就任し、初めて両務が分離した。(24) しかし、これは一時的で、同年中に伍文定が辞任すると、帝は冗官を省くとの理由で再び兼任を命じた。(25) 其の後、嘉靖一三年（一五三四）に至って、左都御史王廷相が兵部尚書兼左都御史・提督団営として営務を、兵部尚書王憲が部事を担当した。これ以後、ようやく兵部尚書二人が部事・営務を分担することとなり、(26) 二一年（一五四二）まで維持された。しかし、二一年九月、兵部尚書張瓚が提督の補充を請うたのに対し、帝は文臣提督の専設は祖制に非ずとして兼任を命じた。(27) この処置によって、再び営務は兵部尚書の兼摂となり、恒常的な分離は嘉靖改革をまたねばならなかった。

この間、勲臣は次第に京営から排除され、正徳朝には内臣が強い統制を加えたが、嘉靖朝に入ってその勢力も衰えた。しかし、内臣勢力の衰退がそのまま勲臣の復権を意味するものではなく兵部の権威は高まった。これを示すのが嘉靖五年（一五二六）四月の事件である。同月、武挙の合格者の招宴があったが、提督・武定侯郭勛の席が提督・兵部尚書李鉞の下に在った。郭勛はこれを不満として上疏し、李鉞も反駁して争った。この宴は京営における両者の序列を直接に示すものではないし、帝の裁断によって、郭勛の上座が認められる結果に終った。(28) しかし、このような事件の発生自体が提督・兵部尚書の勢威の増大を示している。つづいて明実録・嘉靖七年一二月戊子の条に、

先是武定侯郭勛、為把総湯清、営求復職。語侵尚書李承勛。承勛自以大臣不当争弁、因上疏求退。且言、臣任提督而為把総所呈告、総風紀而為将官所攻撃。既辱君恩、亦傷憲体。矧歳当朝覲、臣与有考察之責。一武夫之心不能服、何以服天下士大夫之心。

とあり、京営把総湯清の復職をめぐって、提督・武定侯郭勛と提督・兵部尚書李承勛が対立した。李承勛は上疏して

提督・兵部尚書の地位に在って、把総や将官の攻撃を受けるのは、君恩を辱め職を汚すものであり、考察にも責任をもてないと述べた。李承勛は勲臣を単に将官と言っており、そこに勲臣に対する軽視と、自己の立場に対する強い自負を看取できる。この後、帝の再三の慰撫にもかかわらず、互いに抗争を重ねた結果、二人は兵科給事中王準らに弾劾され帝の叱責を被った。しかし、結局湯清の復職は実現しなかった。京営将領の人事は、成化朝頃までは保国公朱永や英国公張懋らの有力な勲臣・提督によって行われ、兵部が独自に黜陟（昇進・降格）することはなかった。[29] その後、特に弘治朝以後、兵部はその権限を強めた。[30] 嘉靖三年には、兵部が単独で多数の将領を推挙し、[31] 五軍営坐営官の欠員に当たっては寧晋伯劉岳・平江伯陳圭を推挙した。[32] 勲臣も兵部の推挙がなければ坐営官たり得なくなったのである。隆慶朝になると、総督の任命すら兵部の推挙によるようになった。[33] 以上のような事例から、嘉靖朝以後、京営に対する兵部の統制が強化されたとみてよい。特に嘉靖改革後、京営専任の兵部侍郎が協理京営戎政として、総督と共に全京営を統率したことは、協理の上司たる兵部尚書の権威を高めたことになろう。

つづいて、隆慶四年の京営分割論争で重要な役割を演じた科道官、つまり六科一三道の給事中・御史が、京営に如何に関与したかをみてみよう。まず科道官の京営における任務を確認する必要がある。成化朝より隆慶朝に至る間に、科道官が京営に直接関与した事例を明実録で検索すると主なものだけで八五例ある。その内容を検討すると、一つには、京営の軍士から老弱者を排除して精鋭なものを選抜し、或いは逃亡軍士を取り締り、各種の違法行為を摘発する等である。これは選軍・清査・閲視・査閲等と称されるが、本節では便宜的に全て査閲の語を用いることにする。二つには、極めて多岐に亙るが京営の維持・強化に関する種々の提案である。三つには、将領などの京営の責任者に対する弾劾である。査閲・提案・弾劾の各項を調べると次のとおりである。提案の内容は、将領の任命方法や教育等を含む京営将領の充実に関するもの一二例、査閲の実施や強化など、兵力確保に関するもの一一例、科道官の権限強化を請うもの七例、将領の違法行為の取り締りを請うもの七例、官僚の京営提督の専設を請うもの五例、操練の強化に関するもの三例、軍士の給与・賞賜に関するもの二例であった。将領に関するものが最も多く、官僚としては将領を如何に統制するかが最大の問題であったことがわかる。次に、弾劾の内容を検討すると、将領の無能を攻撃したものを九例、将領の私情による推挙を攻撃したものが四例、軍士の欠員や訓練の形骸化について将領の責任を問うもの四例、将領の占役に関するもの三例、将領の言動に関するもの三例、京営の衰退について兵部尚書の責任を問うもの三例、大学士の責任を問うもの一例であった。ここでも将領に対する弾劾が圧倒的に多い。しかし、これらの提案や弾劾はいわば非日常的なものである。これに対し査閲は京営の日常的運用そのものの一環であり、科道官が京営に最も深く関わる任務として、関与の中心をなすと考えられる。科道官が査閲の実施に当たった例は多いが、その具体的な方法について、嘉靖二一年から二三年（一五四四）にかけて兵部尚書だった毛伯温の『東塘集』巻一七「欽奉聖諭疏」に、

再照清査一事、……照正徳十六年事例、将五府所属京衛并錦衣親軍衛所官旗校尉、選差給事中・御史各一人・本部委官一員。各営衛軍力勇士、行巡視京営科道・本部委官一員。各会同、催取文冊、逐一清査。将各官旗応存応革職級、扣算註擬停当及各軍校革過姓名、備細造冊奏繳。

とあり、鄭暁の『端簡鄭公文集』巻一二「選軍疏」に、

合候命下、行移総督戎政文武大臣、会同巡視京営科道官并本部委官一員、前到各営、逐一清査。除精壮者照旧存留外、老弱者許令在冊応継壮丁、審験明白、摘牌替役、随具通状告部、行衛保結、委係応役之人、方許造冊収糧。其有逃亡事故、各営即行該衛、査将冊内、有名舎余軍丁、審係正身、供数報名赴部、以憑覆審、選取精壮補伍。

とある。後者は、一時兵部を兼ねた刑部尚書鄭暁が、嘉靖三七年（一五五八）に上奏したものである。これらの記事からみると、査閲の方法は、在京の衛に対しては、給事中・御史・兵部の官各一人を、京営には巡視京営給事中・御

史と兵部の官各一人を派遣し、教場において名簿と軍士を逐一対照して精壮なものは残し、排除すべきものは姓名を記して報告する。京営の老弱者で、所属衛に代わり得る壮丁が登録されている場合は交代して軍役に就かせ、所属衛が本人であることを保証して初めて給糧する。軍士の逃亡や事故の場合には、所属衛に通達して名簿を調べ、舎人・余丁として記載されているもののなかから、兵部で選抜して京営に補充するというものであった。この提案で査閲に各部隊を指揮している将領が関与していないことは注目すべきである。嘉靖改革の後も暫くは総督・協理が査閲の責任者に加わっていたが、次第に科道官が主導するようになった(34)。科道官の査閲を強化すべしとの意見は以前より強かったが(35)、この点でも嘉靖改革が一つの契機となった。庚戌の変の直後、兵部は京営の改革案を上奏したが、その中の一項として、明実録・嘉靖二九年九月丁酉の条に、

三、議点視官員、以便査理。巡営科道官、久則易玩。宜如弘治年間例、一年一易、毎年以十二月題差、次年十一月復命。挙劾大小将領、以備黜陟。仍添差司官四人佐之。……上倶従之。

とある。巡視京営科道官は、弘治の例に倣って任期を一年とし、兵部職方清吏司の官四人をつけ、毎年一一月に、将領の推挙・弾劾を行って黜陟の資料とすることを請い帝の承認を得た。科道官が定期的に将領の挙劾を行って黜陟に備える、つまり、将領の考課を行うことは重要である。間接的ではあるが将領の任免権の一端を掌握したといえる。

明実録・嘉靖二九年一〇月丙子の条に、

兵科給事中楊允縄、上禦虜四事。……其二、振営務以重京師。請分別諸将営伍、各自掾演、而提督大臣、会同科道、毎日量調数隊、課其武芸之生熟、為千総之賞罰。毎月又以千総之優劣多寡、為把総之賞罰。季冬又以把総之優劣多寡、為号頭之賞罰。于歳終又通一営之優劣多寡、為坐営之殿最。然後提督・科道官総課其能否、奏請黜陟。……倶允行之。

とある。九月の案を具体化したもので、兵科給事中楊允縄は、総督・協理・科道官が期日を決めて調査して各級将領の賞罰の基準とし、年の終りに全将領の考課を行って、黜陟を奏請する方法を提案して承認された。この決定は実施されたが、其の後、規定通りに行われなくなったらしく、(36) 嘉靖四二年（一五六三）と、第一節で引用したように、隆慶五年（一五七一）に再確認された。注目すべき点は、嘉靖二九年の例では考課に総督・協理も参画したが、隆慶五年の確認後は巡視京営科道官のみで行うようになったことであり、(37) それは史料によって確認できる。(38) 実質的に科道官の権限が強化されたとみられよう。また当時、科道官の弾劾が辛辣を極め、他の官僚の脅威になっていたことは前述した。隆慶四年二月には、協理の任命に関連し、湖広道監察御史陳于階の提案によって、京営将領の最高位である三大営総兵官すら科道官(39)が推挙した。嘉靖の後半から隆慶にかけての時期に、科道官は京営将領の考課・推挙・弾劾という人事権の重要な部分を掌握したことになり、かかる権限をもった科道官の統制は強力であった。『世経堂集』巻一九「学山周先生墓表」に、

未幾召拝吏科給事中、上書論兵政。天子嘉之、進右給事中・巡視京営。諸勲貴相戒、莫敢犯法

とある。大学士徐階が、嘉靖の巡視京営・吏科給事中周崑の為に記した墓表だが、科道官が京営を強力に統制したことを看取できる。

三　大学士の関与

次に、隆慶四年の京営分割を主導した大学士が、これまで如何にして関与を強めてきたかを検討してみよう。弘治元年（一四八八）、監察御史陳璧が、京営提督であった保国公朱永や襄城伯李瑾の姦貪・失機の罪を弾劾し、兵部・内

閣・九卿・科道官に京営諸将の能力と功過を調査させよと奏請して裁可を得た。しかし、このとき兵部は京営の将領についての審議に大学士は例として与らないと述べた[40]。続いて科道官は北辺の将領をも弾劾したが、これに関連して、帝は今後将領の欠員の場合は、五軍都督府・兵部・大理寺・都察院・刑部・科道官が会同して推挙せよと命じた[41]。この中に大学士は含まれていない。これらの事例から、少なくとも弘治初には、大学士は京営の具体的問題には関与できなかったとみてよかろう。大学士が京営の人事に直接介入したのは、嘉靖五年のケースが最も早い例の一つと思われる。同年、兵部尚書は李鉞、侍郎は張璁（璁は後に孚敬と改名したので、本章では孚敬とする）であった。七月に一二団営中の奮武営坐営官が欠員となり、兵部は二八日に鼓勇営坐営官・永康侯徐源の推挙を決めた。ところが九月になって、大学士費宏が新寧伯譚綸を推して介入した。費宏は兵部の意向を堅持して従わない李鉞を激しく叱責し、あくまで譚綸の任命を求め、ついに李鉞は病臥してしまった。この問題は将領の人事をめぐる対立であると同時に、大学士の権限をめぐる争いでもあった。李鉞が倒れた後、兵部を代表した張孚敬は激しく反発した。『張文忠公集』巻二「論大学士費宏」に、

仰惟、太祖高皇帝、懲前代丞相専権、分設府・部、各有職掌。今費宏叨内閣之首、為輔道之官。宜先正己、以表百僚可也。顧乃大開私門、窃弄威福、使内外文武大臣、多出援引、欲何為哉。弗謂今日不言也。伏乞聖明、総収威福、厳加省諭、使費宏知履盈之戒、不得劫制府・部、毎事干婁。使府・部知奉公之義、不得阿附費宏、毎事咨請。

とある。張孚敬は、大学士が輔導の官として全官僚の表たるべきにもかかわらず、費宏は私門を開いて威福を逞しくしていると述べ、大学士が兵部・五軍都督府を統制することを禁止するように求めた。ここで大学士は文武の大臣の任免を左右し得る力を有する者として丞相に比定されている。更に『張文忠公集』巻三「応制陳言」に、

我太祖高皇帝、懲前代丞相専権、不復設立、而今之内閣、猶其職也。……今之部・院諸臣、有志者難行、無志者聴令。是部・院乃為内閣之府庫矣。今之監司、苞苴公行、称為常例、簠簋不飾、恬然成風。是監司又為部・院之府庫矣。撫字心労、指為拙政善事、上官率与薦名。是郡県又為監司之府庫矣。

とあり、太祖の遺志に反し、内閣は六部・都察院を統制し、賄賂や阿諛を日常の事とする全国の官僚機構の頂点に位置していると論じた。帝は、張孚敬の言を支持したが、(42) 一方で京営の坐営官人事については費宏の主張が実現した。この事件から幾つかの事実が判明する。つまり、大学士が既に事実上の宰相の如き実力を有していたこと、京営将領の人事は兵部の職掌であって、内閣の権限は及ばないという原則がまだ存在しており、兵部が大学士の権限論を盾に激しく抵抗し得たこと、但し兵部の反対を押し切って大学士の主張が実現したこと等である。ここから、内閣の権限としてまだ制度的に確立されてはいないが、京営に対する関与の途が開かれたといえよう。

ところが、大学士の介入反対の急先鋒だった兵部右侍郎張孚敬は、翌嘉靖六年一〇月、礼部尚書兼文淵閣大学士として入閣し、断続的ながら一四年（一五三五）四月までその地位に在った。この間、張孚敬が京営に対して如何なる態度をとったかは興味深い。同一人物がその地位によって意見を異にするとすれば、各職務を忠実に反映すると考えられるからである。まず、入閣二ヶ月後の嘉靖六年一二月、張孚敬は京営の衰退を指摘し、将領に対する監視の強化を提案した。(43) 更に八年には、京営の将領人事をめぐって科道官と対立した。『張文忠公集』巻五「請休暇」に、

臣偶感暑病腹、不能趨朝、服薬調理。間適給事中王準、論通州参将陳璠、由臣進用。且云、孚敬謂璠為賢也、不知璠之賢、有何可称乎。又請、皇上戒臣、勿私偏比以息人言。準為斯言告君、若欲大臣不可以私好用人惜、其言似是而実誣也。

とある。張孚敬が通州参将陳璠を京営に抜擢したのを給事中王準に弾劾されたが、それに対する反論である。ここで

の論点は陳璠の賢否であり、張孚敬が私情で推挙したか否かであって、大学士が将領を推挙すること自体には両者とも触れていない。嘉靖五年の費宏の介入以後、大学士の将領人事に対する関与は、他の官僚によっても、承認されつつあったとみてよかろう。その後、嘉靖一一年（一五三二）に至って、科道官と大学士が京営をめぐって真向から衝突した。張孚敬によれば、同年四月、巡視京営・礼科給事中魏良弼は京営を査閲し、襄城伯李全礼・都督僉事牛桓・指揮僉事王定ら十五人を推挙した。これに対して『張文忠公集』巻八「自陳休致」に、

臣見所挙、率多庸流、保語過実。謂同官曰、昔官兵部有将材簿、専査保語、以為遷転。近来将官、往往鑽求薦挙、以図僥倖。此奏内人員、所宜覈実。臣等擬票、上請奉欽、依這挙保官員、著兵部会同都察院・提督団営官、各照他保語、逐一従公覈実、明白開奏、勿得扶同、以滋濫挙之弊。臣之心実、欲黜陟之権、自天子出、不得下移於台諌也。……魏良弼、承命点閘軍営、却乃濫保武職官員。本当査究、姑従寛罰俸両箇月。

とあり、張孚敬は、これらの将領は概ね凡庸で評価は過大であり、近年将領が薦挙を求め僥倖を図ることが多いので、これを機に、兵部・都察院・提督団営が会同して調査し、妄りに推挙する風を正せと提案した。そして、黜陟の権はあくまで天子に属するべきであって、決して科道官に移譲してはならないと主張し、魏良弼は京営を査閲して将領を濫りに推挙したと断じ、罰俸二ヶ月の処置を求めた。魏良弼は、度々査閲に参画して将領の統制に辣腕を振るった科道官であり(44)、張孚敬の攻撃は、内閣と科道官の対立に発展した。嘉靖一一年八月、張孚敬は星変（天体運行の異変）を理由に致仕を乞うたが、帝によって慰留された(45)。これに対し、魏良弼は占書の言を引いて、星変は君臣が争い君側に姦物が在る兆しだとして、張孚敬を「竊かに威福を弄び、驕にして専横を恣に」していると弾劾した。かつて、張孚敬が大学士費宏を攻撃した言葉と全く同じであるが、張孚敬はこれに反発した。『張文忠公集』巻八「自陳休致」に、

魏良弼、因此内失私求、外犯公議、切歯於臣、日益甚矣。近皇上因修省明示、不許仮公報私。魏良弼輒先挟私報

復、聖明必有以察之。夫人主行法於天下、能使臣子守法、然後人主之法尊。人臣奉法於天子、能不使私臣之壊法、然後人主之法信。矧臣受皇上機密之任、心膂之託者乎。又敢不為人主守法、専媚人以求苟免乎。此臣平生報主之心、天人共鑒者也。

とあり、魏良弼の攻撃は私怨を晴らそうとするものだと述べるとともに、大学士の在り方を論じたが、その趣旨は天子の機密の任を受け心膂を託すべき存在である大学士が、諸官僚を統制すべきだという点にある。張孚敬の主張に対し、兵科給事中秦鼇が反駁した。明実録・嘉靖一一年八月辛丑の条に、

於是兵科給事中秦鼇、劾孚敬強弁飾奸娼嫉愈甚。……且謂、天子之権、不可下移是矣。然票擬聖旨、豈容不密。今引以自帰、明示中外。若天子権、在其掌握、有臣如此、所以上干天和、下払人情。臣愚以為、不去孚敬、天意終不可得而回也。

とあり、秦鼇は天子の権を下に移譲すべきではないのは勿論だが、それでは大学士が聖旨を票擬するのはどうなのかと張孚敬の主張の矛盾を衝いた。応酬の中心は大学士の権限そのものであったが、帝は秦鼇の主張を採り張孚敬を致仕せしめた(46)。これは嘉靖初以来京営の人事に関与し始めた大学士が、同様に権限を強めてきた科道官を抑制しようとして失敗した事件であるといえよう。しかし、大学士の京営に対する関与自体が否定されたわけではなく、張孚敬も翌年一月には復職した。この後、大学士が如何に関与したかを概観すると、次のような事例がある。

既に嘉靖六～八年の間、大学士楊一清は、将領を推挙し或いは改革を提案してしきりに京営に関与した(47)。又、庚戌の変直後の嘉靖二九年九月、大学士厳嵩は団営の衰退を指摘し、北辺に在任した経験のある将領を重用するとともに、営務専任の官僚をおいて京営を再建させよと提案した(48)。これは嘉靖改革の基本構想というべきものであった。厳嵩は三一年（一五五二）にも改革案を上奏し(49)、三二年（一五五三）には総督李熙が別編成の精鋭部隊の設置を提案したのに

反対してこの案を葬った。[50] 嘉靖改革後、大学士の関与は頻度と重要度を増したわけであるが、これをよく示すのが徐階である。徐階が新三大営の成立に重要な役割を果したことは前章で述べた。ここでは徐階が京営の人事に如何に関与したかをみると、『世経堂集』巻二一「答防春等諭」（嘉靖四二年二月二二日）に、

顧寰雖非将材、然亦未知有誰可代者。……京兵驕惰已久、不能殺賊、而能乱嚷。夏間参将張琮、因一軍士不候操畢、輒先散去、将伊用箭穿耳。軍中遂吶噉妄言。寰再三撫諭、又為之参張琮而後已。故練京兵、必能寛能急能操縦、乃有済耳。今第一可慮、是無人才。

とあり、徐階は、科道官に無能を弾劾された総督顧寰について、帝の諮問に答えて、顧寰は将材ではないが代わるべき者もない。京営の将領は寛・急・統制を心得なければならないが、実際にはそのような人材は存在しないと述べた。それでは勲臣に限定しなければ総督の適任者があるのか、との諮問に対し、『世経堂集』巻二一「答京営総督諭一」（嘉靖四二年一二月二三日）に、

臣不勝欽服、合無俟兵部覆科疏至、臣等擬請降旨、使会官於侯伯之外公挙以聞。

とあり、科道官の推挙と兵部の覆奏を待ち、各官を会同させて勲臣以外から推挙すると答えた。これらの記事から、総督の選任に当たって徐階が強い影響力を行使したことが看取できる。又、隆慶元年（一五六七）九月、帝は『大明会典』に規定が有ることを理由に、京営における坐営内臣の復活を命じた。しかし、兵科都給事中欧陽一敬らの反対にあい、[51] 徐階に諮問した。これに対して、『世経堂集』巻四「進擬科道諫止内臣坐営票帖」に、

臣等査得、太祖時原無団営。其団営之設、乃起於景泰年間、至嘉靖二十九年、已経先帝裁革。但大明会典、係正徳年間所修之書。故不曽載有此節。今内臣委無団営可坐、事体有礙施行、科道官所言無非。仰望皇上遠遵太祖初制、近守先帝之定制。

とあり、又、『世経堂集』巻四「繳内臣坐営論」に、

仰惟、皇上有旨、臣等豈敢不遵。但団営先於嘉靖二十九年、先帝因虜賊入犯、懲戎務之廃弛、考太祖之初制、将団営裁革、内臣取回。数年以来、事権稍得帰一、操練漸覚有効。良法美意、誠万世所当遵行者也。今命内臣坐営、若拠見在之制、則已無営可坐。若必欲用内臣、則須将先帝定制尽行更変。

とある。坐営内臣がはじめて配置された団営は景泰朝の創設にかかり、嘉靖改革によって廃止された。しかるに『大明会典』は正徳朝の編纂であるために記載が無いのだと説明し、[52]内臣の排除によって京営の指揮系統が一元化され、運用が容易になったと述べ、内臣の再配置に強く反対し、その結果、帝は命令を撤回した。[53]このように、徐階は京営の人事や制度に強力に関与したが、かかる大学士の態度は科道官の弾劾の対象になった。弾劾に対する徐階の反論が次の如くである。『世経堂集』巻一〇「被論乞休」（隆慶二年七月一七日）に、

古者宰相兼綜庶政、自宋以兵属枢密、用兵機宜、宰相已有不与聞者。至我朝革丞相設六卿、兵事尽以帰之兵部。閣臣之職、止是票擬。亦猶科臣之職、止是建白。凡内外臣工、論奏辺事、観其緩急、擬請下部看詳。及兵部題覆、観其当否、擬請断処。間値事情重大緊迫、擬旨上請伝行。蓋為閣臣者、其職如此而已。……輔臣草詔、是謂代言。前歳先帝所頒遺詔、草雖具於臣手、然実代先帝言也。

とあり、徐階によれば、宋代以後の宰相は軍事に与らず、宰相を廃した明では軍事は全て兵部の所轄となり、大学士は票擬するのみで、科道官の職務が建白するだけなのと同様であるという。科道官についての言辞は、強大化した科道官勢力への批判ともとれる。辺事等について上奏があれば、大学士がその緩急を判断して票擬し、兵部に下して詳細に検討させ、兵部の覆奏があれば、大学士が当否を判断し帝の処断を請うのだという。徐階の主張によれば、ある問題についての上奏があって、処置が決定されるまで二度、大学士の判断が入るわけで、決定に大学士の意志を強く

反映させることが可能ということになる。そして徐階は、大学士が詔を草するのは代言だとし、嘉靖帝の遺詔は自分の手になるものだが、帝に代わって言ったのだと述べた。更に『世経堂集』巻一〇「又乞休」に、

凡謀国者必択相。今内閣之官、雖無相名、実有相道焉。故不必其人貪暴凶戻、作威福以盗主権、亦不必其人巧佞奸回、乱是非以惑上聴。

とあり、徐階は、大学士は実質的には宰相であるが、それなりの規範があるので害毒を流すことはないのだと述べた。このような大学士は、皇帝の代言者としての自負と権威を背景に諸問題に関与し、他の官僚を統制したわけである。このような大学士が、嘉靖初に京営への介入の途を開き、その後次第に関与の度を強めたのである。科道官を完全に統制することはできなかったが、隆慶朝に至って京営の大規模な改組を主導し得る迄に権限を強化したとみることができる。既に勲臣や流官の武臣は官僚の統制下に在り、嘉靖朝には内臣も京営から排除された。必ずしも相互の統一はなく、人事等の問題をめぐって激しく対立する場合もあったが、嘉靖朝から隆慶朝にかけての時期に兵部・大学士・科道官の三者による京営の統制が確立されたと考えられる。

小結

嘉靖朝を中心に、京営に対する官僚の関わりがどのように変化したかを検討した。土木の変後の京営では、武臣の退潮が著しく、于謙や劉永誠に代表される官僚・内臣が進出した。その後、嘉靖期に入ると内臣は排除され、官僚勢力が京営を主導することになった。しかし、官僚といっても一つにまとまっていたわけではなく、相互に抗争をくりかえしながら、各々関与を強めていったのである。兵部は固より、大学士も京営への関与を強化し、実質的宰相とし

ての実力を更に強めた。又、明末における党争の一方の主役となった科道官の勢力も一段と強化された。中央軍たる京営は、永楽朝の創設以来、武臣が掌握してきたが、一五世紀半ばから一六世紀半ばに至る間に官僚の統制するところとなったといえる。それでは、この間、地方における軍と官僚の関係はどうだったのだろうか。次章で、巡撫に注目してこの問題を考えることとする。

註

(1) 明実録・隆慶四年正月己巳・乙亥の条
(2) 嘉靖改革後の京営は、新三大営と称される如く、永楽以来の三大営に復帰する形をとったが、実態は旧三大営と異なり、神機・神枢二営には大将を置かず副将のみとし、総督の兼任する五軍営大将が全京営を統率した。指揮系統は明確になったが、総督の権は制度上強大であった。
(3) 明実録・隆慶四年正月己卯の条
(4) 明実録・隆慶四年正月己卯の条
(5) 明実録・隆慶四年二月戊午の条
(6) 明実録・隆慶四年二月戊午の条
(7) 明実録・隆慶四年二月戊午の条
(8) 明実録・隆慶四年二月戊午・乙丑の条
(9) 明実録・隆慶四年三月癸酉の条
(10) 明実録・隆慶四年三月甲戌の条
(11) 明実録・隆慶四年三月壬午の条
(12) 明実録・隆慶四年四月丙辰の条

(13)　明実録・隆慶四年四月丙辰の条
(14)　明実録・隆慶四年五月壬申の条。ただし、劉焘は七月丁亥に罷免され、遼東巡撫・右副都御史魏学曾に代わった。
(15)　明実録・隆慶四年九月甲午の条
(16)　明実録・隆慶四年一〇月癸卯・甲辰の条。一〇月壬子の条によれば、提督の廃止と共に曹邦輔は南京戸部尚書に、陳其学は南京刑部尚書に転出した。
(17)　明実録・隆慶四年一一月乙酉の条
(18)　明実録・隆慶五年三月丁丑の条
(19)　明実録・隆慶五年四月己酉、一一月庚午の条
(20)　明実録・嘉靖四二年五月壬辰、四五年一二月戊子の条
(21)　明実録・弘治一五年八月庚子朔の条
(22)　明実録・正統七年一〇月庚午の条
(23)　明実録・嘉靖六年一二月己未の条
(24)　明実録・嘉靖八年二月癸酉の条
(25)　明実録・嘉靖八年四月癸酉の条
(26)　明実録・嘉靖一三年二月癸酉の条
(27)　明実録・嘉靖二一年九月甲寅の条
(28)　明実録・嘉靖五年四月辛巳の条
(29)　たとえば成化朝を例にとれば、京営将領の大規模な黜陟があったのは一四・一五・二二年で、京営提督の勲臣・兵部・内臣が参画した。この中で、保国公朱永や英国公張懋らは、単独で多数の将領を推挙し陞任させた。二一年には張懋が余りに多くの将領を軽々しく推挙するとして、帝の叱責を被った例がある。一方、兵部が単独で将領を推挙した例はみあたらない。(明実録・成化一四年九月乙丑、一五年四月庚戌・一二月庚午、二一年一一月癸酉、二三年一〇月丁丑・一一月壬子・一二月

癸巳の条）
(30) 明実録・弘治元年閏正月己卯・三月戊子、二年七月丁丑の条
(31) 明実録・嘉靖三年一〇月庚子の条
(32) 明実録・嘉靖三年一〇月丙辰の条
(33) 明実録・隆慶五年三月丁丑の条
(34) 明実録・嘉靖三九年五月辛未の条に、

巡視京営給事中蘇景和・御史張九功疏請、増選戦兵、以重訓練。上従之。即命景和等、会同總督官選兵、三大営中、得壮士六万余人。因覆奏請、分為二十枝、免其工役、倶赴各営摻練、以聴征調、増設中軍千百総等官、領之。

とあり、この年の査閲が科道官の主導によって行われたことがわかる。
(35) 明実録・嘉靖二〇年九月丁未の条
(36) 明実録・嘉靖三四年一二月辛卯朔の条
(37) 明実録・嘉靖四二年五月壬辰、隆慶五年一二月戊戌の条
(38) 明実録・隆慶元年一二月壬辰・四年四月甲辰、六年一二月己巳・庚午の条
(39) 明実録・隆慶四年二月戊午の条
(40) 明実録・弘治元年閏正月己卯の条
(41) 明実録・弘治元年閏正月壬午の条
(42) 明実録・嘉靖五年九月丙午の条
(43) 明実録・嘉靖六年一二月壬子の条
(44) 明実録・嘉靖九年五月戊申、一〇年七月戊午の条
(45) 明実録・嘉靖一一年八月辛卯の条
(46) 明実録・嘉靖一一年八月辛丑の条

(47) 明実録・嘉靖六年一二月己未、七年正月丁酉、八年正月丁未、二月甲戌の条
(48) 明実録・嘉靖二九年九月辛卯朔の条
(49) 明実録・嘉靖三一年九月庚寅の条
(50) 明実録・嘉靖三二年正月戊寅朔の条
(51) 明実録・隆慶元年九月丙辰の条
(52) 万暦『大明会典』でも、正徳『大明会典』を踏襲して、内臣が明初より京営に配置されたかの如く記しているが明実録で内臣の坐営が確認されるのは、景泰の団営創設以後である。
(53) 明実録・隆慶元年九月丙辰の条

第四章　巡撫と軍

一　巡撫侍郎から巡撫都御史へ

栗林宣夫氏によれば、常駐の地方長官としての巡撫制は、宣徳五年（一四三〇）、六部の侍郎が両京・山東・山西・河南・江西・浙江・湖広に派遣されたのに始まり、其の後、次第に北辺にも設置され正統・景泰の間に定制となったという。氏は主に巡撫制の起源を考察されたが、氏も指摘された如く、巡撫の名称は本来官銜ではなくて任務を示すものである。それ故、巡撫制の考察には其の職務の内容と権限、地域や官銜の相違による差異の有無等を明らかにする必要がある。先ず、定制化の嚆矢となった巡撫侍郎の職務を確認しておかねばならない。其の為に正統・景泰朝に配置された南北直隷・河南山西・江西・広東・広西・鳳陽・雲南・宣府・福建の巡撫侍郎について、明実録から、その上奏・下達命令・行動に関する記事を蒐集し表化して検討した。其の結果、一〇二例あったが分類すると以下の如くなった。①税糧の徴収や運輸・倉廒の管理に属するもの二一例、②旱害・水災・蝗害等への対策や饑民の賑済一六例、③堤堰の修築や豪民による田土の不法占拠等に対する処置五例、④巡検司や塩課司の新設等の、行政上の措置六例、⑤妖人の逮捕等の治安維持に関わるもの七例、⑥地方官の弾劾や推挙二八例、⑦軍糧の購入や運送、或いは軍士の月糧支給等の軍の後方維持・管理に属するもの一五例、⑧その他四例である。①〜③を財・民政として括ると全体の四一パーセントとなり、これに地方官の監察二七パーセントと軍務の一五パーセントを加えたものが、巡撫侍郎の主たる職務とみてよい。唯だ、軍務の中に作戦・用兵に関する例はなく、全て軍糧を中心とした軍の維持や管理に属する内容である。地域や六部の別による差異は、必ずしも明確ではない。

巡撫の配置数をみると、正統朝に入って、宣徳以来の各所に加え遼東・宣府大同・福建・雲南・貴州など南北の辺境地帯にも派遣されたが、とりわけ正統一四年（一四四九）八月の土木の変の後急激に増加した。つまり、真定・保定・河間・永平・順天・四川・両広・鳳陽・淮安揚州廬州三府並徐和二州に新設された外、景泰二年（一四五一）には宣府と大同が分離し各々巡撫が設置された。更に天順二年（一四五八）、新たに延綏・寧夏・甘粛に設けられ、同六年（一四六二）には、両広が広東・広西に分離されるに至った。北辺と西南辺一帯に、数珠玉を連ねる如く配置されたのである。この間、僉・副都御史が巡撫となる傾向が非常に強まった。例えば、定制化の嚆矢となった宣徳五年派遣の六巡撫侍郎についてみると、正統一四年八月の土木の変から同年の末迄に北直隷・山東・河南・浙江、景泰元年（一四五〇）に湖広、同二年に江西、同三年（一四五二）に山西、同六年（一四五五）に南直隷と悉く都御史に代わった。其の後増派された巡撫も任命時に都御史となる場合が多く、景泰末迄に巡撫の大部分が都御史になった。何故にかかる変化が起こったのか。既に栗林氏が明実録・景泰四年（一四五三）九月癸未の条の記事を指摘されたが、これによれば、陝西布政使許資が上奏して、各部の侍郎は都察院系統の巡按御史と統属関係が無いので、巡撫の任務遂行に不便であるとし、都御史の派遣をもとめたことが契機となったという。巡按御史について、小川尚氏の論考があり(1)、巡撫と巡按御史の関係にも論及されたが、両者には事実上統属関係はなく、明末に至る迄対立は激化の一途を辿ったとする。しかし、巡撫都御史が、完全に常駐の地方官と化した明代後期以降と、成立期の正統・景泰朝とでは事情が稍異なるのではないか。この頃、巡撫以外にも種々の任務を帯びた都御史が各地に派遣されていたが、地方と中央の都察院との互換は非常に頻繁であった。(2) 寧夏・甘粛の参賛軍務都御史や、陝西の鎮守都御史は一年交替であり、雲南は二年毎に二人の都御史が輪番で赴任した。この様な状況下では、都察院に於ける都御史と御史の関係が、出巡地でもある程度維持されたのではなかろうか。正統一四年六月、帝は巡按御史の任にありながら、地方官の軍民に対する搾取や圧迫を防止できなかった者に対しては、都御史による逮捕・究問を聴すとの詔を発しており、(3) 更に、景泰四年には、巡撫湖広右都御史李実が、御史四人を統率していた例がある。(4) つまり、正統・景泰朝では、都御史は事実上巡按御史を統制できたとみられ、これが巡撫都御史増加の一要因だったと考えて大過あるまい。其の結果、工科給事中徐廷章らが指摘した如く、景泰末には各地に派遣された都御史が二〇～三〇人に達した。(5)

巡撫の増設には種々の反対もあったが、代表的なのは、三司（都指揮使司・布政使司・按察使司）の上に巡撫を累設すれば、結果として人民を擾害するだけだとの主張であった。当時「巡撫に非ず、乃ち巡苦なり。」なる俗謡さえあった。(6) 正統・景泰中は反対を押しきって増設されたわけだが、景泰八年正月、奪門の変によって英宗が復辟すると廃止論が俄に強まった。先ず同月癸未、鎮守大同総兵官定襄伯郭登が、巡撫等の革去を要めた。『皇明経世文編』巻五七・郭登「奏八事疏」に、

其れ、各処の総督・巡撫・勧農・清軍・修理河道・儹運糧儲等の項の、添設せし官員は、悉く取回し、以て有司供給の擾を除き、三司及び守令の官員を精選して、親しく庶政を理め、仁愛・寛和を以て民を使い、清浄・簡默を以て治を為さしめよ。此の如くせば、則ち人心は自然に歓悦し、雨暘は自然に時若となり、年穀豊登にして盗賊は息まん。

とある。有力な勲臣で巡撫と共に駐劄する総兵官の主張であることはとくに注目される。英宗はこの要請を一応却下

したが、同月戊子、雲南道監察御史沈性が各地に二〇余人の都御史が配置されており、十羊九牧の憾みがあるとのべ削減を請うたのに応じ、同月辛卯、巡撫は祖制ではないとの理由で召還を命じた(7)。各地に駐割していた六部の尚書・侍郎や南京の諸官も対象になったが、都御史は致仕四人を含む一四人が撤廃された。この処置の狙いが、巡撫都御史の廃止にあったのは明らかである(8)。

しかし、英宗は正統中、巡撫の増設を承認してきたのであるから、冗官の廃止の他に理由がなければならない。考えられるのが英宗と景帝の暗闘である(9)。明実録・景泰五年（一四五四）五月丙辰の条によれば、監察御史李琮らは、巡撫の欠員の時には、吏部の推薦により任命すべきなのに、兵部尚書于謙が、兵部郎中蔣琳に代表される自己の同郷や血縁の官僚を強引に就任させせたと非難した。蔣琳は英宗復辟の時、巡撫貴州左副都御史であったが、四月に任地に於いて「淫暴」の罪状で錦衣衛の官に逮捕され、同時に巡撫貴州の職も廃止された。又、天順元年（一四五七）三月と二年閏二月に亙り、英宗は都察院に対し、景泰朝では都察院の官は公選によらず、私門より出ることが多かったと指摘し痛革を命じた(10)。これらの記事から、景泰朝の巡撫都御史の人選には、景泰帝を支えた官僚群の中心たる于謙の意向が強く反映されており、天順初の巡撫の革去は、冗官の廃止に名をかりた景泰帝支持勢力の排除だったとみてよかろう。

巡撫の撤廃後、各地で軍糧や官庫の管理・屯田の運営・馬草の採取等に支障を来たし、中央政府は宣府・大同・山海永平・南直隷等に、急遽、戸部郎中徐敬らを提督糧草兼理屯種として派遣せざるを得なかった(11)。しかし、戸部郎中では巡撫の広汎な職務の全てを継承できず、巡撫の復設は早晩考えられる所であった。撤廃後僅か四ヶ月の天順元年五月、巡撫の称は帯びないが、左都御史馬昂が「撫安軍民・修理城堡・賑済饑民」を命ぜられ太原に赴いた。次いで、翌二年、巡撫が一挙に復活した。正月に直隷、四月に山東・遼東・両広、五月に甘粛・寧夏・宣府、六月に南直隷が復置され、更に同六年には陝西にも新設された上、両広が広東・広西に分割され各々に巡撫の配置をみた。復置された巡撫は全て都御史の官銜を帯びており、巡撫都御史の制が確立されたといえる。それでは、再配置後の巡撫都御史と先に派遣された提督糧草戸部郎中との関係はどうなったのか。戸部郎中の任務は巡撫の職務の一部と重複しており、両者は糧草管理の権限をめぐって真向から対立した。天順三年（一四五九）、巡撫大同王宇と戸部郎中楊益が弾劾しあい、次いで王宇と戸部尚書沈固の対立に発展した。翌年、漸く王宇の主張に沿って、任期三年の管糧郎中が巡撫の下に配置されることになった(12)。結果的に巡撫は復置後権限を強化したといえる。

二　巡撫都御史の職掌

正統・景泰・天順朝を通じて確立されてきた巡撫都御史の職掌は如何なるものであったのか。考察の手掛かりとして、各巡撫の任命時に下された敕があり、これらは明実録でもみることができる。しかし、敕に列挙された諸項目は具体性に欠け、どの任務に重点があったのかも不明である。そこで巡撫侍郎の場合と同様に、明実録から正統・景泰・天順の間の巡撫都御史に関する記事を蒐収し分類した。当時、宣府大同や両広の如く、管轄地の統合や分離が多く、名称が重複する場合があるが、事例を計数化する上では重ならないようにした。各巡撫都御史を、Ⓐ北辺（遼東・宣大・宣府・大同・陝西・山西・寧夏・甘粛・延綏・永平）、Ⓑ腹裏地域（順天・直隷・山東・河南）、Ⓒ江南地域（南直隷・蘇松常鎮四府・淮安揚州廬州三府並徐和二州・浙江）、Ⓓ湖広・江西、Ⓔ西南辺（四川・広西・両広・貴州・雲南、更に広東も便宜的にここに加える）に分けて検討する。

Ⓐ群（北辺）

ⓐ	軍糧・馬草の調達と収支、大同銀億庫・万億庫等の倉廒管理	50
ⓑ	軍士への月糧・行糧・冬衣・綿花・布匹・賞賜等の給与	17
ⓒ	軍屯の維持・管理	12
ⓓ	糧草の横領・軍士の私役・屯地の占拠等の軍官の不正に対する弾劾	29
ⓔ	軍器の整備・輸送	5
ⓕ	万全・保安・宣府・易州等に於ける城堡の整備・修理	6
ⓖ	召募を含む軍伍の充実と操練	10
ⓗ	部隊や軍官の配置に対する関与	14
ⓘ	軍と共に出撃・戦闘	6
ⓙ	失機や誤事等の作戦・用兵に関する軍官の過誤を弾劾	16
ⓚ	負銀の追徴や災害時の蠲免等を含む税糧の総督	4
ⓛ	饑民の賑済や災害対策	5
ⓜ	地方官の糾察・推挙	15
ⓝ	その他	4

右の一九三例の中、ⓐ～ⓙが軍務に関する内容で一六五例（八五％）を占める。ⓚ～ⓛは財・民政で九例（五％）、ⓜが監察で一五例（八％）となる。軍務、財・民政、監察に類別できるが、Ⓐ群では軍務に圧倒的な比重がある。軍務の中では、ⓐ～ⓖが軍糧を中心とした軍の維持や管理に属するもので一二九例（六七％）、ⓗ～ⓙが作戦・用兵に関わる項目で三六例（一九％）となる。

Ⓑ群（腹裏）

ⓐ	軍糧・馬草の調達と収支、倉廒管理	3
ⓑ	糧草の横領・軍士の私役等の軍官の不正に対する弾劾	2

ⓒ	軍伍の充実と操練	7
ⓓ	城堡の修築と整備	3
ⓔ	軍屯の維持・管理	1
ⓕ	部隊・軍官の配置に対する関与	1
ⓖ	蝗害・水患等の災害対策と饑民賑済	45
ⓗ	税役の総督	4
ⓘ	地方官の考察・弾劾	12

以上の如く七八例ある。ⓐ〜ⓕが軍務に属し一七例（二二%）、ⓖとⓗが財・民政に関するもので四九例（六四%）、ⓘが監察で一二例（一六%）となる。Ⓑ群も軍務、財・民政、監察と大別できるが、二四例に上る蝗害を始め、種々の災害への対策と饑民の賑済が四五例（五八%）を占める。一方、軍務では一例を除き、全て軍の維持と管理に属する内容である。

Ⓒ群（江南）

ⓐ	運糧の指揮や糧長の監督等も含む税糧の総督	7
ⓑ	蝗害・旱害等への対策と饑民の賑済	16
ⓒ	水利の修治	4
ⓓ	地方官の考察・推挙	7
ⓔ	捕盗等の治安維持	2
ⓕ	失機の軍官弾劾	1
ⓖ	その他	2

右表では、巡撫侍郎周忱らの事例を除いてあるので三九例のみである。ⓐ〜ⓒが財・民政に属し二七例（六九%）、ⓓの監察が七例（一八%）で軍務が殆どない。僅かに軍官の弾劾が一例あるが、これは景泰五年、巡撫浙江劉広が、葉

宗留の乱の残党逮捕と招撫の為、一時的に福建を兼任した時のものである。Ⓒ群では財・民政に圧倒的比重があり、軍務を欠いているといえよう。水利に関する任務は、巡撫任命時の敕にも明記されており、他の地域ではみられない項目である。

Ⓓ群（湖広・江西）

ⓐ	軍糧・馬草の調達や収支の管理	2
ⓑ	軍士の私役・軍士の財物を削剥・倉厫の火災を坐視等の軍官の不正弾劾	7
ⓒ	苗族・獞族等の討伐に出動	4
ⓓ	部隊・軍官の配置に関与	2
ⓔ	水患・旱害等への対策と饑民の賑済	16
ⓕ	税糧の総督	2
ⓖ	地方官の考察	8
ⓗ	捕盗等の治安維持	1
ⓘ	その他	2

ここでは四四例のみだが、ⓐ～ⓓが軍務で一五例（三四％）、ⓔとⓕが財・民政で一八例（四一％）、ⓖの監察が八例（一八％）となり、各任務の割合はⒷ群と概ね同じである。軍務では軍の維持・管理と作戦・用兵の例数がほぼ相い半ばする。巡撫が出撃した四例は全て湖広の例だが、総兵官や鎮守内臣に同行しており、単独で軍を統率した例はない。

Ⓔ群（西南辺）

ⓐ	軍糧・馬草の調達と収支の管理	8
ⓑ	軍士への月糧・行糧・布匹等の給与	2
ⓒ	軍屯の管理・維持	2

ⓓ	軍糧の横領・屯地占拠・受賄等の軍官の不正を弾劾	5
ⓔ	苗族や獞族の討伐に自ら軍を率いて出撃・戦闘に従事	14
ⓕ	賊状報告や部隊の配置に対する関与	10
ⓖ	失機・誤事等の用兵上の過誤に関する軍官弾劾	12
ⓗ	水害や苗族の劫掠を受けた人民への賑済	10
ⓘ	地方官の考察・挙劾	12
ⓙ	その他	5

Ⓔ群は八〇例だが、ⓐ～ⓖが軍務に属するもので五三例（六六％）、ⓗが財・民政で一〇例（一三％）、ⓘの監察が一二例（一五％）となる。Ⓔ群でも主要な任務は、軍務、財・民政、監察に分類できるが軍務に重点がある。軍務の中では、軍の維持・管理に属するⓐ～ⓓが一七例（二一％）、作戦・用兵に関わるⓔ～ⓖが三六例（四五％）となり、後者の比率が非常に高い。特に巡撫が自ら軍を統率し、戦闘に従事した一四例は注目される。

例数に多寡があるが、ⒶからⒺ群まで、各地域ごとに巡撫都御史の職務を分析した。当時の用語に従えば、ⒶとⒺ群が「辺方巡撫」、Ⓑ・Ⓒ・Ⓓ群が「内地巡撫」といえよう。全国的にみると、巡撫都御史の主たる職務は、軍糧の管理や作戦・用兵等からなる軍務、饑民の賑済や税糧の総督等の財・民政、地方官に対する監察の三つからなる。この内、監察任務は全国に共通して概ね同じ比重を示したが[13]、他の任務は非常に地域差が大きく、江南を中心に置いてみると同心円状になっていた。つまり、江南は財・民政のみの地域、其の周辺の腹裏と江西・湖広は財・民政を主とし軍務を従とする地域、北辺と西南辺は、軍務を主とする地域といえる。唯だ、北辺と西南辺では軍務の内容に稍差異があり、北辺は軍糧関係に重点があるが、西南辺では作戦・用兵に関わった例が多い。これは北辺には総兵官や鎮守都督等の有力な武臣が多く駐劄していたのに対し、西南辺では比較的少なかった為と考えられる。又、各地域とも、災害対策や饑民の賑済例が非常に多いが、広域に亙る災害に従来の三司の体制では対処できず、巡撫が中心的役割を果していたことを示す。前述の巡撫侍郎の職務と比較すると、財・民政、軍務、監察を主な内容とする点は共通しており、特に内地の巡撫都御史とは大きな差異がない。明らかに異なるのは、辺方の巡撫都御史にみられた作戦・用兵面への関与（統兵権と記す）である。辺方巡撫の統兵権は如何なる根拠によるのか。

三　提督軍務都御史・参賛軍務都御史の職掌

巡撫都御史の統兵権を考える時、注目されるのが巡撫とは別に軍事上の用務を帯びて各地に派遣された都御史の存在である。これには提督軍務・参賛軍務・鎮守・協賛軍務・参謀軍事・賛理軍務等の都御史があった。『明督撫年表』では、これらを巡撫と同様に扱って排列しているが、巡撫とは異なる職務や権限をもっていたことを以下に明らかにする。先ず、巡撫と最も関係の深い提督軍務都御史（以下提督と略記する）に就いて検討する。正統朝では、提督遼東軍務が代表的な提督であった。遼東では、宣徳一〇年（一四三五）一二月に巡撫が設置されて以来、景泰四年迄に李濬・李純の二都御史が相継いで在任した。一方、正統七年（一四四二）一一月、右僉都御史王翺が提督として赴任し、以後、景泰朝を通じて左副都御史寇深・劉広衡と交替した。つまり、正統七年以後、遼東では提督と巡撫が並存していた。明実録から、両者が重複していた期間に就いて、各々に関する記事を蒐集して整理したのが次の表である。

提督遼東

ⓐ	瓦剌・兀良哈三衛・李満住等の動向に対応した部隊や軍官の配置への関与・上奏・命令の受領	18
ⓑ	軍を率いて境外に出撃	4
ⓒ	失機・誤事・坐視等の用兵上の軍官の過誤に対する弾劾	13

ⓓ	老弱・病故の衛所官の襲替	5
ⓔ	屯軍・余丁等の動員による軍伍の充実	2
ⓕ	軍の操練	1
ⓖ	開原等の城堡修築	3
ⓗ	軍糧・馬草の調達と管理	4
ⓘ	軍士の月糧支給	1

巡撫遼東

ⓐ	軍糧の調達と遼東二五衛の倉廒管理	9
ⓑ	軍屯の管理と維持	5
ⓒ	軍士への月糧・冬衣・布匹等の支給	4
ⓓ	蝗害・水患を被った衛所への給糧	3
ⓔ	軍士の財物の索取等の不正を犯した軍官の弾劾	2
ⓕ	その他	2

提督について右表よりみるに、ⓐ～ⓒが戦略や軍の統率に属する内容で三五例（六九％）、ⓓ～ⓘが軍の維持や管理に関するもので一六例（三一％）と全て軍務である。前者では遼東の防衛全体に関わる処置の提案や命令の受領が非常に多く、自ら軍を率い出撃した例も少なくない。後者でも、敕を奉じて五次に亙り二六二人に及ぶ衛所官の交替を実施しており、軍に対する強い統制力を看取できる。王翱の在任中、其の権限や任務を確認する敕が三度にわたって下されたが明実録・正統九年（一四四四）七月丁卯の条所載の敕は最も詳細であり、これによれば軍務の悉くを便宜に処置させると共に、「臨陣退縮」・「失機誤事」・「不遵号令」等の行為があった場合には、軍官を斬首に処することを始め、罪の軽重に応じた軍法の行使を聴した。『皇明経世文編』巻六四・馬文升「為会集廷臣計議禦虜方略以絶大患

事疏」に、

我が朝、遼東三衛の達賊寇を為すに、都御史王翺に欽命し、彼に往きて鎮守せしめ、重んずるに軍権を以てし、指揮以下は其の斬首を許す。遼東遂に静かなり。

とあり、馬文升は、王翺が軍法を行使して、遼東を静謐ならしめた治績を評価した。一方、巡撫都御史の任務も、遼東では悉く軍務だったが、全て軍の維持や管理に関するものであった。明実録・正統八年（一四四三）九月戊寅の条の李純に対する勅でも「総督屯糧」・「比較子粒」・「提調倉場」・「収支糧草」が命ぜられ表の内容と一致する。有犯の軍官については、巡撫は罪状を奏聞するのみで逮捕や処罰の権はない。提督と巡撫の職務や権限が異なるのは明らかである。『彭文憲公文集』巻四「故都察院左都御史贈少保謚荘慤寇公墓表」は、景泰三年に王翺と交替した寇深の墓表だが、其の中に、

未だ幾くならずして、提督遼東軍務を命ぜられ、便宜の処置を許さる。……初め、東《ママ》鎮守の中貴曁び総戎者、公の且に至らんとするを聞き、畏憚して安んぜず。諸属に語りて曰く、爾輩宜しく自ら慎しみ、寇公の鋒に触るるなかれと。行事を見るに及び、寛和にして体有り、衆乃ち悦服す。遼海の妖賊李福恵なるもの、術を挟みて民を誘い、乱を作さんと謀り、旬日の間に衆を聚むること万余たり。公之を聞き、親しく数百騎を率い馳せて海州に赴き、事宜を審察して都指揮周英を遣わし、以て方略を授け之を擒えしむ。凡そ千余人を獲う。

とあり、新任の寇深も鎮守遼東総兵官左都督曹義や鎮守太監宋文毅が憚る勢威と統兵権をもっていた。このことから前述の王翺の強大な統兵権が、彼の功績や能力に対する、中央政府の高い評価によって得られた個人的な声望に支えられたものではなく、提督の職そのものに備わる権限であったことが確認できる。

この頃、巡撫や提督以外にも、要地に総兵官や鎮守内臣が駐劄していた(14)。其の職務について明実録の記事を蒐収し

て比較すると、提督と重なる部分が多い。彼らと提督との関係はどうであったか。景泰二年九月、大同後衛の退役軍士呉淮なるものが、提督大同軍務左副都御史年富を弾劾する事件があった。呉淮は、三品官の年富が総兵官定襄伯郭登に対し、品階の秩序を遵らず郭登と並坐し、公文には共に署名し、軍に命令を発する場合も郭登の意見を容れないと述べた。これに対し、兵部尚書于謙は、弾劾の背後に郭登の教唆があったとの判断を示すとともに、『于忠粛公集』巻五・奏議雑行類「兵部為陳言辺務事」に、

年富は副都御史にして三品の職に係る。朝廷の敕旨を受け、其の提督軍務たりて、凡そ軍中の一応の大小の事務は、悉く皆な綱維を提挈せしめ、総戎より而下、咸な節制するを聴す。況んや都御史は風紀の官にして、侯伯と相い統属無し。既に提督を欽命されるに係り、当に総兵の左に居るべし、豈に並坐を許さざるの理有らんや。……朝廷、古を酌して今に準じ、文職の大臣を選用して、提督軍務等の項に充て、皆な便宜に従事せしむ。而して左都御史王翺・右僉都御史鄒来学は、遼東等処の軍務を提督し、亦な総兵官の左に坐し、凡そ発号施令、軍中の賞罰は、皆な王翺等の処置に係る。此れ朝廷の旧例に係り、軍務の事宜体統已に定まる。臣下の敢えて専制する所にあらざるなり。

とある。于謙は、本来監察を任務とする都御史は勲臣と統属関係がなく、其の都御史が勅令によって軍務を統轄するのだから、総兵官の上に在るのは当然だと主張した。中央政府が提督に強力な統兵権を付与せんとしていたことを看取できる。更に、明実録・景泰三年閏九月庚辰の条によれば、年富は宴の度に鎮守太監裴當・少監馬慶の上に坐し、都督らの拝跪を受けたという。提督は、中央政府の支持を背景に、総兵官や鎮守内臣を凌駕する勢威をもっていたといえる。

提督の設置数は、土木の変後、監察御史秦顒らの提案を機に(15)急激に増加した。しかも、派遣される官僚について

『皇明経世文編』巻五九・葉盛「軍務疏」に、

総督軍務少保于謙に随同して、躬ら教場に詣り、軍の操練を監し、下人の知識を聞見して習熟せしむ。凡そ諸操練の事体は、亦た総督・総兵等の官と裨益するところを商権するを得て、既に猜嫌生事を許さず、亦た因循悞事を許さず。一たび或は警有れば、命を承けてただちに行かしむ。

とあり、予め京営で軍事的訓練を受けて派遣された。景泰中に増派された提督を挙げると、居庸関→王竑、紫荊関→孫祥、保定→叚信[16]、永平山海→鄒来学（景泰四年、永平と山海が分離し、山海関には別に李実が赴任した）、宣府→李秉、大同→年富、倒馬関白羊口→彭誼、甘粛→宋傑、貴州→蔣琳があり、全て左右の僉・副都御史であった。従来からの遼東と松潘を加えると、北辺と西南辺一帯に派遣されたことになる。更に景泰二年以降、提督は軍屯や軍糧を兼督する場合が多くなり[17]、一層権限を拡大した。しかし、明実録・景泰六年三月丁巳の条所載の提督山海への敕で示された如く、民間の税糧の徴収には関与を禁じられており、提督は軍務のみを職掌とした。

次に参賛軍務都御史に就いて検討する。参賛軍務の称は洪武以来あったが、正統・景泰朝で確認できるのは甘粛・寧夏・雲南・宣府・貴州・福建・易州涿州保定真定通州である。中でも甘粛と寧夏は最も定制化し、正統元年（一四三六）の設置以来、天順元年迄常駐した。甘粛は最初兵部侍郎が任ぜられたが、正統四年（一四三九）以後全て都御史となり、寧夏では一例を除き[18]悉く都御史であった。他の地域も正統半ば以降は概ね都御史になり、参賛軍務都御史（参賛と略記する）と称してもよい。正統朝での参賛の任期は短く、甘粛は一年、雲南は二年毎の交替が原則であった[19]。寧夏も一定ではないが頻繁に交替した。これは参賛の職務とも関係があり、明実録・景泰二年八月壬申の条によれば、兵科給事中黄仕儁は、参賛の在任が長くなると総兵官等と親密になり、制御し難いので輪番にせよという上奏を行った。この主張は大学士陳循らの反対によって却下されたが、参賛の正式名称をみると、雲南の鄭顒の場合は参賛都督同知沐璘軍務、江淵は参賛都督孫鏜軍務、宣府の羅通は参賛昌平侯楊洪軍務であり、総兵官等との密接な関係が窺える。当時「参賛は籌畫の輔なり」との認識があり[20]、参賛は提督の如く独立した軍権はもたず、その字義の示すように総兵官や鎮守都督を補佐する任務だったとみられる。前掲の各参賛の職務に関する記事を明実録から蒐収して整理したのが次の表である。

ⓐ	軍糧・馬草の調達、倉廒の管理	15
ⓑ	軍士・夜不収等への月糧・行糧・冬衣・布花・耕牛等の支給	7
ⓒ	軍屯の管理	4
ⓓ	軍士の売放・私役、草場の占拠等の軍官の不正を弾劾	12
ⓔ	逃亡軍士の取り締まり	3
ⓕ	火器を含む軍器の管理と修造	2
ⓖ	総兵官と共に軍士の選練	2
ⓗ	総兵官を補佐して城堡を修築	3
ⓘ	総兵官・鎮守内臣と共に軍官の考課を実施	4
ⓙ	衛所に養済院設置	1
ⓚ	部隊・軍官の配置や作戦に関する提案	7
ⓛ	失機の軍官を弾劾	1
ⓜ	総兵官・鎮守内臣の対立を調停、総兵官の処置を弾劾	4
ⓝ	達賊・苗族等の情報を報告、使臣の派遣、貢使の送迎	9
ⓞ	その他	2

右の七六例中、ⓐ〜ⓙは、軍の維持や管理に属する内容で五三例（七〇％）、作戦・用兵に関するⓚとⓛが八例（一一％）となる。この外、異民族の情報蒐収や貢使の送迎、総兵官と鎮守内臣の関係の調整等も少なくない。唯だ、自ら出撃した例はなく[21]、軍糧や軍屯の管理とこれに関わる不正軍官の糾弾が主たる職掌であったといえよう。参賛は、軍

務のみで財・民政に関与しない点で巡撫と異なり、統兵権をもたない点で提督と異なる。しかし、景泰朝では長期在任の傾向が強まり、総兵官等に対する弾劾例も増えることから、徐々に軍への統制を強化しつつあったとみられる。

鎮守都御史・協賛軍務都御史・参謀軍事都御史についても、同様にして検討した結果、各々異なる職務内容を確認できたが、ここでは巡撫と関係の深い提督と参賛の職掌を示すに止める。それでは巡撫と提督や参賛の関係はどうであったのか。

四　提督・参賛と巡撫の兼任

土木の変後、提督や参賛と巡撫の合併が顕著な傾向となった。例えば遼東では、景泰四年、巡撫李純が銀両隠匿の罪で失脚した後、同年一〇月に、提督寇深が巡撫及び総督屯糧倉場糧儲を兼任し[22]、広汎な権限を一身に集中した。かかる合併は遼東のみではなかった。明実録及び万暦『大明会典』によって兼任の例を示すと次表のようになる。尚、最初に兼任した名称と時期・地域を示したので、後代と稍異なる場合がある。

巡撫	時期	兼任称号	巡撫	時期	兼任称号
遼東	景泰四年	提督軍務	鳳陽	嘉靖四〇年	提督軍務
宣大	景泰元年	参賛軍務	応天	嘉靖三四年	提督軍務
宣府	景泰三年	提督軍務	浙江	嘉靖二六年	提督軍務
大同	景泰二年	提督軍務	湖広	天順三年	賛理軍務
保定	景泰三年	参賛軍務	江西	嘉靖四〇年	兼理軍務
山海・永平	景泰三年	提督各衛屯操	南贛	正徳一一年	提督軍務
山西	隆慶三年	提督雁門等関	鄖陽	万暦二年	提督軍務

陝西	成化二二年	賛理軍務
延綏	隆慶六年	賛理軍務
寧夏	隆慶六年	賛理軍務
甘粛	正徳の間	提督軍務
順天	景泰三年	提督軍務
山東	万暦四二年	提督軍務
河南	万暦三〇年	提督軍務
四川	景泰元年	提督兵備
両広	天順六年	賛理軍務
広西	景泰三年	提督軍務
広東	景泰三年	提督軍務
貴州	景泰四年	提督軍務
雲南	嘉靖三九年	賛理軍務
福建	嘉靖三二年	提督軍務

右の表よりみるに、景泰朝の北辺と西南辺で巡撫と提督や参賛の兼任が多い。北辺でも延綏・寧夏・甘粛・陝西は比較的遅いが、此等の地域は景泰朝では巡撫が配置されておらず、参賛や協賛軍務都御史のみが駐劄していた為である。前述の如く、当時の辺方巡撫に統兵の例が多く、内地巡撫にみられなかったのは、この兼任の有無によったとみてよい。唯だ、天順初の一時的廃止の後、復置された巡撫の多くは提督等を兼任しなかった。天順朝では、景泰朝の諸制度を否定する傾向が強かった為と考えられ、成化以後再び兼任が増加した。そして嘉靖・隆慶・万暦の間に内地巡撫まで兼任が拡大された。其の結果、万暦末までには辺方と内地とを問わず、設置巡撫の殆ど全てが提督や賛理を兼務するに至った。つまり、土木の変後に南・北辺で兼任がすすみ、所謂、北虜南倭の時期に内地にまで拡大したとみることができる。兼任が推進された背景をみるに、『商文毅公全集』巻一五「減省官員疏」によれば、大学士商輅は、責任を一に帰することができるとの理由で、真定・保定の巡撫と紫荊関・倒馬関の提督の合併を主張した。この提案は実現したことが確認できるが、両者の兼任による当該地方の命令系統の一本化が目的であった。提督等を兼任した巡撫の統兵権は強力である。兼任すると帝から「令」字を大書した旗・牌を下賜される。万暦の記事しか示し得ないが、『去偽斉集』巻一「摘陳辺計民艱疏」に、

今、督・撫・総兵は、朝廷授くるに旗・牌を以てし、之をして府を開き牙を建て、節制に違い軍令を犯す者は、

以て擅殺するを得しむ。故に、旗・牌の在る所、即ち天威の在る所なり。

とあり、旗・牌を授与されると、皇帝の権威を背景に、軍に対して絶対的な命令権を行使し得た。更に、『皇明経世文編』巻三五二・万恭「題爲急陳山西善後事宜」に、

勅を兵部に下し、浙江・保定の事例に査照し、特に山西の撫臣に令旗・令牌を仮さば、以後、凡そ守辺の官軍及び応援の客兵にして、如し観望して逗遛し、陣に臨みて退縮する者あらば、旗・牌を捧じて事を行うを得て、将士命を用いるに庶からん。

とあり、少なくとも北辺では其の命令権は各辺軍のみでなく、応援の客兵にまで及ぶものであった。兼任の始まった景泰朝以降、巡撫が軍を統率する例が現れた。『薛文清先生全集』巻三八「贈僉都御史李公平蠻序」に、

公即ち諸軍を率いて進み、其の地に抵る。公地図を観るに、烏蒙・芒部の二府は諸蛮寨の後に当たり、且つ其の叛蛮と類と為す。以て之と結ぶこと有らざるも、蛮賊其の地に急走せば、将に連謀して我が敵と為らん。乃ち二府の土官に重錦各の一純を遣わし、賊の後を拒ましめ、実に其の謀を解散す。又、一軍を遣わし、江口に屯して下羅と為し、之を声援するを計り、戎筠も皆な兵を分ち、掎角の勢を為す。部分已に定まり、乃ち将佐を集め、攻取の計を議す。皆な謂く、公の規画の審密なること此の如し、賊已に術中に在り、兵を以て之を撃つは、易きこと摧枯拉朽の若きのみと。公曰く、然らず、蛮寇を討つは当に長謀遠算を用うべし、先ず威信を布き、以て之を招徠し、尚服さざる有らば、之を誅して未だ晩からずと。

とある。景泰元年、提督兼巡撫四川を命ぜられた李匡は、自ら軍を統率して苗族の叛乱鎮圧に当たり、戦術・戦略の決定権をもっていた(23)。

巡撫は、提督等との兼任によって統兵権を獲得し権限を拡大したわけであるが、兼任は巡撫の軍務以外の任務に如

何なる影響を与えたのか。『甓余雑集』巻二「請明職掌以便遵行事」に、

槩省の銭糧を督理し、兵馬を操練し、城池を修理し、軍民を撫安し、奸弊を禁革す。是の五つは乃ち撫臣の常識也。……蓋し、提督軍務は巡撫と同じからず、軍機は密なるを貴び、大事は宜しく断ずべし。……今、既に臣に付するに軍務を以てし、臣に許すに軍機に関わるを以てす。重大なるは軍法を以て従事せしむ。則ち、甲兵・銭穀の操練・調度、墩台・堡塞の廃置・増損、衙門・官員の更移・去取、貨物・貿遷の有無・化居は皆な軍務也。警報の遅速、防守の勤惰、刻期の先後、臨陣の勇怯、禁示の従違は皆な軍機也。以て梟首より決杖に至るは皆な軍法也。

とあり、巡撫浙江兼提督軍務右副都御史朱紈の主張では、巡撫と提督を兼務すれば、職務の範囲を拡大するのみでなく、軍務・軍機を広く解釈することにより、従来の職務も軍法を以て実施できるのであり、一段と権限を強化したといえる。其の幾つかの任務について検討してみよう。

第一に官吏の逮捕権である。元来、明律の規定では、府州縣官に罪が有っても、上官は逮捕できず罪状を奏聞するのみであった。正統六年（一四四一）に至り、陝西布政使郭堅の要請によって、按察使・巡按御史は、文職五品以上に対しては従来通りに奏聞して命を俟たねばならないが、六品以下の逮捕・究問を認められた(24)。この規定が巡撫にも適用された。巡撫の任命時の勅には逮捕の可能範囲が明示される場合が多いが、提督等を兼ねていない巡撫に対しては全て文職の五品以上と軍職の罪は奏聞させ、文職の六品以下の逮捕は聴すとあり軍官の逮捕権はなかった。一方、提督は軍官に対しては、前述の通り、軍法を行使できたが、文職の逮捕権はなかった。両者を兼任することにより文武官僚の逮捕が可能になった。『甓余雑集』巻一・玉音所収詔敕「南贛軍門」・「浙江巡撫」に各々、

其れ、貪残・畏縮・誤事の者有らば、文職の五品以下・武職の三品以下は、径ちに自ら拏問し発落せよ。

文職の五品以下、武職の四品以下にして、如し命を用いざれば、応に拏問すべきは径ちに自ら拏問し、応に参究すべきは参究し、事軍機の重大なるに関わるものは、軍法を以て従事せしむるを許す。

とある。朱紈が嘉靖二五・二六年（一五四六・四七）に、各々、巡撫南贛兼提督軍務、巡撫浙江兼提督軍務に任ぜられた時のものであり、浙江と南贛でやや差違があるが、巡撫兼提督は軍官と官僚の逮捕・処罰権を認められた。

第二は、官僚や軍官に対する考察の強化である。地方官の推挙や弾劾は、巡撫の設置以来の職務であるが、其の後著しく強化された。『高文襄公集』巻九「明事例以定考覈疏」で、隆慶朝の吏部尚書高拱は、吏部による地方官の黜陟は、全て巡撫や巡按御史の報告によると指摘した。同書・巻一四「議処都御史呉時来挙薦太濫疏」によれば、隆慶二年、巡撫広東呉時来が一疏の中に知府以下五九人の官僚を推挙した例すらある。更に『皇明経世文編』巻九九・彭沢「軍職貼黄」に、

軍職の賢否は、在外は撫按に聴し、……各の実を訪めて、考語を掲帖に填註して部に送り、以て憑りて推用を勘酌す。

とあり、巡撫が地方在任の軍官の考課にも、重要な役割を果しており、巡撫の報告が軍官の人事に大きな影響を与えたことを看取できる。以上の如く、提督等の職を兼ねた巡撫は、逮捕・処罰・考課等を通じ、官僚と軍官に強い統制を加え得た。統兵権を付与されて権限を強化した巡撫は、辺防に関しても重要な役割を担ったが、更に直属の軍事力を保持するに至る。次節で主として辺方に於ける巡撫の軍事力を検討してみよう。

五　巡撫と標兵

巡撫と総兵官の職掌について、『葛端粛公集』所収「会勘撫鎮職掌議」に、

向来、総兵親戦して功有れば、乃ち巡撫・総兵は槩行陞賞せられ、巡撫或いは反って総兵の上に出ず。事を僨るに至れば、巡撫・総兵は槩行譴罰せられ、総兵或いは反って巡撫の下に出ず。此れ則ち、賞罰初年と異なり、以て巡撫の将官と混同するを致す。

とあり、隆慶朝では、巡撫は軍務においても、事実上総兵官と同様の役割を果していた。其の巡撫の軍事力の中核が標兵であった。標兵の名称は、清代では非常に広範に使われたが、明代の史料中に標兵が頻出するのは嘉靖以降である。明代の標兵は如何なるものであったのか。『穀城山館文集』巻一四「戎政軍門新刱標兵営記」に、

主帥の戯下には、旧と親兵無く、則ち典を闕く。……今、九辺の諸鎮は、皆な親兵有り、以って緩急に備え、以て虜を逐い、功を奏するに至る。勳績赫奕たり。而して、戎政の大将は、旌を抗いて鉞を秉り、以て十万の師を統べるも、独り一騎も自衛する無し。此れ何の法ぞや。……之を人に辟えれば、標兵は身也、営兵は臂と指也。身にして臂を使う能わざれば、臂は指を使う能わず。則ち病痱也。之を木に辟えれば、標兵は本也、営兵は枝と幹也。本にして幹を発する能わざれば、幹は枝を発する能わず。則ち朽株也。且つ夫れ、京営の兵と九辺の諸鎮は、皆な其の臂・指・枝・幹なり。

とある。万暦一四年（一五八六）、総督京営戎政が編制した標兵についての記事だが、標兵は主将自身の護衛を任務とする直属部隊であり、当時北辺では京営に先立って、既に組織されていたことが確認できる。総兵官も標兵を組織し

たが、最も一般的なのは巡撫と総督の標兵であった。『蔵密斉集』巻一「懇乞聖明発帑以寛加派併敕詳議調募団練事宜以杜乱萌疏」に、

京師の営兵、九万人なるべきも、内ち善く戦う者は、三万人を得るべきのみ。……更に、各処の巡撫に檄し、標兵数千を以て入衛せしめば、京師守るべき也。

とあり、天啓元年（一六二一）、工科給事中魏大中は、京師防衛の為に巡撫の標兵の動員を提案した。明末には、各所の巡撫が標兵を保持していたことが看取できる。巡撫の標兵は巡撫自身を護衛すると共に辺防にも任じた。『皇明経世文編』巻二二四・翁万達「量処兵馬疏」には、

前年、賊の広昌に入りし如きは、軍門の提旅、僅かに数百人にして、竟に軍中に馳入する能わず。而して、去秋の鉄裏門の役には、一・二の勁卒有りて標下に在り、其の未だ遯れざるに乗じ、斬馘して功を献ぜしむ。

とある。ここでは軍門は巡撫の意味で使われているが、巡撫の標兵は実戦にも参加し辺防の有効な戦力であった。『譚襄敏公遺集』巻五「分布兵馬以慎秋防疏」や『皇明経世文編』巻三四九・戚継光「議分薊区為十二路設東西協守分統其路建製車営配以馬歩兵而合練之」によっても、隆慶初に、巡撫の標兵が薊州や昌平の防衛に当たったことが確認できる。

それでは、標兵の兵力源は如何なるものか。衛所制による正規の軍ではなかったのは明らかであるが(25)、前掲の「量処兵馬疏」で、翁万達は標兵の兵力源として次のものを挙げた。即ち、千戸より以下、農工人より以上の中から選抜した驍勇な者、草莽の中の技藝に優れた者、罪を得て廃棄或いは閑住（休職）となった軍官と其の家丁、通事、夜不収の有能な者等である。此の外にモンゴル等の異民族も構成要素に入っていた(26)。つまり、標兵は体制外の人々も含む広い範囲からの召募兵であった。召募の場所に関しては『北海集』巻三四「為人言屢及臣病漸深懇乞聖明俯准帰田以

全骸骨疏」に、

旧撫臣将に去らんとし、新撫臣未だ点せず。旧客兵已に撤し、新標兵未だ練せず。

とある。万暦二八年（一六〇〇）、巡撫遼東が李植から趙楫に交替する時の記事であるが、巡撫は標兵を帯同して赴任するのではなく、駐劄地で新たに召募したとみられる。北辺の例では、標兵は応募時に軍装・鞍馬・衣糧・什器・銀五銭を与えられ、其の後月糧や行糧、更に軍器も支給され(27)、一般の軍士よりも優遇されていたといってよい。『太函集』巻八八「薊鎮善後事宜疏」には、

若し諸路に失有りて、罪各営に在るも、而して督・撫の標兵は罰を受けず。台工並び興り、大衆畢な発せらるも、而して督・撫の標兵は工を受けず。……此の輩、自ら親付を挟み、驕惰相成し、居常は則ち約束を違えて、甲兵を棄て、事に遇えば則ち艱難を避け、便利を択ぶ。

とあり、薊鎮の標兵が巡撫や総督の勢威を背景に、優遇されて工役にも動員されず驕惰であったことと共に、標兵は巡撫や総督の私兵としての性格をもっていたことが窺える。辺方巡撫の保持した標兵の数は、少なくて五百〜七百、多い場合には千人を超えた(28)。この兵力は必ずしも多いとはいえないが、『穀城山館文集』巻四〇「練兵議」に、

今、一総兵の部する所は乃ち三千のみ。是れ一指揮の任を為すに、一総兵を設くるなり。

とあり、中期以来多数の軍官が添設された結果、軍官の軍士に対する比率が高くなり、総兵官麾下の兵力も少なくなっており、巡撫の標兵数は相対的に少なくない。しかも、『皇明経世文編』巻三八四・呉時来「目撃時艱乞破常格責実効以安辺禦虜保大業疏」に、

該鎮の兵、其の強壮なる者は、必ず先ず総督に尽まり、次は巡撫、次は兵備、次は総兵、次は参・遊なり。

とあるように、総督や巡撫の兵は、一般的に総兵官や参将の兵よりも精鋭であった。標兵の組織については、前掲の

『穀城山館文集』巻一四「戎政軍門新刱標兵営記」と『皇明経世文編』巻四四七・涂宗濬「及時議修内政治実政事疏」が詳しい。前者は巡撫ではなく総督京営戎政の標兵であり、兵力も三千人に達するが、より詳細なのでこれによって示す。最小単位は隊で一隊二五人からなり、内訳は長槍五人・藤牌四人・虎戟四人・鈎鐮二人・鳥銃八人・知書二人である。知書は隊内の兵の姓名を把握し事務を司った。四〇隊の馬軍、八〇隊の歩軍は二分され、主将の腹心である左右の標将に統率された。巡撫の場合、閑住や廃棄の軍官を起用して標将とすることが多かった。

巡撫は既に、提督軍務等の職を兼任することによって統兵権を獲得したが、嘉靖以降は直属の標兵をも保持し、軍事的権限を更に強化したといえよう。かかる巡撫と総兵官との関係はどのようになったのか。『皇明経世文編』巻三一九・王崇古「陝西四鎮軍務事宜疏」に、

> 必ず須く各鎮の撫臣に旗・牌を頒賜し、総兵と会同して、軍務を提督するを得しむべし。……標下の官軍令に違えば、立ちどころに斬り、以て徇う。総兵官、姑息玩愒にして法令行われざれば、撫臣の糾正参治するを聴す。且つ撫臣は各々以て憲職なり。平時には当に風裁を厲し、軍に臨めば必ず機略を審かにすべし。進止の緩急・戦守の奇正、能く調度して方有らしめば、督察して爽うこと無く、仮すに朝廷の威令を以てせば、将士は自ら当に畏憚して、敢えて玩愒せず、自ら刑戮に甘んずべし。

とあるが、この要請が承認されたのを確認できるので、隆慶朝の北辺では、巡撫は提督としての統兵権と都御史としての糾察の権限を併せもつことにより、軍法を以て麾下の軍を統制すると共に総兵官を糾察できた。提督軍務兼巡撫都御史が、総兵官以下の軍官を統制し得たのは明らかである。この結果、辺方の軍務は巡撫を始めとする官僚の手に帰した。『皇明経世文編』巻三四六・威継光「請重将権益客兵以援閫疏」や巻二七四・楊博「覆山西撫按官陳講等増置三関兵将疏」によれば、一切の軍情についての報告や提案は巡撫によって行われ、兵部で検討を加え、廟議で決定

し巡撫に命令が下された。軍官は全く走狗の如く頤使されるにすぎないという。辺方に於いては、巡撫は従来の軍糧の管理、財・民政、監察の職務に加え、直属の標兵を保持して辺軍全体を統制したのであり、巡撫の一鎮支配が実現したといえよう。中央軍の場合とほぼ同じ時期に、地方においても官僚が軍を統制する態勢ができあがったとみることができる。

小　結

常駐の地方官としての巡撫制の起源は、宣徳朝における巡撫侍郎の派遣であった。しかし、職務の内容からみれば、明代後期以降に直接つながる巡撫制は景泰朝に成立したといえる。正統朝以降、都御史が巡撫に任ぜられる傾向が非常に強まったが、其の基本的な職務は財・民政と監察にあり、加えて軍糧の管理を主とする軍務をも任としていた。一方、巡撫以外にも、主に辺境地帯に提督軍務・参賛軍務・参理軍務・協賛軍務・鎮守等の都御史が派遣されており、中でも提督軍務都御史は、職務の範囲は軍務に限定されたが、作戦・用兵についても大きな権限を与えられていた。土木の変後の危機的状況の下で、北辺と西南辺では両者が合併し、強力な軍事的権限をもつ巡撫が現れた。天順初に、巡撫は一旦廃止されたが間もなく復活した。復置された巡撫は、当初、提督軍務等の職を帯びていなかったが、成化朝以降徐々に兼任が復活し、嘉靖から万暦にかけての時期には、辺方巡撫のみでなく内地巡撫も悉く提督軍務や賛理軍務を兼任するに至った。中でも辺方巡撫の軍事的権限は強大で、財・民政、監察の権限と併せ辺鎮の実権を掌握した。つまり、明代中期から清代を通じての巡撫制の起源は景泰朝の辺方巡撫にあったとみられる。以上のように、巡撫は地方における軍の統制に大きな役割を果したが、当時の官僚にとって巡撫はどのようなポストだったのか。次章で、巡撫の官制上の位置を検討することによって、本章とは別の面から、軍との関わりについて考察する。

註

（1）小川尚氏「明代の巡按御史について」（『明代史研究』四号、一九七六年、『明代地方監察制度の研究』〈汲古書院・一九九九年〉に収録）

（2）『皇明経世文編』巻三三四・王世貞「都察院左右都御史表序」

（3）明実録・正統一四年六月己巳の条

（4）明実録・景泰四年五月癸未の条

（5）明実録・景泰四年八月壬子・天順元年正月戊子の条

（6）明実録・景泰五年六月丁酉の条

（7）明実録・天順元年正月戊子・辛卯・甲午の条

（8）明実録・天順元年二月庚子・己亥の条

（9）拙稿「曹欽の乱の一考察」（『北大史学』一七号、一九七七年）

（10）明実録・天順元年三月戊子・二年閏二月甲子の条

（11）明実録・天順元年二月丙辰・一二月癸卯・五月癸亥朔・二年七月癸巳の条

（12）明実録・天順二年八月己卯・三年八月癸酉・四年三月乙酉の条

（13）地方官に対する不時の弾劾や推挙は、巡撫の設置当初からの主要任務の一つであったが、定期的な考察（人事考課）の権限を付与されたのは正統六年以降である。しかし、巡撫による考察は、広域に亙るので調査が充分でないという憾みもあった。明実録・景泰三年一〇月庚戌の条の太僕寺少卿黄仕儁の上奏によれば、巡撫の各地域に於ける調査は短時間で、多くの場合、里老の申告に憑って、官吏の去留を決するので、地方官は考察の時には、酒席を設けて里老に泣訴し、金帛を贈って留任を図り、其の結果、廉正の官史はかえって誣告され、里老・無籍の刁民（不逞の民）に制せられたという。

(14) 遼東や山西には、永楽朝以来、内臣が配置されていたが『皇明経世文編』巻二九二・張翀「遵成法革弊政以培國脉事」によれば、鎮守内臣が定制化したのは景泰朝であった。土木の変後の治安の悪化を背景に、巡撫の増派と時を同じくして、各地に内臣が派遣された。しかも、明実録・天順元年正月甲午の条によれば、江西道監察御史賈恪が鎮守内臣の跟随（私的従者）や家人が軍民を酷虐する弊を指摘し、巡撫と共に革去することを主張したが、帝は承認せず、巡撫の革去後も鎮守内臣のみは維持された。鎮守内臣については、野田徹氏「明朝宦官の政治的地位について」（『九州大学東洋史論集』二一・一九九三年）参照。

(15) 明実録・正統一四年九月壬寅の条

(16) 王竑・孫祥・叚信は、提督守備の名称であったが、提督軍務と任務・権限は同じである。

(17) 明実録・景泰二年一一月戊申・三年六月戊子・四年一〇月辛丑・六年三月丁巳の条

(18) 正統九年から一一年に在任した羅綺は監察御史で就任し、在任中に大理寺右寺丞となった。

(19) 明実録・正統四年閏二月庚子・一〇年二月庚戌・七月癸酉・一一年六月戊申・七月戊子の条

(20) 『皇明経世文編』巻五九・葉盛「軍務疏」

(21) 明実録・正統一一年四月壬寅の条

(22) 明実録・景泰四年一〇月辛丑、一一月庚辰、六年二月甲申の条

(23) 提督兼巡撫に代表される官僚の急激な用兵面への関与は、総兵官や鎮守内臣との対立を招き、軍の運用や統率を廻って三巴の抗争が頻発した。前述した大同の提督年富と総兵官郭登の対立は、其の後、鎮守太監陳公・守備大同西路左少監韋力転も加わり互いに弾劾を繰り返した。又、宣府でも景泰三年から七年に至る迄、提督李秉と総兵官右都督紀広・都督僉事過興・副総兵都督楊能らの武臣や、守備独石内臣弓勝らが激しく抗争し、命令系統の分裂が懸念され、調査の為に御史練綱・兵科給事中厳誠が急派された程であった。此の外、景泰元年の寧夏総兵官都督同知張泰と鎮守太監来福、同三年の巡撫湖広李実と鎮守太監梁還・陳霊、同年の提督兼巡撫四川李匡と鎮守奉御陳涓、同五年の広西総兵官安遠侯柳溥と総督馬昂、同六年の鎮守鴈門関署都督僉事陳友と奉御阮談、同五年から天順二年に亙る巡撫広東掲稽と副総兵翁信等の抗争があった。しかし、

成化朝に入り抗争の例は少なくなった。『皇明経世文編』巻六四・馬文升「為経畧近京辺備以予防虜患事疏」によれば、成化朝の薊州では、総兵官・巡撫都御史・鎮守内臣が、各々一城に在って兵馬を分統したという。三者の関係が一応の均衡に達したことが窺える。『黎陽王襄敏公集』巻一「栢油川捷音疏」・「紅塩池捷音疏」によれば、成化八・九年に、延綏や寧夏では、総兵官・鎮守内臣・巡撫都御史が呼応して出動しており、鼎立して辺防に当る体制が成立したとみられる。

(24)　明実録・正統六年正月甲子・一二年九月庚寅朔の条

(25)　『皇明経世文編』巻五〇一・姚希孟「代当事条奏地方利弊」

(26)　『皇明経世文編』巻四四七・涂宗濬「及時議修内政治実政事疏」

(27)　『皇明経世文編』巻二二四・翁万達「量処兵馬疏」、巻三二二・譚綸「條議戚継光言兵事疏」、巻四二二・李化龍「摘陳遼左緊要事宜疏」

(28)　『皇明経世文編』巻三一九・王崇古「陝西四鎮軍務疏」、巻二二四・翁万達「量処兵馬疏」

第五章　巡撫の官制上の位置

一　巡撫の銓衡と就任

嘉靖以後、巡撫の欠員に当たっては同一四年（一五三五）の規定により、六部・都察院・大理寺・通政司の三品以上の官による廷推で銓衡された。(1) 廷推の方法について『北海集』巻三六「福建礦税内官高寀不当妄薦撫臣疏」に、

窃惟、巡撫係朝廷重臣。廷推数人、以待皇上親点。即一二大臣不得独薦、示不敢私也。雖衆人共薦、亦不執定何人、示不敢専也。今廷推二次、挙用五人、高寀不俟皇上裁択、指定陳性学一人、応為巡撫。此大不敬也。

とある。廷推では原則として数人を並列して推薦し、皇帝が最終的にその中から一人を選んで任命する形式が採られ、公正を期する為に、単独での推挙や個人を特定しての推挙は禁じられていた。しかし、廷推から帝の裁択に至る間に大学士の意見が入るのは勿論で、特に万暦初期には張居正の意向が選任に強く反映された。(2) 選任された新巡撫が赴任する場合、前任者と直接に任務の引継ぎをすることが義務づけられ、新任者の着任以前に駐劄地を離れた巡撫は、理由の如何を問わず処罰された。(3) それは交替に伴う巡撫の不在状態をなくす為の規定であるが弊害を生じることもあった。『亦玉堂続稿』巻三「奏楊時寧交代疏」に、

新総督鄭汝璧、尚在延緩。延緩一日無巡撫、則汝璧一日不得到宣大。……夫神京安危、係於辺鎮。辺鎮安危、係於総督之任、事与否係於交代之遅速、其遅速則延緩巡撫之一点。

とあり、万暦三三年（一六〇五）一二月、新巡撫延綏の着任が遅れた為に総督宣大に転ずべき前任者鄭汝璧が赴任できず、辺防体制の混乱を招いたという。広範囲の人事移動になる程弊害が大きく、特に内外官僚の欠員のめだつ万暦後半に著しかった。しかし、この規定がかなり厳密に実施されたことは明実録等の記事から確認できる。着任した巡撫の給与は、景泰朝以来、本人の希望によって駐劄地での支給や原籍地での支給が認められていた。(4) これは戸部尚書金濂の景泰元年（一四五〇）の要請によるもので、当時の京師における糧米不足が直接の理由とされたが、加えて次のような事情があった。既に栗林宣夫氏が指摘されたが、(5) 景泰元年閏正月辛未、給事中李実らが上奏するに、各処の巡撫は在任が三～七年に亙り、中には一〇～二〇年に及ぶ場合すらあり、その間家族と隔絶して、疾病や子弟の婚姻の際に支障があることを指摘し、家族に対する当該地の官倉からの支給をもとめ承認された。

在任中の巡撫は、宣徳以来、毎年八月に上京して中央政府の諸衙門と打ち合せをするのが例であった。この「赴京計議」の規定の変遷を通観しておく。正統朝でも、同一二年（一四四七）に、巡撫南直工部左侍郎周忱・巡撫宣府右副都御史羅亨信・巡撫遼東右副都御史李純らが京師に赴き、六部や都察院の諸官と会同し、地方官の執務状況や倉廠の現有額等を報告しており、(6) 宣徳以来の規定が実施されていたことが確認できる。ところが、土木の変後の危機的状況が続いていた景泰二年（一四五一）、詔をもって各地の巡撫の上京を免じ、駐劄地の諸事情を奏聞させるにとどめた。(7) 更に翌三年（一四五二）にも、戸部は各地の人民の流亡や盗賊の活動が盛んであることを理由に、湖広・河南山西・陝西・四川・雲南・貴州・福建・浙江・遼東・宣府の巡撫や鎮守等の官については、上京を免じ奏聞を以て代えることを請い帝の承認を得た。(8) 翌四年（一四五三）は明らかでないが、五年（一四五四）には、再び戸部の要請で「饑民の賑済、銭糧の未だ完からず、盗賊の未だ息まざる」ために「赴京計議」は「具疏以聞」に代えられた。(9) 景泰朝では、事実上、巡撫の定期的上京は停止されたままだったが、同五年八月、大学士陳循らが現状に適合させて「赴京計議」の規定を再確認しようとした。(10) 陳循らによれば、巡撫の上京の目的は「情通政和」にあり、管轄地の状況を報告するのみでなく、中央政府の諸官と直接会同して討議することにより、中央政府の意向を知悉し、中央と地方の齟齬を防止することだと述べ、長期に亙る上京停止の弊を指摘した。そして新たな方法として、遼東・大同は毎年一次、寧夏・延綏・甘粛は二年一次と定めるが、防秋の時期を避け四月一日に着京とすること、南北直隷及び腹裏の各地は、従来通り毎年八月一日着京とし、四川を始め南方各地は二年一次で、八月一日着京とする案を提示した。従来のように一律ではなく、南北の辺境地帯と内地に分け、各地域の特殊性を考慮すると共に、巡撫のみでなく提督軍務・参賛軍務・鎮守の都御史等にも適用しようとするもので、実質的に規定の強化であり、吏・兵二部の検討を経て帝の承認を得た。しかし、奪門の変によって英宗が復辟すると、景泰朝の制度を否定する傾向が強く、巡撫制そのものも一旦廃止された。この処置は間もなく撤回され、天順二年（一四五八）から翌年にかけて一斉に巡撫が復置された。復置に伴い、同三年（一四五九）六月、戸部を通じて各処の巡撫・鎮守等の官に、正統以前と同じく毎年八月の上京が命ぜられ、山東の年富・南直の崔恭・南京総督糧儲の軒輗はこの年から、両広の葉盛・遼東の程信・延綏の徐瑄・甘粛の芮釧・陝西寧夏の陳翌・宣大の王宇は明年から上京することになった。この結果、景泰五年の規定は廃され、正統以前の形に復したといえる。次節で述べるように、その後、巡撫の在任期間を短縮する方針がとられたので、規定が厳密に実施されたか否か必ずしも明確でないが、その後も原則としては存続していた。

二　巡撫の在任期間

巡撫の任期は一定しておらず、宣徳・正統朝では、南直の周忱の二二年、河南山西の于謙の前後一九年等の非常に長い例があるが、巡撫制が確立した景泰朝以後は、このような長期在任はなくなった。次に景泰以後の各地域の巡撫の平均在任期間を表示する。各地域の別は、前章と同じく北辺（遼東・宣府・大同・保定・山西・陝西・延綏・寧夏・甘粛）、腹裏（順天・山東・河南）、江南（鳳陽・応天・浙江）、湖広・江西、南辺（広西・南贛・福建・鄖陽・四川・雲南・貴州）とする。(11)

表Ⅰよりみるに、同じ時期では地域による差違は必ずしも大きくないこと、時期による変化では全地域にわたってほぼ一貫して在任期間が短縮したことが確認できる。特に嘉靖・隆慶朝が最も顕著で、景泰朝では全国的に約三年半在任したが、嘉靖朝では約一年半となっており、長期在任を回避する傾向が看取できる。その理由を検討してみよう。景泰三年一二月、兵科都給事中蘇霖らが、巡撫広東兵部左侍郎掲稽と巡撫広西刑部右侍郎李棠の長期在任により「人情稔熟」の弊を生じていると述べ、相互の交替をもとめた結果、掲稽は広西に李棠は広東に転じた。(12)しかし、翌四年正月、大学士戸部尚書陳循がその撤回をもとめた。陳循の主張では、掲稽は従来から広東に布政使として在任し、兵部侍郎に陞任してひき続き巡撫として広東に駐劄したことが、蘇霖らによる交替要請の理由となったが、実際には、掲稽は広東に赴任する前に、広西に九年間在任した経験があり、広東での布政使・巡撫としての在任三年を遙かに上まわると指摘し、蘇霖らの要請は不十分な調査によるものだと述べた。陳循の要請は、帝の承認を得て前の処置は撤回された。(13)この事件に関して、人事の上では反対の立場をとった陳循と蘇霖に共通するのは、巡撫の長期在任は「人

表Ⅰ

南辺	湖広江西	江南	腹裏	北辺	
3.3	4.7	3.1	3.5	3.5	景泰
2.0	2.5	1.5	2.5	3.0	天順
2.4	2.5	2.6	2.9	2.9	成化
2.8	1.9	3.1	2.3	2.8	弘治
1.8	1.6	1.8	2.0	1.4	正徳
1.5	1.7	1.4	1.3	1.7	嘉靖
1.7	1.4	1.2	1.7	1.5	隆慶
2.9	2.5	2.5	2.6	2.7	万暦
2.2	1.5	1.6	1.5	1.6	天啓
3.4	2.2	2.3	1.2	1.9	崇禎

単位　年

情稔熟」の弊を齎すので回避すべきだとの認識であった。「人情稔熟」の内容について『皇明経世文編』巻四五・林聡「脩徳弭災二十事疏」に、

照今巡撫・鎮守内外官員、跟随・皂隷・門子・軍牢人等、有係富豪大戸、夤克躱避差役者。有係殷実壮軍、投托影射差操者。跟随情熟、積年不替、遂至狐仮虎威。欺凌有司、需索銭物、透漏事情。甚者説事過銭、誆賺局騙、人財物件、作弊多端、難以悉数。其被害之人、負屈含冤、莫敢控訴。乞勅該部、行移各処巡撫・鎮守官員、将跟随・門子・皂隷、照例一年一換、多不許過十名。

とある。正統五年（一四四〇）、吏科都給事中林聡は上奏して、徭役や操練を逃れる為に、大戸や富裕な軍戸が跟随、皂隷（雑役夫）、門子（受付）等の名目で、長期間巡撫に従い、その勢威を背景に賄賂を仲介して財物を詐取するなど種々の不正を行ったが、被害者は巡撫を恐れて恨みを含んだまま諦めざるを得ないと述べ、期間・人数の制限をもとめた。このような弊害は、巡撫の在任期間が長くなるほど増大する性質のものであり、巡撫の任期短縮の有力な理由になったとみられる。前述のように、景泰朝以後、南北の辺方巡撫から始まった提督軍務や参賛軍務との兼任による権限の拡大が、次第に内地巡撫にも波及していたが、全国的な巡撫の権限拡大と、在任期間の短縮が並行して行われたわけで、「人情稔熟」の語に示される駐劄地での私的な人間関係の形成を防止する為に、巡撫の在任期間を短縮する方針がとられたと考えて大過あるまい。

唯だ、万暦朝で在任期間が全国的に延びたのが注目されるが、如何なる理由によるのだろうか。(14) 嘉靖後半から万暦にかけて、頻りに長期在任の必要が主張されていた。『皇明経世文編』巻四四〇・馮琦「答王懐棘中丞」に、

近虜則言款、遠虜則言戦。大略令其言成一議論、齒牙間得利而已。……督撫或三歳而遷、近者二歳耳。以二三歳、而肯為国家千百年計、非丈吾無所望之矣。

とあり、吏部右侍郎馮琦は、総督や巡撫の存在が二・三年では短すぎると述べたが、これは辺防体制の整備を念頭においた主張で、特に辺方巡撫の長期在任をもとめた。また『高文襄公集』巻一三「覆都御史李棠条陳疏」に、

辺鎮之才、雖殊腹裏秉賦、剛柔雖分南北、大要以通。方忠謀廉勤強幹者為用。然辺方巡撫、其任最重。務求実心幹理、経済雄才。兵備辺臣、倶要久任与府州県官。乞通行査揀、不堪辺方者、改調腹裏。堪用腹裏者、陞調辺方。庶各尽其才、辺事有済。……近日辺方巡撫員欠、本部必慎揀推用、正期其久任済事耳。

とある。隆慶五年（一五七一）四月、吏部尚書高拱は、辺方巡撫と内地巡撫を対置し、大要は相通ずるとしながらも辺方巡撫の重要性を強調し、才幹のある官僚を優先して辺鎮に充て長期在任させよと主張した。高拱は吏部尚書であり、その主張は巡撫の銓衡に当たって吏部の意見として考慮されたであろう。辺鎮の才とは軍を統率して辺防に当たる軍事的能力であり、(15) このような主張の背景には、庚戌の変後の北辺の緊張した状況があった。それでは、巡撫の長期在任を推進する為に、如何なる措置が採られたのか。

庚戌の変後間もない嘉靖三一年（一五五二）正月、詔を以て「辺方官久任陞除降調格例」が更定された。(16) これによれば、四品の僉都御史の官銜を帯びて巡撫の任にある者は、三年在任すれば、巡撫在任のまま三品の副都御史に昇進して誥を給し一子の廕敍を許す、副都御史の場合は侍郎に陞任し一子の廕敍を許す、侍郎で総督の任にあるものは在任のまま右都御史に、右都御史だったものは尚書とし太子少保を加えることとして、地方に六年以上在任させるのを

目的とした。四三年（一五六四）五月に三一年の規定に加えて、僉都御史に更に一子の廕敍を許し、副都御史には二品の服・俸と誥勅を給すると定められた。ただ、この追加の措置は極辺の総督・巡撫に限られ、山西・保定・陝西には適用されなかった。(17)これらの規定が実施されたことは明実録の適用例から確認できるが、辺方巡撫や総督の長期在任によって、辺防体制を整備する為の措置だったのは明らかである。『皇明経世文編』巻三七一・魏時亮「題為聖明加意虜防恭陳大計一十八議疏」に、

但主上恩待、務宜加優。而後憂苦辺臣、楽于久任。今後凡各辺総督・鎮・巡考満、視京腹大臣、加恩一等。総督漸由尚書、即加官保、巡撫四品、例得廕子、而鎮守並加世功。朝廷更用不測之恩、凡有緩急、題請特賜奨激。有警得功、並照先年題准事例世襲。古今久任成功、而辺防最宜専責。此最不可不俯従末議者也。

とあり、隆慶二年（一五六八）二月、戸科都給事中魏時亮は、辺防体制の整備には巡撫や総督の長期在任が必要であり、その為に優遇措置が必要であると指摘した。嘉靖三一年以後の優遇規定が、直ちに在任期間の延長を齎さなかったのは、前掲の表に示した通りだが、隆慶・万暦朝に入り、優遇措置の再確認と任期延長が、大学士以下多くの官僚によって更に強く要請されるに至ったことが看取され、(18)このような背景の下に万暦朝の巡撫の在任期間が、全国的にやや延長したとみられる。

三　就任前・転出後の官銜

次に、如何なる官僚が巡撫に任命され、その後どのようなポストに転出したかを明らかにして、官僚の陞任コースの中での巡撫の位置を考える。まず嘉靖（一五二二〜六六）・隆慶（一五六七〜七二）・万暦（一五七三〜一六二〇）朝にお

ける巡撫の就任直前の官衙を表Ⅱに示したが、庚戌の変後に在任期間の延長がはかられる等の変化が看取されたので、嘉靖朝を二九年（一五五〇）の前後に分けて示す。

表Ⅱ

計	隆慶・万暦	嘉靖30～45	嘉靖1～29	官衙		
64	36	7	21	応天・順天府（尹、丞）		地方政府
390	142	96	152	布政使司（布政使、参政、参議）		地方政府
81	32	25	24	按察使司（按察使、副使）		地方政府
125	53	22	50	他処の巡撫		地方政府
28	12	8	8	他		地方政府
67	38	9	20	大理寺（卿、小卿、丞）		中央政府
49	30	5	14	太僕寺（卿、小卿、丞）		中央政府
37	31	2	4	太常寺（卿、小卿、丞）		中央政府
21	15	1	5	光禄寺（卿）		中央政府
17	14	0	3	通政使		中央政府
37	20	8	9	都察院（僉、副都御史）		中央政府
0	0	0	0	吏	六部侍郎	中央政府
5	4	0	1	戸	六部侍郎	中央政府
0	0	0	0	礼	六部侍郎	中央政府
7	4	1	2	兵	六部侍郎	中央政府
6	2	3	1	刑	六部侍郎	中央政府
4	3	1	0	工	六部侍郎	中央政府
4	2	0	2	太常寺（卿、小卿）		南京政府
5	3	0	2	大理寺（卿、小卿、丞）		南京政府
11	3	2	6	光禄寺（卿）		南京政府
11	5	3	3	太僕寺（卿）		南京政府
2	0	0	2	吏	六部侍郎	南京政府
5	3	1	1	戸	六部侍郎	南京政府
0	0	0	0	礼	六部侍郎	南京政府
2	0	2	0	兵	六部侍郎	南京政府
2	1	0	1	刑	六部侍郎	南京政府
0	0	0	0	工	六部侍郎	南京政府
7	4	0	3	他		南京政府
987		（この他官の不明な例 187）				

嘉靖・隆慶・万暦朝を通じて、巡撫に任命された延べ一一七四人の中で、就任直前の官銜の判明するのが九八七例あり、そのうち、地方官からの就任が六八八例（七〇％）、京官が二五〇例（二五％）、南京政府の官僚が四九例（五％）となる。地方官では、布政使司の官僚（布政使三五〇例・参政三八例・参議二例）が最も多く、次いで按察使司（按察使六七例・副使一四例）、順天・応天府（尹三九例・丞二五例）が主なものであり、各地の布政使から僉・副都御史の官銜を帯び、巡撫に就任するのが最も基本的な形態だった。又、他処の巡撫からの転任がかなり多く、これらを合せると地方官出身者が全体の七〇パーセントを占めることからも、成立期の如く必要に応じて中央政府より派遣される形態から、常駐の地方長官としての巡撫制に変化したことを示す。京官では大理寺の官僚（少卿五六例・丞一一例）が最も多く、太僕寺（卿一八例・少卿二一例）、太常寺（卿二二例・小卿一五例）がこれに次ぎ、この他に僉・副都御史や光禄寺卿・通政司・六部の侍郎がある。侍郎は兵・刑・戸・工のみで、吏・礼二部からの就任は全くない。南京政府からの就任は少ないが、官銜やその比率は中央政府の場合とほぼ同様である。時期による変化をみると、嘉靖朝は庚戌の変の前後で明確な相違は認められないが、隆慶・万暦朝にはいると京官からの就任が大幅に増加し、嘉靖朝では地方官からの就任が京官の四・四倍に達したのに、隆慶・万暦朝では一・七倍程度になった。

次に、表Ⅲで巡撫から転出した後の官銜をしめす。巡撫に任ぜられた一一七四人のうち、不明な一〇一例を除き、無事に任を終えて他のポストに転ずることができたのは五九五例あるが、転出先は中央政府二五五例、各地の地方官二二九例、南京政府一一一例となる。京官では六部の侍郎が最も多いが、礼部は皆無で吏部も極めて少なく、ほぼ兵・戸・刑・工の四部に限られていた。特に兵部侍郎が四四例と最も多く、更に京営の項に示した一〇例は協理京営戎政で、部事に直接関与はしないが全て兵部侍郎であり、これを加えれば五四例に達する。このほか大理寺卿・都御史（右都御史五例・副都御史二八例・僉都御史二二例）があるが、巡撫から京官に転ずる場合の官銜はかなり限定されていたといえる。南京政府に転じた場合、侍郎だけでなく尚書に任ぜられた例もあるが、兵・工・戸・刑四部と大理寺卿・都御史だったのは中央政府と同じである。京官と概ね同数のものが地方官に転じたが、大部分は総督・巡撫であった。特に巡撫に転じた例は多く、転出者の五人に一人は他処で巡撫を重任したことになる。

中期以後の巡撫の職務は軍務、財・民政、監察に亙るが、中央・南京両政府での官銜は、その職務内容と対応して

表Ⅲ

計	隆慶・万暦	嘉靖30～45	嘉靖１～29	官銜		
6	3	1	2	吏	六部侍郎	中央政府
35	18	8	9	戸		
0	0	0	0	礼		
44	26	11	7	兵		
33	15	7	11	刑		
30	10	6	14	工		
54	26	5	23	都察院		
42	20	8	14	大理寺		
10	7	3	0	京営		
1	0	1	0	他		
112	40	23	49	巡撫		地方政府
93	42	29	22	総督		
14	10	2	2	総理河道		
9	1	4	4	提督操江		
1	0	0	1	他		
0	0	0	0	吏	六部侍郎尚書	南京政府
19	8	5	6	戸		
0	0	0	0	礼		
25	12	9	4	兵		
18	9	3	6	刑		
20	9	3	8	工		
7	2	1	4	都察院		
22	14	2	6	大理寺		
0	0	0	0	他		
595	（この外に不明な 101例あり）					

表Ⅳ

計	隆慶・万暦	嘉靖30～45	嘉靖１～29	項　　目	
26	10	11	5	充軍・謫戍・調外	a
17	3	5	9	為民・奪官・削籍	b
81	28	24	29	罷　　免	c
7	3	0	4	降級・削爵	d
43	6	18	19	閑住（革職・冠帯）	e
45	26	7	12	回籍（革職・聴調・調治）	f
21	5	8	8	聴勘（革職・回籍）	g
15	1	6	8	下　　獄	h
71	45	9	17	養病・疾去・帰養親	i
46	21	8	17	致　　仕	j
28	14	7	7	憂　　去	k
51	32	4	15	死　亡（在任中）	l
3	2	0	1	被殺害	m
24	12	6	6	召還・別用	n

478

いたといえる。時期による変化をみると、嘉靖朝では庚戌の変の前後でも、中央・南京・地方各政府への転出の比率はほぼ同様である。しかし、各項目に注目すると、庚戌の変後に他処の巡撫への転出が減り、兵部侍郎への就任が増加する傾向が強まり、それは隆慶・万暦朝でも継続している。前述の如く、協理京営戎政の兵部侍郎も加えれば、この傾向は更に明瞭となる。隆慶・万暦朝では、中央政府への転出が大幅に増えて地方政府を上まわったが、そのかなりの部分が兵部侍郎だったことは、巡撫の軍事的権限の拡大と対応すると考えられる。

　次に、就任者数と転出者数の差、つまり中途で離任した例についてのべる。就任直前の官衙の不明なものも含めて、巡撫に任命された延べ一一七四人の中で四七八人（約四〇％）が何らかの理由で任を解かれたが、解任の理由や処分内容をまとめたのが表Ⅳである。ⓘ～ⓝは、憂去（服喪）や疾病等、種々の個人的な理由による辞任、或いは病死や兵変での殺害等によるもので、処罰の対象となったものではない。一方、ⓐ～ⓗは何らかのミスの責任を問われて解任された例で、為民

（官僚資格の剥奪）・謫戍等の重い処罰も含んで二五五例あり、全就任者の二二パーセントに及ぶ。処罰の理由が不明の例も少なくないが、明実録で確認すると、虜犯失事・誤軍・怠玩軍情・欺罔捷聞・猥倭敗績・兵譟等の軍事上のミスの責任を問われた場合が最も多く処罰例の約半数を占める。特に重い処罰のほとんどが軍事的な原因によった。次いで貪汚・貪庸・貪耄・貪肆・不職等の汚職や人格的理由によるものが約三〇パーセントある。全般的に解任された例が非常に多く、在任中の死亡例が少なくないことからも、巡撫が官僚にとってリスクの大きい激職であったといえよう。

四　各地域の特徴

次に各々の地域ごとに時期による変化や特徴を考えてみよう。全国の巡撫を、Ⓐ北辺、Ⓑ南辺、Ⓒ江南、Ⓓ腹裏、Ⓔ湖広・江西・鄖陽に分けたが、各グループの内訳は二節で示した通りである。以下の表の①～⑫の各項目の内容は次の如くである、①→各グループの同一地域内の地方官からの就任例数、②→同地域外の地方官からの就任例数、③→京官からの就任例数、④→南京政府の官僚からの就任例数、⑤→布政使からの就任例数、⑥→各地の巡撫からの就任例数、⑦→京官への転出例数、⑧→各グループの同一地域外の地方官への転出例数、⑨→同一地域内の地方官への転出例数、⑩→南京政府への転出例数、⑪→各地の総督・巡撫への転出例数、⑫→処罰或いは個人的事情による解任例数を示す。

表Ⅴの北辺で、①～④の就任前の任地をみると、嘉靖一～二九年では、①・②の地方官からの就任が一一一例中の八八例を占め、特に⑤の布政使出身者が五一例に及ぶ。布政使を中心とした地方官からの就任が非常に多く、この傾向は嘉靖三〇～四五年の間に更に顕著になり、隆慶・万暦朝でも維持されていて、北辺の一貫した傾向といえる。唯

表Ⅴ

Ⓐ 北　辺

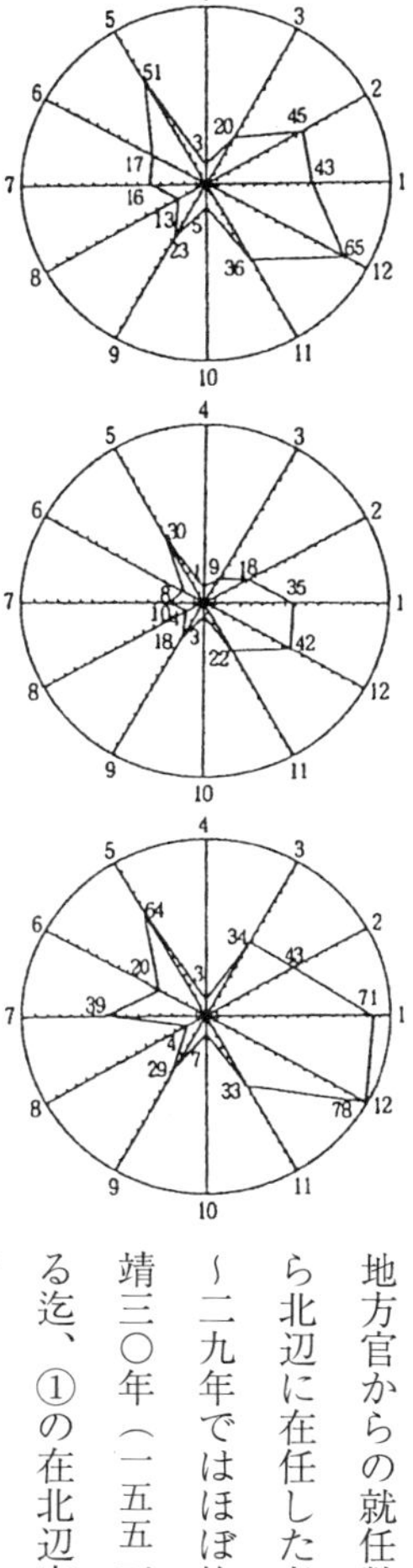

嘉靖一～二九年

嘉靖三〇～四五年

隆慶・万暦

だ、①・②に注目すると、北辺以外の地方官からの就任数と、巡撫就任前から北辺に在任した者の比率が、嘉靖一～二九年ではほぼ均衡していたが、嘉靖三〇年（一五五二）以後万暦末に至る迄、①の在北辺官僚からの就任が非常に多くなったことが看取できる。図では北辺の九巡撫をまとめて示したが、巡撫山西を例にとると、嘉靖一～二九年では、就任数一六例のうち、北辺各地からの就任六例、この中で、在山西官僚三例であった。嘉靖三〇～四五年では各々九例・七例・六例となり、隆慶・万暦朝では各々一七例・一四例・一二例となった。つまり、嘉靖三〇年以後、布政使を主とした在山西官僚から、巡撫山西に任ぜられる例が急激に増加したわけで、陝西・大同でも同じ傾向が看取できる。庚戌の変後の北辺の危機的状況を背景に、現地の事情に通暁した官僚を、同地の巡撫に任ずる方針がとられたとみてよい。⑥に示されるように、他処の巡撫から北辺に転じてきた例が少ないことからも、在北辺官僚が北辺の巡撫の主たる供給源だったといえる。③・④の中央・南京政府からの就任の全体に占める割合は多くないが、隆慶・万暦朝で京官からの就任がかなり増加した。

転出では、⑧・⑨を加えた数が⑪と一致するので、地方に転じた例は全て総督・巡撫だったと確認できるが、北辺以外に転出した⑧と、北辺内での移動の⑨を比較すると一貫して⑨が遥かに多い。つまり北辺では在北辺官僚から北辺の巡撫に就任し、更に北辺内の別な総督・巡撫に転ずる例が多く、ポストが変っても北辺での在任が長期に亙る官僚が多かった。これは他の地域にみられない北辺の特徴である。⑦の中央政府への転出例では、図には示せなかったが、時期によって内容に差違がある。嘉靖朝を通じて、京官に転じた例数は地方官よりも甚だしく少ないが、嘉靖一～二九年では、北辺の巡撫から戸・兵・刑・工部侍郎に就任した例の中で、兵部侍郎は一例のみで最も少なかった。しかし、同三〇～四五年では、兵部四例・戸部三例・工部一例となり兵部侍郎が増加した。隆慶・万暦朝では、京官への転任そのものが増えて地方官への転出を上まわったが、三九例中、兵部侍郎一九例・僉副都御史五例・戸刑二部侍郎各三例・大理寺卿三例・工部侍郎二例・その他四例となり兵部侍郎が圧倒的に多くなった。例えば隆慶・万暦朝で、巡撫宣府から京官に就いた九例中七例、甘粛は四例中三例、大同は三例の全てが兵部侍郎に就任した。兵部侍郎の増加は、庚戌の変後、北辺の巡撫が軍務を主とする傾向を強めていったことと対応するとみて大過あるまい。又、⑫の解任例数が非常に多く、全期に亙って就任者の半数以上に達する。その大部分は、外敵の侵入に当たっての失機・失時・誤軍等、軍事上のミスの責任を問われて処罰されたものである。巡撫遼東を例にとると、嘉靖一～二九年の一七例中一一例、同三〇～四五年では九例中六例、隆慶・万暦朝では一五例中一一例が、このような理由による解任であった。極端な例として、嘉靖三〇～四五年の巡撫宣府は一〇人のうち、疾病で辞任した一人を除き、全て処罰され任を離れた。

表VIで北辺と地理的に対照的な位置にある南辺をみると、庚戌の変の前後で大きな差違はなく、嘉靖朝を通じて

表VI

Ⓑ 南　辺

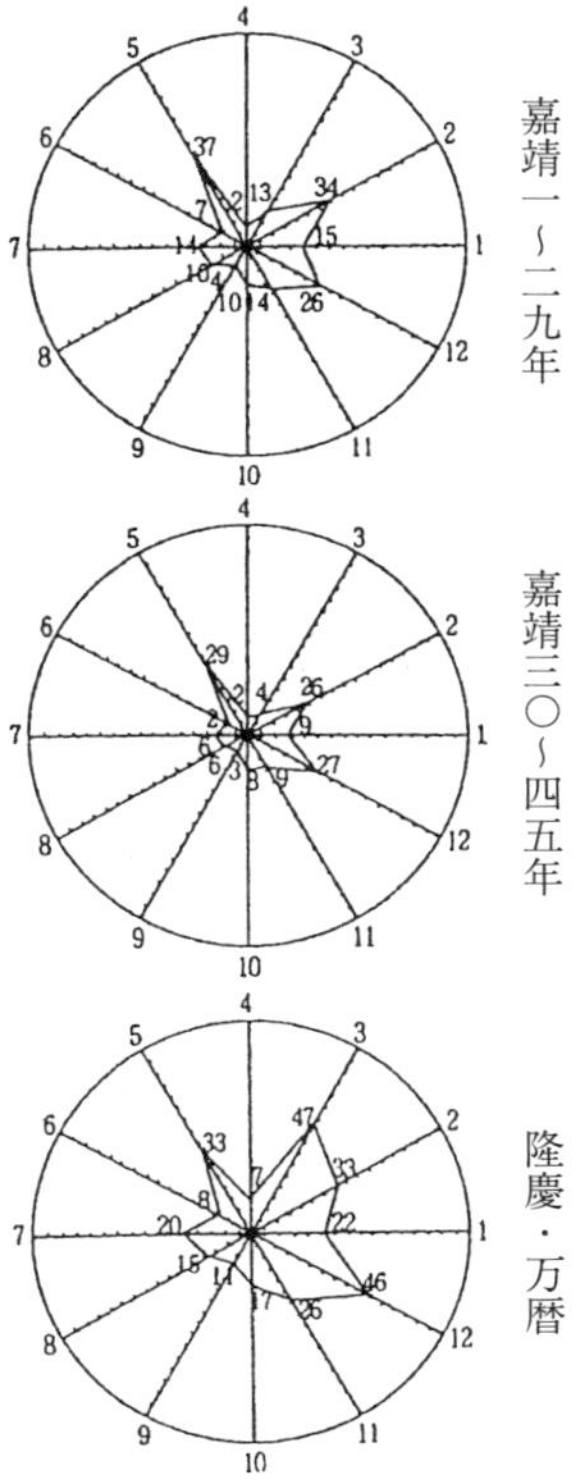

基本的に同じ型だった。嘉靖朝の就任前の状況について、①~④をみると、①・②の地方官からの就任が、③・④の中央・南京両政府より遙かに多い点では北辺と同じだが、①の在南辺地方官が少なく、②の南辺外の地方官からの就任が①の二~三倍に達する。又、⑤の布政使出身者が非常に多く、⑥の他処の巡撫や③の京官からの就任数が少ない。北辺の如く、同一地域内の地方官がそのまま当該地の巡撫に就任する型ではなく、南辺以外の各地の布政使からの就任が支配的だったといえる。転出では、⑧・⑨の合計が⑪と等しいので、地方官に転じた例は全て総督・巡撫だったことがわかるが、南辺内に留まる例は少なく、この点も北辺とは異なる。中央・南京両政府への転任が比較的高い比率を示すが、官衙は両者とも工部侍郎が最も多く、北辺のように兵部侍郎が突出していない。⑫の解任例数が全体の約半数に及ぶことは北辺と共通する。隆慶・万暦朝では、他の項目は概ね嘉靖朝と同じ傾向だが、③の京官からの就任が明らかに増加し、北辺に比べ更に顕著で、就任数全体のほぼ半数に達した。しかし、就任前の官衙は太僕寺卿・少卿が最も多く、大理寺・太常寺・光禄寺の官僚がこれに次ぎ、このほかに通政使・僉副都御史・戸部侍郎があり、内容的には嘉靖朝と変化はない。転出先は中央・南京・地方政府が概ね均衡していて、中央政府が特に増加しておらず、官衙では大理寺卿が最も多く兵部侍郎は少ない。

表Ⅷの江南は鳳陽・応天・浙江の三巡撫のみで、特に嘉靖朝では例数が少なく、有意差をみようとするのは危険だが、敢えて大凡の特徴をのべる。嘉靖朝の①~⑥では京官・在江南地方官・

表Ⅶ

Ⓒ 江　南

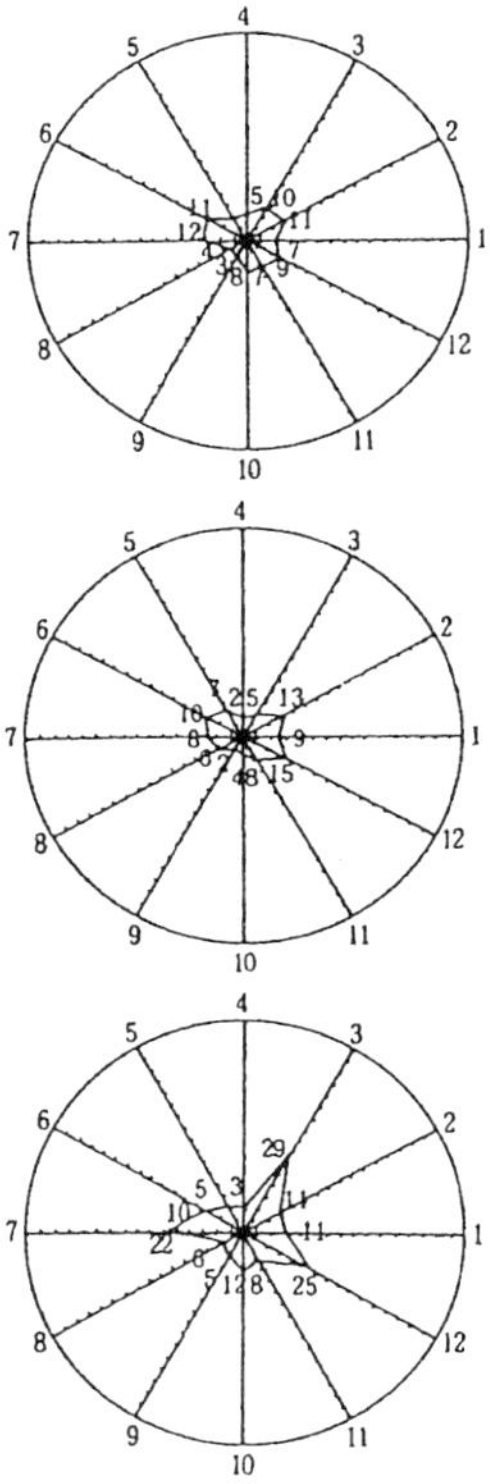

嘉靖一~二九年

嘉靖三〇~四五年

隆慶・万暦

江南以外の地方官からの就任数がほぼ均衡している点は南辺と類似しているが、⑤の布政使出身者よりも、⑥の他処の巡撫からの転任例が多い点は、南北両辺境地帯と異なる。例えば、嘉靖三〇～四五年の巡撫鳳陽では、巡撫の転入五例に対し、布政使からの就任はなかった。転出先では、地方官に転じた全ての例が総督・巡撫だったことは他の地域と同じだが、⑦・⑩の中央・南京両政府に転じた例が、特に嘉靖一～二九年の間に多く南北辺とは趣を異にする。隆慶・万暦朝で特徴的なのは、③・⑦が突出し江南の巡撫と京官の互換性が著しく増加したことである。この傾向は他の地域でもみられたが、江南が最も顕著で、就任例では京官が①・②を合せた地方官全体を上まわり、転出先でも、中央政府が全体の半数以上の二二例にのぼる。その官銜は戸部侍郎一〇例、刑・工・兵部の侍郎・尚書各三例、副都御史二例、大理寺卿一例で戸部侍郎が半数を占め、同時期に北辺の巡撫から兵部侍郎に就任する例が著しく増加したのと対照的である。巡撫の軍務、財・民政、監察に亙る職務の中で、北辺では軍務の重要性が高まったとすれば、江南では財・民政に重点が掛かったことの反映とみることができる。

表Ⅷ

Ⓓ 腹　裏

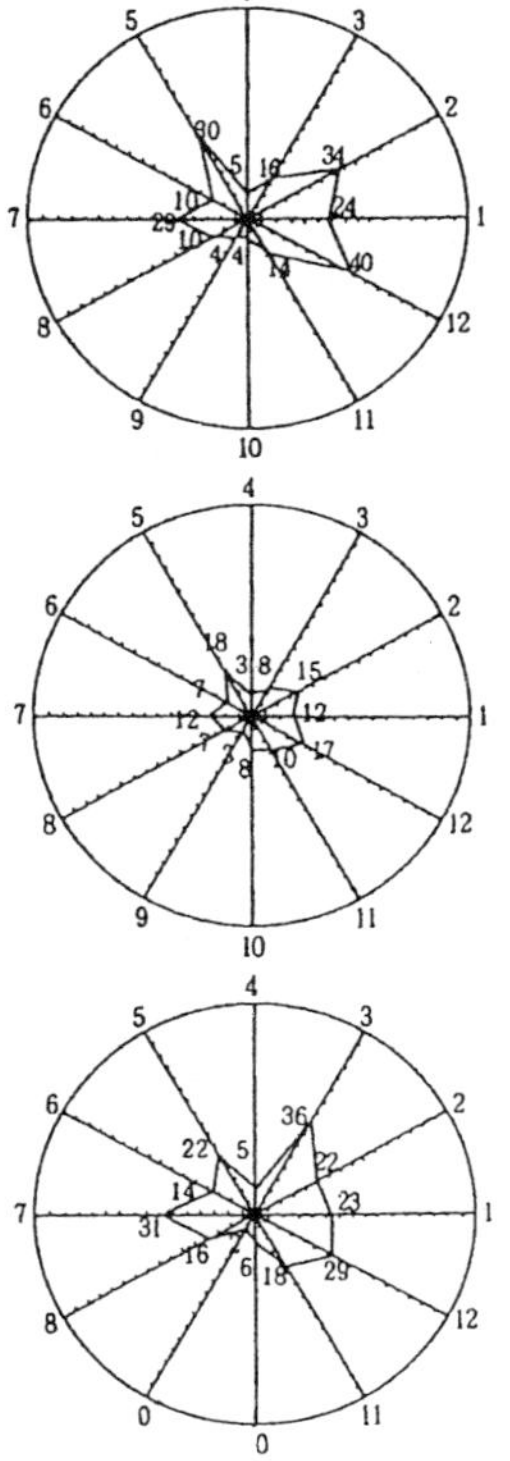

嘉靖一～二九年

嘉靖三〇～四五年

隆慶・万暦

表Ⅷの腹裏では嘉靖朝を通じて図の型が類似しており、同じ特徴をもっていたことがわかる。つまり、①・②の地方官からの就任が、③・④の中央・南京両政府の三～四倍に達し、①の腹裏地域内からの就任数よりも、②の地域外からの方がやや多く、⑤の布政使出身者が全例の半数以上を占める。これらの特徴は南辺と共通し、北辺や江南とは異なる。転出先については、地方に転じた例の全てが総督・巡撫である点は、他の地域と軌を一にするが、南辺と同じく⑧の同地域外に転じた例が多く、地域内に留まった例は少ない。京官については、就任前と転任後の官衙は他の地域と大きな差違がなく、⑫の解任例は、ここでも全就任者の約半数を占めた。隆慶・万暦朝を嘉靖朝と比較すると、やはり、③の京官からの就任と、⑦の京官への転任が目立って増加し、例えば、巡撫河南では地方官からの全就任数を上まわった。転出数でも地方官を遙かに凌駕し、巡撫山東では、地方に転じたのが二例のみだったのに対し京官は八例ある。唯だ官衙は北辺や江南のように、特定のものが突出してはいなかった。

表Ⅸ

Ⓔ　湖広・江西・鄖陽

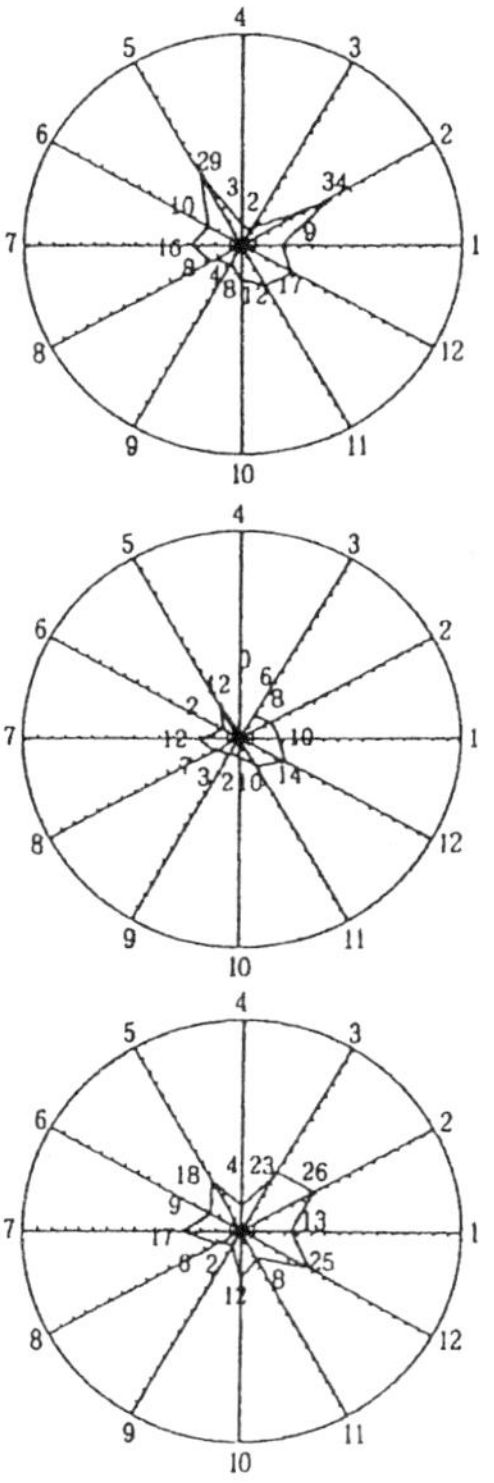

嘉靖一～二九年

嘉靖三〇～四五年

隆慶・万暦

表Ⅸで湖広・江西・鄖陽の嘉靖一～二九年の図をみると、③・④の中央・南京両政府からの派遣に比し、①・②の地方官からの就任が圧倒的に多く、そのなかでは、⑤の布政使出身者がその過半数をしめるが、①の同地域内からの就任よりも、②の地域外が遙かに多い。これらの点は南辺・腹裏と共通する。しかし、転出先で⑩の南京政府が比較的多いことは、南辺と類似し腹裏とはやや異なる。中央・南京政府に転じた際の官衙は、他の地域と同様で特定の官衙が特に多くなってはいない。嘉靖三〇～四五年の間は、例数が少なく明瞭な傾向を見出し難いが、①の同地域内の地方官の比率が高まったことが注目される。隆慶・万暦朝をみると、やはりここでも、官衙に大きな変化はないが③の京官の派遣が増加した。しかし、全体としては地域外の布政使を中心とした地方官からの就任が多い。転出先でも、⑦の京官へ転じた例数の増加が認められるが、最も多い官衙は、刑部侍郎・副都御史で兵部侍郎は一例もなかった。南京政府への転任が多いことも含め、この地域は南辺と同じ特徴をもっていたといえる。

以上のように各地域の特徴を検討したが概ね三つに類型化できる。一つは最も基本的な型とみられ、腹裏・南辺・湖広江西鄖陽がこれに属し、各地域外の布政使からの就任が支配的で、転任先としては中央政府と同地域外の総督・巡撫が相い半ばする。これらの地域では、同一人の一ヶ所での長期在任を回避せんとする中期以来の方針がある程度維持されていたといえよう。二つは北辺で、ここでは辺防体制の整備の必要から、現地の事情に精通した巡撫がもとめられた結果、布政使を主とする北辺在任の官僚から同地の巡撫に就任し、更に北辺内で他の巡撫・総督に転ずる例が多く、庚戌の変後にこの傾向が一層強まった。中央政府に転ずる場合には、兵部侍郎が大部分を占めた。三つは江南で、京官の派遣や中央政府への帰任が多く、地方官からの就任では、布政使よりも他処の巡撫が転じてくる例が多い。中央政府に帰任する際の官衙は、戸部侍郎が最も多かった。前述の如く、嘉靖一四年以後は、巡撫の欠員に当たっては九卿が会同して廷推を行ったが、これ以前は、内地巡撫の場合は吏・戸部が、辺方巡撫の場合は吏・兵部が会同して適任者を推挙した(19)。各々の地域によって、巡撫の選任に戸部と兵部の意向が強く反映されたわけで、内地巡撫の任務が財・民政を主とし、辺方巡撫が軍務を主としたことを示す。内地巡撫と辺方巡撫の代表的なものが、江南と北辺の巡撫であり、これらの地域の巡撫と戸部・兵部の任務上の密接な関係が人事に現れたとみてよい。

一～三の、いずれの地域にも共通するのは、隆慶・万暦朝で、京官の派遣と中央政府への帰任が大幅に増えたことで、江南は最も著しかった。背景として考えられるのが張居正を首輔とする内閣の政策で、小野和子氏の論考によれば(20)、張居正は考成法を梃子として科道官の監察権を圧迫し、巡撫や巡按御史に対する統制を強化して、内閣を頂点とする中央集権の実現を図ったという。『張太岳集』巻二六「答殷石汀言宜終功名答知遇」に、

僕自去歳曾面奏主曰、今南北督撫諸臣、皆臣所選用、能為国家尽忠任事者。主上宜加信任、勿聴浮言苛求、使不得展布。主上深以為然。

とあり、万暦初期には、巡撫の選任に張居正の意向が強く反映していたことは明らかで、張居正の推進した中央集権化政策の一環として、巡撫に対する統制を強化するために京官が増派されたのではないか。また同書・巻三六「陳六事疏」に、

各処巡撫官、果於地方相宜久者、或就彼加秩、不必又遷他省。

とあるように、有能な巡撫の長期在任を主張した。張居正は、京官を中心として自己の信頼できる官僚を巡撫に任ずると共に、強い監督の下に長期在任をさせ、地方支配を強化せんとしたとみられる。しかし、張居正の死後まもなく考成法も廃止されたにも拘わらず、京官の派遣はその後も高い比率を維持していたので、巡撫を始めとする官僚のその後の人事が如何に行われたのか、万暦政治全体の中で更に検討する必要があろう。

小　結

嘉靖・隆慶・万暦朝を通じ、巡撫の就任前の主な官衙は、地方官では布政使・按察使、京官では大理寺少卿・太僕寺卿・太常寺卿・僉都御史であり、巡撫の任を終えた後は、他処の総督や巡撫に転ずるか、兵部・戸部・刑部・工部侍郎や大理寺卿・副都御史として中央政府に帰任した。ただ、地域による差違も大きく、腹裏・湖広江西鄖陽・南辺等の基本的な型の外に、やや特殊な北辺と江南があった。又、嘉靖朝と万暦朝の間に顕著な変化がみられた。第一に、嘉靖朝では布政使を中心とした地方官からの就任が圧倒的多数を占め、京官の派遣は就任者の一七パーセントにすぎ

なかったが、万暦朝では三五パーセントに増加し、特に江南では半数を超えた。第二に、巡撫の在任期間は、景泰朝以来、権限の拡大と反比例するように短縮され、嘉靖朝では一年半程度になっていたが、庚戌の変後の内外情勢の緊張を背景として長期在任がはかられ、万暦朝では二年半程度になった。嘉靖から万暦にかけて、巡撫の官制上の位置に種々の変化がみられるが、これらの変化の起点となったのは庚戌の変だったと考えられる。前述のように、中央軍たる京営は、一六世紀半ばには官僚が掌握していた。殆ど同じ時期に、地方でも巡撫に代表される官僚が軍を統制するようになっていたのである。明初では、軍事は勿論のこと、他の多くの分野でも武臣の地位が高く、官僚よりも優越していたが、一六世紀半ばにはその関係が逆転し、中央・地方を問わず、軍事面でも官僚が主導する体制になったといえる。

以上の如く第Ⅰ・Ⅱ・Ⅲ部を通観すると、一四世紀後半から一六世紀半ばに至る間に、兵力源は、衛所制下の軍戸から無頼・游民等の無産化した人民による募兵や家丁に、給与は米穀の現物から銀両に、主導勢力は、勲臣を含む武臣から官僚に変化したとみることができる。

註

(1)『陳恭介公文集』巻一「議覆給事中楊廷相疏」、万暦『大明会典』巻五・吏部四・推陞

(2)『張太岳集』巻二六「答殷石汀言宜終功名答知遇」

(3)『葛端粛公集』巻九「封承徳郎兵部職方司主事羲叟谷君墓誌銘」、明実録・嘉靖一二年正月己未の条

(4)明実録・景泰元年三月庚申の条

(5)栗林宣夫氏「明代の巡撫の成立に就て」(『史潮』一一―三、一九四二年)

(6)明実録・正統一二年九月乙卯の条

(7)明実録・景泰二年五月辛亥の条

（8）明実録・景泰三年五月乙亥の条
（9）明実録・景泰五年五月乙卯の条
（10）明実録・景泰五年八月丁酉の条
（11）巡撫の設置数は、廃止や新設によって一定しないが、各時期に設置されていた巡撫の全てについて計数化した。同一人が何回も就任した場合は延べで数えてある。又、提督軍務都御史や参賛軍務都御史は巡撫とは異なる任務の官職なので、巡撫と兼任しない単独のものは除いた。
（12）明実録・景泰三年一二月乙卯の条
（13）明実録・景泰四年正月壬戌の条
（14）和田正広氏の論考「万暦政治における員缺の位置」（『九州大学東洋史論集』4　一九七五年一〇月）によれば礦税の開始された万暦二四年以降、内外官の欠員が顕著になり、巡撫が欠員のまま放置された地域がかなりの数にのぼるという。巡撫の在任期間の延長と欠員に何らかの関係があることが予想されるが、具体的に明確にすることができず今後の課題としたい。
（15）『趙氏家蔵集』巻六「答巡撫曹東村」
（16）明実録・嘉靖三一年正月丁酉の条
（17）明実録・嘉靖四三年五月癸卯の条
（18）明実録・隆慶元年一一月辛酉の条、『皇明経世文編』巻四二六・陳于陛「披陳時政之要乞採納以光治理疏」
（19）万暦『大明会典』巻五・吏部四・推陞
（20）小野和子氏「東林党と張居正　―考成法を中心に―」（『明清時代の政治と経済』京都大学人文科学研究所　一九八二年、『明季党社考』〈同朋社・一九九六〉に収録）

結　言

本書の目的は、皇帝専制の体制を支える主柱の一つであった軍を、どのような勢力が掌握したのかについて、人事面から考察すること、明朝政府の経費の大宗である軍事費の内容と額に検討を加えることであった。以下で論旨を要約して結言としたい。

第Ⅰ部では、洪武朝の軍事政策について、軍に対する統制の強化と軍の給与に注目して考察した。太祖は、起兵以来明朝の創建に至るまで、大小さまざまな軍事集団を吸収しつつ勢力を拡大した。しかし、政権が安定してくると軍の大半は不要となってしまう。いわば軍を戦時の体制から平時の体制に移行させる必要が生じてくる。その際のポイントは、兵力を削減して財政的負担を軽減すること、雑多な軍事集団の集合体に過ぎない軍を再編成することであった。創業期に帰服してきた大小の軍事集団は、解体再編されたわけではなく、そのままのかたちで編入されて明軍の一翼を担ってきたのである。彼らは規模も起源も異なり、各々の内部で頭目と配下或いは構成員相互に強い私的紐帯をもつ集団であった。このような紐帯は戦力発揮の源であるが、同時に組織よりも人脈で動く私兵化の危険性も併せもっている。政権確立後の太祖にとって、皇帝を頂点とし皇帝に対する忠誠を唯一の紐帯として、組織と命令系統によって運営される官僚制的な軍に改編することが急務であった。過剰な兵力については、屯田を実施することによって事実上の兵力削減を行い財政的負担の軽減を図った。それでは、軍内部の問題にはどのように対処しようとしたのか。

徐達麾下の北伐軍が南京に帰還した洪武三年（一三七〇）一一月を機として、軍に対する急速な統制強化が開始された。軍官が皇帝の許可なく配下を「専殺」することを禁じ、配置転換を促進して軍官と配下の軍士を切り離し、軍官相互あるいは軍士との間の私的な贈答や奉仕を厳禁した。これらはいずれも軍内部の私的な関係を分断する為の措置であった。更に軍政と民政の分離が図られた。従来、地方統治は占領地の軍政という傾向が強く、軍官は其の勢威を背景に民政にも強い発言力をもち、州県官を頤使していたが、洪武一〇年代後半になると軍官の民政に対する関与が厳禁された。又、これまで軍装や武器の整備は自己負担で統一がなかったが、官給となり規格も統一されることになった。武臣や其の子弟を南京の国子学や地方の衛学等に入学させ、「忠君愛国」・「全身保家」の心を涵養させるべく教育を押し進めた。これらの態勢が一応整ってきたのが洪武二〇年（一三八七）前後である。ところが、諸制度の整備と反比例するようなかたちで、新たな問題が顕在化してきた。

軍内部で軍官・軍士の世代交代が進行した結果、創業期にみられた密接な相互の関係が弱まってきたのである。これに私的関係の分断政策が加わった為、将兵間にゆきすぎた乖離が生じることになった。軍官は配下の軍士を私用に使役したり、或いは給与を横領したりして搾取し、一方軍士は逃亡を図り、あるいは上官を告発するなどの手段で抵抗した。将兵間の相互不信を放置すれば士気の崩壊を招きかねず、太祖は軍士の保護に留意すると共に、頻繁に軍官に対する訓戒を行ったが、十分な効果をあげることができなかった。軍官が告発の為に上京しようとする軍士を追いかけて、途中で殺害する事件も頻発した。軍官・軍士ともの世襲という体制のもとで、私的関係だけを解消しようとすること自体に無理があり、一旦、相互の信頼関係が崩れれば内部の相剋は非常に厳しいものとなろう。其の後も、両者の不信・対立は基本的に改善されず、明軍衰退の主要な原因となっていった。

太祖は、度重なる疑獄事件を起こしつつ諸制度を整備し、官僚や郷村に対する支配を強化していったが、時期を同じくして、軍に対しても統制を強めていったことが確認できる。しかし、精強さを保持したまま、軍を戦時の体制から平時の体制に移行させることには必ずしも成功しなかったとみられる。（以上　第一章）

それでは、これらの軍を維持する為にどれだけの経費を要したのか。明軍の兵力は、洪武二五年（一三九二）の段階で軍官一万六四〇〇余人・軍士約一二〇万人にのぼり、彼らが所属する衛所は二六年（一三九三）には一七都指揮使司・一留守司・三二九衛・六五守禦千戸所をかぞえた。このころ、明朝政府は軍の大半を屯軍に当てようとしていたが、屯田子粒のみで全軍の給与をまかなうことは不可能で、軍事費は財政上の大きな負担であった。軍事費の大部分を占める軍士の給与は、基本的な月糧・動員時の行糧・不時の賜与からなっていた。洪武朝の月糧についての規定は以下のようであった。支給額は全給されれば一石だったが、任務上で守城・屯田・牧馬等の別があり、個人では妻子や父母の有無、或いは土着軍か来援軍か等の事情が勘案され支給額が増減された。これらの諸条件の多くは洪武二〇年前後までに解消され、屯軍を除いてほぼ全給されるようになった。月糧は米によるのが原則だが、他の物品によって折給される場合もあり、折鈔支給もその一つであった。鈔は洪武八年（一三七五）三月に使用が始まったが、翌九年（一三七六）に文武官僚の俸給・軍士の月糧を米・麦と鈔の兼給とすることが命ぜられた。換算率は鈔一貫＝米一石＝麦一石二斗であった。唯だ、この措置では慢性的に米穀が不足しているにも拘わらず、戦略上大兵力を配置しなければならない北平・山西・陝西での折鈔分が五割とされ、他の地方の三割より大幅に高くなっており、少なくとも受給者たる軍士の立場からすれば不合理なかたちになっていた。

各衛の軍糧は二年分を備蓄することが定められており、例えば南京では親軍衛・京衛の二年分に当たる六〇〇万石が一～二〇号の軍儲倉に備蓄されていた。更に洪武一七年に、内地諸衛は従来通りだが、北平・山西・陝西・遼東・

四川・広東・広西・福建の諸衛は、辺衛として三年分を備蓄することが命じられた。これらの辺衛では一旦凶作にあうと、米穀の確保が不可能になってしまうので、軍の行動を妨げないように予め三年分を備蓄するのだという。しかし、その算出を試みると内地衛の二年分は二一万余石、辺衛の三年分は三〇万石弱が必要ということになる。洪武二六年には衛数は三二九にものぼったのだから全体では莫大な量となる。実際には二年分であっても、備蓄可能なのは河南・浙江・江西・湖広・広東・広西・福建と直隷の諸衛のみであった。軍屯の収糧が期待できるとはいえ、明朝の財政にとって重い負担であったといえる。（以上　第二章）

次に、月糧と共に経費の重要な部分を占めた賜与について考察した。賜与は、本来、特に功労のあった者に対して不時に行われるものであったが、実際には給与の一環となっていた。賜与には銀・鈔・銅銭・綿・麻・絹・胡椒等の多様な物品が用いられた。諸物品の支給額・対象・時期・地域等について考察を試みた。まず、鈔法実施以前の銀の支給量を検討すると予想以上に多く、年によっては一〇〇万両を越え、洪武一～七年の合計では数百万両にのぼったと考えられる。鈔法実施後、一時銀は賜与の物品中から姿を消したが、洪武一二年（一三七九）には再び用いられるようになり、洪武一九年（一三八六）以後本格化した。これは鈔価の急速な下落によるものであろう。その背景について考えてみると、洪武一四年（一三八一）に始まった雲南平定戦、一二〇年前後の遼東の納哈出や北元討伐に要した軍費、更に賑済や預備倉の設立に要した費用等によって、鈔の支出が毎年一〇〇〇万錠を越す状態になったこと、つまり十分な回収策が講じられないままに、大量の鈔が放出され続けたことがあげられる。その結果、鈔価は当初の四分の一から六分の一にまで下落した。賜与として支給された銀・鈔の量的な動向を見ると以上のようだが次の点を確認できよう。鈔が不換紙幣とされた理由として、兌換準備金たる銀両が不足していたとする見解があるが、明朝政府は実際には多額の銀両を保有していたことが明らかでこの見解は当たらない。又、鈔価の下落は過剰放出によるもの

だが、それには雲南平定戦を始めとする外的な要因が関わっていたこと等である。（以上　第三章）

次に、綿の支給形態と数量に注目すると、当初、冬衣・戦襖等の縫製済みの製品を数十万着単位で支給していたが、洪武四年から綿布の支給が本格化し五〇万疋を越えた。それはこの年に独身の軍士には従来通り製品を支給するが、既婚者には綿布二疋を与えて縫製させることになった為である。更に洪武一二年には、山西布政使華克勤が、既製品は寸法が合わず作り直さねばならない場合が多いので、材料を支給して各自縫製させた方がよいと提案したのを機に、北辺一帯の軍士に既婚・未婚を問わず綿布二疋支給することになった。其の結果、支給量が急増してほぼ例年一〇〇万疋を越えることになり、既製品の支給は次第に減少した。洪武一二年は、前述の如く、鈔法実施後姿を消していた銀が再び賜与に用いられ始めた年であることが注目される。洪武一四年には、冬衣の代わりに鈔を支給して、材料の購入から縫製まで各自にやらせようとする動きがあらわれた。しかし、広範な地域で商品としての綿布・綿花が十分になければこの措置は徹底できないわけで、実際には支給される綿布の量はさして減少せず、一九年に至り改めて冬衣・綿布・綿花の支給が命ぜられた。

綿花は洪武一二年以後、賜与が本格化し、一八年（一三八五）以後はほぼ四〇～五〇万斤で推移した。麻は夏布・夏衣のかたちで支給されたが、綿に比べると事例、数量ともに遙かに少ない。夏布の賜与対象は殆ど全て軍士であるが、賜与された地域をみると、綿花の約八〇パーセント、綿布の約七〇パーセント、冬衣の約八〇パーセントが北辺に支給され、夏布の約八〇パーセントは京師で支給された。（以上　第四章）

銅銭についてみてみると、辛丑の年（一三六一）の大中通宝以来、銅銭が鋳造されたが、その量は必ずしも多くはなく、最も多い洪武五年（一三七二）でも二億二〇〇〇万余文であった。洪武八年に鈔法が実施されると鋳造は停止され、其の後は再開と停止をくりかえし、洪武二七年（一三九四）には銅銭の使用が禁じられてしまった。鈔法実施後の銭法には一定した方向は見られない。鈔法以前、洪武三・四・五・六・七年と銅銭も賜与に用いられ、四年（一三七二）には、確認できた額だけで、この年の鋳銭量の七五パーセントに当たる一億五五〇〇万余文をかぞえ、更に同年の四川の明氏に対する遠征軍の軍士に、一人当たり一八〇〇〜六〇〇〇文を支給したので、実際には莫大な量にのぼると思われる。賜与に用いられた銅銭は明朝の鋳造したものでは足りず、多くの唐・宋銭等の旧銭を含んでいた。しかし、鈔法が実施されると、洪武一二年を除いて賜与には全く用いられなくなった。銅銭の賜与の対象には、徙民や災害の被害者も含まれたが、軍に対するものが約八〇パーセントを占めており、その中で軍官の事例はなく全て軍士であった。地域別にみると京衛に対するものが約六〇パーセント、北辺が約一〇パーセント、他が約九パーセントで銅銭の大半は、京衛の軍士に与えられたことが確認できる。

絹製品についてみると、洪武三年から賜与が始まり、七・一一・一二・二〇・二一年と実施された。綿に比べると遙かに少ないが、それでも二一年（一三八八）には二〇万疋を越した。賜与の対象は、当初、軍官・土官・外国の使臣・官僚だったが、洪武五年に軍士にも拡大されこれ以後支給量が急増した。軍士に対する賜与を地域的にみると、洪武五・一〇・二一・二二年は京衛、七・九・一二・二〇年は北辺、一一・一四年は京衛と北辺で、他の多くの物品と同様に京師と北辺に集中していた。賜与には多様な物品が用いられたが、明初では、月糧は米、賜与には他の物品とかなり明確に分かれていたといえる。賜与全般についてみると、洪武三・四年に大量の支給が始まった物品が多い。徐達麾下の北伐軍が元を北走させ南京に帰還したのが三年一一月であり、このころに明朝支配が確立し、大量の物品調達ができるだけの統治機構が整備されたとみることができる。又、殆どの物品の六〇〜九〇パーセントが軍に支給されており、洪武朝の軍事政権としての性格を示していると思われる。物品ごとにみると、軍官・軍士の双方に支給されたのは銀・鈔であり、軍士のみを対象としたものは銅銭・綿・麻・胡椒等であった。絹は、当初、軍官・土官・

外国の使臣・官僚に賜与されたが、後に軍士にも拡大された。賜与の範囲は全国にわたるが、重点的な地域は銀・絹が京師と北辺、銅銭・麻・胡椒は京師、皮革・綿は北辺とかなり明確であり、当時の軍事的重心の所在が窺える。

鈔法と賜与の関係を考えると、洪武七年（一三七四）までに賜与に用いられた物品はいずれも非常な数量になっていた。洪武八年に鈔法が実施されると、これらの諸物品は、綿布を除いて一斉に姿を消し、専ら鈔が用いられるようになった。しかし、絹は九年、米・塩は一〇年（一三七七）、銀・銅銭は一一年、麻・皮革は一三年に再び登場した。胡椒は一二年に初めて現れる。綿布は八年以後も用いられていたが、一四年になって折鈔支給の動きが現れた。しかし、実現しないままに一九年に現物支給が再確認されて、支給量は一段と増加することになった。現物支給の再開後は鈔・現物兼給のかたちとなったのである。これらの動向からみると、支給すべき現物の数量が巨額にのぼり、その調達・輸送に喘いだ明朝政府が、鈔に切り換えることによって負担の軽減を図ったのではないかという可能性がある。そうであれば、鈔が不換紙幣として行使されたのは当然であり、明朝政府が鈔価の維持に不熱心だったことも頷ける。しかし、現物による裏付けの不確実な鈔に全面的に切り換えることはできず、結局、鈔と現物の兼給となったのではないか。もし鈔がこのような使い方をされたものならば、商品経済を媒介したり国家の経常財政をまかなう通貨といった近代的な紙幣とみることはできず、これとは異質なものといわねばならない。（以上　第五章）

次に、給与の一環として、軍士が死亡した後の家族に対する手当てについて考察した。このような手当ては、軍の士気を維持する為にも必要な措置であった。まず、軍士の家族が何処で居住していたのかを確認する必要がある。衛所と軍戸の関係には不明な点が少なくないが、明初の衛所創設期では、軍士は現地の出身者ではないのが一般的で、本貫の地を離れ遠隔地に配置されていたのである。明朝政府は、家族を軍士の配置先に送り同居させることに努めており、遼東・南京・雲南等の事情を検討すると、家族が現地に赴いて同居していたことが確認できる。同居する家族の範囲については、京衛の例では、洪武二〇年に父母妻子とされ、他の親族は郷里に居住することとされた。京衛を除いて、衛所は城壁を持つのが一般的だったが、城内には数千間の宿舎があり軍士と父母妻子はここに居住した。

軍士死亡後の家族に対する手当ては優給と称され、規定が初めて作られたのは洪武元年だったが、この規定は不備が多く、四年一二月に改めて定められたものがその後の基準となった。これによれば、軍士の死亡後、妻の有無、戦死・病死の別、後継者の有無、妻が再婚するか否か等の条件が勘案された。後継者があれば戦死・病死を問わず葬儀費用を支給するのみである。戦死で後継者がない場合、妻は三年間夫の月糧全額を支給され、三年後に再婚の意思がないことが確認されれば月に米六斗を終身支給された。病死の場合は、妻に対して一年間月糧全額を支給し、二年目以降は半額とする。これも再婚しない限り終身である。受給者が妻と規定されていることは注目される。一時、範囲を父母に拡大する動きがあったが規定化されず、事実上、優給を受けられるのは妻のみであった。この規定はかなり厳格に運用されたことが堪忍できるが、その後、明朝政府は次第に親族のいる郷里に帰還させる方針を強めた。帰還に当たっては、途中で行糧を支給し、軍官が付き添って舟車の利用を認めるなど、帰郷時の待遇を厚くして促進した結果、洪武末までに受給者は大幅に減少していったとみられる。この背景には、優給は諸条件を満たせば戦死・病死を問わず支給されるのだから、時とともに増加する性質のもので、明朝政府としてはその財政的な負担は無視できなかったと思われる。又、屯田政策を強力に推進する中で、不十分ながらそれなりに軍の自活態勢が整ってきたことも、優給の意義をうすれさせたのかもしれない。（以上　第六章）

以上述べたのは、いわば平時における軍の給与であるが、戦時ではどのくらいの軍事費を要したのか、雲南平定戦をとりあげて考察を加えた。雲南平定戦は、太祖による国内統一の最終段階の戦役であった。当時、雲南には元の世祖の第五子忽哥赤の裔である梁王把匝剌瓦爾密が蟠踞し、自立の形勢を保っていた。明朝政府は、度々使者を派遣して帰服をもとめたが梁王は応ぜず、遂に洪武一四年九月、約二七万の遠征軍を発するに至った。明軍の進撃は急速で、同年一二月には梁王を自縊に追い込んで政権を崩壊させ、翌年閏二月に大理方面をも制圧した。三月には、新たに府州県を設置し、支配が安定するかにみえたが、四月に入ると小数民族の抵抗が激化して大小の叛乱が頻発し、戦乱は洪武末まで続くことになった。少数民族の動向に対する判断を誤った為、撤兵できなくなった明朝政府は、際限なく兵力と物資を投入し続けなければならなかった。出兵後一〇年間の動員数は一五〇余万人にのぼり、毎年三〇万前後の兵力が雲南に展開していたとみられる。出兵当初は親軍衛・京衛を中心とする兵力だったが、その後動員の範囲が拡大し、全国の一三都指揮使司の中で、遼東都司を除く全都司に及んだ。特に雲南に隣接する湖広・四川両都司と、陝西や北平など北辺の都司からの動員が多かった。明朝政府は、これらの軍に対して動員時に種々の物品を賜与し、帰還時には行賞を実施し、動員中は月糧・行糧を支給した。このうち、賜与だけでも一〇年間に鈔七二八万余錠・銀五一万余両・綿布一三〇余万疋・綿花四七万余斤・布帛三四万余疋にのぼった。このほか、洪武一五・一七年（一三八二・八四）に大規模な論功行賞を実施した。一五年の行賞はまだ戦況が順調に進捗していた二月に実施され、支給されたのは鈔だけであったが五〇万余錠と思われる。最初に出征した京衛軍の主力は、洪武一七年、沐英麾下の一部を雲南に残し、傅友徳・藍玉に率いられて帰還した。これを機に身分・出征地の遠近・戦死と戦病死の別・傷の軽重等の詳細な基準を設けて行賞を実施した。この度は鈔のみでなく大量の綿布・絹等も支給された。各条件の該当者数が明らかでないので総額を算出できないが、相当の数量になったはずである。明朝政府にとって、出征時の賜与や帰還時の行賞などの臨時の出費だけでも少なからぬ負担になったと思われるが、現地での恒常的な月糧・行糧の補給はどうであったのか。月糧は所属する原衛で、行糧は出先で支給されるので、雲南に新設された衛に属する軍士は月糧を、他から動員された軍士は行糧を支給されることになる。洪武一四・一五・一六・二三年は在雲南兵力が概算できるので、軍糧の必要量が算出可能である。其の結果、一四年は九月に出兵して以来年末まで四一万一二〇〇余石、一五年は一三九万三四〇〇余石、一六年（一三八三）は最も多く二二七万四二〇〇余石、二三年（一三九〇）は一三二万五〇〇〇～一九七万四〇〇〇余石となる。ところが、梁王政権を打倒した段階で、明軍が現地で接収し得た軍糧は一八万余石にすぎなかった。必要量の殆ど全てを現地で生産するか、後方から輸送するしかないわけであるが、隣接する四川・湖広からの輸送は困難を極め、戦火の最中にある現地の生産力は低く、安南に援助を求めることまでしたが、軍糧不足は深刻で軍の行動も著しく阻害された。そのような状況の下で、軍糧確保の為に明朝政府が最も力を注いだのが開中法と屯田であった。開中法は洪武一五年二月から実施され、当初、ある程度効果をあげたが、雲南府の場合でみると一五～二二年の間に、淮・浙塩一引当たりの納糧額は、浙塩ならば五斗・淮塩なら六斗だったのが二斗となり、更に一・五斗に引き下げられ、最終的に他に例をみないほどの低い塩価が設定された。ここから深刻な軍糧不足を窺うことができる。屯田は、洪武一九年以後、四川・湖広と北辺の軍民を投入して実施され、二一年の段階で糧三三万六〇〇〇石余りを得ることができたが、前述の必要量には遠く及ばない。明軍は多くの逃亡兵を出し行動は不活発となり、叛乱の長期化をもたらして、撤兵が益々遅れるという悪循環に陥った。結局、明朝政府は洪武末に至るまで、全国から動員した大軍と莫大な物資を、際限なく投入し続けなければならなかったのである。その軍事・経済的な負担は、洪武朝後半の対外政策や財政の重い足枷となったであろう。雲南出兵は太祖の大きな誤算の一つであった。

（以上　第七章）

第Ⅰ部では、洪武朝における軍の統制と軍事費について考察した。以下では、この二つの問題の中期以後の展開について考えることとし、まず、第Ⅱ部では軍の給与について検討を加えた。明初以来の給与面に大きな変化がみられたのは土木の変（一四四九）前後であった。土木堡における敗北を頂点とし、一年後の英宗の帰還に至るまでの間、直接戦った軍のみではなく、各地で軍士の逃亡や軍糧の遺棄がおこり、北辺の防衛体制は大混乱に陥った。その後、長城の修築、大兵力の配置、補給体制の再建等に大きな努力が払われた。この間、従来から北辺に設置された衛所の兵力のみでは不十分で、現地で募兵を採用したり各地から多数の客兵を動員するなどの方法がとられた。このような兵力の移動・再配置に伴い種々の問題が生じてきた。軍士が前線に長期にわたって配置されると、原衛の家族と別れて生活しなければならず、家族が秘かに軍士の配備地に赴き、原衛で支給される月糧を他人に売り払ったり、軍士が家族のもとに逃帰したりする例がみられた。給与の面からみると、元来、主たる給与の月糧は、軍士の所属する衛所で支給されるのが原則だが、動員された場合、本人には出先で行・口糧が支給され、原衛で家族が月糧を受け取ることになる。しかし、それは動員が比較的短期間ですむことを前提とした規定であり、長期にわたることになれば、いわば、二重の支給となり、明朝政府にとって無視できない負担増となろう。景泰三年（一四五二）八月、総督辺儲参賛宣府軍務・右僉都御史李秉は、家族を軍士の配備地に同伴させて現地で月糧を支給し、行糧支給は停止せよと提案した。そうすれば行糧の分は節約できることになる。この提案は承認され家族の同伴が推進された。しかし、この措置は別な問題を生じた。主たる給与の月糧は、妻子の有無によって概ね二斗の差違があるが八斗～一石であり、行糧は一ヶ月三～四・五斗である。行糧を停止すれば確かに支給総量を減らすことができるが、険阻な前線に輸送しなければならない量は倍加することになる。生産力の低い長城沿いの地域に、軍士だけでなくその家族も含めた多くの人口が生活することになったわけであり、これを支える月糧を、本来の米穀のかたちで、全ての部隊に輸送することは困難であった。その結果、折給が急速に拡大することになった。折給には銀・鈔・綿・絹・胡椒・塩等の多様な物品が用いられたが、これらは明初では賜与に用いられたもので、当初、月糧・行糧は米、賜与は他の物品と、かなり明確に別れていたものが、折給の拡大によって区別が曖昧になってきたといえる。当初の折給には多様な物品が用いられたが、やがて銀に一本化されてゆくことになる。辺防体制再建に伴う大幅な兵力の移動は、配備地と給与支給地の分離をもたらし、前線の各部隊から後方の支給地まで、往復に一ヶ月もかかる場合もあった。前線の部隊から派遣されて受領に赴く係員、これを待ち受けて横領する攬頭、倉庫の出納に当たる倉吏、更に前線の軍官等、給与が軍士の手に渡るまでのあらゆる過程で不正が横行することになった。これらの人為的弊害は、やがて軍士の生活困窮、逃亡の増加、兵力減少という深刻な問題をひきおこすことになった。（以上　第Ⅱ部第一章）

明初以来、賜与には少なからぬ銀両が用いられたが、月糧の折銀支給が本格的に始まったのは正統朝の北辺だと思われる。正統一二年（一四四七）、万全都司管下の衛所で、米と銀・布が一ヶ月おきに支給されるようになった。土木の変後、各地で折銀支給が急速に拡大したことは前述の通りだが、成化二〇年（一四八四）には、遼東で上半年は米、下半年は一石＝銀二銭五分として折銀支給とされることになった。米が品薄で価格の高い時期には月糧本来の現物、比較的豊富に出回る年の後半には銀で支給したのであろう。其の後、銀の比率が次第に高くなり、嘉靖一七年（一五三八）には、北辺一帯で米を支給すべき上半年も、軍糧不足の場合には三ヶ月まで折銀支給しても良いことになった。一二ヶ月の中九ヶ月までは折銀支給ということになるが、北辺では年間を通じて折銀支給の地域が少なくなかった。全国的にも、嘉靖三一年（一五五二）に、春・夏は米を、秋・冬には銀を支給することとされた。

折銀支給の拡大には、豊富な商品としての米穀の存在が必要条件となるが、直接的には重くて嵩張る現物輸送の困難さ、長期保存の難しさが原因だったと見られる。大学士徐階は、江南から北京まで米一石を輸送する場合、経費を加算すると二石分、一石＝銀五銭とすると一両を必要とするが、現物の一石で支給された軍士が売却すると四銭にしかならないと指摘し、銀で折納・折給とすれば納戸・軍士・政府ともに利があると述べた。更に北京から北辺まで運ぶと、陸上輸送となるので、北京での価格の三倍になってしまうとの指摘がある。このような輸送の困難・長期保存の難しさを背景に、折銀支給が拡大したと考えられる。

しかし、一方で折銀支給による弊害も生じ、軍士を苦しめた面がある。折銀支給する際、月糧分の米を購入できるだけの銀両を給するわけだが、当初、米と銀の換算率が固定されていたのである。米価は年や季節によって変動するから、月糧一石を受けとるべきところ、支給された銀両で購入すると六〜七斗にしかならないといった場合が頻繁におこった。嘉靖期の宣府・大同で、月糧一石＝銀七銭という大変高い換算率で支給していたが、米価が高騰し一斗＝銀二銭二分にまでなった結果、軍士は二斗八升しか購入できず、月糧が約四分の一に目減りしてしまうといった事態がおこった。このような弊害は制度の不備によるものだったが、嘉靖後半に、次第に米価の高下に応じて換算率を変動させ、更にある程度の現物支給を確保しようとする等の対策がとられるようになった。換算率が変るといっても毎月変動するわけではなく、通常は一定の額に固定されているが、米価が大幅に変化するとこれに応じて変動することになる。月糧一石を購入できる額というのが原則だから地域によっても異なり、嘉靖半ばの北辺では米一石＝銀六銭の例が多かったが、嘉靖末から万暦初頃には薊州・昌平では七銭、保定では八銭であり、遼東は長く二銭五分に据え置かれてきたが万暦九年に六銭に改められた。米価が高騰すると軍士一人当たり一ヶ月の支給額は一両を越す場合もあり、北辺一帯に莫大な銀両が投下されることになった。折銀支給の拡大は賦役制度の改革による折銀徴収の進行と表裏の関係にあるが、折給がやや先行していることが注目される。（以上　第二章）

給与支給上の弊害には、制度的な部分と人為的なものがあるが、本章では北虜南倭期を中心に人為的な弊害とその影響について考察した。北辺の状況をみると、宣府・大同で二〜三ヶ月、薊州鎮の東四路では四〜五ヶ月、西四路でも二〜三ヶ月にわたって給与が未払いであった。東南沿海地帯でも、漳州衛で約半年、平海衛では嘉靖二三年一二月から二六年一一月の約三年間の内、一五・五ヶ月分が未払いであり、支払い状況を記録する帳簿も散佚していて調査のしようもないという。このような給与の不払いや遅延をもたらす原因として、一つは米・銀を支出する各地の倉庫における不正がある。出納に当たる倉吏は、帳簿の字を洗い流し、書き改めて支出額を増やし、或いは商人と通謀して購入していない糧草の代金を支出し、或いは上官の官印を秘かに入手しておいて、上官の転任後にその印を使って支出させるなど、あらゆる手段を弄して着服を図った。又、前線の各部隊から、給与の受け取りのために倉庫に派遣されてくる委官の不正がある。委官には「軍中の豪猾」と称される退役の軍官が多く、往復の旅費を過大に述べたてて軍士達に負担させ、これを何回も繰り返すので、軍士は月糧を受け取る前に半分を失ってしまうという。

更に、前線に於ける軍官の搾取が加わる。軍官は得体の知れない様々な名目をつけて軍士に金品を強要し、応じないと突然点検を行って粗探しをし、不備をみつけて私刑を加える。軍士は給与を軍官に差し出して任務を免除してもらう売放が一般化し、給与は支出されているが軍士はいないという部署が多くなった。現地の「世家・豪商」は、困窮した軍士に高利の貸付を行い給与を受け取ってしまう。殆ど給与を支給されない軍士の生活は破綻し、本人は逃亡して家族は離散する例が増加し、北辺でも東南沿海部でも兵力の減少が顕著となり、定員一八〇〇余人の部隊で、二四〇余人しかいないというような事態が生じた。北虜南倭期以降、明朝は外敵の圧力に苦しんだが、その直接的な原因は軍事力の低下であった。軍事力の弱体化は、結局は兵力不足の所為であり、それは給与の不払いや遅延によって軍士が逃亡した為であった。明朝政府は、苦しみながらも、全力をあげて銀両・軍糧を調達し、軍を養うべき費用は必ずしも不足していたわけではない。しかし、給与の支給過程における不正の為に、軍士の手に充分届いてはいなかったのである。結局、明朝政府は、軍事費が膨張する一方で兵力が減少するという相矛盾する事態に陥ったのである。

（以上　第三章）

次に行糧について考察した。行糧は動員時の本人に対する手当てであり、条件を満たせば原衛での月糧と重複して支給される。行糧支給は既に洪武朝から実施されているが、支給の条件や額は未だ明確ではなかった。宣徳朝に入り、各地の鎮守総兵官の麾下に動員された軍士は月に四斗五升、京営に班軍番上した軍士には月に三斗の行糧が支給されることになった。本来一日ごとに支給されるべき行糧が月単位になっているのは、長期に亙る動員が多くなったためである。正統朝に入ると北辺で距離に関する規定があらわれ、城堡を離れること一〇〇里（約五六キロメートル）以上の場合に支給されることになり、ついで景泰三年に四川で行程五日以上の場合に支給されることになった。弘治二年には、沿辺の支給額は一日に一升七合とされ、この二つの規定が其の後の基本となった。成化一五年（一四七九）、これらの諸条件をまとめ、原衛又は駐屯地から一〇〇里及び五日以上の条件が示された。

しかし、これらの規定は、動員が比較的短期間ですむことを前提としたものであり、対外関係が緊張した嘉靖期には実状にそぐわなくなっていた。北辺では、多くの客兵を含む大兵力が防秋の為に長期に亙って配置についたが、同じ任務につきながら、行糧を支給される軍士とされない者があり、条件に少しでも合致しない者は、補給のために帰宅させるか家族に運ばせせなければならず、その弊害は少なくなかった。元来一〇〇里及び五日以上という条件は別々にできたもので、どちらか一方の条件を満たせばいいのか両方を満足すべきなのか、当事者にも不明確であり、宣大総督だった翁万達は、嘉靖二五年（一五四六）、規定の不合理さを指摘して弾力的な解釈を主張した。実際に支給規定が変更されたのは嘉靖二九年（一五五〇）の庚戌の変後であった。この事件によって、辺防体制の矛盾が一挙に暴露されたが、同年中に規定の中の五日以上という条件が実質的に解除された。三四年（一五五五）に至り、通常の場合には出動一〇〇里以上の者は全額支給、五〇～一〇〇里の間は隔日支給、五〇里以下は支給しないこととするが、緊急時には、五〇～一〇〇里の間も全額、五〇里以下でも隔日支給とした。日数に続いて距離の条件も緩和されたことになる。

支給額は時期や地域によって差違があり、軍士では一日に一升～一升七合だが月単位で四斗五升の場合が多い。都督から百戸に至る軍官でも一日三升～一升五合であった。俸給・月糧は身分によって支給額に大きな差があるが、行糧は軍官と軍士の支給額が余り違わない。行糧が動員時の本人の飯米という性格が強かったためであろう。それは折銀化が遅かった点にもあらわれている。前述のように月糧は正統朝に折銀化が始まるが、行糧は嘉靖後半であった。規定の変化は以上のとおりだが、支給の実状はどうであったのか。対外関係の緊張に伴って、多くの客兵が動員された嘉靖二〇～三〇年代の北辺と東南沿海地域を見ると、まず出発地が準備の費用を出し、沿途の州県で行糧を支給し、動員先で行糧或いは口糧を給するが各々の負担は重かった。実際には、倉庫の管理者の横領や軍官のピンハネによって規定通り支給されないことが多く、北辺の例ではヌカや土砂が混入されて食べることのできない米が支給されたり、それすら一〇日以上も欠配になる場合があり、戦闘に従事しなくても帰還の際には数百の棺を伴ったという。同じ頃、東南では既に折銀化している例がみられるが、北辺に比べて商品化した米穀が豊富だった為と考えられる。月糧の折銀化には、政府が現物の調達・輸送の負担を軽減する為という面があるが、行糧の場合折銀化の背景がやや月糧と異なると考えられる。（以上　第四章）

第Ⅲ部で中期以後における軍の統制について人事面から考察した。明朝の統治機構が、宋代以来の皇帝専制体制の延長線上にあり、皇帝権を支える主柱の一つが軍であったことはいうまでもない。明初の洪武帝や永楽帝は、個人として大きな権力をふるったが、それは創業者としての威望や直接的な軍の統率者としての力によるものであったと思われる。その後、機構の整備と共に、皇帝権も皇帝個人というより、皇帝の座に備わった権限という傾向が強まった。中期以降、皇帝が自ら軍を率いて戦う機会は殆どなくなり、軍も官僚機構の一環としてさまざまな勢力が関与し、皇帝の名において運用してゆくことになった。この間、軍を実質的に掌握したのはどのような勢力なのか。

まず、中央軍である京営について考察した。京営は在京衛と南北直隷・山東・河南・山西・陝西の外衛番上軍によって編成され、永楽朝の創設以来明末に至るまで、三大営・団営・東西官庁・新三大営と変遷した。この間、正統一四年（一四四九）の土木の変と、嘉靖二九年（一五五〇）の庚戌の変の衝撃によって京営は大きく変化した。土木の変後、新たな主力軍として団営が設立され、三大営は老家と称される後備の部隊となった。庚戌の変の後には、従来の京営諸軍が廃止されて新三大営が創設された。この二つの事件の間の一〇〇年間は、三大営・団営・東西官庁が並存するなど、営制が混乱した時期だったが、軍事力再建の主導権をめぐって、様々な動きがみられた時期でもあった。永楽朝以来、京営を掌握してきた勲臣が、次第に排除されていったこともその一つである。京営の各部隊長である坐営官に注目し、ポストを固定してそこに任命される軍官の地位を調べると、成化朝（一四六五～八七）、弘治朝（一四八八～一五〇五）、正徳朝（一五〇六～二一）、庚戌の変以前の嘉靖朝（一五二二～四九）の間に、公侯伯の勲臣から正一品～正二品の都督クラスへ、更に正二品～正三品の都指揮使クラスに低下していたことが確認できる。上意下達を旨とする軍の性格からみて、京営における武臣の勢力が弱まったとみてよい。この背景には洪武・永楽以来の世襲的軍事貴族である勲臣の軍事能力低下に対する官僚の痛烈な批判があった。しかし、武臣の勢力が後退した後、直ぐに官僚勢力が軍を主導したわけではなく、内臣の進出が著しかった。土木の変後、団営が新設されると、内臣は武臣・官僚と並んで提督団営の一角を占めた。その後、内臣の勢力は成化以降に強盛となり、正徳朝に頂点に達し、嘉靖朝に入って衰退したが、この間二つの顕著な特徴が認められる。一つには坐営内臣に任ぜられたのは御馬監所属の内臣が圧倒的に多いこと、二つには京営内で火器を扱う部署に内臣の配置が多かったことである。その背景を検討すると、前者についていては、御馬監の職掌に武驤左右・騰驤左右の四衛営の管理が含まれていたことが挙げられる。四衛営には兵部も関与できず、兵力すら不明で内兵と称されていた。ところが正徳朝に至り、官庁設立に当たって兵力確保の為に四衛営軍が京営に導入されたのである。このことが正徳朝に大量の内臣が京営に雪崩れ込む背景になったのではないかと思われる。後者の背景には、最有力兵器である火器・火薬の製造・管理を皇帝が独占しようとしてきたことがある。皇帝による独占とは、実際には内臣が火器を掌握することである。火器・火薬の製造には工部も関与したが、主として内府の兵杖局が当たり、火器を地方に派遣する場合にも監鎗内臣が取り扱った。京営の中で火器を扱う部署に内臣が多く配置されたのは、内臣と火器との密接な関係が進出の足掛かりとなったことを示している。嘉靖期に入ると対外関係が緊張し、必要に迫られて北辺や東南沿海地域で独自に火器が製造されるようになり、その結果、内臣による火器の独占が不可能になって、内臣が軍から排除される原因になったのではないかと考えた。（以上　第一章）

京営は、庚戌の変の直前には、様々な面で老朽化していた。京衛と外衛番上軍によって京営が編成されたが、京衛では、主として軍官の収奪によって軍士が逃亡し、月糧のみは支給されているが実在しない虚兵が多かった。一方、番上軍も、上京してくる兵力が少ない上に、大部分は乞食の如き有様で、京営全体でも二〜三万人の動員すら困難であった。嘉靖二一年（一五四二）には、兵部尚書劉天和が、団営軍の逃亡兵四万を補う一環として、市井無頼の徒の中から、精壮な者を選んで京営に編入することを提案した。庚戌の変直前の嘉靖二八年（一五四九）には、兵部侍郎詹栄が、京営の兵力は原額の三分の一にすぎず、将領は軟弱な勲臣の子弟で、軍士は市井游惰の徒であると批判した。京営が弱体なままに庚戌の変を迎え、その無力さを暴露したのは周知の通りである。庚戌の変後、明朝政府は漸く本格的な京営再建に着手した。嘉靖二九年九月、東西官庁・団営を廃止し新三大営を新設した。旧三大営では、五軍・三千・神機の三営に分かれ、全体を統率する組織がなかったが、新三大営では五軍・神枢・神機三営の上に戎政府が設けられ、勲臣の総督京営戎政が統轄し、兵部侍郎の協理京営戎政が補佐することとし、命令系統が一本化された。このような組織の改変のみではなく、いくつかの点で従来とは大きく異なっていた。一つには、設立に当たって、皇帝が兵力不足を募兵で補塡することを認めたことである。中期以来、北辺等の地域では、必要に迫られて逐次募兵が使用されてきたが、これ以後中央軍にも編入されることになり、嘉靖三三年（一五五四）には京営中の募兵は四万人にのぼり、三九年（一五六〇）には大部分を募兵が占めるに至った。しかし、募兵の多くは市井無頼の徒とか四方竄籍の人などと称される都市の無産の人々であり、月糧を受けとるが実際には在営しない場合も多かった。このような情況のもとで、戦力を強化する為、家丁が重視されることになった。家丁は、家人・家奴・家衆・奴僕・僮奴・家僮等と称される人々と同じく、半人半物の人格提供者の如きものであったが、主として正徳朝以後の北辺で兵士として活躍するようになり、既に正徳朝の京営でもみられたが、この時期に更なる導入が図られた。彼らの出自は逃亡兵や悪少・無頼の徒等と称される者で、京師の募兵と同じく社会矛盾から析出された体制外の人々であったが、軍官と義子関係を結んだり、或いは婚姻によって親族となる者もあり、軍官との間に鞏固な私的紐帯をもつ集団であった。軍官一人当たり概ね一〇〇人前後の小集団であるが、私兵的な性格が強く戦闘に当たっては勇猛であった。この頃、京営と北辺の軍官の人事移動が頻繁で、京営の軍官の転出・転入先は八〇パーセント前後が北辺であった。彼らに移動の際に家丁を帯同させ、月糧を支給することとしたのである。各軍官の私兵を公認して、正規軍の中に編入したということができる。二つには官僚の役割の増大である。当初、咸寧侯仇鸞が京営を主導したがまもなく失脚した。その背景には、過大な兵権を警戒した大学士徐階と掌錦衣衛事・都督陸炳らの策謀があった。この後も総督京営戎政には勲臣が任ぜられたが、協理京営戎政たる兵部侍郎をはじめとする官僚の勢力が一段と強化されることになった。（以上　第二章）

兵部の官僚が、京営に直接関与するようになったのは、景泰朝の兵部尚書于謙以来だが、于謙の刑死後、改廃常なかった。天順・成化・弘治朝では、兵部尚書・侍郎或いは都御史が提督団営となる例が少なくなかったが、必ずしも安定していたわけではなく、正徳朝以後に至り漸くほぼ定制となった。しかし、兵部の官僚の提督団営は「不妨部事」と称され兵部と京営の兼攝であり、京営に対する統制は必ずしも強力ではなかった。更に関与できたのは于謙の創設にかかる団営のみで、旧三大営や東西官庁には直接関与はできなかった。全京営に統制が及んだのは、嘉靖二九年の新三大営設立以後で、兵部とは別に専任の兵部侍郎が協理京営戎政として関与するようになった。

一方、給事中・御史の科道官は、京営の軍士を名簿と対照し、精壮者を残して老弱者を交代させる査閲を実施し、毎年一一月には将領の考課を行って弾劾・推挙した。このほか、嘉靖朝に入ると大学士の介入が目立つようになってくる。嘉靖五年（一五二六）七月、欠員となった将領の後任をめぐって、大学士費宏と兵部が激しく対立し、兵部の反対を押し切って大学士の推す人物を就任させた。これ以後、張孚敬・楊一清・厳嵩・徐階ら大学士は、さかんに京営の問題に介入するようになった。これらの官僚勢力は一つにまとまっていたわけではなく、京営における主導権をめぐって抗争した。その顕著な例が隆慶四年（一五七〇）の京営分割をめぐる事件であった。この年一月、総督京営戎政が、鎮遠侯顧寰から恭順侯呉継爵にかわると、大学士趙貞吉は京営の分割を提議した。その理由として、明初に大都督府を五軍都督府に分けたのは、「強臣、握兵の害」を防ぐ為の太祖の深謀であったが、新三大営では一人の総督京営戎政が全京営を統率しているので、一将の賢否が全軍の強弱を左右すると指摘し、京営を五分して五将に統率させ、春秋に科道官がその能否を査察するようもとめた。総督京営戎政の兵権を分割し、官僚による監視を強化しようという提案であった。

これに対して、給事中・御史が反対し、さらに兵部尚書も同調したので、大学士と兵部が真っ向から対立する事態になった。結局、大学士の案が帝の裁可を得たが、実施に当たって紛糾を重ね、五軍・神枢・神機の三営に武臣と官僚が各一人、合せて六人の提督が並存することになった。このような状態に対し、御史・給事中は、指揮系統が混乱し実戦の役には立たないと弾劾し、九月に至って新三大営の体制に復することとなった。京営分割をめぐるこの事件は、大学士の提案によって始まり、兵部との抗争を経て、科道官によって終熄したといえる。この過程を通じて、官僚諸勢力が抗争しながら、全体として京営に対する官僚の統制が一段と強化されたることとなった。中央軍に対する官僚の関与・統制は、土木の変後に始まり、庚戌の変後に完成したとみることができる。（以上　第三章）

続いて、巡撫に注目して地方軍と官僚の関係を考察した。巡撫は明初から置かれたポストではない。洪武九年に元代以来の行省が廃され、承宣布政使司・提刑按察使司・都指揮使司の三司がおかれ、財・民政、監察、軍事を分担する体制がつくられた。しかし、三司は各々系統が異なる為、緊急かつ広範囲の問題に対処しきれない面があり、三司の上に巡撫がおかれ、清末に至るまで地方統治の根幹となった。巡撫は当初官衙を示すものではなく、「巡行撫民」という職務を示す語であり、種々の官衙をもつ官僚が巡撫の任を帯びて派遣された。巡撫の起源は、宣徳五年（一四三〇）に六部の侍郎が両京・山東・山西・河南・江西・浙江・湖広に派遣されたことに始まり、其の後、次第に各地に拡大した。これらの巡撫侍郎の職務内容を、明実録の事例に基づいて分析すると、財・民政と監察と軍務に関わるもので、巡撫が三司の上におかれたポストであることがわかる。ただ、軍務では軍糧等の軍の維持・管理に関する職務のみで、作戦・用兵等の軍令面に関わった事例はない。土木の変を機として巡撫の設置数が急増し、北辺と西南辺一帯に数珠玉を連ねる様に配置され、同時に都御史が任命される場合が非常に多くなった。巡撫侍郎から巡撫都御史に代わって、職務内容に変化があったか否かが問題である。正統・景泰・天順朝の巡撫都御史に関する記事を収集して、北辺・腹裏・江南・湖広江西・西南辺の五地域に分けて分析してみると、いずれも財・民政、監察、軍務の三つに関わる点では巡撫侍郎と同様であった。この中で、監察任務は全国ほぼ同じ比重を占めたが、財・民政と軍務の比率は地域によって大いに異なった。江南は財・民政のみで軍務を欠き、腹裏と湖広江西は財・民政を主として軍務を従とし、北辺と西南辺は軍務を主とする地域で、江南に中心をおくと同心円状になっていたことが看取できる。また北辺と西南辺では、従来からの軍政面だけでなく、作戦・用兵等の軍令面への関与がみられ、この点は巡撫侍郎や内地の巡撫都御史とは異なっていた。作戦・用兵面への関与を仮に統兵権と称するが、この権限は如何なる根拠に基づくのか。当時、巡撫以外にも提督軍務・参賛軍務・参謀軍事・協賛軍務・参理軍務等の任務を帯びた都御史が各地に派遣されていた。巡撫と提督軍務が並存していた正統・景泰朝の遼東を例にとって両者の職務を調べてみると、どちらも軍務が主たるものであったが、巡撫の任務が軍糧の調達や管理等の軍政面に限られていたのに対し、提督軍務は軍令面に重点があり、直接軍を統率して出撃し戦闘に当たった例も少ない。このような権限をもつ提督軍務が、土木の変後、北辺と西南辺一帯に増派され、更に巡撫と兼任する例が急増した。景泰・天順の間に遼東・宣府・大同・保定・山海永平・順天・湖広・四川・広東・広西・貴州で、巡撫と提督軍務や参賛軍務が兼任となった。前述のように、北辺・西南辺の辺方巡撫が内地巡撫にはみられない統兵権をもっていたのは、両者の兼任によったことが明らかである。嘉靖期には鳳陽・応天・浙江・江西・雲南・福建等も兼任となった。つまり、土木の変後に南北辺で兼任が進み、庚戌の変後に内地まで拡大したとみることができる。提督軍務等を兼任した巡撫は、職務の範囲を拡大しただけでなく、軍務を広く解釈することにより、従来の職務も軍法を以て施行できることになった。兼任の結果、軍官の三品以下、官僚の六品以下の逮捕・処罰を認められたが、正三品の指揮使や正七品の知県はこの範囲に入ることになり、管下の衛や県に対して強力な統制を加えることができた。更に、嘉靖期には巡撫は直属の標兵をもつようになった。彼らは衛所制による正規軍ではなく、前述の家丁や募兵と同様の出自で私兵的性格の強い部隊であった。地方における軍令・軍政の両面にわたる権限は巡撫に帰し、一切の軍情についての報告や提案は巡撫によって行われ、兵部で検討を加えて廟議で決定し、巡撫に命令が下されることになり、軍官は走狗の如く頤使されるにすぎなくなった。（以上　第四章）

次に、如何なる官僚が巡撫に就任し、どのようなポストに転じていったのか、巡撫の官制上の位置を検討することによって、前章とは別の面から軍との関わりを考察した。巡撫の任期は一定しておらず、巡撫制の初期に当たる宣徳・正統朝には南直隷の周忱の二二年、河南・山西の于謙の前後一九年などの非常に長期に亙る例があったが、景泰朝以後、このような長期在任はみられなくなった。北辺・腹裏・江南・湖広江西・南辺に分けて、地域・時期ごとの在任期間を調べると、地域による差違は必ずしも大きくないが、時期が下がるにつれてほぼ一貫して在任期間が短くなり、景泰朝では概ね三年半だったのが、嘉靖朝では約一年半となっていた。「人情稔熟」の語で示される駐箚地での私的な人間関係の形成を避けることがその理由とされたが、巡撫の権限の拡大・強化と反比例するかたちで、任期が短縮された点に注目すべきである。しかし、庚戌の変後の嘉靖後半から万暦にかけては、巡撫の頻繁な交代は辺防体制に支障をきたすという理由で、長期在任がもとめられた結果、約二年半ほどになっていた。

巡撫の軍権が確立した嘉靖・隆慶・万暦朝で、巡撫になった官僚の就任前後のポストを検討してみると、就任前のポストは、布政司を中心とする地方官が七〇パーセント、大理寺・太僕寺等の京官が二五パーセント、南京官が五パーセントだった。ただ隆慶・万暦朝では京官が増加する傾向が看取された。転出先は京官が四三パーセント、地方官が三八パーセント、南京官が一九パーセントとなり、京官では兵部侍郎が最も多く、大理寺卿・都御史がこれに続いた。兵部侍郎には、部事を担当する者と京営の協理京営戎政に当たる者があるが、庚戌の変後、これらの兵部侍郎に転出する例が特に増加した。地方官に転じた者の大部分は他処の総督・巡撫であった。このほか、就任者の約四〇パーセントが任の途中で解任されているが、大部分は軍事上のミスの責任を問われたものであった。

地域ごとの特徴を見ると概ね三つの型があった。一つは腹裏・湖広江西・南辺で、当該地域外の布政使から当地の巡撫になり、京官か他地域の総督・巡撫に転出した。これらの地域では、同じ人物が一ヶ所で長期間在任するのを回避しようという中期以来の方針が、ある程度維持されたとみることができ基本的な型といえる。二つには北辺の型で、ここでは辺防体制の必要上、現地の事情に精通した人物がもとめられた結果、巡撫就任前から他のポストで北辺に在任した官僚が巡撫となり、転出先も北辺内の他の地域で巡撫となるケースが多い。京官に転じる場合は兵部侍郎となることが最も多く、庚戌の変後は特に顕著である。軍事面が重視された型といえる。三つには江南で、就任の前後共に中央政府との関わりが深く、京官が江南の巡撫に就任し、京官として転出する傾向が強い。京営に戻る場合は戸部侍郎が最も多く、北辺と対照的である。同じ巡撫のポストでも、地域によって任務の内容や人事の面でかなりの差違があったわけだが、基本的な型のほかに、軍事を主とする北辺と、財政に重点がかかった江南と、やや特殊化した型があったといえる。侍郎として中央政府に戻る例が少なくないことからもわかるように、官僚にとって巡撫は陞進の有力なコースだったが、途中の解任も多く、リスクの大きい激職だったといえる。巡撫に代表される地方官と軍との関係をみると、土木の変後の南・北辺で官僚が直接軍を統率する権限を獲得し、庚戌の変を頂点とする北虜南倭期に内地にもそれが拡大した。つまり中央軍の場合と全く軌を一にした動向であり、官僚による軍の統制は一五世紀半ばに始まり、一六世紀半ばにほぼ完成したとみることができる。明初では、元代の遺制を受けた為か軍官の地位が高く、軍事以外の面でも官僚に優越していたが、一六世紀にはその関係が逆転し、宋代以来の官僚優位の態勢に戻ったとみることもできよう。（以上　第五章）

以上を要するに、一四世紀後半から一六世紀半ばに至る約二〇〇年の間に、兵力源は衛所制下の軍戸から悪少・無頼等の游民に、給与は米穀から銀両に、軍を統制する勢力は武臣から官僚に変化したといえる。その底流に社会・経済面の大きな変動があったことは当然であるが、制度の上に変化が生じる為には苦汁の役目を果す要因が必要であり、それが土木の変と庚戌の変であったと考えられる。

あとがき

本書は中央大学に提出した学位請求論文に若干の補訂を加えたものである。論文の審査に当たって下さった川越泰博先生、池田雄一先生、妹尾達彦先生から貴重な御指摘と御助言を戴いたことに厚く御礼申し上げたい。軍制史を勉強する契機になったのは、北海道大学の学部生の時に、菊池英夫先生が課外のゼミで明史の兵志を読んで下さったことである。先生の該博さに驚きながら軍制史の興味深さを学ばせて戴いた。本書の各章は、大学院入学以来、明代の軍制について研究する過程で個別に発表してきたものであるが、その間一貫して温かく且つ厳しく御指導下さった濱島敦俊先生に深く感謝している。先生には史料の読み方を一から教えて戴いたが、特に先生の内地留学に随行して上京し、約半年間起居を共にさせて戴きながら御指導を賜ったことは貴重な経験であった。不肖の弟子で荏苒時を過し、御教示の何分の一も実現できず、誠に申し訳なく思っているが、今後とも変らぬ御指導を戴けることを心から願っている。大学院を終えた後、埼玉県の高校に一〇年間勤務し、この間、時間の捻出に苦労したが、研究を続けることができたのは偏に山根幸夫先生のお蔭である。故星斌夫先生の御紹介で明代史研究会に参加させて戴いて以来、山根先生には常に激励と御指導を賜った。研究条件の苦しい時にいつも論文を書くよう励まして戴いたことは身に滲みて嬉しかった。本書の出版に当たっても数々の御助言と御口添えを賜った。深く感謝する次第である。又、明代史研究会を通じて川越泰博先生の知遇を得たのは、私にとって大きな幸運であった。以来四半世紀に亘って、常に御教示を賜ってきた。明代の軍事史或いは軍制史は後発の分野で不明の点が多く、研究しにくい面があるが、辛うじて研究を続けてこられたのは先生の御指導を戴いたからである。更に学位論文の審査に当たっては主査の労をとって戴いた。改めて御礼を申し上げたい。本書にはまだまだ未熟・不足の部分が多々あることは承知しているが今後を期したい。本書の出版を引き受けて戴き、お世話下さった汲古書院の石坂叡志社長、坂本健彦相談役に厚く御礼を申し上げる。特に坂本相談役には様々の御教示を戴き感謝している。最後に長年に亙って支えてくれた妻に感謝する。

二〇〇三年三月

奥山憲夫

索　　引

人名索引……………………………………1
事項索引……………………………………3

人名索引

あ　行

青山治郎　28,336
浅井虎夫　29
新宮学　27
岩井茂樹　17,28
岩見宏　17,28
于謙　21,324,367,387,396
袁凱　51
王毓銓　26
王驥　244,252,263
王翺　250,394,395
王恕　254
王崇古　272,308,309,310,313
王兆春　337
汪道昆　277
翁万達　28,299,405
王邦瑞　351,354
小川尚　385,409
愛宕松男　14,27
小野和子　429,432
温純　346,364

か　行

解毓才　16,27
郭英　110
霍冀　362
郭勛　344,368
郭子興　116
郭登　386,396
霍韜　306,340
華克勤　137
何真　216
川勝守　294,296
川越泰博　16,27,28,74,233,240,358
韓勲　116
仇鸞　350
魏良弼　375
栗林宣夫　29,384
桂萼　267,276,279,291
厳嵩　376
高拱　417
寇深　395
侯先春　280,286,289,290,292,296
耿炳文　230
耿良　48,60,62
呉継爵　361
拡廓帖木児（ココ・ティムール）　74
呉時来　293,403
顧誠　16,27
呉文華　339

さ　行

佐伯富　228,238
清水泰次　17,26
周緯　337
朱紈　282,402
朱亮祖　46
常遇春　35,73,100
葉盛　255,256,258,260,266
蔣冕　330
商輅　400
徐階　266,333,345,351,377
徐達　35,37,44,100,161
思倫発　206,223

鄒来学　250,397
鈴木正　346,359
鈴木博之　264
石亨　21,324
薛顕　37
曹吉祥　324

た　行

谷光隆　17,28,317,335
檀上寛　14,27,37,74,106,121,125,129
張温　74,182
張居正　429
趙貞吉　361
張哲郎　29
張孚敬　373
趙文華　294
趙庸　111
陳煒　220
陳桓　223,230
陳循　414
陳友定　106
鄭暁　310,370
寺田隆信　17,27
唐勝宗　110
道同　46
湯和　101

な　行

長井千秋　149
納哈出（ナガチュ）　72,80,145,156
西嶋定生　15,27
年富　269,396
野田徹　410

は　行

把匝剌瓦爾密（パツァラワルミ）　16,199
馬文升　324,395
費宏　373
馮勝　67
傅友徳　199

ま　行

松本隆晴　29
宮崎市定　20,28,44,75
宮沢知之　175
毛伯温　271,340,370
沐英　199

や　行

山根幸夫　86
俞通海　36
楊一清　376
楊選　271,279,308
楊博　287
余懋衡　284

ら　行

羅通　268
藍玉　54,121,199
李鉞　373
李匡　401
陸仲亨　150,202
陸炳　352
李承勛　293,368
李善長　154
李文忠　57
李秉　245
劉永誠　21,324,325
劉基　44
劉聚　337
劉燾　19,28,273,275,283,289,308
劉大夏　341
劉天和　344
廖永忠　101
林景暘　267,341
林聡　416

わ　行

和田正広　432

事 項 索 引

あ 行

悪少　347
麻　15,131
安家銀　310
安寧塩井　226
『渭厓文集』　306,340,341
『于忠粛公集』　396
運軍　24
衛　23
衛鎮撫　23
『亦玉堂続稿』　412
『弇山堂別集』　75
王圻『続文献通考』　325,332,336
『王公奏議』　254,338
『温恭毅公文集』　346,355,364,365

か 行

夏衣　131
外衛　24
外四家　330,347
開中法　90,226,239
火器　331
火者（Khojah）37,70,74
家小　18,187,189,245
貨泉局　158
家族の同居　178
『葛端粛公集』　404
家丁　21,346,350,355
科道官　369
夏布　139
官攅　257,285
完聚　176
『韓襄毅公家蔵文集』　323
監鎗内臣　332
官庁　21,317
旗軍　23,44
絹　15,150
給与不払い　281,308
京営　20,21,317,339,361
京衛　24,40,92,339
郷兵　294
協理京営戎政　21,22,351,363
『去偽斉集』　400
『玉恩堂集』　267,275,341,345,349,355
『御製大誥』　177
御馬監　325,327
虚兵　339
銀　14,84,100,116,209,253,265
錦衣衛　24
『空同先生集』　326,328
軍戸　23
軍士　23
軍士の逃亡　67,225,237
軍中の豪猾　288
軍儲倉　93
勲臣　20,317
軍装の統一　51
経歴　24,257
月塩　87,167
月糧　13,14,18,78
『原李耳載』　265
庚戌の変　20,21,339
『高文襄公集』　403,417
勾補　184,341
『皇明兵制考』　324
口糧　19,244
行糧　13,19,297
黒塩井　227
国子学　55,56
『穀城山館文集』　306,404,406
五軍都督府　24,361
胡椒　15,168,250,255
庫秤　257
『顧文康公文集』　334
根補　184,341

さ 行

『済美堂集』　339
坐営内臣　324,377
査閲　369,382
参賛軍務都御史　397,399
参将　25
三司　386
三大営　21,317
四衛営　327
塩　15,167,252

指揮使　23,45
識字　284
支給上の弊害　18
四川塩　226
『酌中志』　337
『四友斎叢説』　280
戎政府　21,362
守禦千戸所　23
『菽園雑記』　22
戍軍　24
守城軍　12,24,79,88
守節無依　191
巡視京営　370,372
巡撫　22,384,412
巡撫侍郎　384
巡撫都御史　385,388
賜与　13,14,100,131,150,209
鈔　14,107,120,171,210,212
小旗　23
『湘皐集』　330
承宣布政使司　24,45
正徳『金山衛志』　306
『商文毅公集』　325
『商文毅公全集』　400
召募　343
書算　284
『諸司職掌』　19,38,87,92,173,178
所鎮撫　23
『徐文靖謙斎文録』　325
司礼監　325
親軍衛　24
新三大営　20,317,362,365,380
『水東日記』　22
『世経堂集』　266,272,274,333,334,336,345,349,351,352,353,372,377,378,379
西廠　325
世襲　40,62
浙塩　226
折給　17,83,249
折銀支給　265,267,271,307
折納　275
『薛文清先生全集』　401
占役　323
戦襖　131
千戸　23
千戸所　23
専殺（擅殺）　38,74
選鋒　356
総旗　23
『雙江聶先生文集』　359
総督京営戎政　21,350,361
総兵官　25
『蔵密斉集』　405
倉吏の侵盗　283
蘇木　15,168,250,255

た　行

大学士　372
『太函集』　287,406
大軍月糧式　78
『大誥武臣』　63,69
大都督府　24
『大明律』　68,194
団営　20,317
『端簡鄭公文集』　310,313,370
断事司　38,65,74
『譚襄敏公遺集』　405
知事　24
鋳銭額　159
貼黄　39
『張太岳集』　429,430
『張文忠公集』　373,374,375
『趙氏家蔵集』　294
『趙文粛公文集』　361,362
苧布　131
鎮守内臣　395,410
提刑按察使司　24,45
提督軍務都御史　393,399
冬衣　131
『東涯集』　298
『唐漁石集』　337
銅銭　15,158
『東塘集』　271,344,347,356,370
鄧茂七の乱　332
斗級　257
都御史　22,23
都指揮使司　24,45
都督　24
土木の変　20,243
屯軍　12,24,79,88
墩軍　290,304
屯田　12,195,229

な　行

内地巡撫　392,408,417,429
人情稔熟　415
納戸　266

は　行

白塩井　227
班軍　24
番上軍　342
『万暦野獲編』　337
皮革　15,150,157
比試　43,346
百戸　23
百戸所　23
標兵　404
赴京計議　413
副総兵　25
無頼・游民　21,344
米　14
米・銀換算率　272
兵杖局　332
兵部　25,366
『甓余雜集』　282,402
辺方巡撫　392,408,417,429
俸給　13,14,78
宝源局　158
宝鈔提挙司　158
宝泉局　158
『彭文憲公文集』　395
包攬　256,260,264
『北海集』　405,412
本色　96

ま　行

『明督撫年表』　393
無籍の徒　344,347
綿花　15,131
綿布　15,131,211
『毛東塘奏議』　271,340,342

や　行

優給　15,176,184
遊撃将軍　25

ら　行

攬頭　255
吏目　24,257
『劉忠宣公遺集』　340,342
廩給　19
『類博稿』　325
『黎陽王襄敏公集』　411
老家　317
廬舎　183

わ　行

淮塩　226

著者紹介

奥　山　　憲　夫（おくやま　のりお）

1947年　山形県生れ。

北海道大学大学院文学研究科博士後期課程
単位取得退学

現　在　国士舘大学教授　　博士（史学）

汲古叢書47

明代軍政史研究

二〇〇三年四月　発行

著　者　奥　山　憲　夫
発行者　石　坂　叡　志
整版印刷　富　士　リ　プ　ロ

発行所　汲　古　書　院
〒102-0072 東京都千代田区飯田橋二-五-四
電　話　〇三（三二六五）九七六四
FAX　〇三（三二二二）一八四五

ISBN4 - 7629 - 2546 - 2 C3322

汲古叢書

1	秦漢財政収入の研究	山田　勝芳著	本体 16505円
2	宋代税政史研究	島居　一康著	12621円
3	中国近代製糸業史の研究	曾田　三郎著	12621円
4	明清華北定期市の研究	山根　幸夫著	7282円
5	明清史論集	中山　八郎著	12621円
6	明朝専制支配の史的構造	檀 上　寛著	13592円
7	唐代両税法研究	船越　泰次著	12621円
8	中国小説史研究－水滸伝を中心として－	中鉢　雅量著	8252円
9	唐宋変革期農業社会史研究	大澤　正昭著	8500円
10	中国古代の家と集落	堀　敏一著	14000円
11	元代江南政治社会史研究	植 松　正著	13000円
12	明代建文朝史の研究	川越　泰博著	13000円
13	司馬遷の研究	佐藤　武敏著	12000円
14	唐の北方問題と国際秩序	石見　清裕著	14000円
15	宋代兵制史の研究	小岩井弘光著	10000円
16	魏晋南北朝時代の民族問題	川本　芳昭著	14000円
17	秦漢税役体系の研究	重近　啓樹著	8000円
18	清代農業商業化の研究	田 尻　利著	9000円
19	明代異国情報の研究	川越　泰博著	5000円
20	明清江南市鎮社会史研究	川 勝　守著	15000円
21	漢魏晋史の研究	多田　狷介著	9000円
22	春秋戦国秦漢時代出土文字資料の研究	江村　治樹著	22000円
23	明王朝中央統治機構の研究	阪倉　篤秀著	7000円
24	漢帝国の成立と劉邦集団	李　開 元著	9000円
25	宋元仏教文化史研究	竺沙　雅章著	15000円
26	アヘン貿易論争－イギリスと中国－	新村　容子著	8500円
27	明末の流賊反乱と地域社会	吉 尾　寛著	10000円
28	宋代の皇帝権力と士大夫政治	王　瑞 来著	12000円
29	明代北辺防衛体制の研究	松本　隆晴著	6500円
30	中国工業合作運動史の研究	菊池　一隆著	15000円

31	漢代都市機構の研究	佐原　康夫著	13000円
32	中国近代江南の地主制研究	夏井　春喜著	20000円
33	中国古代の聚落と地方行政	池田　雄一著	15000円
34	周代国制の研究	松井　嘉徳著	9000円
35	清代財政史研究	山本　進著	7000円
36	明代郷村の紛争と秩序	中島　楽章著	10000円
37	明清時代華南地域史研究	松田　吉郎著	15000円
38	明清官僚制の研究	和田　正広著	22000円
39	唐末五代変革期の政治と経済	堀　敏一著	12000円
40	唐史論攷－氏族制と均田制－	池田　温著	近　刊
41	清末日中関係史の研究	菅野　正著	8000円
42	宋代中国の法制と社会	高橋　芳郎著	8000円
43	中華民国期農村土地行政史の研究	笹川　裕史著	8000円
44	五四運動在日本	小野　信爾著	8000円
45	清代徽州地域社会史研究	熊　遠報著	8500円
46	明治前期日中学術交流の研究	陳　捷著	16000円
47	明代軍政史研究	奥山　憲夫著	8000円
48	隋唐王言の研究	中村　裕一著	近　刊
49	建国大学の研究	山根　幸夫著	近　刊
50	魏晋南北朝官僚制研究	窪添　慶文著	近　刊

（表示価格は2003年４月現在の本体価格）